生命之树
Trees of LIFE

关于生命演化的视觉盛宴

Theodore W. Pietsch
[美] 西奥多·W. 皮奇 著　　邢立达 李锐媛 译

A VISUAL HISTORY OF EVOLUTION

北京联合出版公司

图书在版编目（CIP）数据

生命之树 /（美）西奥多·W. 皮奇著；邢立达，李锐媛译. -- 北京：北京联合出版公司，2025.4
ISBN 978-7-5596-3994-3

Ⅰ. ①生… Ⅱ. ①西… ②邢… ③李… Ⅲ. ①进化论—普及读物 Ⅳ. ①Q111-49

中国版本图书馆CIP数据核字(2020)第033711号

© 2012 The Johns Hopkins University Press
All rights reserved. Published by arrangement with Johns Hopkins University Press, Baltimore, Maryland through Chinese Connection Agency

审图号：国审字（2024）第05791号

Copyright © 2025 by Beijing United Publishing Co., Ltd.
All rights reserved.
本作品版权由北京联合出版有限责任公司所有

生命之树

［美］西奥多·W. 皮奇　著　　邢立达　李锐媛　译

出　品　人：赵红仕
出版监制：刘　凯
选题策划：联合低音
责任编辑：蒯　鑫
特约编辑：张开远
封面设计：今亮后声
内文制作：联合書莊　旅教文化

关注联合低音

北京联合出版公司出版
（北京市西城区德外大街83号楼9层　100088）
北京联合天畅文化传播公司发行
北京美图印务有限公司印刷　新华书店经销
字数290千字　710毫米×1000毫米　1/16　25印张
2025年4月第1版　2025年4月第1次印刷
ISBN 978-7-5596-3994-3
定价：98.00元

版权所有，侵权必究
未经书面许可，不得以任何方式转载、复制、翻印本书部分或全部内容。
本书若有质量问题，请与本公司图书销售中心联系调换。电话：（010）64258472-800

献给我曾经的专业导师巴兹尔·G. 纳菲克泰德斯，

以兹纪念老师督导下的研究生时代，

那是一段充实又激动人心的美好时光。

出版说明

本书是生物分类学科普著作。在生物分类学的实践中，具体科、属等分类变化时有发生，这类情况现在也不鲜见。一些历史上曾采用的名称，由于各种各样的原因没有对应的中文译名，我们承认这种现实，也为便于读者使用书中插图，在本书中保留了原文。

前言

本书将讲述"树"的故事，但我们的主角并不是会产生蒸腾作用和光合作用的植物，而是形态和树木一样拥有诸多分枝的生物关系图。无论是病毒和细菌，还是鸟类和哺乳动物，在这些图中都会一一得到呈现，化石物种和现生物种也都能占据一席之地。本书的宗旨并非打造一本讲述演化树构建哲理或科学的专著，也不是印证或反对生物间众说纷纭的种种关联，而是让读者体验一场生命之树的盛典，将它们在时间长河中所展现出的张扬之美、内里之妙和人类巧思一一呈现。本书的重头戏是 230 幅按时间顺序排列的演化树图片，它们是从数千幅演化树中精挑细选而来，涵盖了从 16 世纪中期到今天[1]的成就。文字部分则仅以最短的篇幅介绍了它们的由来。

本书的核心内容是类似植物的树形图，其具有对应树干、树枝和树梢

---

[1] 本书所有"今天""最近"等表达，所指向的时间节点均为本书英文版出版时间，即 2012 年。——编注

的元素。但我们也会探讨其他形式的生物系统分类图示，它们都是树形图的前身和变体。其中包括属于横向树形图的括号图，它们和现代的检索图表有些类似[1]；地图（也称列岛图），它们将生物间的关系假设成毗邻的地理区域[2][1]；网络图，它们将各个类群或类群链用亲和度或相似度线条连接起来；各种数值系统、对称系统和几何系统。这些分类图所选择的形象大相径庭，但18世纪和19世纪早期的博物学家几乎都在为同一个目标而努力，即建立起"自然"的植物和动物分类。他们认为归入同一个"自然分类"的生物应该有共同的"自然亲和性"。[3] 但是，"自然亲和性"的定义一直悬而未决。[4][2] 达尔文提出自然选择引起演化改变的理论之后，理论空白才得以填补，生物分类学家为自然分类系统所做出的努力也由此整合在一起。今天我们所知的系统树便是这些研究的丰硕成果之一。

诚挚的谢意献给俄亥俄州立大学演化、生态学和有机体生物学荣休教授蒂姆·M. 贝拉，感谢他对这个项目的热情和最初的鼓励。其他提供参考、图片或评论的人包括圣迭戈州立大学的 J. 戴维·阿奇博尔德，伦敦自然历史博物馆的拉尔夫·布里茨、詹姆斯·麦克莱恩和罗斯玛丽·劳-麦康奈尔，夏威夷大学马诺阿分校的丽贝卡·卡恩，《分类》（Taxon）的执行主编玛丽·E. 恩德雷斯，北卡罗来纳大学教堂山分校的艾伦·菲杜恰，牛津大学的马修·弗里德曼，旧金山加州科学院的迈克尔·吉瑟林，哈佛大学的卡斯滕·哈特尔和斯嘉丽·R. 赫夫曼，得克萨斯大学奥斯汀分校的戴

---

[1] 林奈首次提出了地图隐喻："所有植物都显示出四面八方的亲缘关系，就像地理图上的领土一样。"

[2] 德国博物学家奥古斯特·巴奇于1787年写道："要构建一个既真实又自洽的自然体系是非常困难的；直到现在还没有人成功地做到这一点……大自然有其真实而正确的体系；我们还不了解它，或许永远也不会完全了解它，但这并不证明我们不能接近它，从而获得对真理的认识。"

维·希利斯、德里克·J. 兹维克尔、罗宾·R. 古特尔和蒂莫西·B. 罗，加拿大渔业及海洋部圣安德鲁斯生物站的 T. 德里克莱斯，巴黎大学的卢卡斯·勒克莱，巴黎自然历史博物馆的阿涅丝·德陶伊和纪尧姆·勒库安特，剑桥大学图书馆的露丝·朗和亚当·帕金斯，罗斯托克大学的克里斯蒂安·米凯利斯，华盛顿大学的理查德·G. 奥姆斯特德、比阿特丽斯·马克思和路易丝·理查兹，科罗拉多大学博尔德分校的诺曼·R. 佩斯，马里兰大学帕克分校的杰罗姆·C. 雷吉尔，加州大学伯克利分校的文森特·萨里奇，弗吉尼亚海洋科学研究所格洛斯特角的纳拉妮·施奈尔，芝加哥大学的保罗·C. 塞雷诺，密苏里植物园和密苏里大学的彼得·F. 史蒂文斯，还有华盛顿大学负责馆际互借和文件交付服务的海蒂·南斯和她的工作人员。特别感谢雷·特罗尔允许在本书封面上[1]使用他的"家族树"。

华盛顿大学的克里斯托弗·P. 卡内利以及美国国家海洋和大气管理局渔业部门阿拉斯加渔业科学中心的詹姆斯·W. 奥尔和杜安·E. 史蒂文森审阅了全部手稿。衷心感谢约翰霍普金斯大学出版社生物与生命科学责任编辑文森特·J. 伯克，感谢他娴熟地指导了本书的出版；还有出版团队：采编助理珍妮弗·E. 马拉特、文案编辑米歇尔·T. 卡拉汉、设计师欧米伽·克雷和宣传专员凯西·亚历山大。

最后，我要感谢华盛顿大学水产与渔业科学学院院长戴维·A. 阿姆斯特朗和环境学院院长莉萨·J. 格拉姆利克为支持本书出版提供的补贴。

---

[1] 指本书英文版。——编注

目　录

001　引言

009　括号和表格，圆圈和地图
　　　1554—1872

029　早期的植物式网络图和树形图
　　　1766—1815

037　最初的演化树
　　　1786—1820

043　19世纪早期丰富多彩的奇特树形图
　　　1817—1834

057　五分法则
　　　1819—1854

073　前达尔文时期的分枝图
　　　1828—1858

093　查尔斯·达尔文的演化理论和树形图
　　　1837—1868

107　恩斯特·海克尔的系统树
　　　1866—1905

133　后达尔文时期的离经叛道
　　　1868—1896

143　19 世纪晚期的其他系统树
　　　1874—1897

163　20 世纪早期的系统树
　　　1901—1930

197　阿尔弗雷德·舍伍德·罗默的系统树
　　　1933—1966

213　20 世纪中期的其他系统树
　　　1931—1943

235　威廉·金·格雷戈里的系统树
　　　1938—1951

263 新方法的蛛丝马迹
1954—1969

277 表型图和支序图
1958—1966

297 早期的分子树
1962—1987

311 过去四十年间的重要系统树
1970—2010

337 原始分枝树和通用演化树
1997—2010

347 术语表
353 注释
365 参考文献
383 索引

引言

在所有伟大的文化象征中,树可能是应用最广泛的隐喻图案。[1] 树的形象在人类历史中反复出现,几乎代表着生命的所有内涵。各个时代,树木通过树根、树干、枝丫和叶片体现出的复杂结构都让它们成为直观展现知识和思想层次的最佳象征[2]:描绘在羊皮纸和纸张上,或雕刻在石头上的树木图案,可以追溯到人类刚开创出可考历史的时代。于是,人类创造出了逻辑树,原理、戒律、道德或智慧树,宇宙学、语言、家谱或社会群体树,以及可能是众树中最为经久不衰的生命之树。

以树来展现和解释生物之间的关系这种隐喻手法常被归功于查尔斯·达尔文(1809—1882),他在1859年出版的《物种起源》一书中充分表达出了这个理念。[3] 但这种概念早已存在,至少可以追溯到18世纪中期。瑞士的博物学家和哲学家查尔斯·博内(Charles Bonnet,1720—1793)是明确用树来比喻生物关联的第一人,他的作品几乎比达尔文早了一个世纪。[4] 他在1764年出版的《自然的沉思》一书中尝试厘清昆虫、软体动物和甲壳类的关系。虽然他没有真正地画出树木，但提出了一系列催生了树形分枝图理念的问题：

> 自然在发展出不同等级的时候是否会产生分枝？
> 昆虫和软体动物是否是大树干上两根平行的分枝？
> 小龙虾和螃蟹是否也起自软体动物的分枝？
> 我们依然不能回答这些问题。[5]

不久之后，几乎在俄国奋斗一生的德国博物学家彼得·西蒙·帕拉斯（Peter Simon Pallas，1741—1811）又将这项工作推进了一大步。他本人和博内一样从没构建过演化树，但他在1766年提出最好用分枝树来展示生物间的等级：

> 但是最好用树形图来展示有机体系统，树根是最简单的动植物，上方立刻分出连续性不尽相同的动植物双重树干，第一重树干从软体动物延伸到鱼类，中间可以伸出昆虫的大分枝，随后延伸至两栖类，树梢处则是四足动物，但四足动物之下应有同样大小的鸟类分枝。[6]

依然是在远早于达尔文提出进化论的1766年，布封（Georges Louis Leclerc de Buffon，1707—1788）在研究哺乳动物间亲和性的时候使用了植物学术语。他写道："有些族群似乎组成了具有共同树干的科，树干上又发出了不同的茎干，因为每个物种里的成员都更小更多样。"[7]

1801年，一位默默无闻的法国博物学家奥古斯丁·奥吉耶（Augustin Augier，活跃于19世纪初）发表了一幅树形图（图21）来展示自己对植物关系的见解，其中树根、树干、树枝和树叶一应俱全。奥吉耶一个人静静地埋头工作，对博内、帕拉斯和布封早前的观点一无所知。因此他的理论是不折不扣的独创成果，而且远远领先于时代。他不仅提出了树的比喻，还绘制出了相应的图案：

> 系统树这类图示似乎最适合用来为纲和科展示分枝顺序和层次。笔者将这幅图称作植物学上的树，从中可以看出，虽然各个植物族群已经从主干上分道扬镳，但相互之间仍有相似之处。而系统树也正是用于显示同一个科的不同分支会以何种顺序从作为起源的茎干上发出。[8]

让-巴蒂斯特·拉马克（Jean-Baptiste Lamarck，1744—1829）自然是没有看过奥吉耶的植物树，他在 1809 年写道："我的意思并不是现生动物组成了一个非常简单且层级规律的类群，而是想表达它们组成了具有分枝的类群，层级并不规律，而且连续性从未中断，至少曾经并未中断。"[9] 阿尔弗雷德·拉塞尔·华莱士（Alfred Russel Wallace，1823—1913）也在发表于 1855 年的《新物种诞生的调控规律》一文中指出：

> 我们也明白即使是对一个完美的小族群而言，要建立起真正的分类也是困难重重。而在实际的自然环境中，这更是基本上毫无可能。物种浩如烟海，它们的体形和结构也千变万化，这可能是因为现生物种的直接祖先数量众多，导致亲和性关系的分枝错综复杂，不亚于盘根虬枝的橡树或人体中的脉管系统。此外，我们只窥见了这株大树的零落片段，还有很多茎干和主要分枝都是由尚不为人所知的已灭绝物种组成，而且我们还要整理好大量大小枝丫和散乱的树叶，为它们找

到相对其他物种的真正位置。只要想到这些问题，大家就不难发现，建立真正的自然分类系统是何等困难。[10]

在上文中这些颇有远见的博物学家里，只有拉马克和华莱士考虑到了生命的演化变迁，而博内、帕拉斯和奥吉耶的所有作品都认为世上存在神圣的造物主。

不过，最后是达尔文首先用充满诗意的语言将树的形象和演化联系起来：

> 人们有时候会用一株大树来体现同一个纲里各种生物的亲和性。我认为这种直白的比喻在很大程度上真实无误。初露头角的绿枝代表现生物种，而年代更早的树枝代表一长串已经灭绝的物种……嫩芽在生长中催生出了新的蓓蕾，只要生命力旺盛，它们就会伸展成新的枝条，全面凌驾于诸多细弱的树枝之上。我相信伟大的生命之树便是这样度过了世代更迭，它既用残破枯枝填满了地壳，也用生生不息的美丽枝条装点着地表。[11]

对大部分人来说，现代生命树是用于展示生物族群在时间推移中出现演化趋异或分支的图示，也是达尔文进化论在 19 世纪下半叶诞生后的产物。而在此之前，生命树的形式和宗旨都和今天大不相同。由亚里士多德提出的自然等级（也被称为"伟大的存在之链"）试图通过自然阶梯理论来给动物分类，也就是根据结构的复杂程度和功能来给世间万物归类。[12] 自然阶梯的图示大多都将各种事物垂直排列，底部是地风水火等基本元素，而顶端是人、天使和神（图 1）。这种主题也有更精细的作品，比如拉蒙·卢尔（Ramon Lull）发表于 1512 年的《智慧上升与下降的阶梯》（图 2），其中展现了从低等物种到高等物种的演变，反之亦然。[13]

随着人们对生物多样性的理解不断加深，生命阶梯理论也显得愈发无力。虽然它在 18 世纪晚期依然是重要的哲学概念，但还是逐渐被各种充满魅力的图示所取代，而后者正是本书的重点。[14]

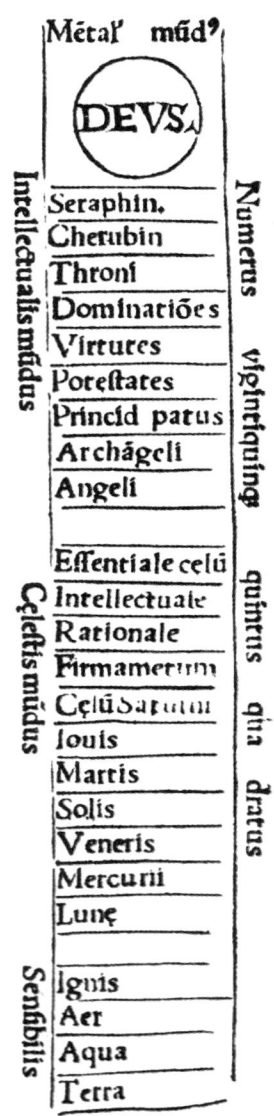

图1 法国数学家查尔斯·德·波富勒斯(约1475—1566之后)发表的"生物链"。他在1512年出版的《自然元素》里给自己取了个拉丁名字卡罗鲁斯·波维鲁斯(Carolus Bovillus)。

图 2 《智慧上升与下降的阶梯》所描绘的乍看之下并不像树木，但的确有二分枝形式。阶梯从下到上的文字和右边及左上方的图案代表石头、火焰、植物、野兽、人类、天空、天使和神。这幅图展示出了低等事物向高等事物发展的过程，反之亦然。拉蒙·卢尔（1232—1315）在1305年创作了这幅图，但直到1512年才得以发表。

括号和表格，圆圈和地图

1554—1872

今天的演化树（系统树）起源于用括号组成的表格。它们严格来说是类似树的分枝系统，不过是横向展开。括号图最初的使命是展示研究者推测出的动植物亲和性，彰显人们想象中上帝为地球创造生命的时间顺序，或是梳理混乱的生物名称和种类，而这些生物在亚里士多德（前384—前322）和泰奥弗拉斯托斯（约前371—前287）的时代之后就无人问津。作为如今二分枝检索图的前身，括号图会将最大的分类放在左边，随后根据特定的特征将其分成至少两类。每个次级分类又会再次根据另一种特征细分，以此类推，最后在右边形成最细化的分类。

虽然一些研究者认为这种括号表格是由17世纪的学者发明[1]，比如弗雷德里克·凯修斯（Fredericus Caesius，活跃时期为17世纪50年代）、约翰·威尔金斯（John Wilkins，1614—1672）、罗伯特·莫里森（Robert Morison，1620—1683）和奥古斯都·奎里纳斯·里维努斯（Augustus Quirinus Rivinus，1652—1723），但博物学家和目录学家康拉德·格斯纳

（Conrad Gessner，1516—1565）至少在一个世纪之前就使用过括号图。[2] 他在 1551 至 1558 年完成了共计 5 卷的《动物史》，这套巨著也标志着现代动物学研究的开端。[3] 书中采用了括号图来展示格斯纳心中的各种动物关系，例如滨鹬、鸻、杓鹬和沙锥等水鸟（图 3）。不久之后，著名的法国植物学家马赛厄斯·德·洛贝尔（Mathias de Lobel，1538—1616）和他的研究生皮埃尔·佩纳（Pierre Pena，活跃时期为 16 世纪 70 年代）就在 1570 年出版的《植物，新的对手》（图 4）中发表了一系列类似的图表，主题是植物的科、属、种和变种的概览。16 世纪的最后 25 年里还有其他类似的图示，比如科尼利厄斯·杰玛（Cornelius Gemma，1535—1578）精心绘制的兰花分类图，他显然是受到了佩纳和洛贝尔的启发。该图收录在他出版于 1576 年的《植物史》中（图 5）。

不久之后，弗雷德里克·凯修斯在为弗朗西斯科·埃尔南德斯的《新西班牙医学词典》编写附录植物表中好好利用了一番括号图（图 6）。[4] 该书虽然完成于 1628 年，但直到 1651 年才得以出版。约翰·威尔金斯在 1668 年出版的巨著《关于真实符号和哲学语言的论文》中也使用了括号图，他在这本书里力图阐明万事万物的本质和联系。通过用括号图的形式概括主题（图 7 和图 8）和"有关一切已得名事物和观念的惯常细分和描述"，他对自己的表格做出了如下解释：

> 这些物种通常成对归纳，以便记忆……本身就有对应物的事物和对方归在一起，无论单双。而没有对应物的事物和与它们有一定相似之处的事物归在一起。[5]

如此这般，威尔金斯分析了诸多事物，包括行为，言语，元素，植物，动物，空间，运算，私人和公共关系，司法和军事事务，等等。[6]

在威尔金斯的巨大影响之下，括号图在 17 世纪末及接下来的几十年里都欣欣向荣，发展成了最常用来展示动植物异同的图示。括号图的例子数不胜数，下列学者留下了一些历史意义颇为重大的作品：弗朗西斯·维路格比（Francis Willughby，1635—1672），他在朋友和同事约翰·雷伊（John Ray，1627—1705）的帮助下于 1686 年出版了自己最重要的专著，内容是 17 世纪的鱼类（图 9）；卡尔·林奈（Carl Linnaeus，1707—1778），在他众多的著名成就中，有一项是 1735 年备受争议的植物性别分类系统（图 10）；让－巴蒂斯特·拉马克，他全面构建出了最初的生物演化理论（图 11）；巴黎国立自然博物馆的亨利·玛丽·居克特·德·布拉维尔（Henri Marie Ducrotay de Blainville，1777—1850）的作品（图 12），他在拉马克之后出色地担任了博物学主席的职务（1830），后来还接任过乔治·居维叶（1769—1832）的比较解剖学主席一职；西奥多·尼古拉斯·吉尔（Theodore Nicholas Gill，1837—1914），他在戴维·斯塔尔·乔丹（David Starr Jordan，1851—1931）口中是"鱼类学历史上最热忱的分类探索人"（图 13）。[7]虽然这种图示如今已不再流行，但它的改良版仍在被人使用，主要作为一种鉴别分类的工具，一般被称为检索表。

植物学家罗伯特·莫里森是括号图的早期支持者。他在研究香没药属（图 14）的涵盖范围时进一步改进了这种图表。在发表于 1672 年的作品里，他尝试了一种和括号图差异颇大的图示，其中包含一连串代表分类的圆圈，由简单的二分岔或三分岔线条连接（图 15）。虽然乍看之下并不明显，但圆圈图上部的关系和一部作品中的括号图完全相同（可对比图 14 和图 15）。林奈曾写道，所有"植物都在各个方向上都有相似之处，正如地形图上疆界相接的地域"[8]。受到这个观点的直接影响，保罗·迪特里希·吉塞克

（Paul Dietrich Giseke，1741—1796）于1792年发表了一幅圆圈图，与莫里森的图十分相似，但没有连接线（图16）。吉塞克笔下的圆圈仿佛自由浮动的肥皂泡，以林奈构想出的理念勾勒出了各个科的植物[9]，它们的直径大致和属的数量成正比，而相对位置、接触情况或分隔距离代表相对亲和性。

半个多世纪之后，布封发表了一幅相似的"系统树"（将它称为网络图可能更为合适，图17），它以犬的种类为主题，但圆圈之间带有连接线。布封对自己的树形图做了这样一番阐述：

> 为了进一步明确犬的族群、它们在不同气候下的演化和杂交情况，笔者使用了可以被称为系统树的图示，让所有品种的犬都一目了然。本图类似地图，图中尽量保留了各气候带的相对位置。[10]

布封总结过动物亲和性和地理之间的生态关系，这个在早年间颇为稀罕的理论可能正是"亲缘地理学"的第一个范例，而且明显含有演化的意味。他认为世界不同地区的气候条件使起源于同一种祖先的犬类出现了显著的形态差异，同时认为牧羊犬是所有犬类的祖先：

> 牧羊犬是这株大树的根基，进入气候严酷的北方之后，它们就在拉普兰地区变小、变丑。但冰岛、俄罗斯和西伯利亚[1]等地区的族群似乎没有变化，甚至变得更加完美。这些地区的气候稍好于拉普兰，居民也略微文明一些。上述变化完全是由于气候的影响。[11]

---

[1] 实际上，俄国已于1636年征服西伯利亚全境。——编注

布封的图示无疑已经碰触到了演化，但他并不是进化论者，他的所有著作中都强烈显示出了物种固定不变的观念。[12] 不过，他也对动物育种和由此产生的形体多样性很有兴趣，但依然将育种视为特例，因为这必须要有人类的干预。[13]

图 3　康拉德·格斯纳对水鸟的分类，收录于《动物史》第三卷《鸟类学》中，这幅图发表于 1555 年，可能是第一个用于展示生物异同的括号图。

$$
\text{GRAMEN.}\begin{cases} \text{Vulgatius pratense} \begin{cases} \text{Maius,} \\ \text{Minus,} \\ \text{Minimum,} \\ \text{Rabinum vel Rauisum Montanum,} \\ \text{folijs vetonicæ Garyophyllatæ.} \end{cases} \\ \text{Caninum,} \begin{cases} \text{Longius radicatum,} \\ \text{Bulbosum, nodosum,} \end{cases} \Big\} \text{Officinarum.} \\ \text{Harundinaceum scabrum, equi nex Babylonium aut Cilicium.} \\ \text{Harundinaceum laue, & pilosum nemorum } \}\text{Ischæmum, , forte Plinij.} \\ \text{Harundinaceum striatum album.} \\ \text{Harundinaceum Marinum.} \\ \text{Ischæmon vulgare.} \\ \text{Parnasi hederaceo, aut Chelidonij folio, &} \\ \quad \text{Plinij Aizoi effigie gramina suis locis.} \\ \text{Mannæ esculentum.} \end{cases}
$$

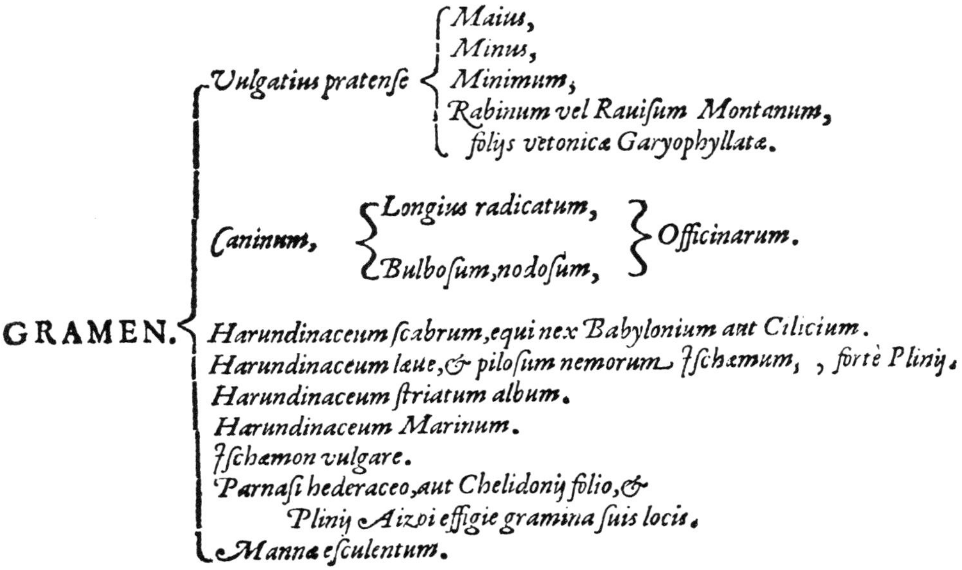

图 4 《植物,新的对手》一书中的禾本科植物分类,作者是皮埃尔·佩纳和马赛厄斯·德·洛贝尔,出版于 1570 年。

括号和表格,圆圈和地图　1554—1872

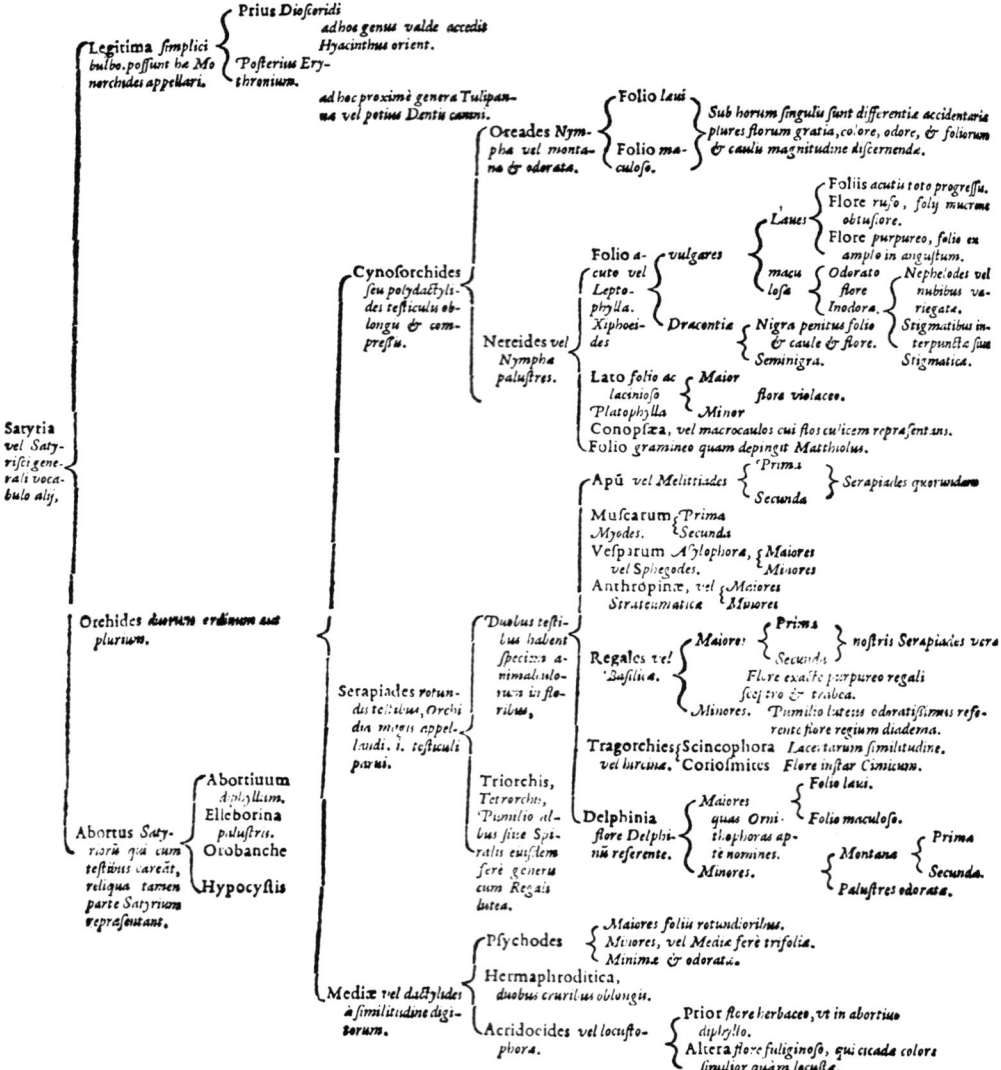

图 5　科尼利厄斯·杰玛的兰花分类图，由马赛厄斯·德·洛贝尔年发表于 1576 年出版的《植物史》。

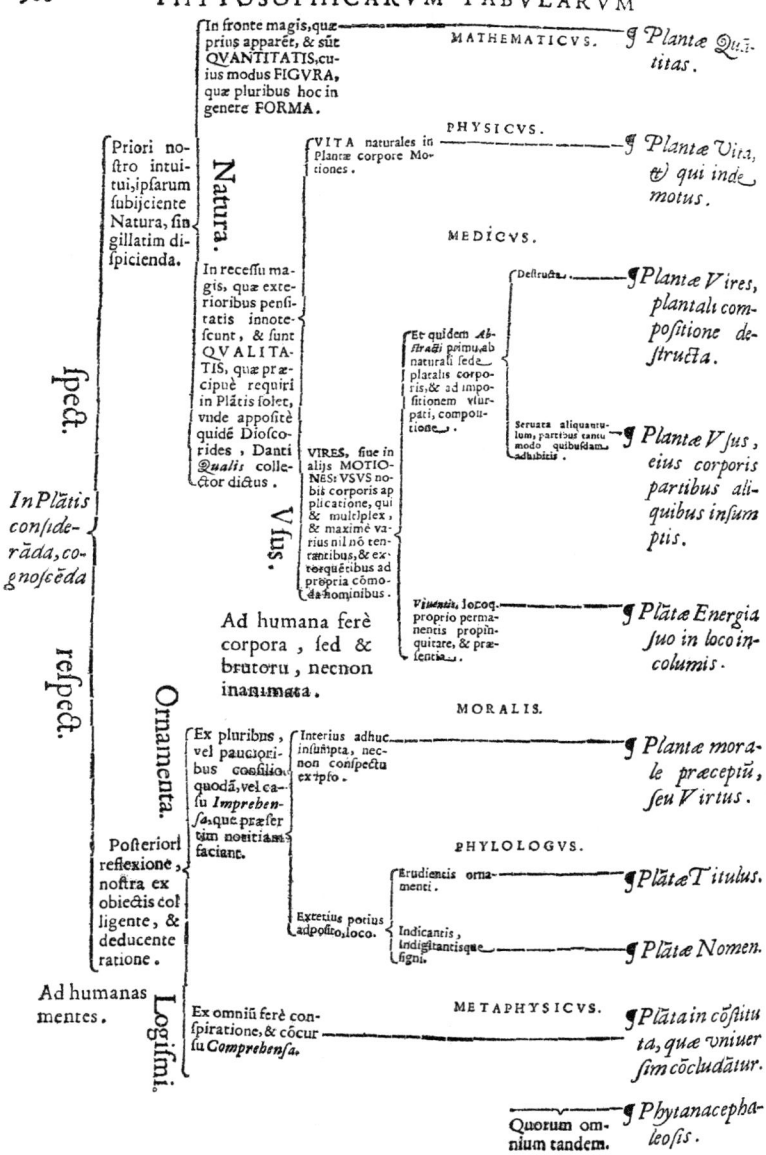

图 6 《植物分类》里的众多括号图中的一幅,作者是意大利植物学家弗雷德里克·凯修斯,收录于弗朗西斯科·埃尔南德斯完成于 1628 年的《新西班牙医学词典》,但这本书直到 1651 年才得以出版。

128　　*Of Exanguious Animals.*　　Part. II.

VI. CRUSTACEOUS EXANGUIOUS ANIMALS.

VI. The greater fort of EXANGUIOUS ANIMALS being CRUSTACEOUS, may be diftributed into fuch whofe figure is more
{ *Oblong*;
　{ The *greater*; having
　　{ *Naked fhells*; of a *dark brown colour*; ‖ either that which hath four pair of *legs*, and *two great claws*: or that which hath *no claws*, but five pair of *legs*, the *feelers* fomewhat *compreffed*, being *thorny on the back*.

Aſtacus.
Locuſta marina.
　　1. { LOBSTER.
　　　　{ LONG OISTER.

Downy fhell; having a *broad head*, with two *fhort, broad, laminate prominencies* from it, five pair of *legs*, and *no claws*.

Urſus marinus.
　　2. SEA BEAR.

The *leſſer*; living in
{ *Freſh water*; refembling a *Lobfter*, but much *leſs*, of a *hard fhell*.

Aſtacus fluviatilis.
　　3. CRAYFISH, *Crevice*.

Salt water; having a *thinner fhell*, being of a *pale fleſh colour*; ‖ either that of a *fharper tail*, the two *fore-legs* being *hooked* and not *forcipate*: or that which hath a *broader longer tail*, with two *purple fpots* upon it, being the greater.

Squilla.
Squilla Mantu.
　　4. { SHRIMP, *Prawn*.
　　　　{ SQUILLA MANTIS.

Shells of other Sea Fiſhes; having befides two *claws*, and two pair of *legs* hanging out of the *fhell*, two other pair of foft hairy *legs* within the *fhell*.

Cancellus.
　　5. HERMIT FISH, *Souldier Fiſh*.

Roundiſh; comprehending the *Crab-kind*, whofe bodies are fomewhat *compreffed*, having generally *fhorter tails* folded to their *bellies*.

{ The *Greater*; having
　{ *Thick, ſtrong, ſhort claws*; the latter of which hath *ſerrate prominencies* on the fide of the *claws*, fomewhat refembling the *Comb of a Cock*.

Cancer vulgaris.
Cancer Heracleoticus.
　　6. { COMMON CRABB.
　　　　{ SEA COCK.

Slender claws; ‖ either that of a *longer body*, having *two horns* between his *eyes*, being *rough* on the *back* and *red* when alive: or that whofe upper *fhell* doth extend beyond his body, having a *long ſtiffe tail*.

Cancer majus.
Cancer molucenſis.
　　7. { CANCER MAJUS.
　　　　{ MOLUCCA CRAB.

The *Leſſer*; refembling
{ A *Common Crab*; but being much leſs.
　　8. LITTLE CRABB.
{ A *Spider*; whether that which is fomewhat more *oblong* in the *body*, having a *long fnout*: or that whofe *body* is *round*.

Aranea marina.
Aranea cruſtacea.
　　9. { SEA SPIDER.
　　　　{ CRUSTACEOUS SPIDER.

图 7　无血动物。来自《关于真实符号和哲学语言的论文》的第二部分，由约翰·威尔金斯发表于 1668 年，其中有数百幅括号图。

Of Birds.

§ IV. BIRDS may be distinguished by their usual place of living, their food, bigness, shape, use and other qualities, into

- *Terrestrial*; living chiefly on *dry land*; whether
  - CARNIVOROUS; feeding chiefly on *Flesh*. I.
  - PHYTIVOROUS; feeding on *Vegetables*; whether
    - *Of short round wings*; less fit for flight. II.
    - *Of long wings*; and swifter flight; having their *Bills*; either more
      - LONG AND SLENDER; comprehending the *Pidgeon* and *Thrush-kind*. III.
      - SHORT AND THICK; comprehending the *Bunting* and *Sparrow-kind*. IV.
  - *Insectivorous*; feeding chiefly on *Insects*; (tho several of them do likewise sometimes feed on *Seeds*) having *slender streight bills* to thrust into holes, for the pecking out of *Insects*; whether the
    - GREATER KIND. V.
    - LEAST KIND. VI.
- *Aquatic*; living either
  - *About and* NEAR WATERY PLACES. VII.
  - *In waters*; whether
    - FISSIPEDES; having the *toes of their feet* divided. VIII.
    - PALMIPEDES; having the *toes of their feet* united by a *membrane*. IX.

图 8 约翰·威尔金斯发表于 1668 年的鸟类分类图，分类依据包括栖息地、食物、大小、体形、用途和其他特征。

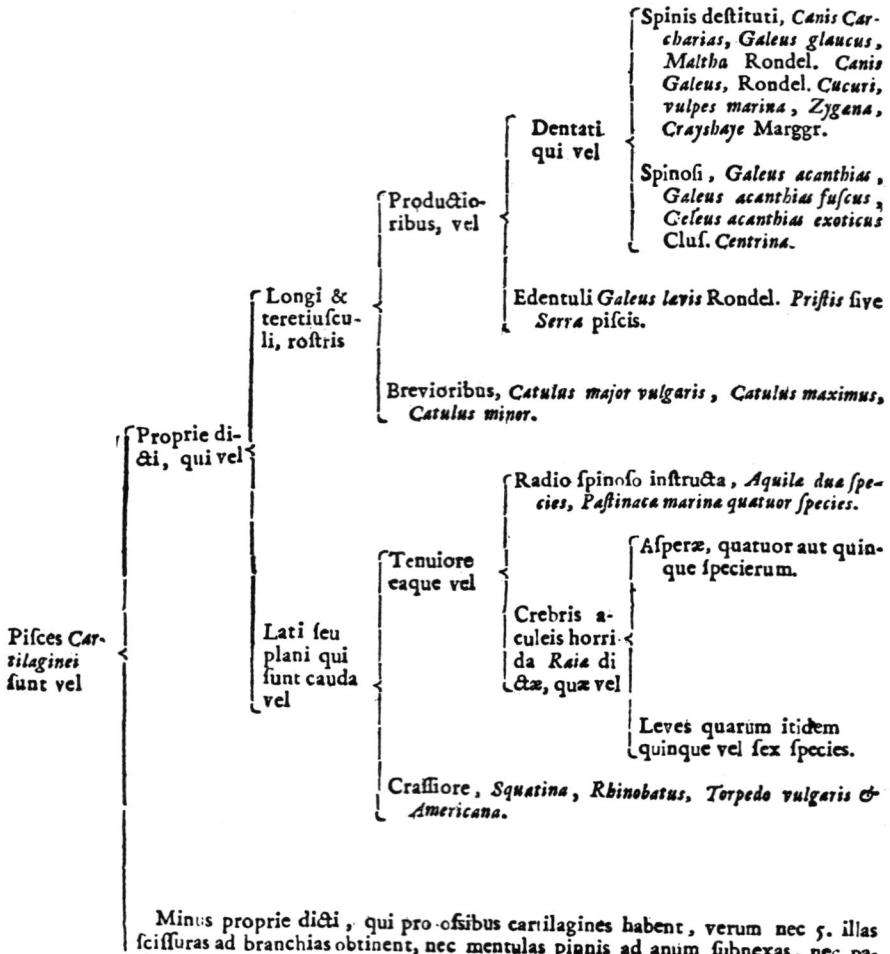

图 9　软骨鱼分类图，由弗朗西斯·维路格比收录于 1686 年出版的《鱼类历史（四册）》。

CLAVIS SYSTEMATIS SEXUALIS.

Flos est plantarum gaudium.

--- Sic planta propagat !

NUPTIÆ PLANTARUM
Actus generationis incolarum Regni Vegetabilis.
Florescentia.

PUBLICÆ.
Nuptiæ coram totum mundum visibiles apertè celebrantur.
Flores unicuique visibiles sunt.

MONOCLINIA.
Mariti & Uxores uno eodemque Thalamo gaudent.
Flores omnes hermaphroditi sunt, & stamina cum pistillis in eodem flore.

DICLINIA. à δίς bis & κλίνη Lectus, Thalamus.
Mariti seu feminæ distinctis thalamis gaudent.
Flores masculini vel feminini in eadem specie.

CLANDESTINÆ.
Nuptiæ clam instituuntur.
Flores, oculis nostris nudis vix conspicuuntur.

DIFFINITAS.
Mariti inter se non cognati sunt.
Stamina nullâ suâ parte connata inter se sunt.

AFFINITAS.
Mariti propinqui & cognati sunt.
Stamina cohærent vel inter se invicem aliquâ suâ parte, vel cum pistillo.

INDIFFERENTISMUS.
Mariti nullam subordinationem inter se invicem observant.
Stamina nullam accuratam proportionem longitudinis inter se invicem habent.

SUBORDINATIO.
Mariti certi reliquis præferuntur.
Stamina duo semper reliquis breviora sunt.

MONANDRIA. à μόνος unicus, & ἀνήρ maritus.   I.
  Maritus unicus in matrimonio.
  Stamen unicum in flore hermaphrodito.
DIANDRIA.   II.
  Mariti duo in eodem conjugio.
  Stamina duo in flore hermaphrodito.
TRIANDRIA.   III.
  Mariti tres in eodem conjugio.
  Stamina tria in flore hermaphrodito.
TETRANDRIA.   IV.
  Mariti quatuor in eodem conjugio.
  Stamina quatuor in flore cum fructu.
  Obs. Si Stamina 2 proxima breviora sunt, referatur ad Cl. 14.
PENTANDRIA.   V.
  Mariti quinque in eodem conjugio.
  Stamina quinque in flore hermaphrodito.
HEXANDRIA.   VI.
  Mariti sex in eodem conjugio.
  Stamina sex in flore hermaphrodito.
  Obs. Si 2 ex bis Stamina 2 opposita breviora, pertinet ad Cl. 15.
HEPTANDRIA.   VII.
  Mariti septem in eodem conjugio.
  Stamina septem in flore eodem cum pistillo.
OCTANDRIA.   VIII.
  Mariti octo in eodem thalamo cum femina.
  Stamina octo in eodem flore cum pistillo.
ENNEANDRIA.   IX.
  Mariti novem in eodem thalamo cum femina.
  Stamina novem in flore hermaphrodito.
DECANDRIA.   X.
  Mariti decem in eodem conjugio.
  Stamina decem in flore eodem cum pistillo.
DODECANDRIA.   XI.
  Mariti duodecim in eodem conjugio.
  Stamina duodecim in flore hermaphrodito.
ICOSANDRIA. ab εἴκοσι viginti & ἀνήρ.   XII.
  Mariti viginti communiter, sæpe plures, raro pauciores.
  Stamina (non receptaculo) calicis lateri interno adnata.
POLYANDRIA. à πολύς & ἀνήρ.   XIII.
  Mariti viginti & ultra in eodem cum femina thalamo.
  Stamina à 15 ad 1000 in eodem, cum pistillo, flore.
DIDYNAMIA. à δίς bis, & δύναμις potentia.   XIV.
  Mariti quatuor, quorum 2 longiores, & 2 breviores.
  Stamina quatuor, quorum 2 proxima longiora, 2 breviora.
TETRADYNAMIA.   XV.
  Mariti sex, quorum 4 longiores in flore hermaphrodito.
  Stamina sex, quorum 4 longiora, 2 antem opposita breviora.
MONADELPHIA. à μόνος unicus, & ἀδελφός frater.   XVI.
  Mariti, ut fratres, ex una basi proveniunt.
  Stamina filamentis in unum corpus coalita sunt.
DIADELPHIA.   XVII.
  Mariti è duplici basi, tanquam è duplici matre, oriuntur.
  Stamina filamentis in duo corpora connata sunt.
POLYADELPHIA.   XVIII.
  Mariti ex pluribus, quam duobus, matribus orti sunt.
  Stamina filamentis in tria, vel plura, corpora coalita.
SYNGENESIA. à σύν simul, & γένεσις generatio.   XIX.
  Mariti cum genitalibus fœdus constituerunt.
  Stamina antheris (raro filamentis) in cylindrum coalita.
GYNANDRIA. à γυνή femina, & ἀνήρ maritus.   XX.
  Mariti cum feminis monstrosè connati.
  Stamina pistillis (non receptaculo) insident.
MONOECIA. à μόνος unicus, & οἶκος domus.   XXI.
  Mares habitant cum fem. in eadem domo, sed diverso thalamo.
  Flores masculini & feminini in eadem planta sunt.
DIOECIA.   XXII.
  Mares & feminæ habitant in diversis thalamis & domiciliis.
  Flores masculini in diversa planta, à feminini nascuntur.
POLYGAMIA. à πολύς, & γάμος Nuptiæ.   XXIII.
  Mariti cum uxoribus & innuptis cohabitant in distinctis thal.
  Flores Hermaphroditi, & masculini l. femin. in eadem specie.
CRYPTOGAMIA. à κρυπτός occultus, & γάμος Nuptiæ.   XXIV.
  Nuptiæ clam celebrantur.
  Florent intra fructum, vel parvitate oculos nostros subterfugiunt.

图10 卡尔·林奈著名的植物"性别系统"关系图，发表于1735年出版的《自然系统》第一版。

括号和表格，圆圈和地图　1554—1872

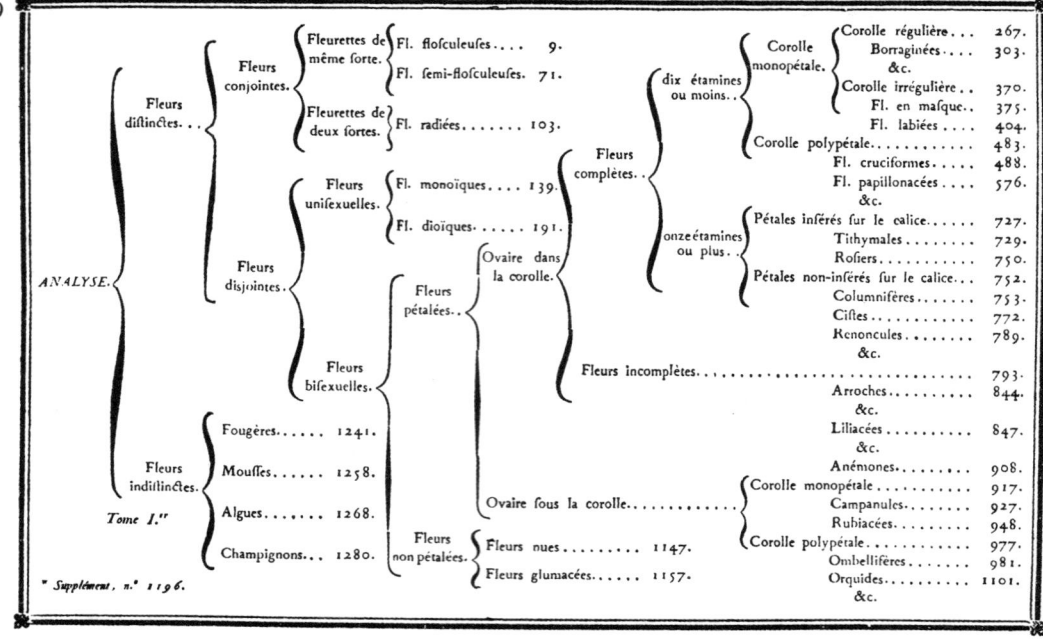

图 11 让-巴蒂斯特·拉马克的法国主要植物族群括号图,收录在 1778 年出版的《法国植物群》第二卷。

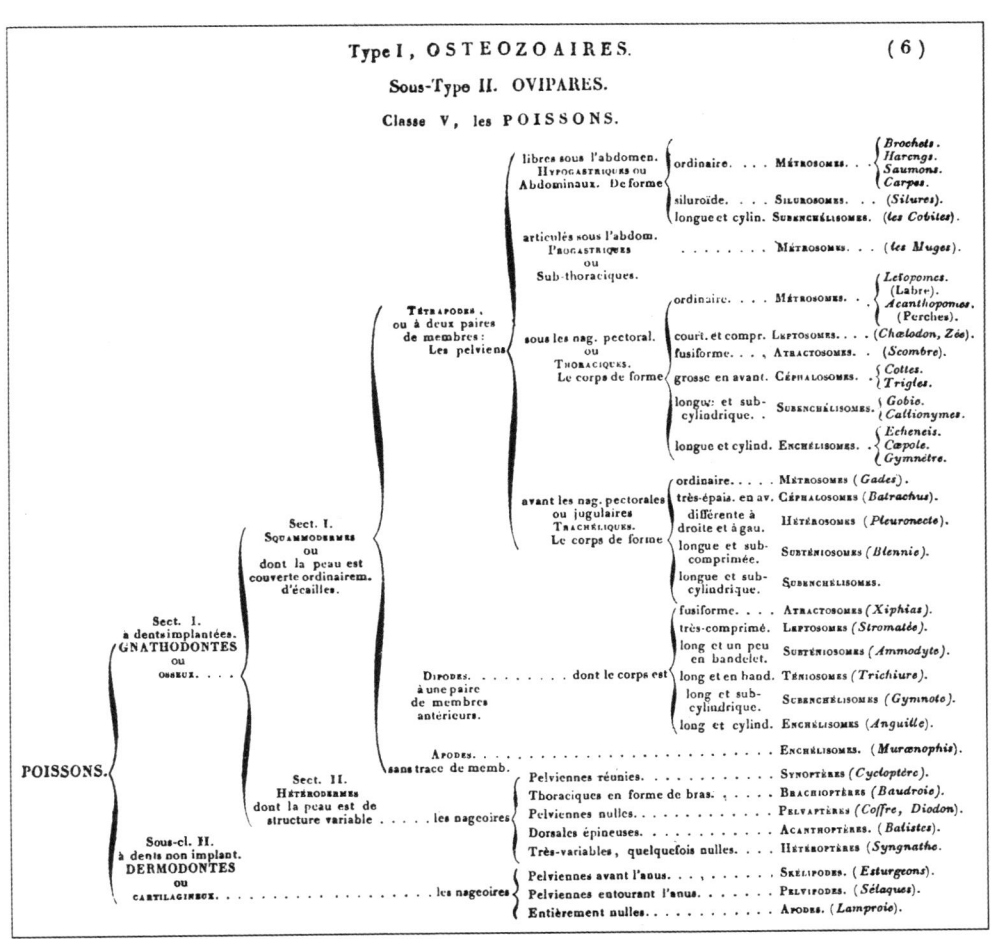

图12 亨利·玛丽·居克特·德·布拉维尔的鱼类分类图,收录于1822年出版的《动物机体:比较解剖学原则》。

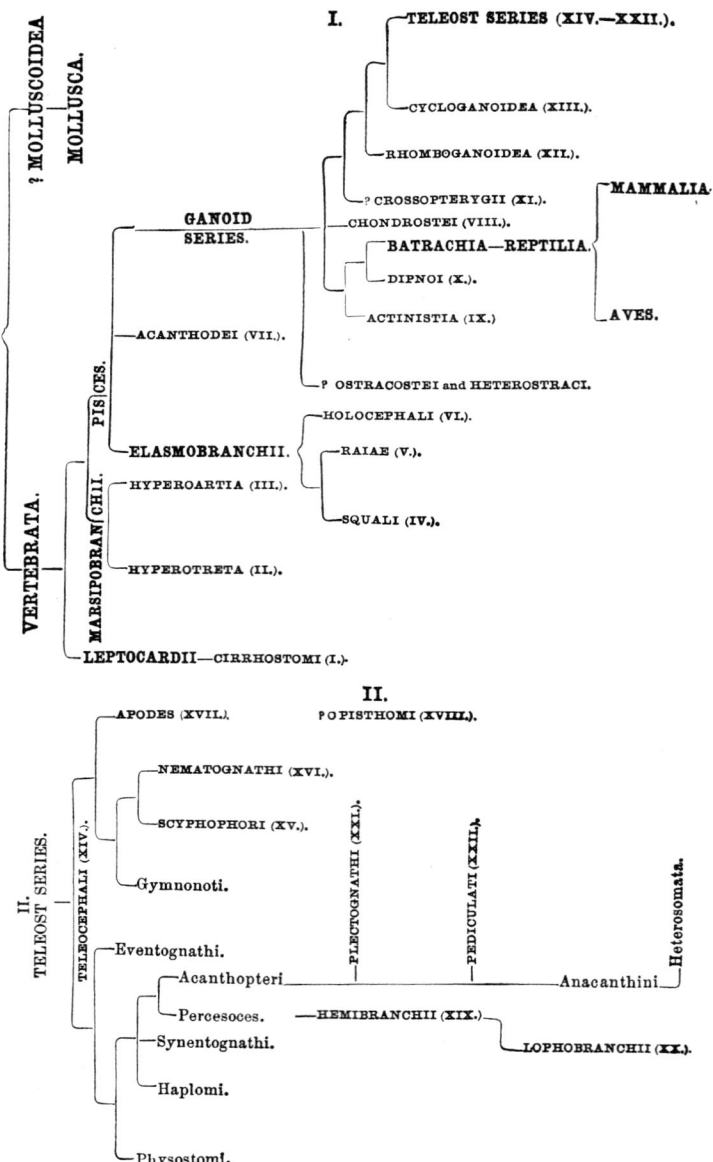

图 13 西奥多·尼古拉斯·吉尔发表于 1872 年的鱼类分类图，展示了脊椎动物从软体动物演化而来的历程，类似于拉马克发表于 1809 年的分类图（见图 24）。

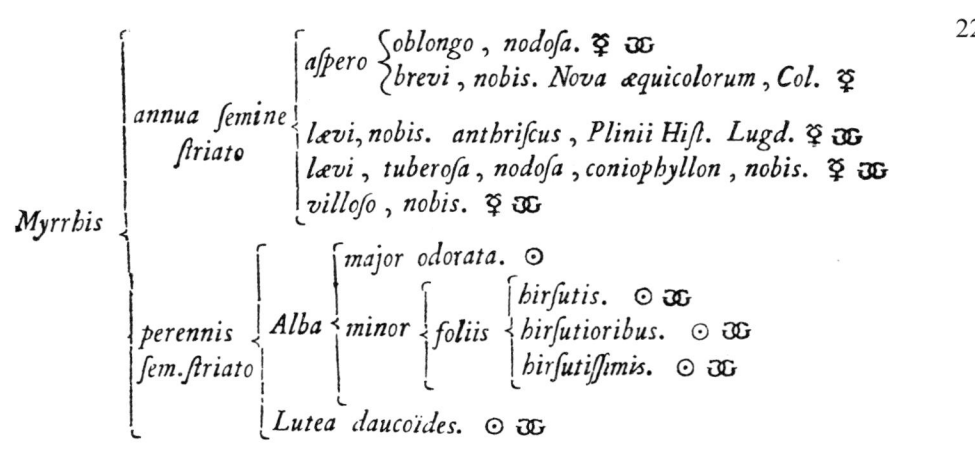

$$
\text{Myrrhis}
\begin{cases}
\text{annua semine striato}
\begin{cases}
\text{aspero}
\begin{cases}
\text{oblongo, nodosa. ☿ ♊} \\
\text{brevi, nobis. Nova æquicolorum, Col. ☿}
\end{cases} \\
\text{lævi, nobis. anthriscus, Plinii Hist. Lugd. ☿ ♊} \\
\text{lævi, tuberosa, nodosa, coniophyllon, nobis. ☿ ♊} \\
\text{villoso, nobis. ☿ ♊}
\end{cases} \\
\text{perennis sem. striato}
\begin{cases}
\text{Alba}
\begin{cases}
\text{major odorata. ☉} \\
\text{minor foliis}
\begin{cases}
\text{hirsutis. ☉ ♊} \\
\text{hirsutioribus. ☉ ♊} \\
\text{hirsutissimis. ☉ ♊}
\end{cases}
\end{cases} \\
\text{Lutea daucoïdes. ☉ ♊}
\end{cases}
\end{cases}
$$

图 14 来自罗伯特·莫里森出版于 1672 年的《伞形科植物新分类》，该书大量使用了括号图。这幅图展示了香没药属里某些植物的关系。当时的研究者认为该属包括多个物种，但现在发现这是一个单型属，仅包括被称为欧洲没药或香没药的一个物种。

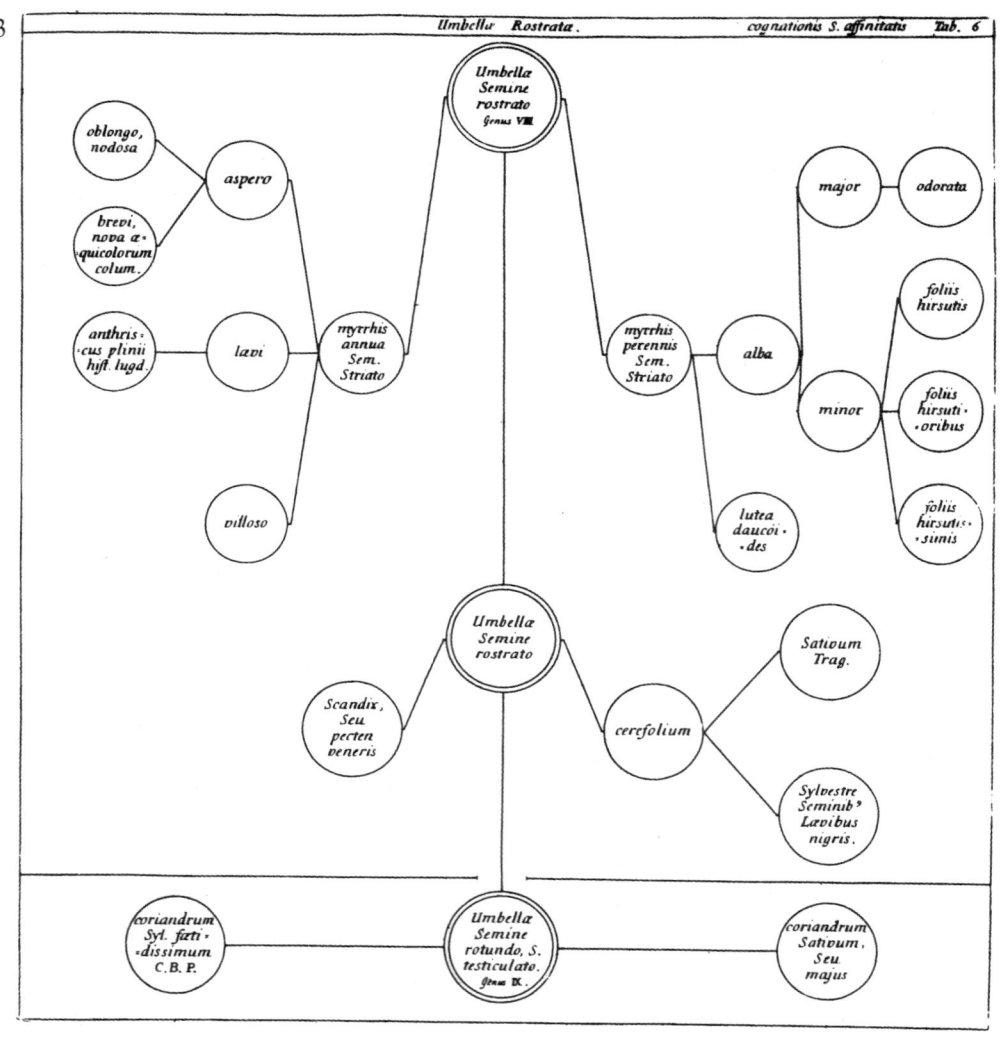

图 15 罗伯特·莫里森还重新制作了部分伞形科植物的关系图（1672），由通过简单的二分岔或三分岔线条连接的圆圈组成（可与图 14 对比）。

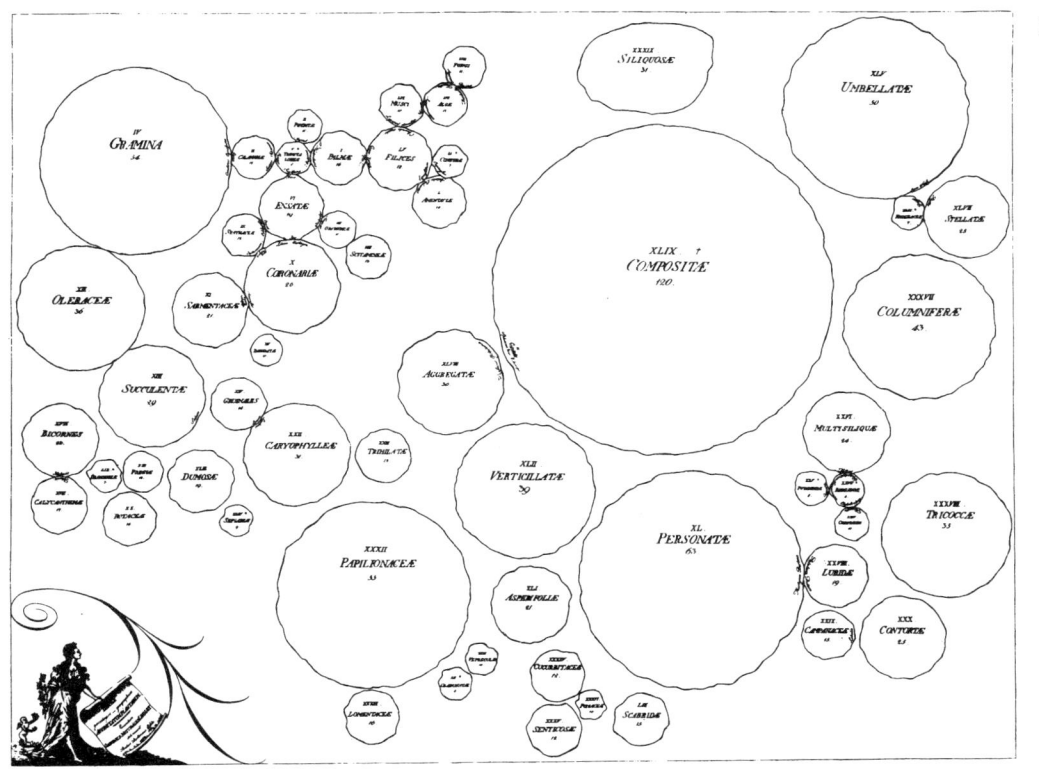

图 16　保罗·迪特里希·吉塞克发表于 1792 年的植物科间"族系–地理亲和性"图，依据为卡尔·林奈的自然分类（1751）。每个科都由带罗马数字的圆圈表示，圆圈的直径大致代表其中属的数量（阿拉伯数字）。

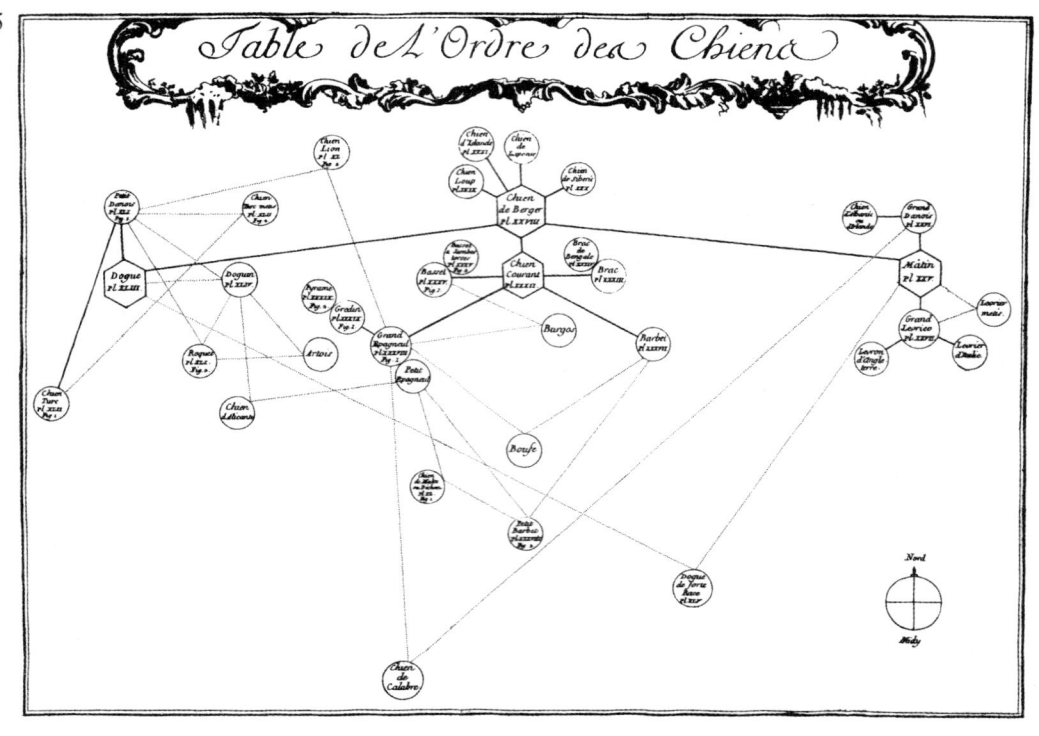

图 17 布封针对犬品种的"系统树",收录于他和路易斯-吉恩-马里·道本顿出版于 1755 年的《自然史,通史和专门史,以及对皇家藏品的描述》。纯种以实线表示,杂交种以虚线表示。"树根"是牧羊犬,位于中上部的巨大六边形中。

早期的植物式网络图
和树形图   1766—1815

　　18世纪中期的博物学家都忙活着绘制括号图，其中也有少数人在尝试多少类似括号图的图示，其他研究者则在构建更类似于现代图示的树形图，植物学家尤其热衷此道。德国植物学家约翰·菲利普·儒宁（Johann Philipp Rüling，1741—？）在1766年创造出一幅复杂的植物自然类群亲和性网络图，其中同时纳入了括号图和分枝树的特征（图18）。儒宁和很多同时代的植物学家都认为，自然的造物组成了"存在之链"，但这不是将所有生命都囊括在内的连续链条，而是大量相互连接在一起的序列。他的网络图里也体现出了这一点。[1] 图中纵向排列着长度不一的分类链，并由横向括号线连接。奥古斯特·约翰·格奥尔格·卡尔·巴奇（August Johann George Carl Batsch，1761—1802）在1802年发表了一张更加复杂的网络图（图19）——一位历史学家表示这张图"颇像癫狂蜘蛛所结下的网"[2]——他依然采用了"存在之链"的理念，并在图中展示了植物界的亲和性。[3]

　　在这个早期阶段的这些树形图里，安托万-尼古拉·迪歇纳（Antoine-

Nicolas Duchesne，1747—1827）发表于 1766 年的"草莓系谱图"（图 20）堪称典范。迪歇纳是凡尔赛花园的皇家园艺学家，也无疑是当时世界上最权威的草莓专家。1761 年，他在一片野草莓地中发现了一个新的单叶品种，与其他二叶品种迥然不同，这种结构差异让他备感惊讶。[4] 通过当时少有人尝试的细致观察和反复试验，迪歇纳发现这种新的草莓不仅独特，而且能在播种繁殖后保持住独特的性状。在令人震惊的事实面前，他开始怀疑物种固定不变的理论，并考虑怎样才能定义不同的分类、属、物种、亚族和品种。[5] 迪歇纳在深深的迷惑之中做出了下列考量：

> 这种草莓该如何归属……？是一个新的物种吗？……或者不过是一个新的品种？……在其他属里，有多少品种被当成了物种？我一直有这种疑虑……我感到现在的观念有些需要纠正，但概念不清的主要原因是各个作者会用同样的说法来描述完全相反的概念……这个推测让我认为，所有草莓其实都属于一个单独的物种，而各种草莓只是不同的品种。我还想研究它们的系谱。[6]

这场研究的成果之一便是厘清了草莓品种的分枝图，该图认为四季草莓（一年四季都可结果）是所有草莓品种的起源。迪歇纳以远超时代的眼光写道："只有系谱顺序才是自然分类的依据，是唯一真正具有说服力的次序。"[7]

1801 年，来自里昂的法国博物学家奥古斯丁·奥吉耶发表了一幅植物式树形图（图 21），这比迪歇纳的草莓系统发育树更为引人注目。正如彼得·史蒂文斯所说，奥吉耶的树形图描绘了他心中的植物界关系：

他在建立自然分类时尝试着以花的各个部分作为依据，而不仅依靠单一部位的特征，这种方法也可以起到关键作用。其努力的成果便是这株植物树，奥吉耶还详细描述了自己构建树形图的方法，这种方法体现出了当时很少有人提及的自然关系。他用植物一样的树形结构来区分各种关系，其中两种关系类似于我们现在所说的同源性和同功性。[8]

有人认为"系统树似乎是为不同的纲和科展示分枝顺序和层次的最佳方法"，奥吉耶对此深表赞同。[9]但他并不是进化论者，反而相信世上存在神圣的造物主："在创造花朵的时候，造物主是按照固定的比例和演化方式来决定各个部分的数量。这毋庸置疑。"[10]奥吉耶枝繁叶茂的树形图明显和线性分类理念背道而驰，而很多和他同一时代的研究者都在描绘关系图时将后者奉为圭臬。不过，总体看来，这幅图还是体现出了从底层苔藓和真菌到顶部最完美植物之间的连续演化关系。无论如何，奥吉耶的树依然是某些重大改变的早期代表，而这些改变即将使前达尔文时期的系统分类学改头换面。[11]

当时还有一幅非凡的树形图在很多方面都可以和奥吉耶的树形图相媲美，这就是1815年法国医生和植物学家尼古拉·夏尔·塞兰热（Nicolas Charles Seringe，1776—1858）为瑞士柳树（柳属）专著所配的插图（图22）。其主要目的并不是展示种间亲和性，而是列出各种柳树间的异同，以便用作识别工具，即图形式物种检索表。[12]要不是所有分枝上都直接写明了原始和衍生的特征状态，那这幅图就几乎和今天的支序图一模一样（见图190—192）。在现代支序图中，分类并不是沿树枝分布，而是只写在每根树枝的末梢。

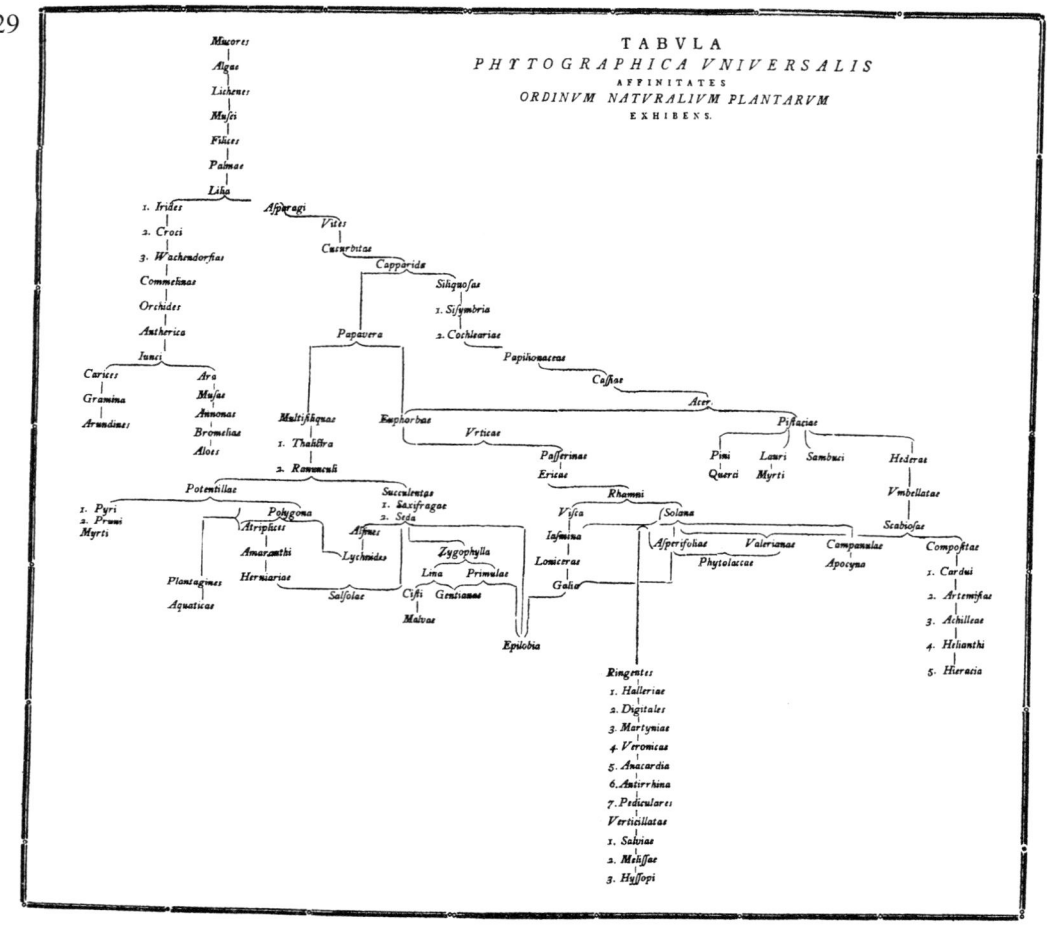

图 18 自然植物目之间的亲和性网络图，作者是约翰·菲利普·儒宁，发表于 1766 年。

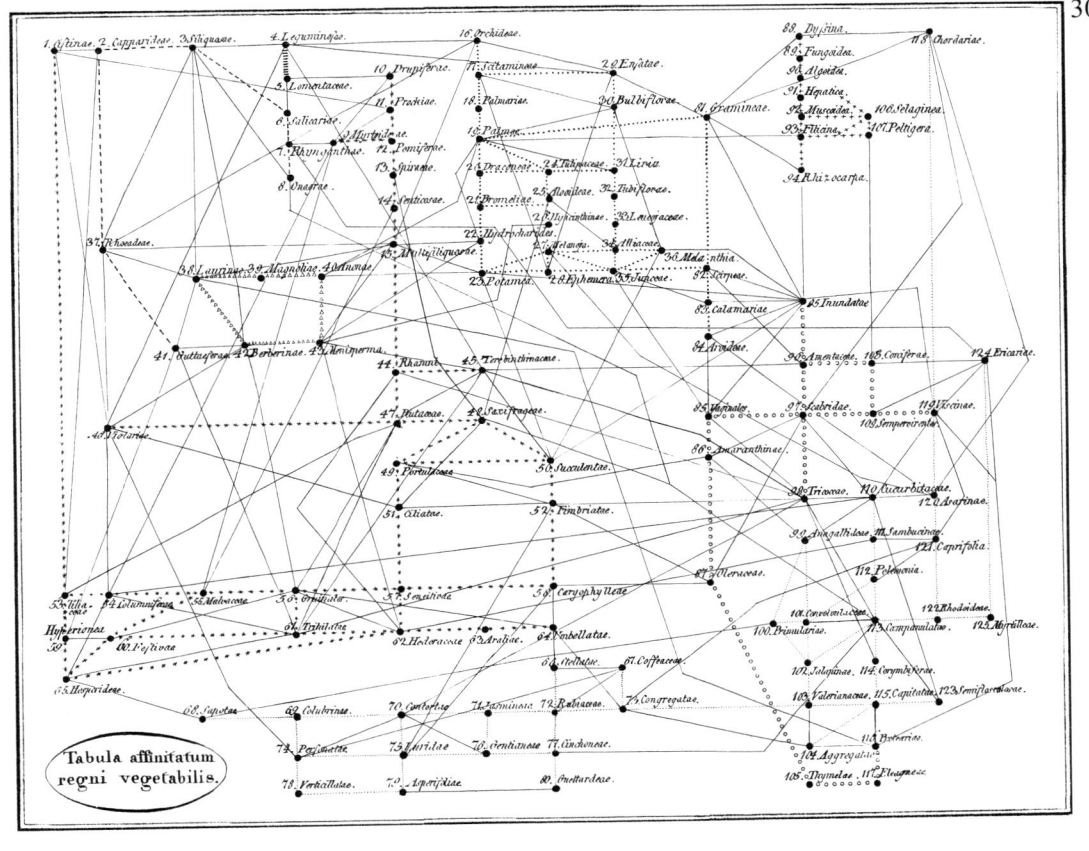

图19 植物界的亲和性图,作者是奥古斯特·约翰·格奥尔格·卡尔·巴奇,发表于1802年。

早期的植物式网络图和树形图 1766—1815

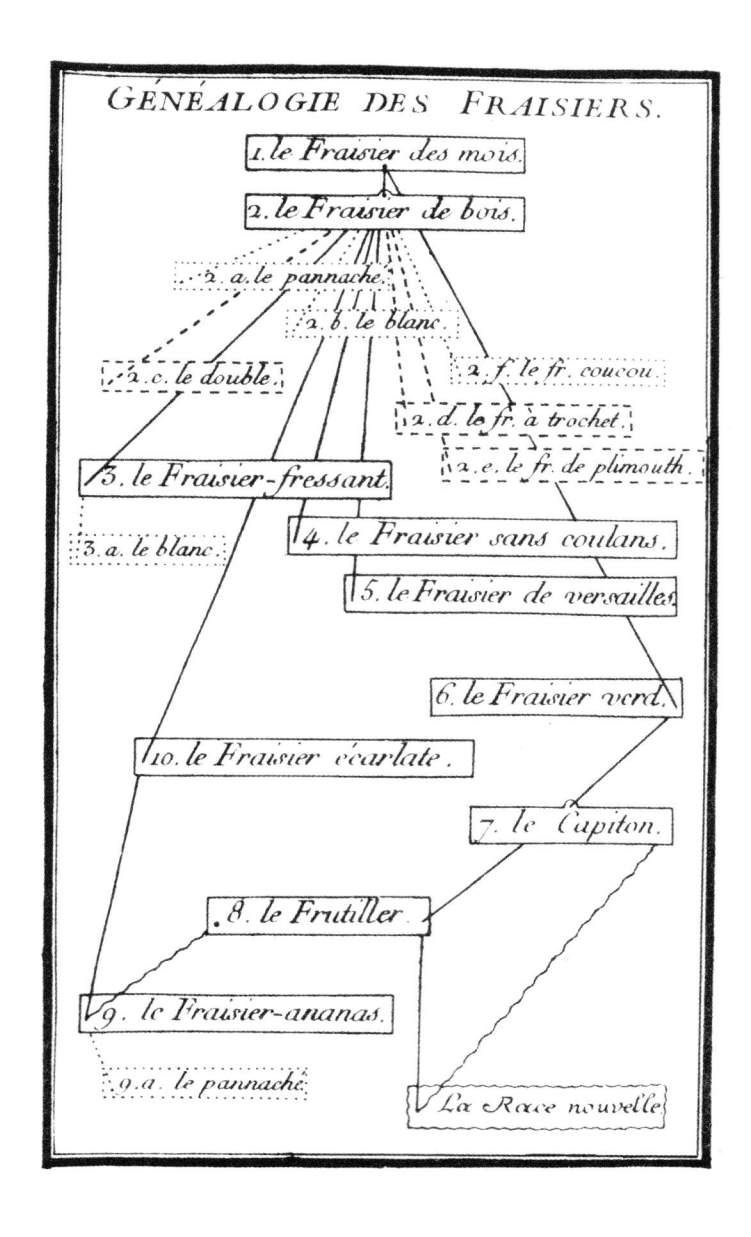

图 20 安托万 - 尼古拉·迪歇纳的草莓系谱图，收录于 1766 年出版的《草莓的自然史》。这棵头脚颠倒的树起源于四季草莓，分成了 9 个带数字的品种（注意迪歇纳在右下角标注的"新品种"）："将草莓连接起来的线条代表我观察到或推测出的草莓后代。虚线中的草莓孕育出了产生新品种的种子。"（迪歇纳，1766:288）。

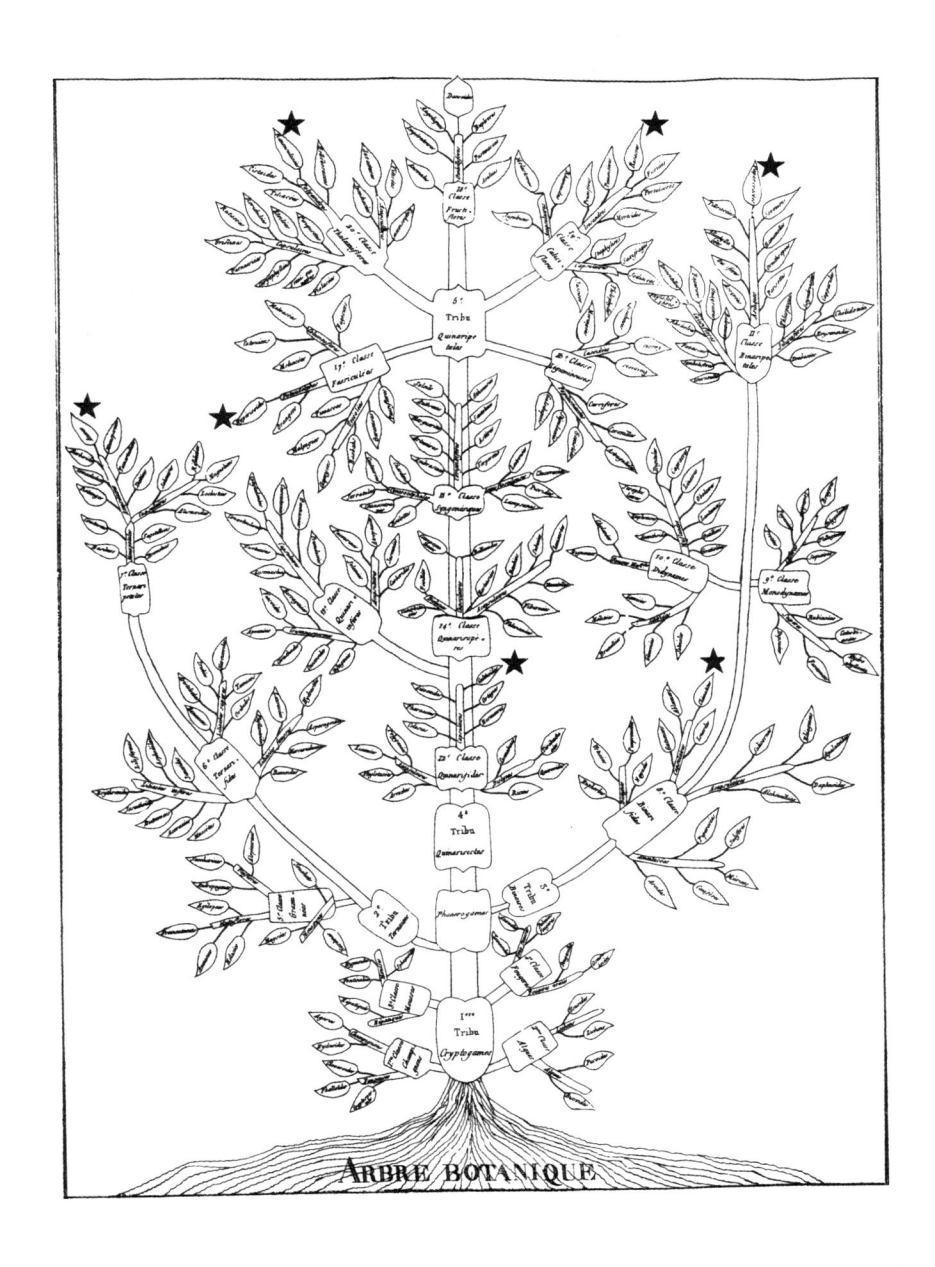

图 21 奥古斯丁·奥吉耶发表于 1801 年的植物式树形图，用于展现他心中的植物界关系。星星表示具有"同功性"的科。

史蒂文斯，1983 年，《分类》；32（2）:203—211，图 1；由彼得·F. 史蒂文斯、玛丽·E. 恩德雷斯和国际植物分类学会提供。已获得授权。

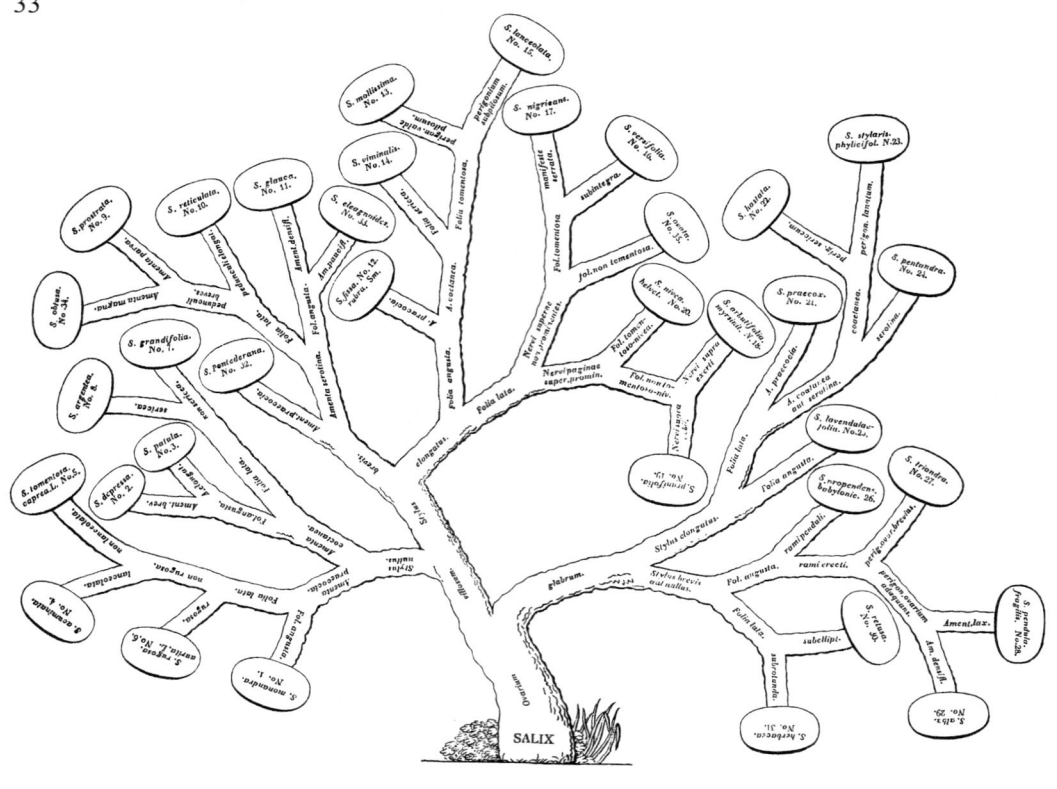

图 22 尼古拉·夏尔·塞兰热的瑞士柳树(柳属)二叉分枝树,发表于 1815 年。树枝上列出了关键特征。椭圆形里的数字是指书中对各个种的描述顺序。

最初的演化树 1786—1820

让-巴蒂斯特·拉马克发表于1809年的著名分枝图和奥吉耶以及塞兰热的图示形成了鲜明对比。种种证据表明，奥吉耶及塞兰热在创建植物式树形图时都没有考虑过演化改变或物种转变。[1][1] 而拉马克的整体生物学观点便是以演化改变为核心，"包括原始形态持续不断的自发形成和朝向现生生命的上行转变"[2]。正如厄恩斯特·迈尔（Ernst Mayr）所说，查尔斯·达尔文的前辈都没能像拉马克这样接近进化论：

> 在他之前的研究者曾在研究别的课题时顺便或无意中探讨过演化，措辞或太过文艺或太过隐晦。而他是第一位专门在一整本书里讨论生物演化理论的作者，而且还首次提出整个动物系统都是演化的产物。[3]

---

[1] 奥吉耶不接受他的"树"的演化机制；事实上，他多次提到造物主。

1786年，拉马克设计出一张图（图23），来为植物展示"真正的分级顺序"，还进一步展示出这种线性排布能"将动物界里的大类和植物完美地对应起来"。[4][1] 在达尔文诞生的1809年，拉马克出版了第一幅货真价实的演化树图（图24），当时距《物种起源》（1859）的出版还有整整50年时间。同时，他也明确使用了树的比喻，其中反复提到了植物学名词：

　　这幅图 [图24] 可能有助于读者理解我的观点。大家可以从图上看出，我认为动物始于至少两根分枝，而且在不断进展的过程中以末端小枝的形式止于多个特定位置。动物起源的两根分枝代表它们中最不完美的成员，因此每根分枝上最初的动物都是完全凭借自然发生而出现。[5]

　　这张图里是一棵上下颠倒的树，与迪歇纳的草莓图（1766年，见图20）有些相似。拉马克描绘出了两个没有联系的原始族系。第一个分枝中包含单细胞生物（纤毛虫）和腔肠动物（水螅和辐射动物），第二个分枝始于不分节蠕虫，并进展至右边包括昆虫、蜘蛛和甲壳类的族群，以及左边包括环节虫、藤壶和软体动物的族群。后者中演化出了脊椎动物，也就是鱼类和爬行类（包括两栖动物），它们中又诞生出了左边的鸟类和卵生单孔类以及右边的哺乳类。拉马克在不久之后（1815）又用修改后的图表（纵向括号图，图25）进一步阐释了自己对无脊椎动物关系的理解，这次依然是将这个族群细分为两个没有联系的系列：有关节动物和无关节动

---

[1] 拉马克的植物学和动物学系列见《植物分类学百科全书》（Encyclopédie méthodique, Botanique）中《分类》（"Classes"）一文。

物，并对很多族群进行了重新归类。不过，这次的图表将整个群体横向分成了 3 个部分，包括惰性无感觉动物（*Animaux apathiques*）、有感觉动物（*Animaux sensibles*）和智慧动物（*Animaux intelligens*）。前两类的内部由竖线连接（表明了复杂性连续增加）[6]，而底部的"智慧"脊椎动物自成一派，拉马克坦承自己找不到可以将脊椎动物和无脊椎动物连接起来的地方。1820 年，他又放弃了多系谱的看法，转而认为所有生命都起源于同一种生物并组成了一个单一的序列。[7]

* *Etres organiques vivans, assujettis à la mort, & qui ont la faculté de se reproduire eux-mêmes.*

ANIMAUX.	VÉGÉTAUX.
1. LES QUADRUPEDES.	**LES POLYPÉTALÉES. 1.**
1. Terrestres onguiculés.	Thalamiflores. 1.
2. Terrestres ongulés.	Caliciflores. 2.
3. Marins.	Fructiflores. 3.
2. .... LES OISEAUX.	**LES MONOPÉTALÉES, ... 2.**
1. Terrestres.	Fructiflores. 1.
2. Aquatiques à cuisses nues.	Caliciflores. 2.
3. Aquatiques nageants.	Thalamiflores. 3.
3. .... LES AMPHIBIES.	**LES COMPOSÉES. 3**
1. Tétrapodes.	Distinctes. 1
	Tubuleuses. 2.
2. Apodes.	Ligulaires. 3.
4. .... LES POISSONS.	**LES INCOMPLETTES. ...... 4.**
1. Cartilagineux.	Thalamiflores. 1.
	Caliciflores. 2.
2. Epineux.	Diclynes. 3.
	Gynandres. 4.
5. .... LES INSECTES.	**LES UNILOBÉES. .... 5.**
1. Tétraptères.	Fructiflores. 1.
2. Diptères.	Thalamiflores. 2.
3. Aptères.	
6. .... LES VERS.	**LES CRYPTOGAMES. .... 6.**
1. Nuds.	Epiphyllospermes. 1.
2. Testacés.	Urnigères. 2.
3. Lithophytes.	Membraneuses. 3.
4. Zoophytes.	Fongueuses. 4.

Botanique. Tome II.

图 23 让-巴蒂斯特·拉马克发表于 1786 年的图,展示出了植物界"真正的分级顺序",还用这种构图法绘制出了"完美对应"的动物界分级。虽然拉马克承认这种双线性归类方式(植物在右,动物在左)可能无法完美体现出自然的真意,但他认为这"已经非常适合人类的理解能力"(见伯克哈特,1995:56)。

TABLEAU
Servant à montrer l'origine des différens animaux.

```
    Vers.                    Infusoires.
      .                      Polypes.
                             Radiaires.
           .

                   .
                             Insectes.
                             Arachnides.
                             Crustacés.
    Annelides.
    Cirrhipèdes.
    Mollusques.
                   .

                   Poissons.
                   Reptiles.

                          .
    Oiseaux.

    Monotrèmes.
                   .
                             M. Amphibies.

                         .
                             M. Cétacés.

                  .
                             M. Ongulés.
           M. Onguiculés.
```

图 24 第一幅演化树图：拉马克"用于展示不同动物起源的图"，发表于他 1809 年出版的《动物学哲学》。点状连线表明哺乳动物源自包含鱼类和爬行类的族群，并构成了一个包括海豹、海象、儒艮和海牛（*M. Amphibies*）的族群，该族群又分为右边的鲸目（*M. Cétacés*）和左边的有蹄类哺乳动物（*M. Ongulés*）以及其他哺乳动物（*M. Onguiculés*）。

最初的演化树 1786—1820

38

ORDRE présumé de la formation des Animaux, offrant 2 séries séparées, subrameuses.

	[1] Série des Animaux Inarticulés.	[2] Série des Animaux Articulés.
Animaux apathiques.	Infusoires. Polypes. Ascidiens. Radiaires.	Vers.
Idem sensibles.	Acéphales. Mollusques.	Epizoaires. Insectes. Annelides. Arachnides. Crustacés. Cirrhipèdes.
Id. intelligens.		Poissons. Reptiles. Oiseaux. Mammifères.

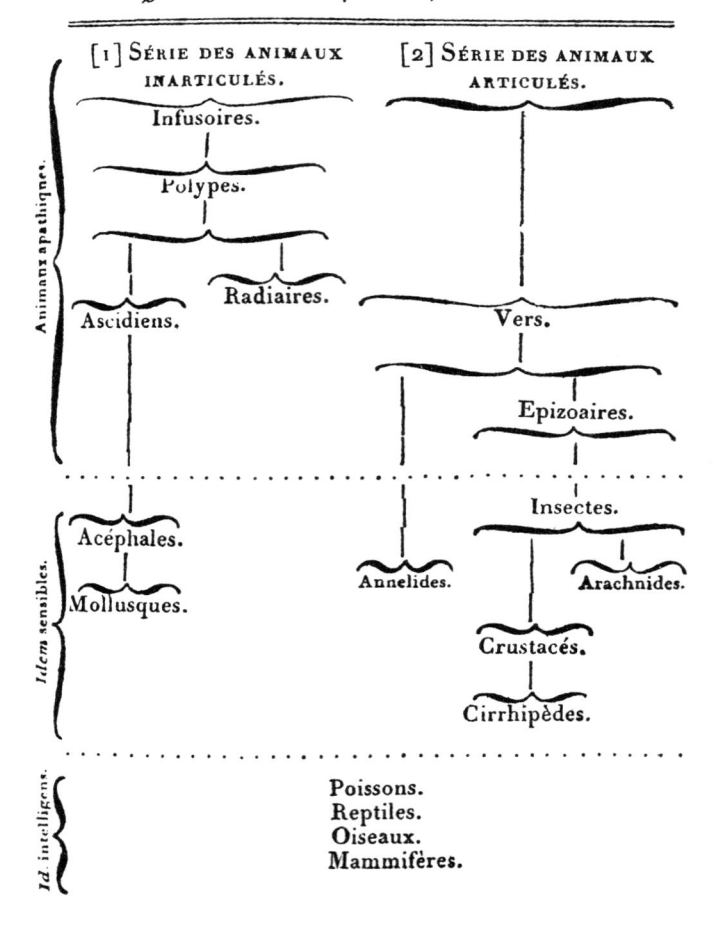

图 25 拉马克"假设的动物形成顺序，包括两个独立的分支系统"，发表于他 1815 年出版的《无脊椎动物自然史》。

19世纪早期丰富多彩的奇特树形图 1817—1834

米歇尔-菲利克斯·杜奈（Michel-Félix Dunal，1789—1856）发表于1817年的番荔枝科（Annonaceae）"亲和性图"可谓前无古人后无来者。这个规模庞大的科中包括诸多开花乔木和灌木，以及少数藤本植物（图26）。目前认为该科大约包括130个属和2 500个种。但杜奈似乎只发现了9个属。构图方式乍看之下有些让人摸不着头脑，它用蝴蝶结标签标注出了由果实形状差异所区分出的属，蝴蝶结又都位于缎带构成的框架上。加雷斯·尼尔森（Gareth Nelson）和诺曼·普拉特尼克（Norman Platnick）把这个理念比作"由铁路连接的小镇"[1]。与吉塞克以及布封此前的圆圈地图和网络图一样（图16和图17），杜奈似乎是打算用蝴蝶结（属）的相对位置和相互距离来展示它们的相对亲和性。这9个属由两边的大蝴蝶结环绕，表明它们都属于同一个族群。外侧还有番荔枝科的近亲：左边为玉兰科（Magnoliaceae），右边为防己科（Menispermaceae，主要包含热带树林中的木质攀缘植物）。

德国动物学家格奥尔格·奥古斯特·戈德弗斯（Georg August Goldfuss，1782—1848）发表于1817年的"动物系统"也颇为与众不同，可能比杜奈的图还要古怪。图中的卵形外框里容纳了一系列相互套叠的圆形和椭圆形，整体设计可能是希望使读者从蛋联想到出生和生命演进（图27）。虽然它看似和同时代的动植物关系图没有关系，但细细研究就会发现，戈德弗斯多多少少是把早已出现多次的线形演进关系重新包装了一番，同时多加入了些许细节：底部是单细胞动物（原生动物），一路从棘皮动物和软体动物上升到脊椎动物，而有"理性"的人类位于顶端。

卡尔·爱德华·冯·艾希瓦尔德（Carl Edward von Eichwald，1795—1876）也在他发表于1821年的动物过渡图中采用了非常独特的设计，该图的几何风格极强，类群间具有众多长短交叉连线和支撑线，形似高压输电塔（图28）。但这幅图的内核依然是线性演进，整个组合都起自窄小的"藻类"基底，往上依次为单细胞动物（水螅和纤毛虫）、蜘蛛、昆虫、甲壳类、鱼类、两栖类、爬行类、鸟类和哺乳类。

1829年，艾希瓦尔德发表了一幅完全不同的图示，一位历史学家将其称为"一捆芦笋"[2]，图中是一株没有叶子的枯木，粗大的树干分枝众多，扎根于除了沼泽别无其他特征的土地之上，来自上空的阳光照耀着（图29）。据说这幅图的理念来自德国博物学家彼得·西蒙·帕拉斯很早之前提出的原则，他在1766年发表的《动物列表》中表示，生物的层级可能最好以分枝树来表现，这比达尔文几乎早了一个世纪。[3] 和今天的系统树一样，这幅充满想象力的图案用树梢上的罗马数字来代表每个类群，而没有采用从一个族群产生另一个族群的线形设计。

除非对芸香科了如指掌，否则法国植物学家阿德里安-亨利·德·朱西厄（Adrien-Henri de Jussieu，1797—1853）发表于1825年的芸香科成员亲和性网络图肯定会让你一头雾水（图 30）。这个科里包括柑橘属，它们既能结出柑橘类水果（比如柠檬、橙子、橘、柑、青柠和金橘），又能提供香水里的精油。图中的九边形被分为三角形和四边形，每个都在内部或外缘上标注了对应的拉丁名称，而且都含有多个以黑点表示的属。按此前的惯例，比如布封的犬类品种系统树中直径不一的圆圈，本图中黑点的大小也根据属中的种数而定。最小的黑点只含有一个种，最大的至少含有 12 个种。请注意，图中芸香科的下级分类按照地理位置区分，包括欧洲、南非（好望角）、澳大利亚和美洲，这也是结合地理归属来总结物种亲和性的早期范例之一（见图 17）。[4]

1828 年，奥古斯丁 - 皮拉摩斯·德·康多勒（Augustin-Pyramus de Candolle，1778—1841）发表了景天科（Crassulaceae）成员关系图（图 31）。这类植物会在肉质叶中储存大量水分。康多勒的图示和朱西厄在 3 年前发表的多边形图（图 30）有些相似。但康多勒的图要简单得多，他没有使用细分的九边形，而是描绘了有四个象限的圆形，每个象限里都有几个多少存在亲缘关系的属：

> 中间的属按亲缘关系顺序排列，我认为这种排列方式非常精确。圆形布局非常适合用来描述自然分科。在我看来，它能明确展现出真实的相似性，而且表明均匀的线性序列根本不可能存在。[5]

和杜奈（1817）的蝴蝶结一样（图 26），包围景天科的双重圆环表明所有属都是一个整体，而和它关系密切的另外两个科位于图画顶端边缘，而且拥有独立的圆环。这 3 个科由虚线连接，虚线起自可能处于过渡阶段的属：东爪草属（Tillaea）和左边的指甲草族（Paronychieae）有亲缘关系，扯根菜属（Penthorum）和右边的虎耳草科（Saxifragaceae）有亲缘关系。

1828年，康多勒还以同样的构图理念发表了野牡丹科（Melastomataceae）成员的亲和性图（图32）。[6]这幅图要复杂得多，反映出了野牡丹科更大的规模，其中包括约200属和4 500种。左边重叠的圆圈里是和野牡丹科关系紧密但规模小得多的Chariantheae，而小圆圈上下是关系较远的千屈菜科（Lythrarieae）和桃金娘科（Myrtaceae）。

本书中最后一幅康多勒的图示比上文中的两幅图早一年发表（1827），绘图理念与他的其他作品差异很大，而且更加复杂。这幅图展示出了豆科（legumes）成员间的相互关系（图33）。卵形的绘图形式和戈德弗斯发表于1817年的图示（图27）有些相似。图示由一环套一环的椭圆形构成，而且大部分都和其他椭圆相接触，还有几个相互交联。存在交联的椭圆形显然是表示它们具有同功性特征（见下一章的五分圆环系统）。树脂科和蔷薇科与豆科的亲和性分别由顶部和底部的开放半圆表示。人们曾认为树脂科中包括腰果、开心果和杧果，但这个科现在已经废弃。

保罗·福德拉维奇·霍拉尼诺（Paul Fedorowitsch Horaninow，1796—1865）的圆环图（图34）可能是当时最具独创性和最复杂的图示，这幅图收录于他1834年出版的《主要自然系统》。虽然难以解读，但图案非常优美，主旨是证明有一个系统同时囊括了动物界、植物界和矿物界这三大自然类群之间和之内的所有关联。虽然是圆环套圆环的结构，但细看之下就会发现多多少少有连续螺旋的意味。其中，人类位于自然宇宙中心的至尊地位，身边环绕着所有其他事物。自人类起，其余哺乳动物、鸟类、两栖类和鱼类依次按顺时针方向向外旋转，鱼类又平顺地过渡到了甲壳类。甲壳类之后是昆虫、蜘蛛（蛛形纲）、蠕虫（环节类），等等，最终达到最低等的动物单细胞生物（纤毛虫类）。单细胞生物融入后面的植物，植物又一路过渡到了非金属矿物质，之后便是金属。

图 26 米歇尔-菲利克斯·杜奈发表于 1817 年的"缎带和蝴蝶结",展示了番荔枝科的属间关系。虽然粗看之下很难明白,但他的核心思想与莫里森(1672)、布封(1755)和苦塞克(1792)并无不同(见图 15—17)。

19 世纪早期丰富多彩的奇特树形图　1817—1834

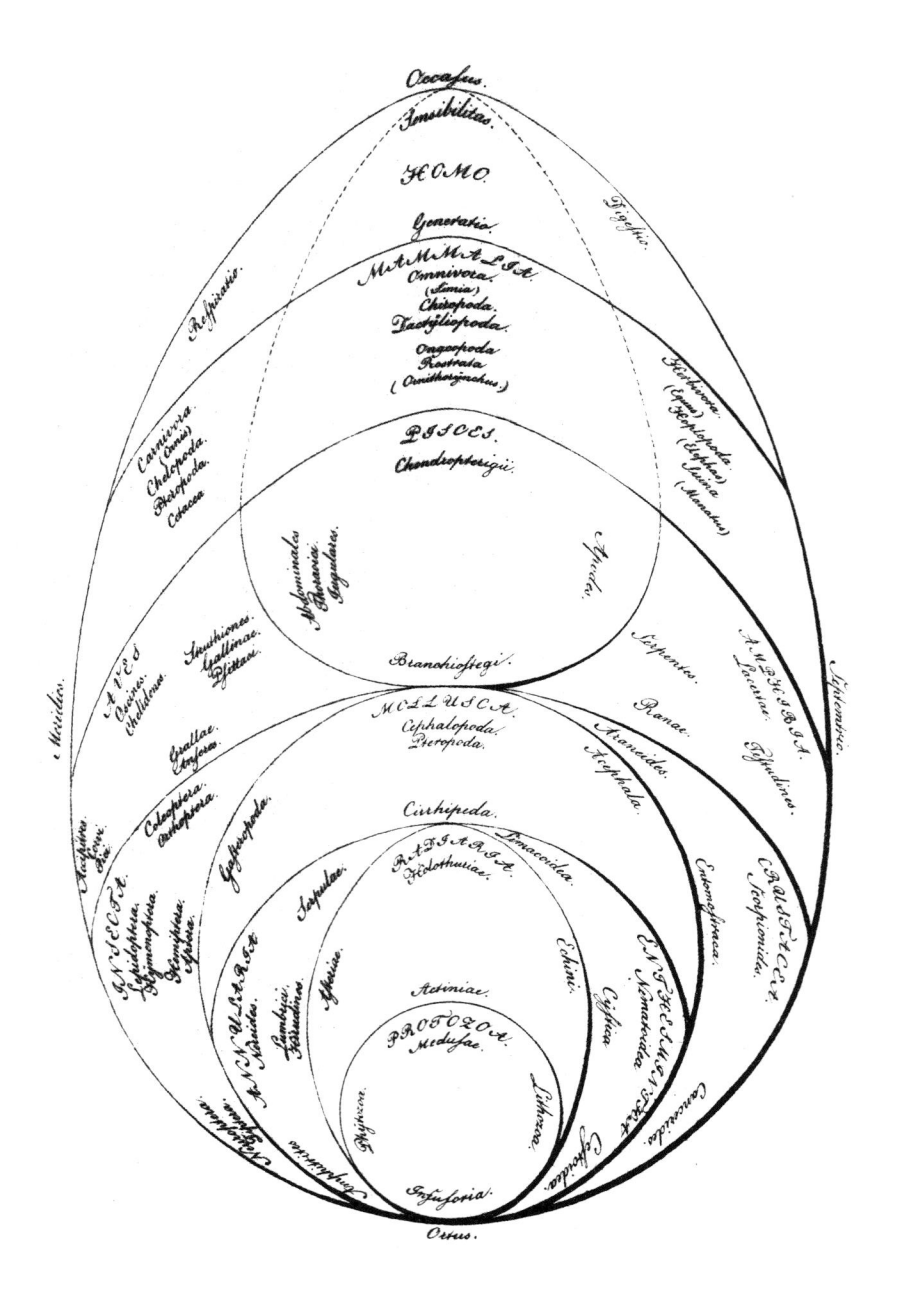

图 27 独特的卵形"动物系统",由德国动物学家格奥尔格·奥古斯特·戈德弗斯发表于 1817 年出版的《动物发育》。

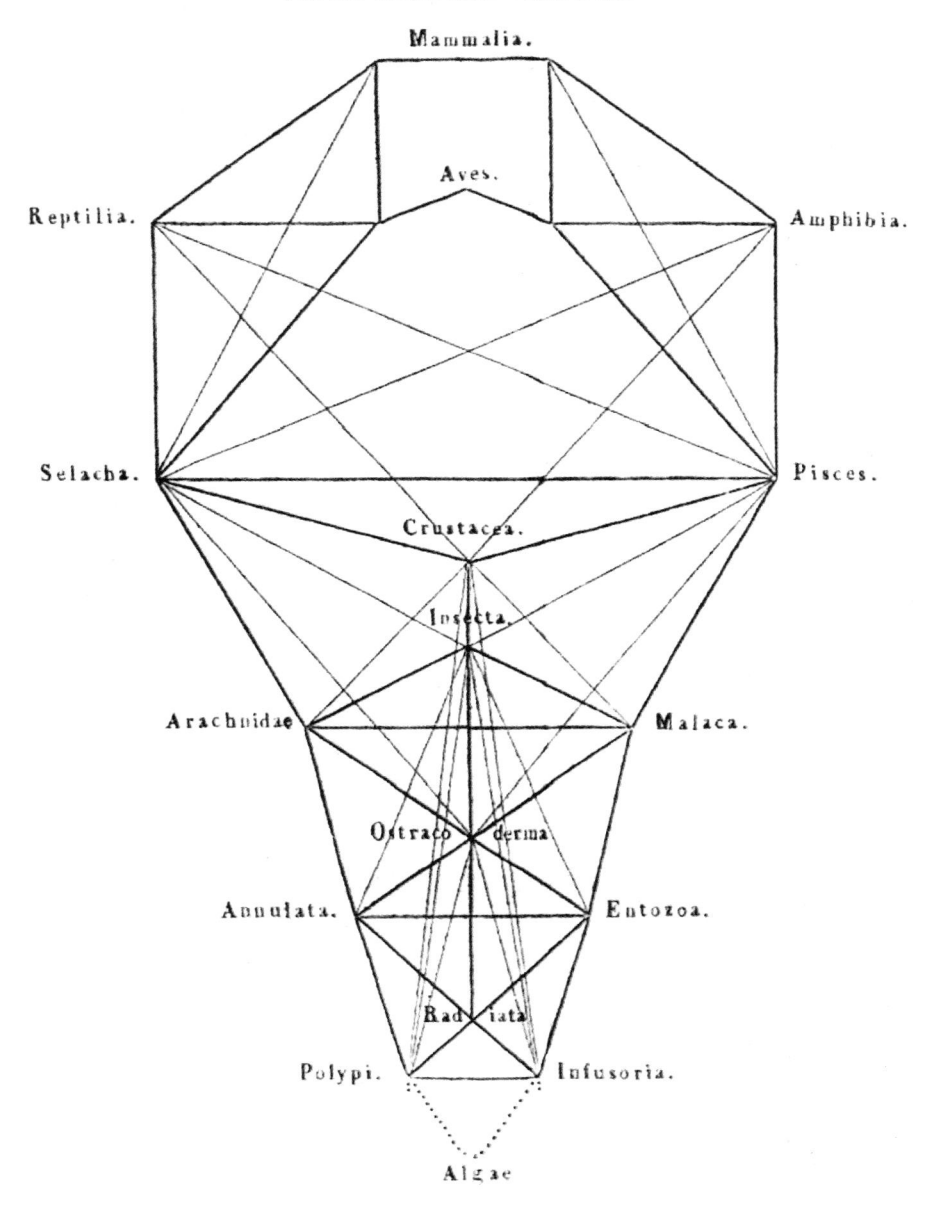

图 28　卡尔·爱德华·冯·艾希瓦尔德的动物过渡图，收录于他 1821 年出版的《动物界的演化》。

19 世纪早期丰富多彩的奇特树形图　1817—1834

46

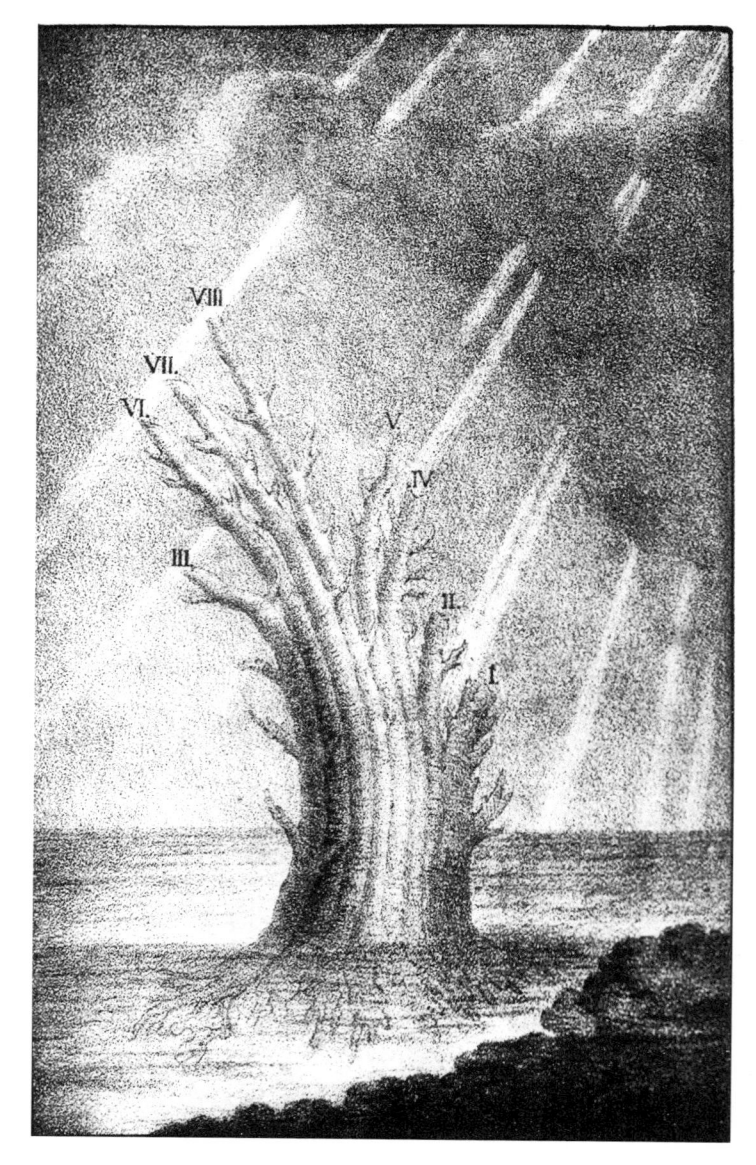

图 29　动物生命树，收录于卡尔·爱德华·冯·艾希瓦尔德 1829 年出版的《动物学专论》。研究者认为这幅图的原理是彼得·西蒙·帕拉斯早在 1766 年就发表过的理论。树梢上标有罗马数字，代表主要的动物类群。

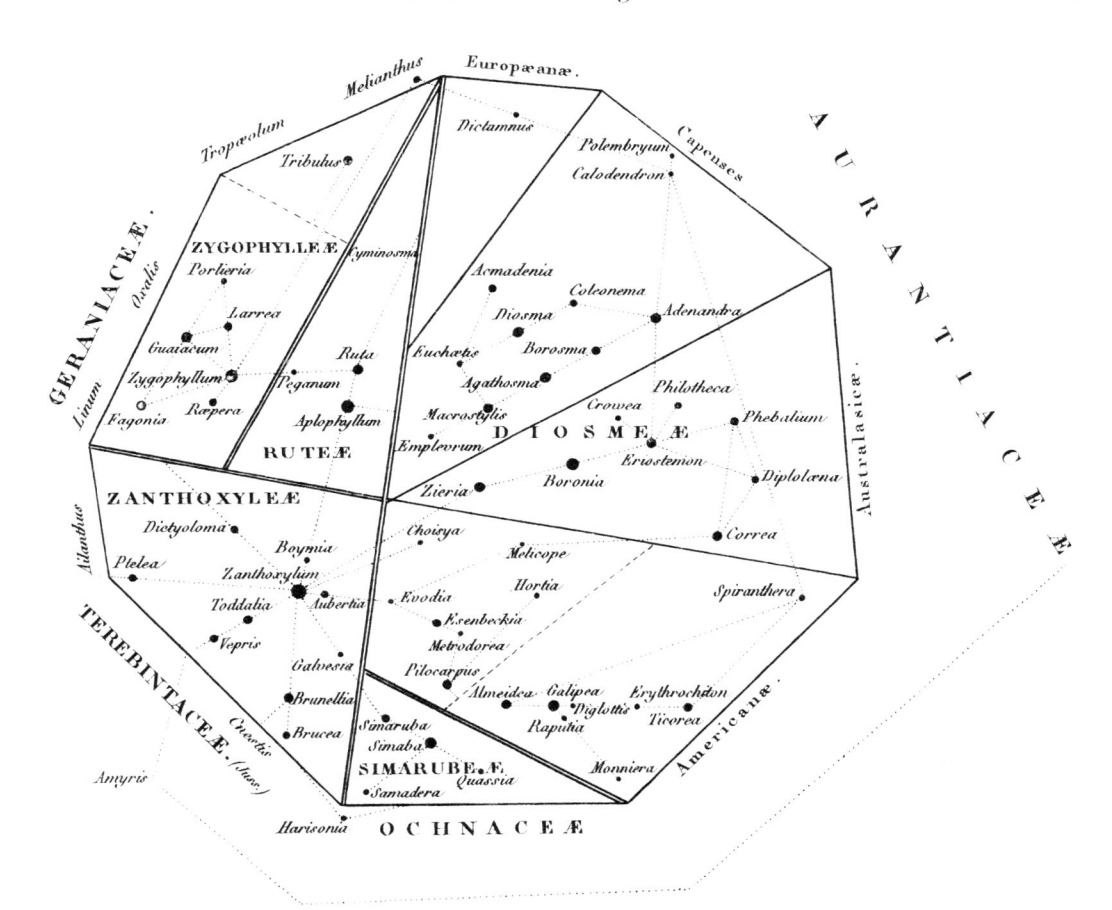

图30　阿德里安-亨利·德·朱西厄发表于1825年的芸香科亲和性网络图。

19世纪早期丰富多彩的奇特树形图　1817—1834

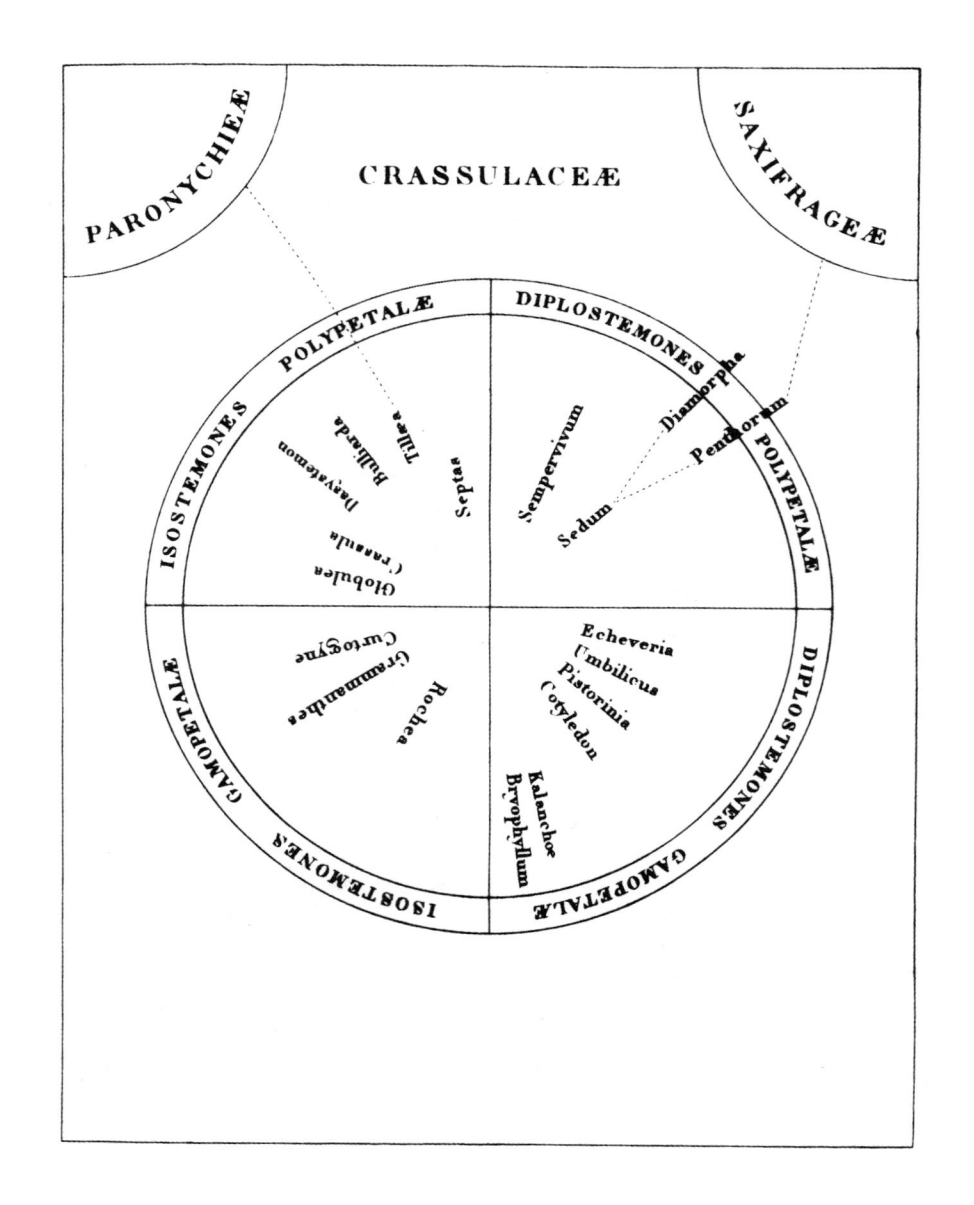

图 31 奥古斯丁-皮拉摩斯·德·康多勒发表于 1828 年的景天科属间关系图。注意景天科和其他两个科（裸果木科和虎耳草科，都位于各自的圆圈内）的亲缘关系是由从过渡属发出的虚线表示。东爪草属和左边的指甲草族有亲和性，而扯根菜属和右边的虎耳草科有亲和性。

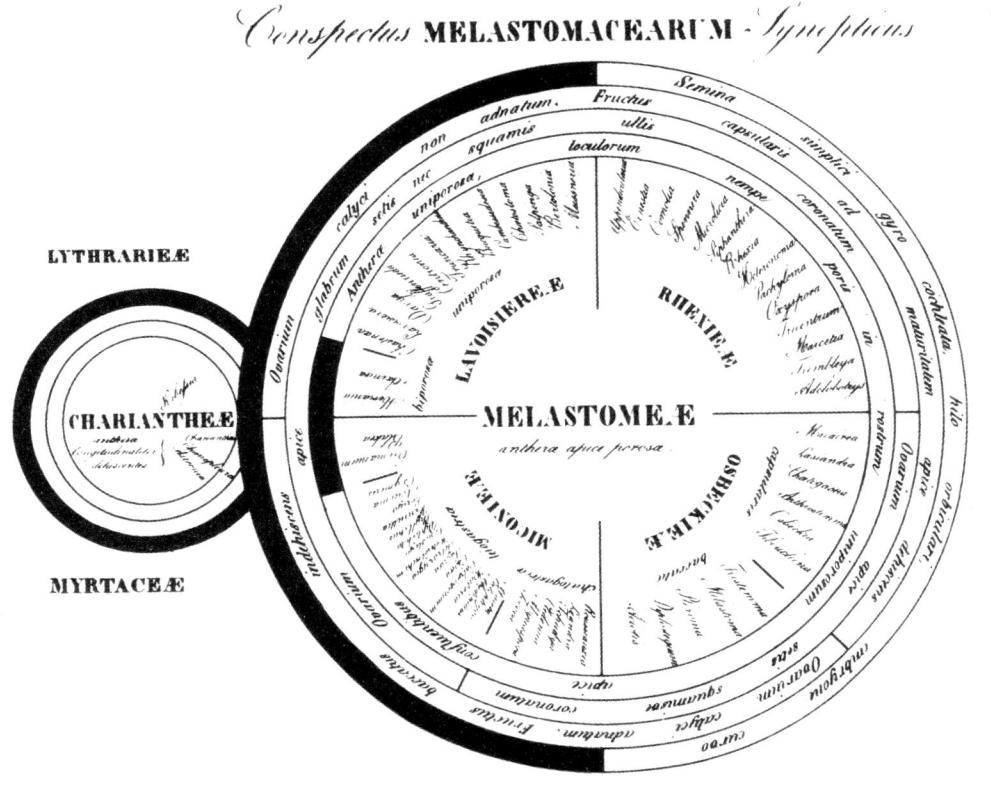

图 32 奥古斯丁-皮拉摩斯·德·康多勒发表于 1828 年的野牡丹科分类图。该科和 Chariantheae 的亲和性由左边和野牡丹科重叠的小圆环表示。和野牡丹科亲缘关系较远的千屈菜科和桃金娘科分别位于小圆圈上下。

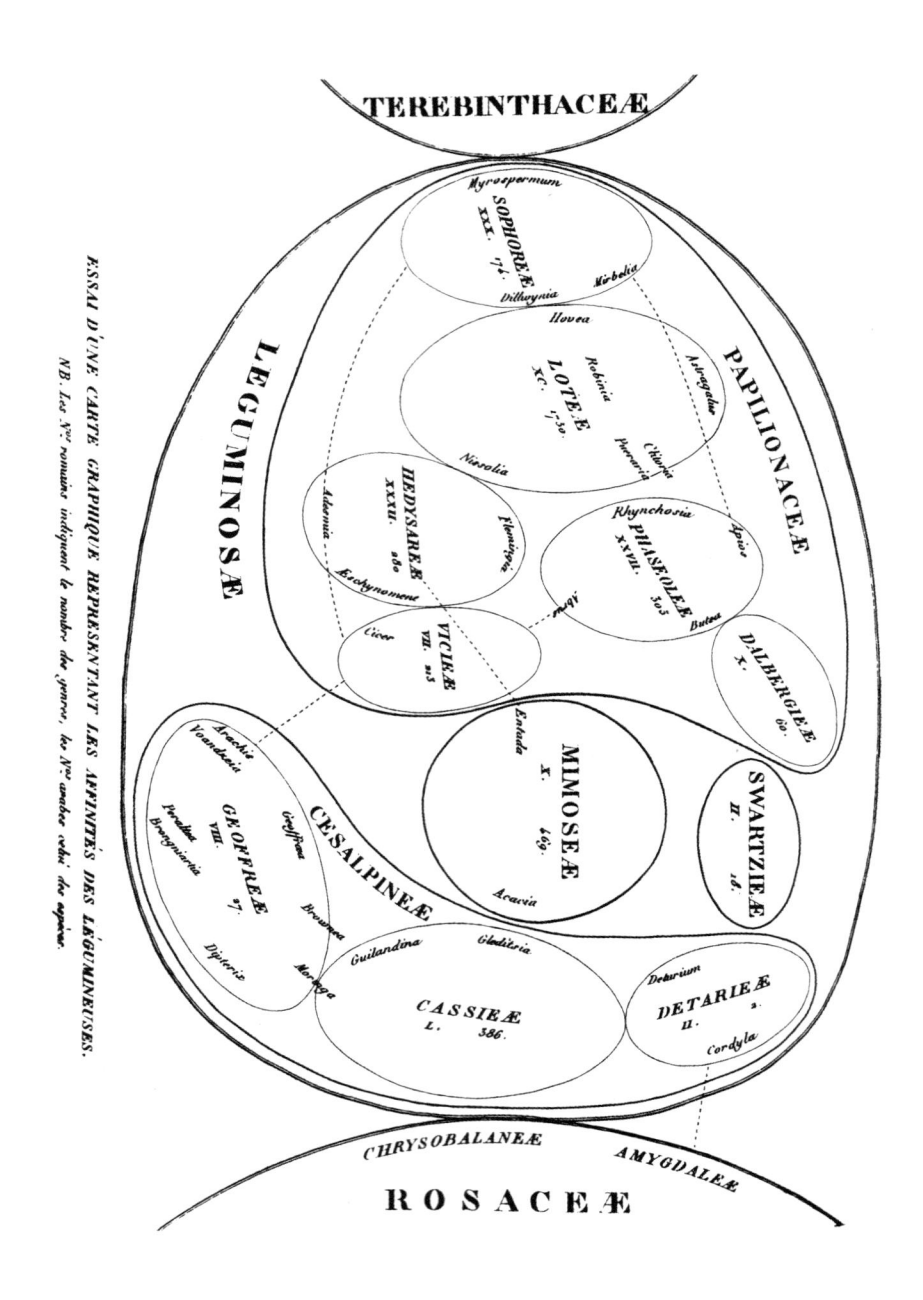

图 33 奥古斯丁－皮拉摩斯·德·康多勒发表于 1827 年的豆科植物分类图。图案的顶部和底部体现出了该科与树脂科和蔷薇科的亲和性。

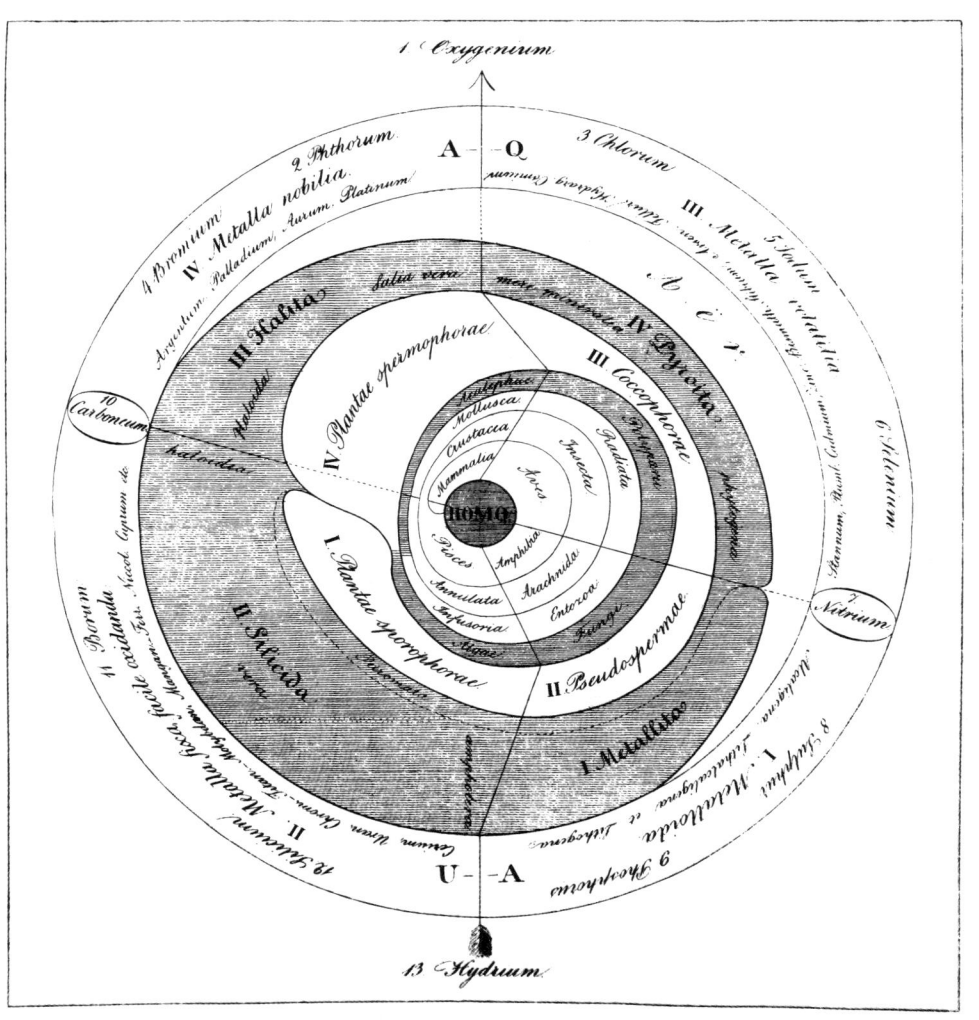

图34 "自然大统一系统",收录于保罗·霍拉尼诺1834年出版的《主要自然系统》中。图中有一个似乎无法解释的独特顺时针螺旋,这个旋涡是由一系列同心圆构成,动物处于中心,外面套叠的圆环依次代表植物、非金属矿物和金属。自然,万事万物都以位于中心的人类马首是瞻。

19世纪早期丰富多彩的奇特树形图　1817—1834

生命之树

五分法则 1819—1854

以康多勒为代表的属间关系圆圈图流派和所谓的五分分类法十分相似。后者最初是英国昆虫学家威廉·夏普·麦克利（William Sharpe Macleay，1792—1840）的手笔，但其他研究者也马上跟上了他的步伐，特别是19世纪20年代和30年代的尼古拉斯·艾尔沃德·维戈斯（Nicholas Aylward Vigors，1787—1840）和威廉·斯温森（William Swainson，1789—1855）。不知什么原因，他们认为生物分为5个自然类，每类又可以再分为5个自然亚组，亚组还能继续分为5个亚组，以此类推。[1] 不同分类间的亲和性会形成一个圆环：如果A类和B类具有亲和性，B类和C类具有亲和性，C类和D类具有亲和性，D类和E类具有亲和性，那么E一定会和A也有亲和性。[2] 五分法的支持者也坚信可以在同一幅图中展示出各类之间基于亲和性和同功性的相似之处，也就是每个五分类里的成员都由亲和性环连接，而在不同亲和性圆环上位于对应位置的类群间具有同功性关联。[3]

1819年，麦克利首次根据这种理论绘制了各金龟科的图示（图35）。其中有两个相互接触的圆圈，分别包含自然分类 Saprophaga 和 Thalerophaga，每个分类中又有 5 个科围成一圈。每个圆圈中的分类相互具有亲和性，而以横线连接起来的分类存在同功性。同一部作品里的括号图有助于读者理解图 35 中的假设关系（图 36），其中的两个都含有 5 个科的列表，分别对应两个圆圈中的分类，归入同一个括号的科（3+2）具有亲和性，而位于同一横向列的科具有同功性。

1821 年，麦克利又根据同样的理论绘制了更复杂且范围更广的图（图 37）：其中有 5 个相邻的圆圈，每个都代表一个动物大类并包含 5 个子类群。圆圈之间还发出了 5 个过渡类群。左边的半圆代表与"植物界中最无序的生物"的亲和性。软体动物圆圈里的星号用来给尚未发现但肯定存在的物种占个位置。

本书还收纳了麦克利的第三幅圆圈图示（图 38），以便展示这位创意十足的博物学家是如何绘制出了另一幅多边形（图 39），后者旨在体现环节动物的同功性。所谓的环节动物是一类无脊椎生物，后来将昆虫、蛛形纲和甲壳类等细分类群都囊括在内。这两幅图乍看之下并无关系，但是据麦克利解释，只要用支线连接圆圈的同功性位点再去掉圆圈，对称的嵌套式多边形图案就显露了出来：

  用如此富有几何感的图形来代表同功性恐怕是自然史中最古怪的事情了。这几乎要让人忍不住相信，研究动物结构变化的科学最后会落入数学家的领域。[4]

尼古拉斯·维戈斯是麦克利热忱的追随者，他在 1824 年发表了一幅鸟类的五分图：5 个圆圈代表 5 个目，每个圆圈中还有 5 个呈圆环状排列的科

（图40）。按照"五分原则"的假设[5]，维戈斯尽力体现出了分类间的连续性。他和麦克利以及其他五分法拥护者都相信，物种会形成牢不可破的亲和性环形链。不过，最后印刷出来的版本让他很不愉快："印刷工的疏忽让圆圈……没有相互重叠……结果会让人误以为亲和性并不连续。"[6]

英国的鸟类学家和渊博的博物学家威廉·斯温森明确区分了亲和性和同功性，而这两种相似性正是五分系统的基石。19世纪30年代，他为推广麦克利的新系统分类方法立下了无人能出其右的汗马功劳：

> 很明显，所有自然物体都具有两种关系：一种十分直接，另一种则比较迂曲。夜鹰和海燕代表第一类关系。结构、习性和行动法则将这两个物种直接联系了起来……但除了这样的联系，夜鹰和蝙蝠也明显存在关联，因为它们都在一天中同样的时段里四处飞翔，进食方式也一模一样。第一种关系非常紧密，第二种则不太直接。因此希望能确定自然分类系统的研究者都必须明确认识到这两种关系，而且要熟知亲和性和同功性之间的差异。前者的代表是海燕和夜鹰，后者的代表则是夜鹰和蝙蝠。[7]

斯温森花费了数年时间来建立新的五分法动物分类框架（后来他也为此饱受批评）[8]，还将这个系统应用于他1836年和1837年出版的两卷本《鸟类自然史》。他为椋鸟和乌鸦构建的科间和科内关系图是一个典型代表（图41），但他还在同一部作品里更进一步，将另一幅图（图42）5个圆圈中的3个框在一个单独的圆圈里，以表明这3个类群的亲和性大于其他两个类群。

随着五分法的不断发展和普及，一些圆圈图的支持者渐渐不满足于5个圆圈的限制。英国昆虫学家爱德华·纽曼（Edward Newman，1801—

1876）率先抛开了这个"法则"，提倡七分系统。1837年，他以昆虫间的关系为主题，绘制了一幅由7个邻接圆圈组成的图示（图43）。[9]而其他研究者选择改良圆圈：约翰·林德利（John Lindley，1799—1865）在展示外长植物（裸子植物和被子植物）的关系时，选择了5个向周围展开的六边形（图44）。也有人更喜欢星形，比如约翰·雅各布·考普（Johann Jakob Kaup，1803—1873）发表于1854年的鸦属和亚科亲和性图（图45）。

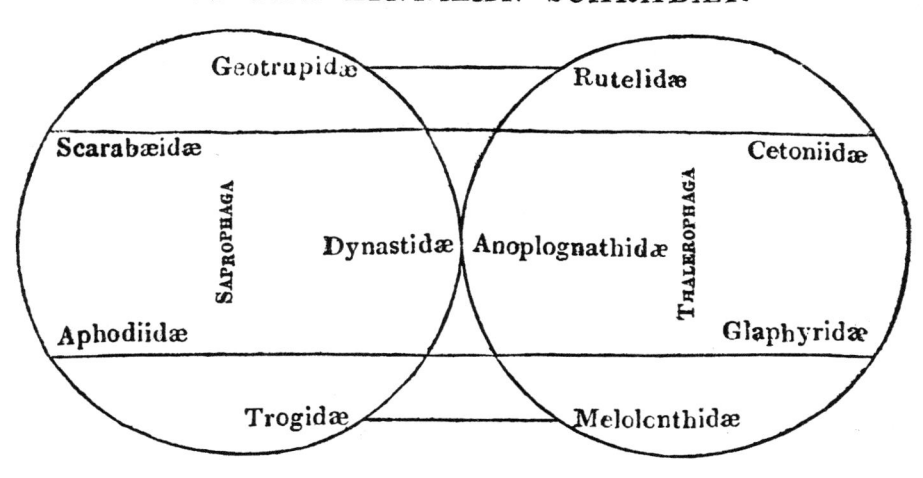

OF THE LINNÆAN SCARABÆI.

```
         Geotrupidæ ————————— Rutelidæ
    Scarabæidæ                         Cetoniidæ
              SAPROPHAGA      THALEROPHAGA
                 Dynastidæ  Anoplognathidæ
    Aphodiidæ                          Glaphyridæ
         Trogidæ ————————— Melolonthidæ
```

图 35 最早以五分系统为基础的关系图，由威廉·夏普·麦克利发表于 1819 年出版的《昆虫学时间》第一卷，其展现出了各金龟科间的关系。每个圆圈中的科都组成了连续的亲和性圆环链，而圆圈本身也是由接触点处的亲和性联系在一起。横线表示同功性关系。

Insecta PETALOCERA. *Dumeril.*
Scarabæus. *Linnæus.*

Antennæ rectæ, capitulo flabellato;
Mandibulæ clypeo plerumque obtectæ vel raro exsertæ.

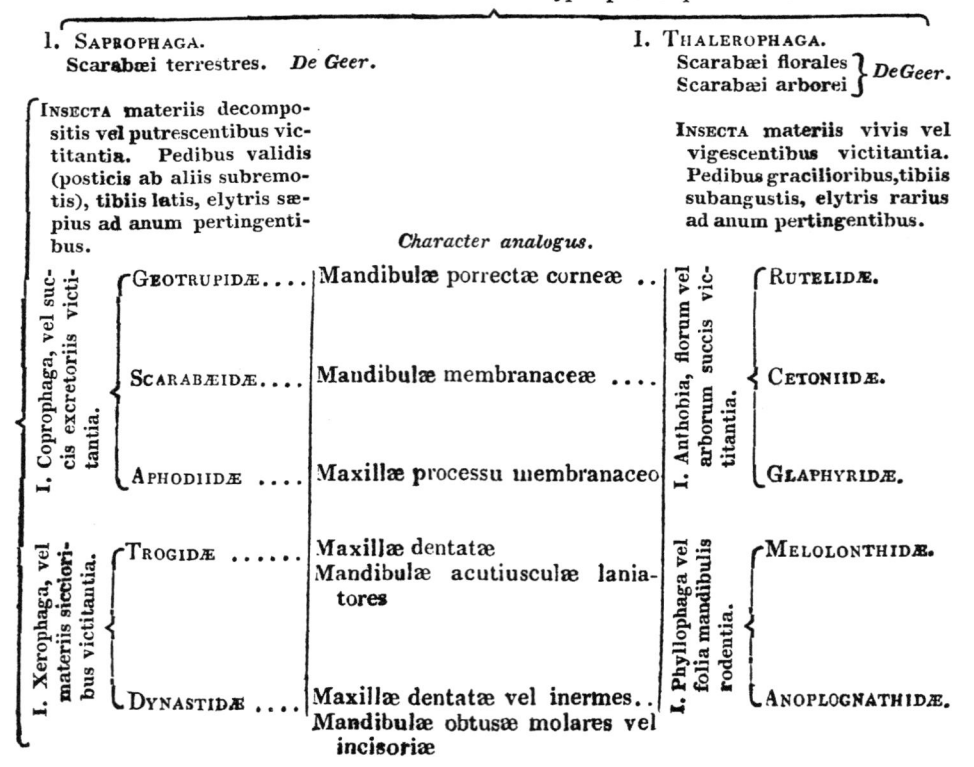

1. SAPROPHAGA.
Scarabæi terrestres. *De Geer.*

1. THALEROPHAGA.
Scarabæi florales } *De Geer.*
Scarabæi arborei

INSECTA materiis decompositis vel putrescentibus victitantia. Pedibus validis (posticis ab aliis subremotis), tibiis latis, elytris sæpius ad anum pertingentibus.

INSECTA materiis vivis vel vigescentibus victitantia. Pedibus gracilioribus, tibiis subangustis, elytris rarius ad anum pertingentibus.

Character analogus.

I. Coprophaga, vel succis excretoriis victitantia.
- GEOTRUPIDÆ .... Mandibulæ porrectæ corneæ ..
- SCARABÆIDÆ .... Mandibulæ membranaceæ ....
- APHODIIDÆ .... Maxillæ processu membranaceo

I. Anthobia, florum vel arborum succis victitantia.
- RUTELIDÆ.
- CETONIIDÆ.
- GLAPHYRIDÆ.

I. Xerophaga, vel materiis sicciori bus victitantia.
- TROGIDÆ ...... Maxillæ dentatæ
  Mandibulæ acutiusculæ laniatores
- DYNASTIDÆ .... Maxillæ dentatæ vel inermes..
  Mandibulæ obtusæ molares vel incisoriæ

I. Phyllophaga vel folia mandibulis rodentia.
- MELOLONTHIDÆ.
- ANOPLOGNATHIDÆ.

图 36 威廉·夏普·麦克利发表于 1819 年的括号图，展示了各金龟科之间的关系，纵向为亲和性特征，横向为同功性特征。这幅图也阐明了图 35 的含义。

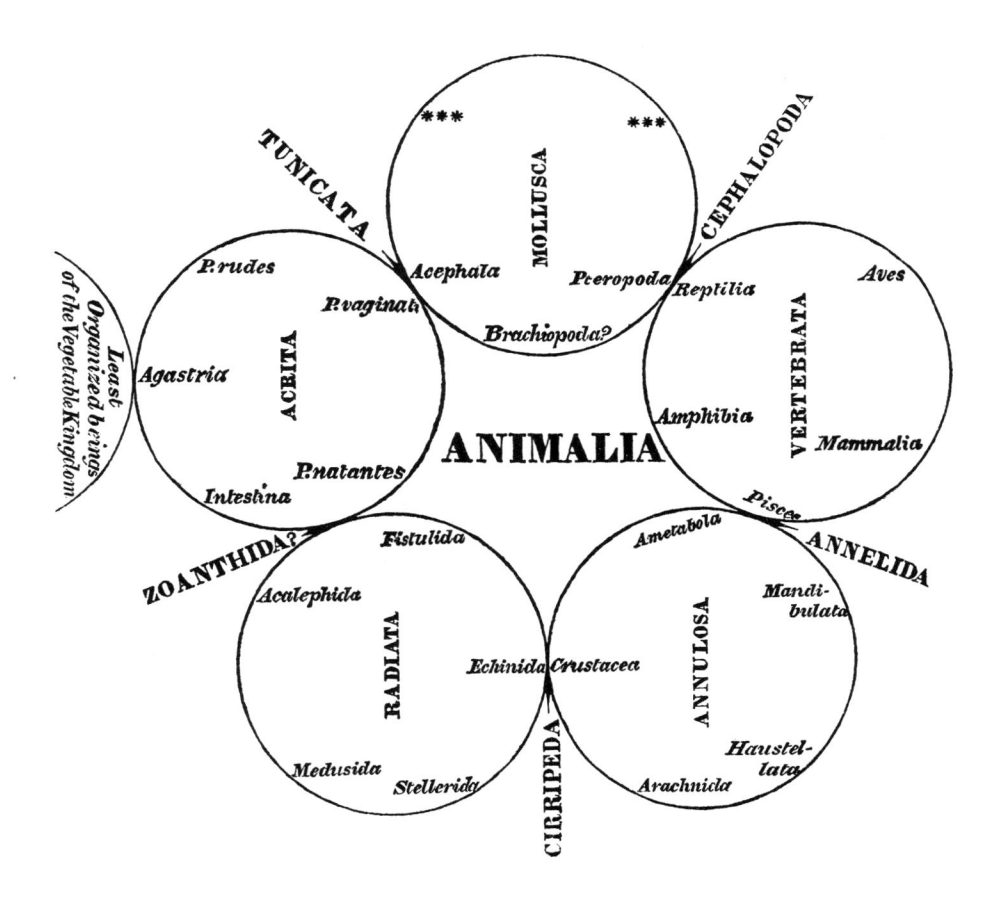

图 37 动物五分关系图,由威廉·夏普·麦克利发表于 1821 年出版的《昆虫学时间》第二卷。最上方圆圈中的星号代表尚未发现但从"五分法则"来看一定存在的物种。

五分法则　1819—1854

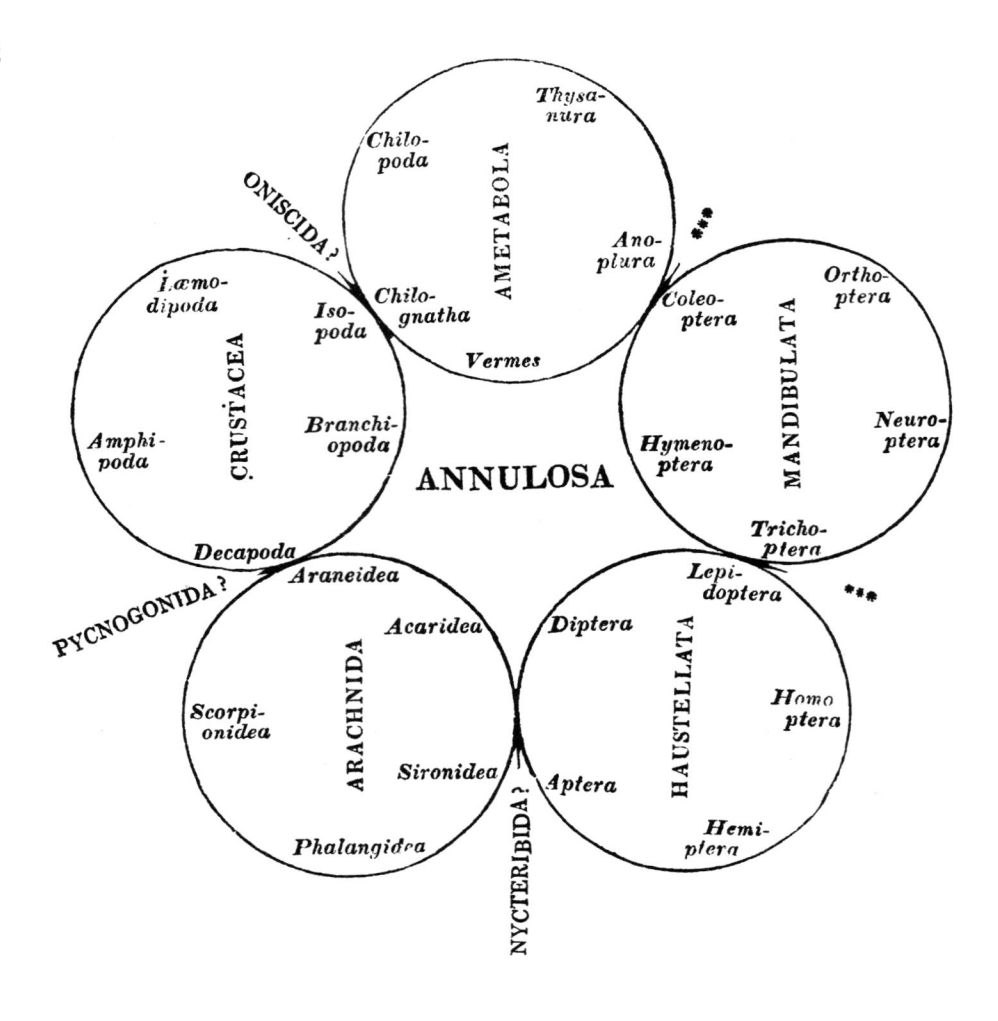

图 38　威廉·夏普·麦克利发表于 1821 年的五分图，展示出了多种无脊椎动物群体间的关系。

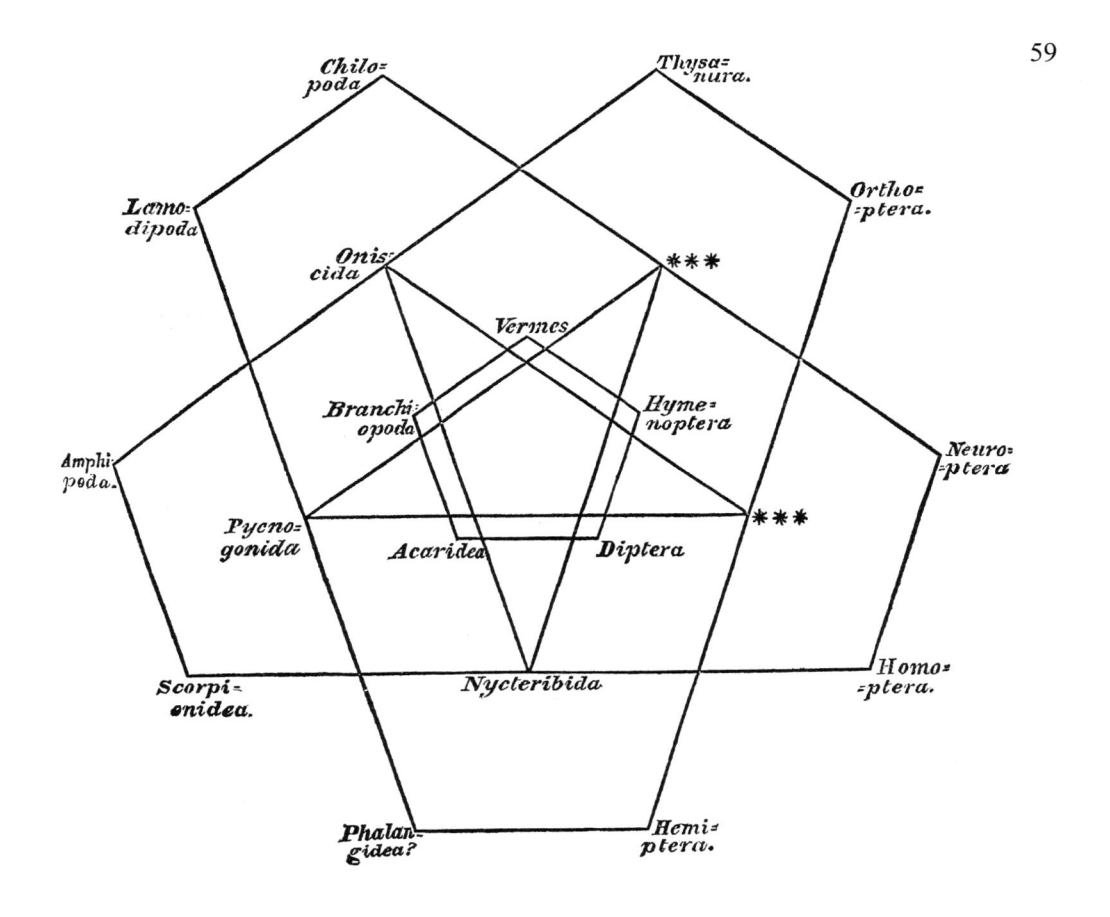

图 39 威廉·夏普·麦克利于 1821 年为环节无脊椎动物绘制的"同功性多边形",图中用直线将圆环图(图 38)中的所有同功性位点都连接了起来。

五分法则 1819—1854

60

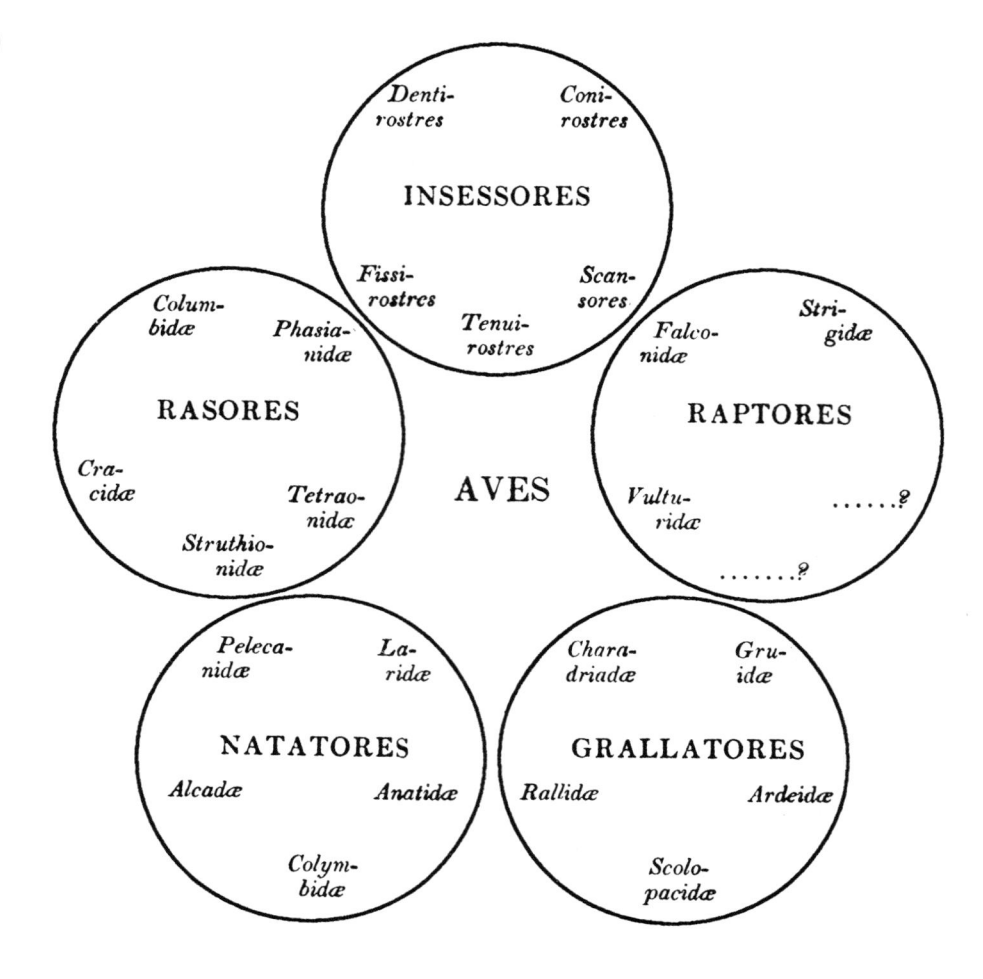

```
                    Denti-      Coni-
                    rostres    rostres
                      INSESSORES

                 Fissi-            Scan-
                 rostres           sores
                         Tenui-
                         rostres

   Colum-                                    Stri-
    bidæ    Phasia-              Falco-      gidæ
            nidæ                 nidæ
      RASORES                      RAPTORES
                         AVES
   Cra-                          Vultu-
   cidæ     Tetrao-              ridæ      ......?
            nidæ
        Struthio-                          ......?
        nidæ

        Peleca-    La-         Chara-      Gru-
        nidæ       ridæ        driadæ      idæ
           NATATORES             GRALLATORES
        Alcadæ     Anatidæ     Rallidæ     Ardeidæ
              Colym-                 Scolo-
              bidæ                   pacidæ
```

图 40 "将鸟类目和科连接起来的自然亲和性",尼古拉斯·艾尔沃德·维戈斯绘制于 1824 年的鸟类关系五分图。猛禽圆圈里的问号代表尚未发现的物种。

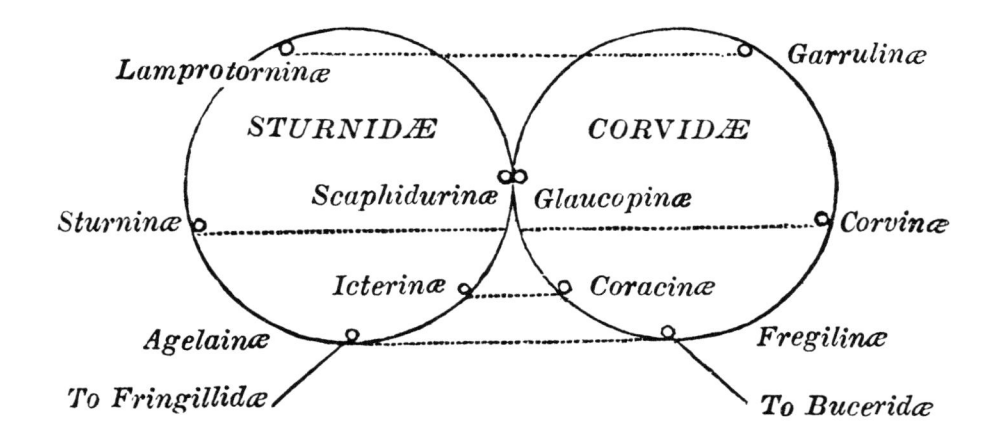

图 41 威廉·斯温森绘制于 1837 年的基于五分法的关系图,展示了椋鸟亚科(左边圆圈)和鸦亚科(右边圆圈)内部的环状亲和性以及科间同功性。从 Agelainae 和 Fregilinae 两个亚科向外发出的直线显示出了它们和雀科(Fringillidae)以及 Buceridae 较远的亲和性。横虚线表示同功性关系。

五分法则　1819—1854

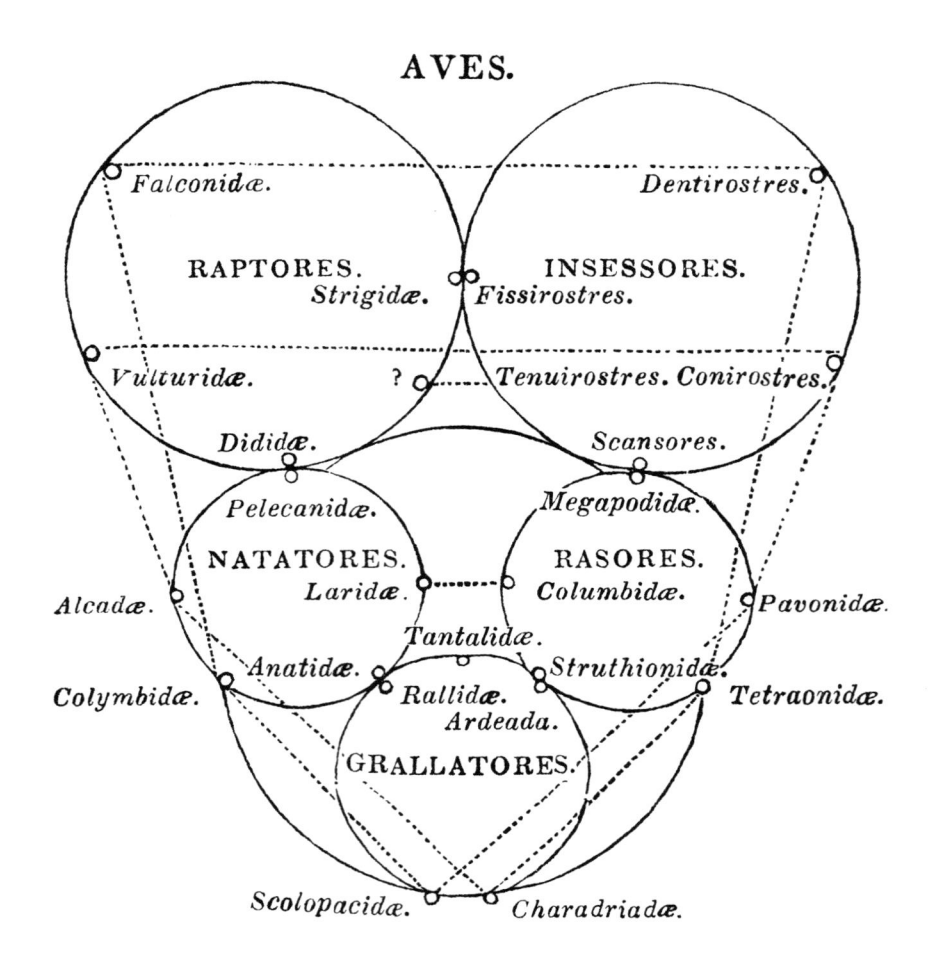

图 42 威廉·斯温森发表于 1837 年的 5 个鸟类自然目，每个目都在一个圆圈中，每个圆圈又包含 5 个科。最下面的 3 个目直径较小，而且还一起框在一个单独的圆环中，这代表它们的亲和性比另外两个目更紧密。虚线表示同功性关系。

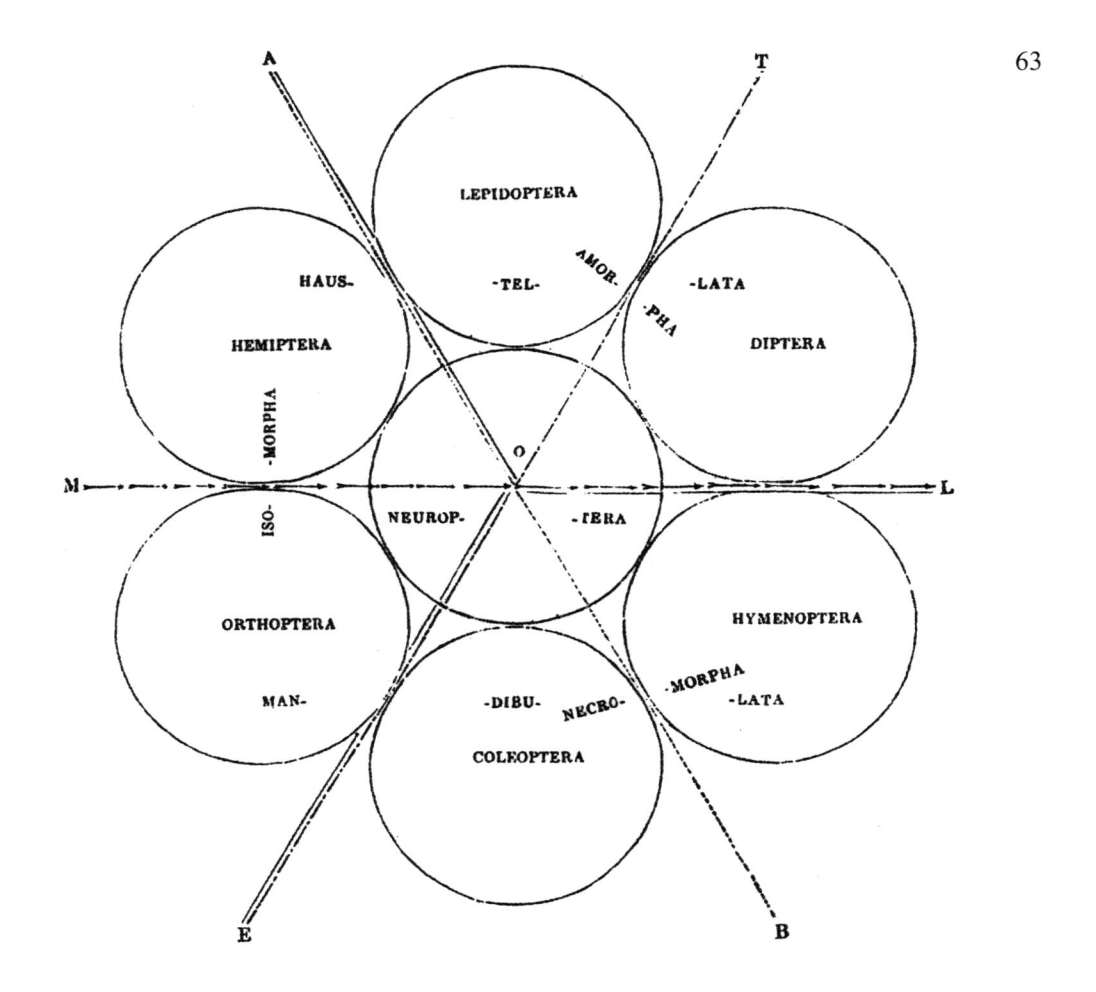

图 43 爱德华·纽曼发表于 1837 年的七圈系统，展示出了他对昆虫间亲和性的看法。

五分法则　1819—1854

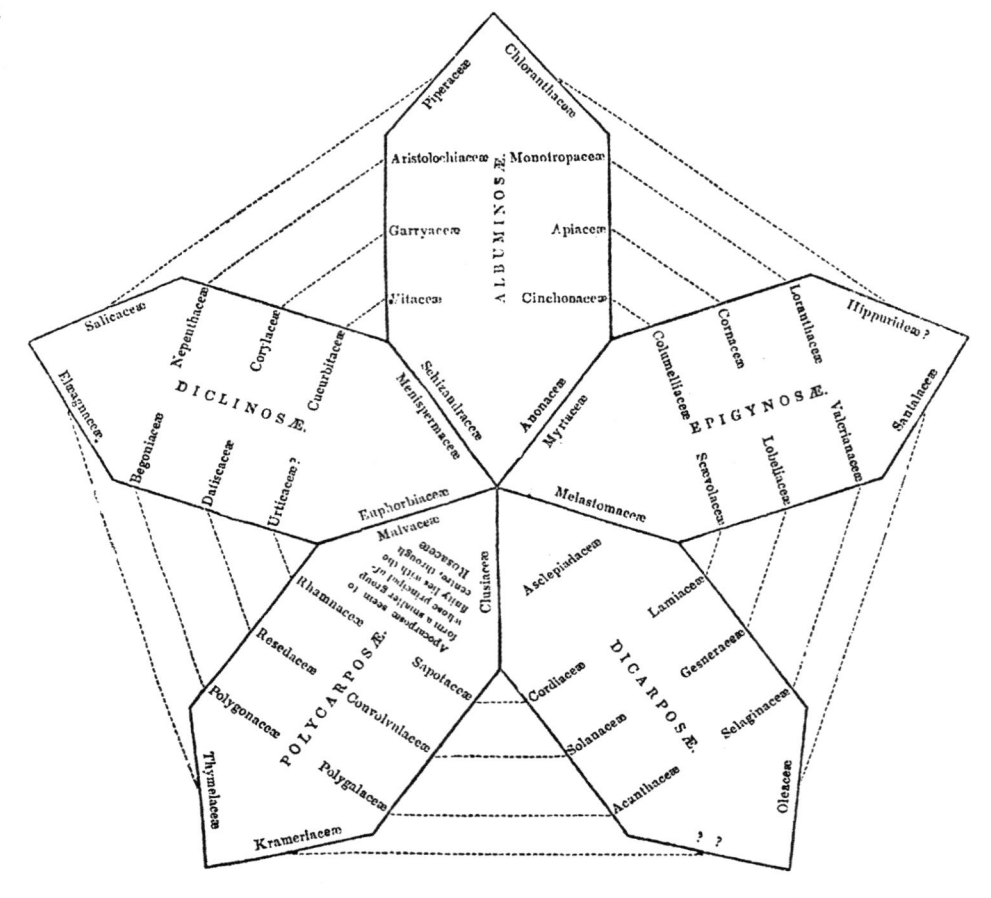

图 44 约翰·林德利发表于 1838 年的植物亲和性图，图中以修长的辐射状六边形代替了圆圈，形成一个五角星。和"五分法则"不同，每个放射状的六边形中都包含 10 个类群。六边形间的虚线代表同功性关系。

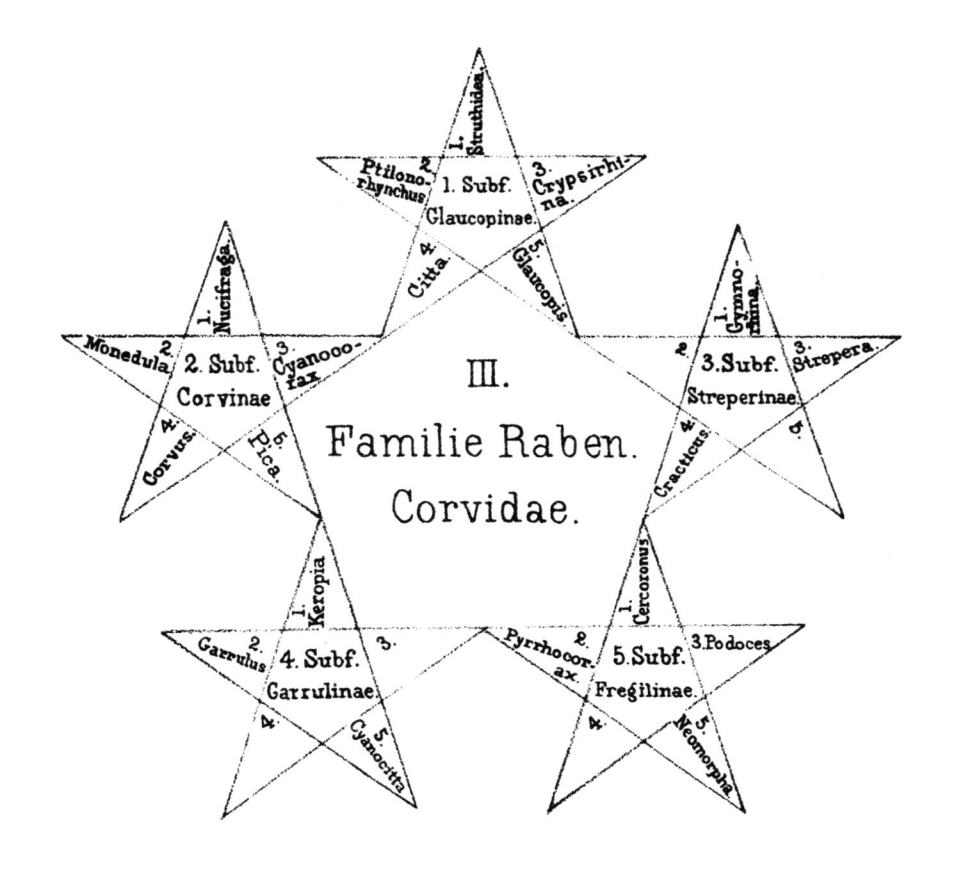

图 45　约翰·雅各布·考普发表于1854年的乌鸦亲和性五分图，但图中的圆圈由星星代替。空白的三角形代表尚未发现的物种。

五分法则　1819—1854

生命之树

前达尔文时期的分枝图

1828—1858

    五分法信徒忙着画圈的时候,其他研究者也在尝试用各种分枝图示来表达自己对动植物关系的看法。1828 年,理查德·欧文(Richard Owen,1804—1892)在参加约瑟夫·亨利·格林(Joseph Henry Green,1791—1863)的讲座时,草草画下了"以升序排列的 13 个哺乳动物目"(图 46)。这幅图看上去出人意料地具有现代感,与达尔文 1837 年标注了"我认为"(I think)的著名系统树非常相似(见第 099 页图 58)。但欧文和格林都不是进化论者。[1]

    1837 年,苏格兰医生马丁·巴里(Martin Barry,1819—1872)试图用图画来阐述卡尔·恩斯特·冯·贝尔(Karl Ernst von Baer,1792—1876)发表于 1828 年的胚胎学理论,该理论认为动物应该根据胚胎发育中的特征来分类(图 47)。[2] 这幅图由一片错综复杂的二叉分枝组成,很有立体感。巴里坚信冯·贝尔的胚胎学研究已经证明了:"不论是纤毛虫还是人类,所有动物在生命萌发时的特征实质上都是一样的,它们的大体结构相同。"[3]

换言之，每种动物一开始都具有一模一样的结构，并在发育中分化出不同的特征。因此胚胎学为生物分类提供了关键依据。[4]

马丁·巴里和其他研究者将冯·贝尔的理念发扬光大，19 世纪 30 年代晚期和 40 年代早期的博物学家普遍同意这个观点。但在部分研究者眼里，巴里那种令人费解的复杂图案实在难以接受。1841 年，生理学家威廉·本杰明·卡朋特（William Benjamin Carpenter，1813—1885）成功地完成了简化工作，在他简约至极的图案中只有五根线条，包括一条垂直线和四条直角分叉线（图 48）。

> ［有人认为］，所有高等动物都会在发育中经历一系列形态变化，这个过程类似于动物从低等向高等的演变。但这个观点并不正确……鱼类胚胎和鸟类或哺乳动物胚胎之间的差异远小于它们和成年鱼之间的差异……笔者的观点可由一幅简单的图案来阐述 [图 48]。纵向线条代表胚胎在发育中逐渐产生的类型变化，顺序为从下向上。鱼类胚胎只发育到 F 阶段，但随后会出现让它们走向成熟的变化，也就是横线 FD。爬行动物的胚胎会经过鱼类胚胎的特征性状态，随后在 R 阶段戛然而止，成为完美的爬行类。鸟类和哺乳类也遵循同样的原则，于是更高等动物的成年状态 A、B 和 C 与胚胎时期大不相同，与低等动物的成年体也相差甚远。但根据从共同形态演化成特殊形态的逐渐演变规律，所有动物的胚胎形态都会在某些时期里非常相似，这个问题已经有过详细介绍。[5]

3 年之后，罗伯特·钱伯斯（Robert Chambers，1802—1871）也发表了一幅类似的图示（图 49），收录在他的《自然创造史中的遗迹》第一版中。这本书争议过大，大家直到他去世之后才承认作者的确是他。[6][1] 为了进一步阐明卡朋特在解释巴里的树形图时提出的观点，钱伯斯做出了两处修改："他将头几根横线向上抬并完全去掉了第四根线，让逐步发育的阶梯形成了动态扭转。生物体都在为同一个目标而奋进，似乎每一条鱼、每一只爬行动物和每一只鸟的内心深处都想成为哺乳动物。"[7]

也有其他人想要利用冯·贝尔的胚胎学理念来解决分类问题，但绘制出来的图案完全不同。杰出的法国动物学家亨利·米尔恩－爱德华兹（Henri Milne-Edwards，1800—1885）也深信动物分类应该以胚胎特征为依据，而且更加全面地贯彻了冯·贝尔的理念。[8] 他在 1844 年绘制的分枝图就是一个典型的例子，其中展示了脊椎动物间的自然亲和性（图 50）。脊椎动物最初根据卵的形状分为两大类：第一类（vertébrés allantoidiens）是具有尿囊的爬行类、鸟类和哺乳动物，尿囊以及羊膜和绒毛膜等其他胎膜共同表明它们是羊膜动物；第二类（vertébrés anallantoidiens）是没有这种结构的鱼类和两栖动物。哺乳动物的主要分类依据包括胎盘特征、有袋类和卵生单孔类的胎盘缺失，以及胎盘形状和胎儿与母体组织的接触程度。米尔恩－爱德华兹的分类系统中由穿过各个大类的线条来表示同功性关系，这似乎是借鉴了五分法的理念。一些看似没有关系的动物也连在了一起，比如鲨鱼（Chondroptérygiens）和鲸（Cétacés），蛙类（Anoures）和龟类（Chélonians），植食性有袋类（M. herbivores）和啮齿类（Rongeurs）等等。[9] 请注意，他还将肺鱼（Lepidosiren）归入了两栖类，认为它们只和硬

---

[1] 钱伯斯的《遗迹》以通俗易懂的叙述方式，将进化论和物种在上帝赋予的法则支配下逐渐嬗变的各种观点融会贯通，并将当时众多投机性的科学理论联系在一起。这本书最初受到维多利亚时代上流社会的欢迎，成为畅销书，但其非正统的主题与当时的自然神学相抵触，受到正统神职人员和科学家的抨击——他们很容易发现其中的缺陷。

骨鱼（P. osseux）存在同功性关系。[10]

在强烈的反对之声中，麦克利的五分法圆圈图成为了19世纪20年代和30年代里昙花一现的时尚。[11][1] 英国鸟类学家休·埃德温·斯特里克兰（Hugh Edwin Strickland，1811—1853）在1840年于格拉斯哥举行的英国科学促进会年会上发表了一篇《论在动植物学中发掘自然系统的真正方法》。他在文中声称"圆圈图、五分图、二分枝图等等所有系统都不自然，全是人工造物，只能用来给博物馆排序"。他还认为系统分类中不应该包括同功性，而是只有亲和性才能决定"物种在自然系统中的位置"。随后他又提出了一个替代以往图示的绘图方法：

> 本图示的原理是先纳入一个物种A，然后问问自己：哪些物种和它的亲和性最为紧密？在检视它和所有已知物种的相似点之后，那就应该会发现结构十分相似的物种B和C，而且A正好位于它们之间，那这个问题就得到了解答，而BAC图形就体现出了自然系统的一个片段……随后以C为基础继续探索这个问题。在C两侧的亲和性中，A一侧的亲和性已经明确，此时假设D是在另一侧和C最具亲和性的物种，那么BACD就代表确定了相对亲和性的4个物种。不断重复这个过程……最终可能就会让所有生物都依据亲和性顺序排列起来，而我们也会最终建立起对自然系统的理解。如果每个物种都最多只在两侧和两个其他物种在亲和性上产生联系，比如上面的例子，那么自然系统就是一条直线，这也符合一些研究者的假设。但我们经常会发现一个物种只在一侧具有亲和性关联，而也有物种至少具有3个亲和性关联，

---

[1] 到19世纪40年代初，爱尔兰神职人员威廉·欣克斯（William Hincks）仍在继续推广已被大多数博物学家抛弃的五分法，直到1870年他还在教授圆环系统。

表明自然系统并非单纯的直线，其中还具有侧枝。在这里的例子中，C除了和A、D具有亲和性，还和第三个物种E产生了亲和性，因此形成了一条侧枝。[12]

$$B—A—C—D$$
$$|$$
$$E$$

斯特里克兰随后又用这种方法分析了各翠鸟属之间的关系（图51）。不久之后，他用同样的技法创作了一幅巨大的"鸟类自然亲和性图"（图52），该图虽然完成于1843年，但直到1858年才在威廉·贾丁（William Jardine，1800—1874）编写的《休·埃德温·斯特里克兰回忆录》中发表。

阿尔弗雷德·拉塞尔·华莱士也强烈反对五分法，他斥责麦克利和斯温森"居然认为自然界中普遍存在以数字和圆圈为基础的分类"[13]，而对斯特里克兰的亲和性映射法赞不绝口。[14] 他还在发表于1856年的《鸟类自然分类之探索》中加入了两种基于此法的简单图示（图53）。华莱士对斯特里克兰的认同不仅仅是流于表面，他详述了自己对构建树形图的看法："很多类群都可以根据连续的亲和性关系排列成一条主线，而其他类群的亲和性可以用主轴左右两边的旁支和次级旁支来体现。"[15] 他还表示："各个类群之间的距离应该要在一定程度上体现出它们之间亲和性的相对程度；而连接它们的线条要展示出亲和性的方向。"[16] 很明显，华莱士1856年就已经开始考虑起物种演变，而且在自己的鸟类研究中寻找演化改变的证据。其实到1855年时，他心中已经完全形成了用树来比喻演化改变的理念："此外，我们只窥见了这株大树的零落片段，还有很多茎干和主要分枝都是由尚不为人所知的已灭绝物种组成，而且我们还要整理好大量大小枝丫和散乱的树叶，为它们找到相对其他物种的真正位置。只要想到这些问题，大家就不难发现建立真正的自然分类系统是何等困难。"[17]

美国地质学家爱德华·希区柯克（Edward Hitchcock，1793—1864）绘制出了历史上的第一幅古生物生命树图（图54），它和迄今为止的所有动植物关系图都截然不同，不论后者分枝与否。[18]这幅图最初发表于1840年，收录在他广受欢迎的地质学教科书第一版中。希区柯克之前从未有人考虑过要在动植物关系的分枝图里加上地质时间。到1859年为止，这幅"古生物图"都在教科书的后续版本中占有一席之地，图中为两棵类似刷子的树，树干和树根镶嵌在石英石、云母、板岩、花岗岩、片麻岩和石灰岩等多种岩石之中，每根枝干都是直接从根基发出，形成了一组不断向上发展的分枝。左边的树代表植物，右边的树代表动物，它们都包含已经灭绝的物种和现生物种。每棵树的顶端都是戴冠的"国王"，植物的顶点是包含"棕榈树"的族群，而在动物中是"人类"。两棵树都具有对应的地质时间，图示两侧以当时常用的名称纵向列出了各个时代。通过改变茎干和树枝的宽度，希区柯克为各族群中的类群展示出了不同时间段里的相对数量。这株分枝树描绘了生命史，而且明确提到多次灭绝事件，这可能会让人以为希区柯克是进化论的支持者。但恰好相反，他坚信是神为生物带来了改变，而且不断攻击拉马克、钱伯斯以及达尔文已经成为主流的演化假说。[19]

在希区柯克发表古生物树之后，瑞士的古生物学家和地质学家路易斯·阿加西（Louis Agassiz，1807—1873）很快也在自己1844年出版的《化石鱼类研究》中发表了一幅分枝图（图55）。阿加西后来担任了哈佛大学的教授，而且经常被人誉为现代美国科学传统之父。[20]他表示：

> 这是一幅"系谱图"，反映了鱼类在所有地质阶段中的发展史，同时还体现出了各个科之间的亲和程度……所有竖线最后都汇聚在一起，表现出了每个大类中各科的亲和性。笔者没有将侧枝和主干连在一起，

因为笔者认为它们之间并没有通过直接繁殖或连续演变而形成祖先和后裔的关系，而是相互独立，但共同组成了一个分类单位。它们之间的联系只能在造物主的创造性智慧里追寻。[21]

这幅图比达尔文的《物种起源》足足早了15年，阿加西在图中展现出了自己对鱼类关系的看法。他在盾鳞目中合理地纳入了鲨鱼、鲨鱼亲属以及圆口类（八目鳗类和七鳃鳗类）。圆口类没有化石记录，在最右边自成一派。硬鳞鱼目中既包括原始物种也包括进步物种，现在发现这些成员的关系其实非常遥远，其中包括比较原始的"鲟鱼类"、进化程度处于中间的"鲇鱼类"，以及高度进化的"杨枝鱼""海马"和"鳞鲀科和四齿鲀"。左边的两个目也有同样的问题，但总的来说这幅图的现代程度令人吃惊。不过它还不能被称为演化图。[22]阿加西其实坚定地支持神创论，认为大自然里处处都透露着上帝的神圣规划。他直到晚年都是达尔文学说激烈的反对者，在大部分同行已经接受了进化论的时候，他依然拒不认可这个理论。[23][1]阿加西实际上是希望在图中罗列出化石记录中的各种分类，从右边的地质时间标尺也可以看出这一点。和希区柯克图中粗细各异的树枝不同，阿加西圆滑的纺锤形图案不能明显体现出各时代地层里的化石相对丰度，而只能显示最初的数量增加，以及已灭绝物种最终的衰落。[24][2]

1848年，阿加西发表了一幅令人惊叹的有关"生命历史"的图（图56），收录在他和奥古斯都·艾迪生·古尔德（Augustus Addison Gould，

---

[1] 埃尔德雷奇和克拉克拉夫特，阿奇博尔德："阿加西的例子清楚地表明，相信进化论并不是制作此类图表的必要条件……因此，这些图表中包含的信息并不一定与进化或系统发育有关。"
[2] 阿加西于1844年绘制的"纺锤"图预示了20世纪40年代、50年代和60年代流行的阿尔弗雷德·罗默的"树"。

1805—1866）颇受欢迎的教材《动物学原理》中。[25] 阿加西和古尔德表示：

> 四个自然时代由四个颜色深浅不一的区域表示，每个区域都由圆环分割，代表其中包含的地层数量［图56］。整个圆盘被放射线分成四个区间，也就是动物界的四个大类：以人类为顶端的脊椎动物位于上部区间，左边是体节动物，右边是软体动物，下方是动物界底层的辐射动物。每个区间又被分为了多个亚群，名称位于外圈。圆盘中心是有发育囊泡和发育点的原始卵细胞，代表所有动物的共同起源，以及所有动物都还十分相似的生命纪元。中心四周开始辐射出每个区间的地方摆放着它们对应的符号。各个区域里都有代表主要动物类群的径向条目，它们的起点和终点反映出了这些类群的诞生和灭绝时间。所有接触到外环的物种都依然存在。条目的宽度表明了这个物种在不同地质时代里的数量。[26]

据说在拉马克于1809年发表《动物学哲学》（图24）之后，德国古生物学家海因里希·格奥尔格·博隆（Heinrich Georg Bronn，1800—1862）绘制出了第一幅展示演化历史的树形图（图57）。[27] 博隆笔下枯树一样的纺锤形图案发表于1858年，是只标注了字母的理论图。字母代表一系列"结构在时间推移中越来越完美"的连续物种，最古老的物种位于底部，在树干和大树枝基底排列，而历史更短的物种位于次级树枝和细枝上。所有树枝上都在不断进行这种演进过程，任何时候产生的新物种都比低位树枝上的物种更为完美。[28] 博隆的树形图并没有对进化生物学产生太久的影响，他最为人所熟知的成就是1860年将达尔文的《物种起源》翻译成了德文，翻译时还加上了自己的译注，包括在最后的一整章批评意见。[29] 虽然曾经对达尔文心存疑虑，而且相信过神造论，但他很快就倒戈成了达尔文学说的热心支持者。[30]

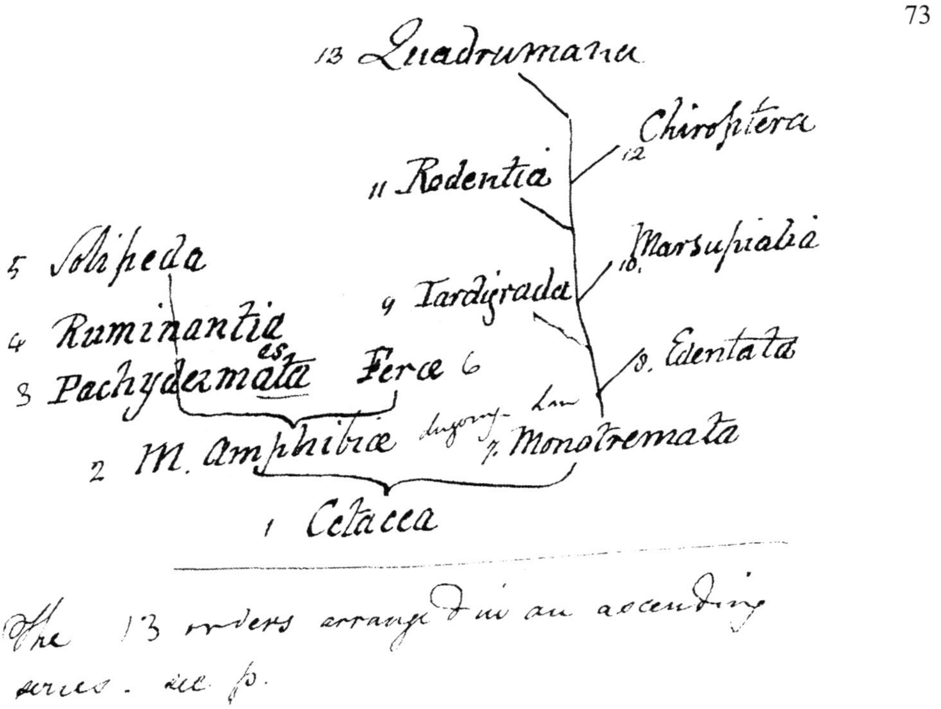

[Handwritten diagram:]

```
                          13 Quadrumana
                                    \
                                     \ Chiroptera
                                     /12
                     11 Rodentia ___/
                                    \
                                     \ Marsupialia
  5 Solipeda                         /10
  4 Ruminantia       9 Tardigrada __/
  3 Pachydermata  Feræ 6           \
                                    \ 8 Edentata
                  2 M. Amphibiæ  dugong   /
                                  ___ 7 Monotremata
                      1 Cetacea
  ─────────────────────────────────────
  The 13 orders arranged in an ascending
  series. see p.
```

图 46 约瑟夫·亨利·格林的 13 个哺乳动物目图表，以"升序"排列。收录于《约瑟夫·亨利·格林论文集》，"讲座 3"，1828 年的讲座笔记《亨特先生对有序生物诞生之前的生物的看法》，档案参考号 MS0122/4，藏于英国皇家外科学院的档案馆；由凯瑟琳·泰和路易斯·金提供。已获得出版许可。

前达尔文时期的分枝图　1828—1858

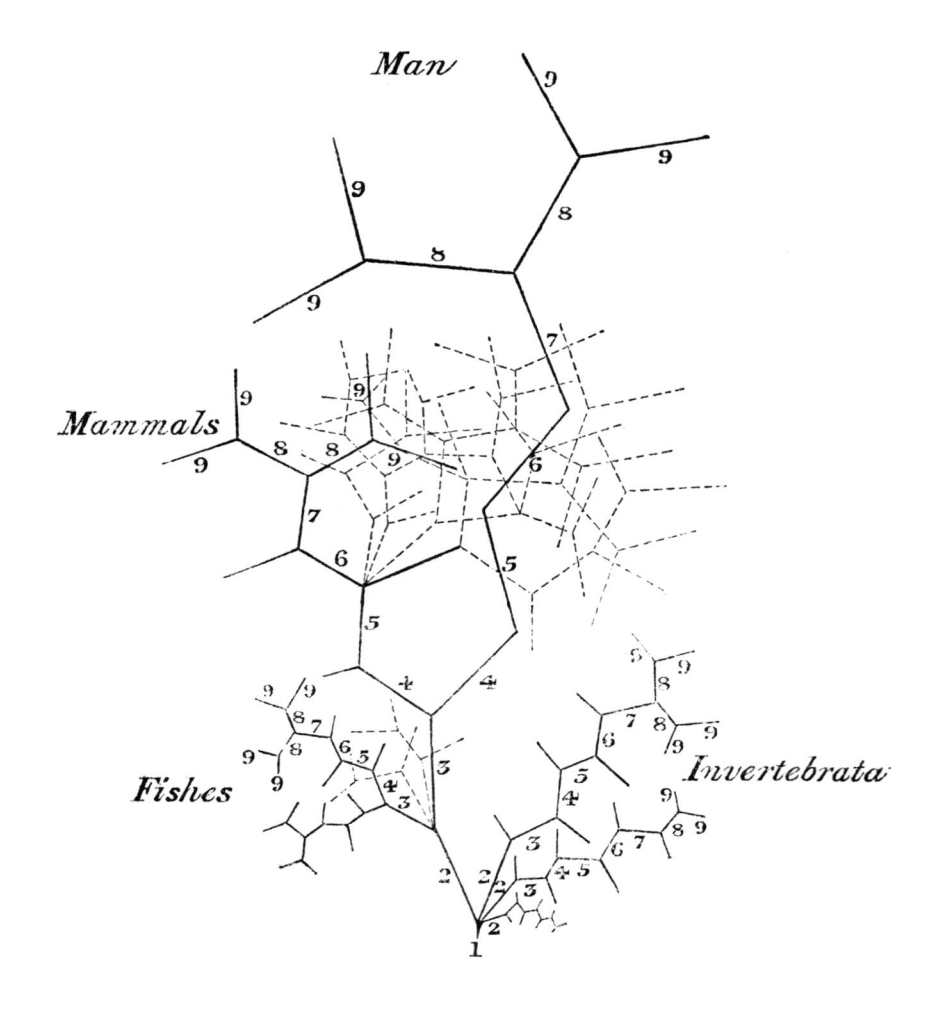

图 47 苏格兰医生马丁·巴里绘制于1837年的"动物发展树",意在以图画表现卡尔·恩斯特·冯·贝尔的胚胎学理论。

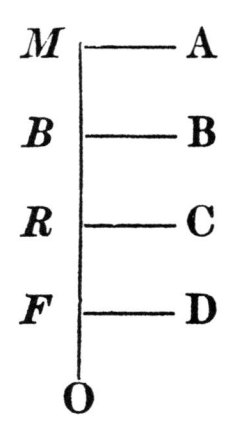

图 48 威廉·本杰明·卡朋特发表于 1841 年的主要脊椎动物类群分枝图,收录在他的《一般生理学和比较生物学原理》中,理论依据是卡尔·恩斯特·冯·贝尔在 1828 年提出的胚胎学理论。

前达尔文时期的分枝图　1828—1858

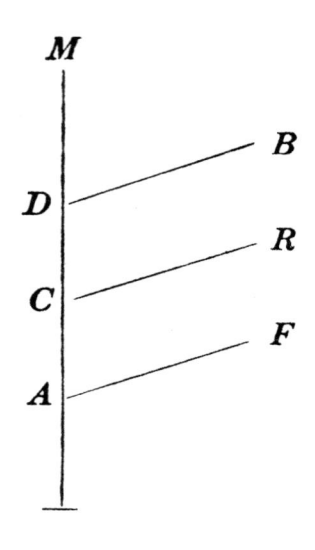

图 49 罗伯特·钱伯斯发表于 1844 年的"动植物界发展假说",收录于他著名的《自然创造史中的遗迹》一书中,这幅图再次阐释了威廉·卡朋特的树形图(图 48)。"本图只展示了主要的分枝,但读者如果想要纵览整个动物界,那就必须考虑到更细化的分类,它们体现着各个目、族、科、属等分类之间的次要差异。"(钱伯斯,1844:212 - 113)。图中的字母 A、C、D 是物种产生差异的节点,而 F、R、B、M(另见图 48)代表鱼类(fish)、爬行类(reptiles)、鸟类(birds)和哺乳动物(mammals)。

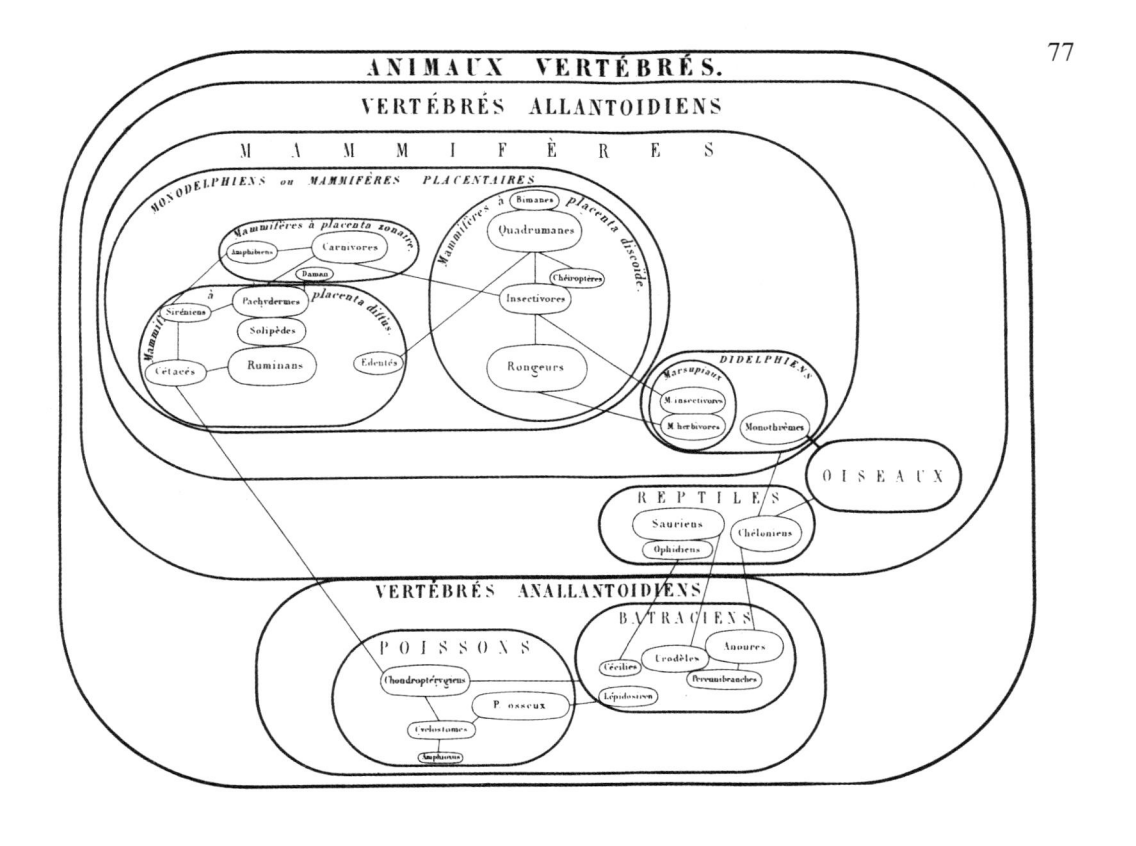

图 50 亨利·米尔恩-爱德华兹发表于 1844 年的脊椎动物胚胎分类图，套叠的椭圆形代表亲和性和同功性，似乎是借鉴了五分法的理念。

前达尔文时期的分枝图　1828—1858

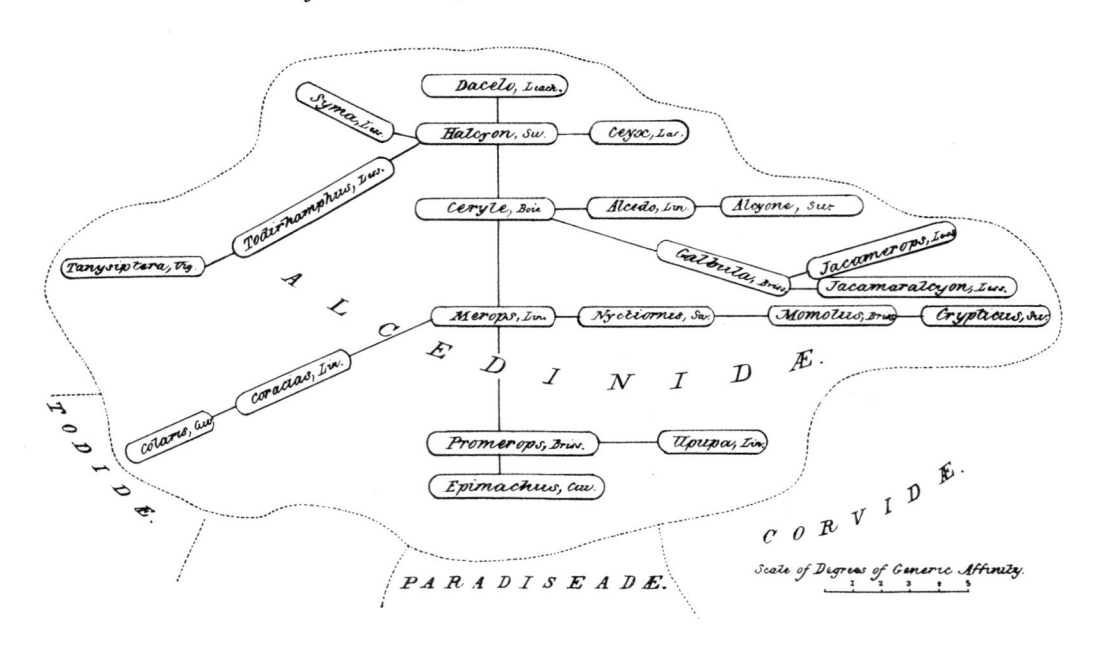

图 51　休·埃德温·斯特里克兰发表于 1841 年的翠鸟及其亲属关系图。右下角的"属间亲和性比例尺"用来显示各属间的关系远近。

图 52 休·埃德温·斯特里克兰所绘"鸟类自然亲和性图"的一部分,该图曾在 1843 年的英国科学促进会年会(格拉斯哥)上展示了一番,但 1858 年才由他的岳父威廉·贾丁发表,当时他已经去世。

前达尔文时期的分枝图　1828—1858

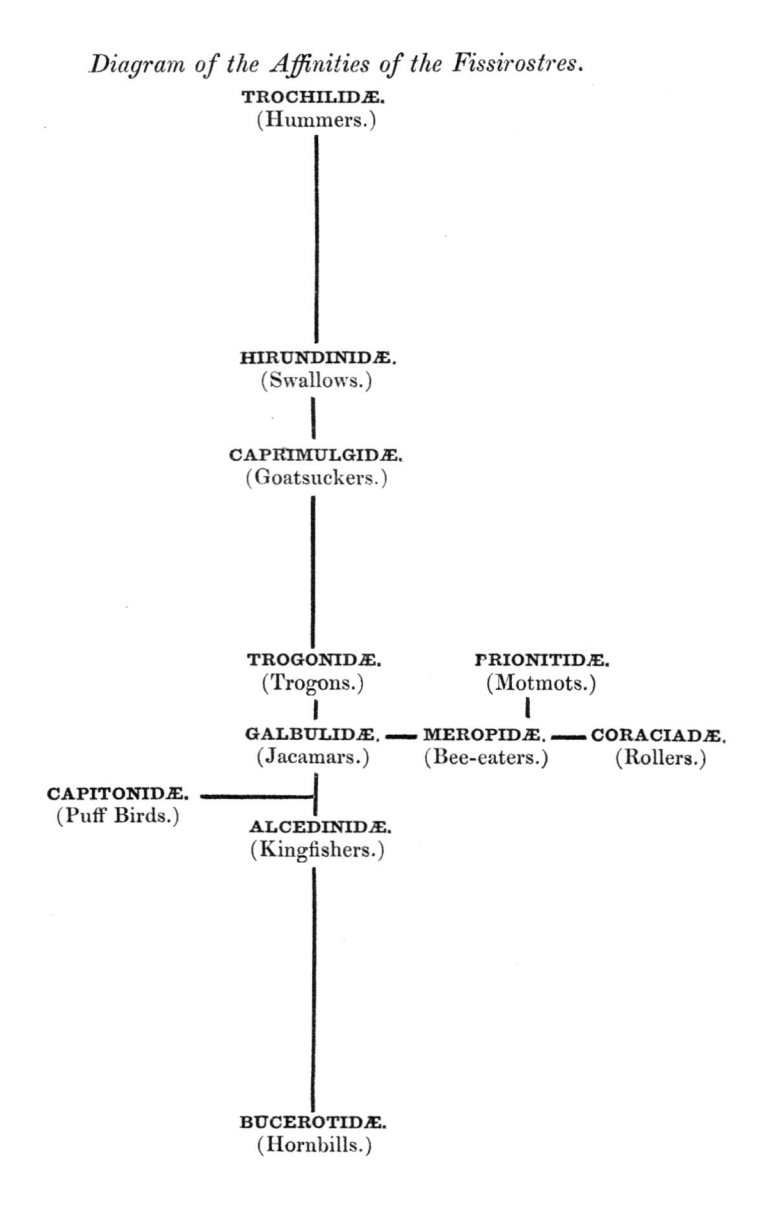

Diagram of the Affinities of the Fissirostres.

```
                    TROCHILIDÆ.
                    (Hummers.)
                        │
                        │
                    HIRUNDINIDÆ.
                    (Swallows.)
                        │
                   CAPRIMULGIDÆ.
                    (Goatsuckers.)
                        │
                        │
              TROGONIDÆ.        PRIONITIDÆ.
              (Trogons.)        (Motmots.)
                        │
  CAPITONIDÆ.   GALBULIDÆ. ── MEROPIDÆ. ── CORACIADÆ.
  (Puff Birds.) (Jacamars.)   (Bee-eaters.)  (Rollers.)
                    ALCEDINIDÆ.
                    (Kingfishers.)
                        │
                        │
                    BUCEROTIDÆ.
                    (Hornbills.)
```

图 53 阿尔弗雷德·拉塞尔·华莱士创作于1856年的裂喙鸟亲和性示意图，他采用了休·斯特里克兰的作图技法。

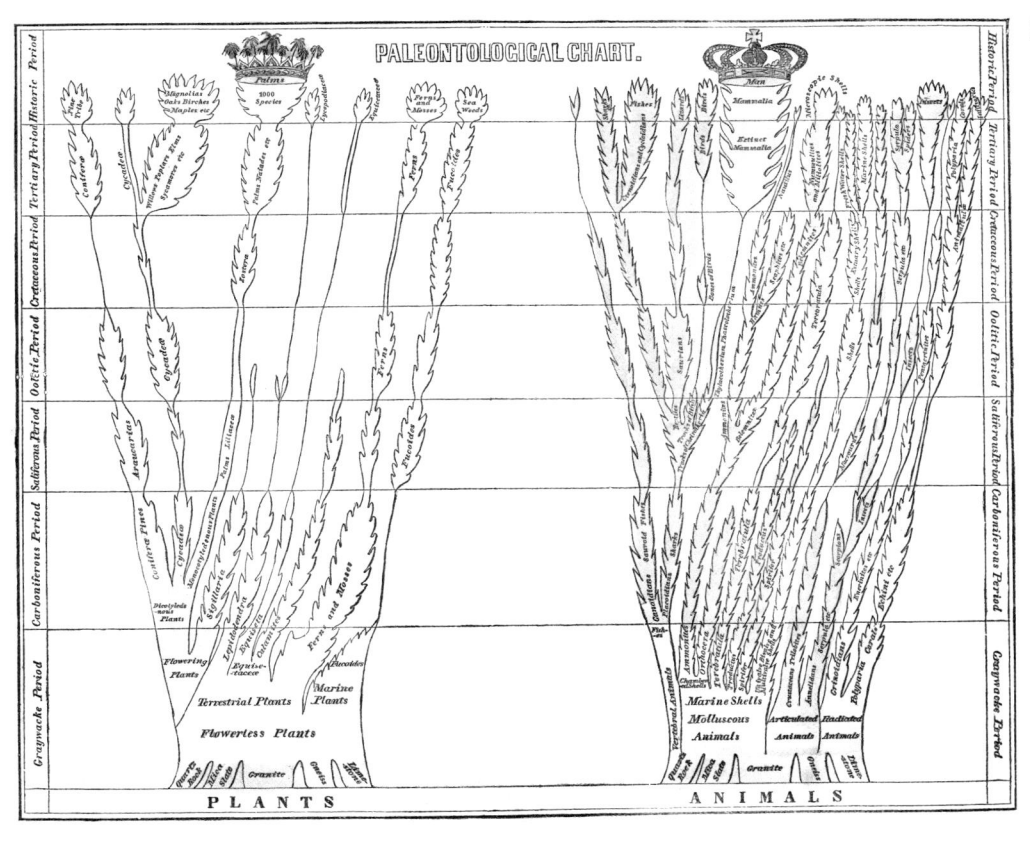

图 54　爱德华·希区柯克的"古生物图",收录于他 1840 年出版的《基础地质学》第一版。

前达尔文时期的分枝图　1828—1858

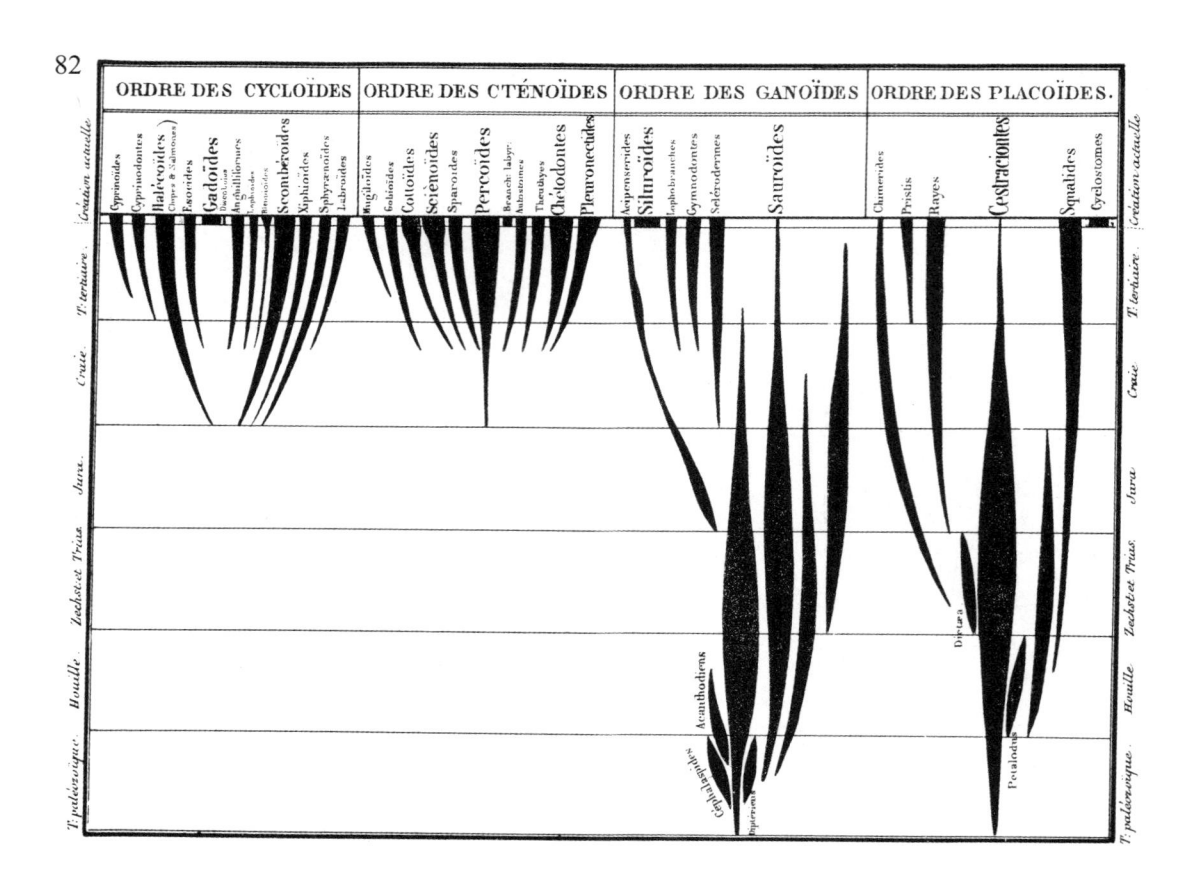

图 55 路易斯·阿加西的"鱼类系谱图",收录于他 1844 年出版的《化石鱼类研究》。

图 56(对页图) 路易斯·阿加西和奥古斯都·艾迪生·古尔德的"地壳和动物学关系图",为他们 1848 年出版的《动物学原理》充当卷首插图。乍看之下,这幅图"在地壳的各个地层中展示出了动物界主要类群的分布,以及它们的出现顺序"。本图形似具有多个辐条区间的车轮,每根"辐条"都代表一类动物,它们覆盖在一连串代表时间的同心圆上,图中的时间一直从志留纪之前延续到"现代"。按照神的计划,各种动物类群出现在车轮的各个"辐条"中,但有一些又遭遇了灭绝。人类只存在于最外层的圆环中,同时位于图画的顶部,表明我们是所有造物的最高成就。

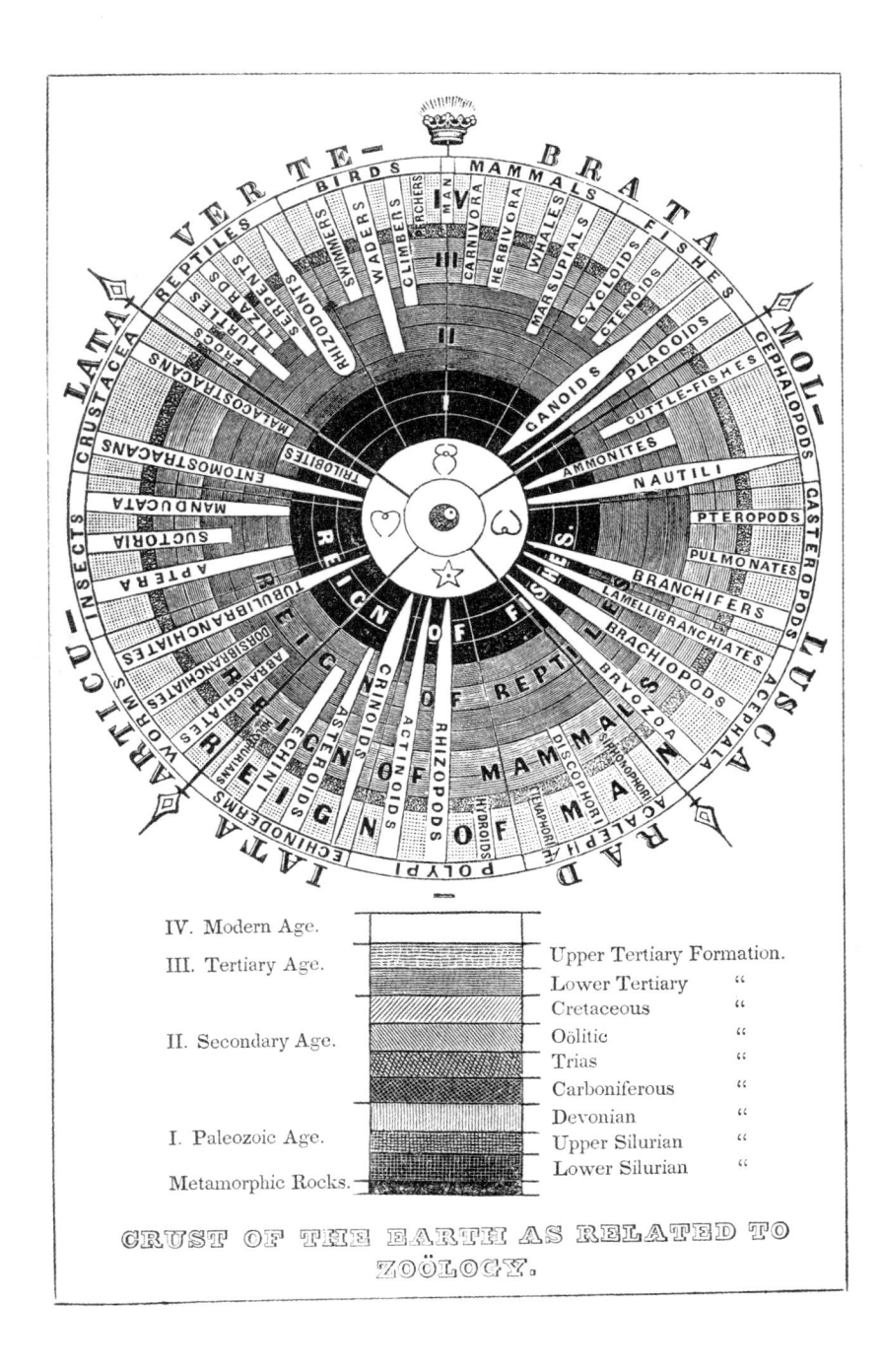

CRUST OF THE EARTH AS RELATED TO ZOÖLOGY.

IV. Modern Age.
III. Tertiary Age. — Upper Tertiary Formation.
Lower Tertiary "
Cretaceous "
II. Secondary Age. — Oölitic "
Trias "
Carboniferous "
Devonian "
I. Paleozoic Age. — Upper Silurian "
Lower Silurian "
Metamorphic Rocks.

前达尔文时期的分枝图　1828—1858

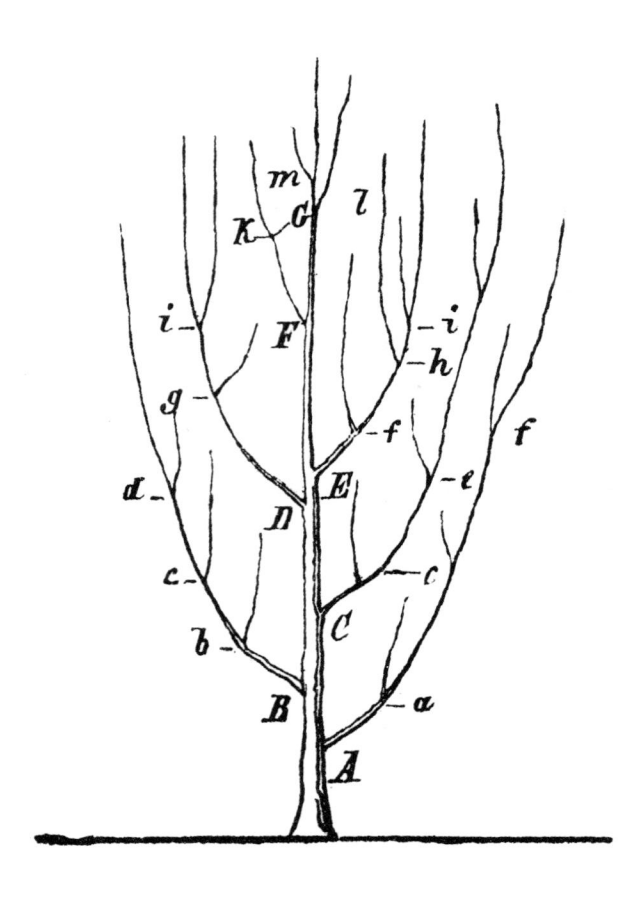

图 57 海因里希·格奥尔格·博隆于 1858 年依据化石记录绘制的"动物系统"。字母代表一系列结构在时间推移中越来越完美的连续生物,最古老的物种位于底部,在树干和大树枝基底排列,而历史更短物种位于次级树枝和细枝上。

查尔斯·达尔文的演化理论和树形图　　1837—1868

为了用最合适的方式展示出自己的动植物分类观点,生物分类系统领域中的其他研究者正琢磨着到底该选择地图、网络图、圆圈套圆圈图还是各种其他几何形状。查尔斯·达尔文(1809—1882)刚结束了在英国海军"小猎犬号"上五年的航海考察(1831年12月至1836年10月),多少有些与学界隔绝的研究让他很快就踏上了另一个方向。1837年7月,他在皮面笔记本B里画下了如今闻名遐迩的"我认为"草图(图58),而这也是第一本有关"物种演变"的笔记。[1]仅凭简要的几笔和几句电报风格的句子,达尔文就勾勒出了从共同祖先中分化出包含相似物种的属的过程,显露出了他在系统发生问题上的早期理论思想:

> 我认为一个世代的后代数目应该与其本身相等。要达到这个目标以及在同一个属里产生多个物种(现状),那就需要灭绝。所以A和B之间有巨大的鸿沟。C和B是最精细的分类。B和D的差别较大。这就

形成了属，它们和具有多个已灭绝物种的古代动物存在关系。²

达尔文第一次明确指出生物多样性是以分层形式分布在一组组相互嵌套的类群中，所有生物都来自同一个共同祖先。

如朱莉娅·沃斯最近在《达尔文的图画》一书中所说³，想象一下，达尔文在绘制第一株演化树的时候是不是还想着加拉帕戈斯群岛的13种燕雀，着实是一件很有趣的事情。虽然有些分枝标有字母，但大部分都没有名字。不过，总体看来，这棵树的树梢显示出了13个现生种，集中在两根主枝的末端。树枝低处戛然而止的细枝代表12个已经灭绝的种。

达尔文在1837至1868年间绘制了最后一幅公诸于世的分枝图（见下文），他还画过很多其他演化树，但大部分都没有发表，这些手稿依然保存在剑桥大学图书馆的达尔文私人文件中。达尔文档案馆里特别有意思的一幅图成于19世纪50年代早期（图59），灵感来自阿加西和古尔德的"地壳和动物学关系图"（图56）。达尔文以"点表示新的物种"为图题，并用多个分枝线条代替了阿加西和古尔德僵硬的径向"辐条"。这些线条都发自一个中心点，并穿过了一个个同心半圆，后者代表地球历史上各大时期的分界，也就是阿加西和古尔德图中的"古生代""第二纪"和"古近纪"。很多线条都因灭绝而早早结束，而其他线条一直延伸到了外缘，表明一直延续到了"现代"。⁴另一幅没有发表的演化树也成于19世纪50年代，标题上写着"让点代表属怎么样？？？"（图60）。这次的主题是哺乳动物，树根上写着"有袋类和有胎盘类的根源"。和改良阿加西与古尔德的图示一样（见图59），达尔文也在这幅图里用铅笔轻轻画下了代表地质年代分界的同心半圆。很多类群都灭绝在路上，而其他类群经历漫长的时间来到了现代，比如现生"有袋类"和"啮齿类"。

19 世纪 50 年代后期，达尔文大大扩展了自己创建演化树的理念，将 4 幅更加精细的图像集合在了一起（图 61，Ⅰ – Ⅳ）。他本想将这幅图收入自己的《大物种之书》，而且当时已经为这本书完成了几百页手稿。不过，他在完成全书的 2/3 之后就将它搁置在一边，开始撰写一个缩略版本，也就是在不久之后问世的《物种起源》。[5] 这幅理论图的原始手稿成于 1857 年，依然保存在剑桥大学的达尔文档案馆中[6]，不过直到 1975 才印刷出版[7]。达尔文在解释这株演化树的时候写道：

> 虽然仍有诸多缺陷，但下面的图示 [图 61] 最适合用来展现自然选择、趋异和灭绝等各个原理的复杂作用。为方便参考，图示印刷在折叠纸上。本图展示了各个物种从其他物种中诞生的过程，这个过程应该得到详细解释，图中还会明确显示多个难点和疑问点。[8]

1857 年，达尔文对这幅图做了大幅度修改，将所有图示都融为一体，而且演化方向从向下改成了向上（图 62）。这幅图收录于 1859 年 11 月 24 日出版的《物种起源》里，但图示的说明没有太大变化：

> A 到 L 代表当地大规模属中的种：它们之间有不同程度的相似之处，自然界中的情况也大抵如此，相似程度由字母间的不同距离表示……假设（A）是分布广泛且存在内部差异的常见物种……从（A）发出了长度不同且呈扇状分散开的虚线，代表各种不同的后代。它们产生的变异可能非常微弱，但性质极其多样。变异不一定同时出现，而且发生的时间通常相差甚远，延续的时间也各不相同。只有具有优势的变异才能存留下来，或者说受到了自然的选择。这里就体现出了

特征趋异应带来益处这一原则的重要性，因为这一般会使差异最显著的变异（外侧的虚线）通过自然选择留存下来并不断累积。虚线和横线交会并标注上数字和字母的时候，就说明蓄积的变异足以明确建立起一个新的类别，比如可以在分类系统中占有一席之地的物种。[9]

于是达尔文继续在"自然选择"一章里用整整 8 页来细细阐述这株错综复杂的演化树，以便帮助读者理解一个"相当令人费解"的问题：动植物在世代更替中的改变。[10]《物种起源》的第一版有 502 页，不过，要说是什么将演化理念传播给了最初心怀疑虑的读者，最大的功劳还是属于这幅图和达尔文字斟句酌的逐步解释。

1860 年 9 月 23 日的那个周日，达尔文给他的好友兼同事查尔斯·莱伊尔（Charles Lyell，1797—1875）写了一封信，好向这位首屈一指的地质学家报告自己最近关于哺乳动物演化的想法："亲爱的莱伊尔……我现在坚信所有哺乳动物肯定都有一个共同的起源……它们的大量相似之处肯定都是继承自共同的源头。"达尔文的儿子弗朗西斯在父亲过世之后的 1887 年发表了这封信。[11] 信中绘制了两幅分枝图（图 63），达尔文表示自己没法决定到底哪幅图能更准确地反映出演化史：有袋类和有胎盘类哺乳动物都源自还未得到发现的共同祖先，而这位祖先"处于哺乳动物、爬行类和鸟类之间，就像处于鱼类和两栖动物之间的美洲肺鱼"；或者它们都是源自某种真正的有袋类，并经历了从"原始"到"高等"的发展过程。[12]

达尔文最后一幅公之于众的演化树图成于 1868 年 4 月 21 日，是一幅灵长类演化的草图。这幅图尚在制作之中，有不少修改的痕迹，一开始是用钢笔和墨水，后来又加入了铅笔，似乎达尔文自己也对其中描绘的关系摇摆不定（图 64）。在标注着"灵长类"的树干上，最初的趋异分化催生了"狐猴",随后是一个大分枝,形成了右边的"新世界猴"和左边的"旧世界猴"。主干继续往上的右侧分枝是长尾猴,随后是所有的狒狒和猕猴,以及亚洲的长尾叶猴。左侧则分出了一支不确定的族系。这个族系最初是以虚线表示,随后又用铅笔画上了道道并延伸到"人类",中间的树冠是大猩猩和黑猩猩、猩猩以及长臂猿(长臂猿属)组成的三叉分枝。达尔文并未将"人类"放在高于人类近亲(大猩猩和黑猩猩)的位置,而只是将我们归入了灵长类的系谱,这一点和过去的所有树形图以及未来的诸多树形图都大不相同。[13]

《物种起源》刚刚发表,达尔文就收到了威廉·查尔斯·林奈·马丁(William Charles Linnaeus Martin,1798—1864)的手稿,他曾是伦敦动物学会博物馆的馆长,但后来因为削减经费而被解雇。这份手稿名为《对达尔文先生宏大理论的评论》,其中有一幅鸟类的系统树图(图65):

> 显而易见,这是一幅相当粗糙的"半成品",不过是草图而已(纸张也不精致)。在下想借此传达一个既不成熟也不完善的想法,也就是主要的鸟类族群是如何从已经灭绝而且尚不为人所知的原始起源里分化而来……我用每个圆圈(或者说大部分圆圈)来表示在时间的洗礼中保持稳定,并在生命的宏大战争中成功打败种种意外的族群,我认为它们后继有人,依然能跟随影响因素的变化在生命之争中占据优势……圆圈之间是漫长且各不相同的时间段,很有可能需要以地质年代计算,因为动物的改变肯定十分缓慢。圆圈之间我没有加入其他东西,但圆圈本身就代表存续时期的长短。雄蕊一样的小点代表鸟类众多的科和属。[14]

马丁大体上支持达尔文的理论，但他不认为飞鸟都是原始鸟类，而达尔文认为翅膀退化是鸟类演化中弃用引起的次级事件。[15][1] 可惜马丁在给达尔文写信时已经虚弱不堪——"我健康欠佳，每件小事都成了重担"[16]——他不幸于1864年过世，还没来得及发表自己的理念和演化树。

---

[1] 达尔文认为："由于较大的地食性鸟类除非为了躲避危险，否则很少飞行，因此我认为有几种鸟几乎没有翅膀——它们当下或不久之前栖息在几个大洋岛屿上，岛上没有任何猛兽——这种情况是由于弃用造成的。"

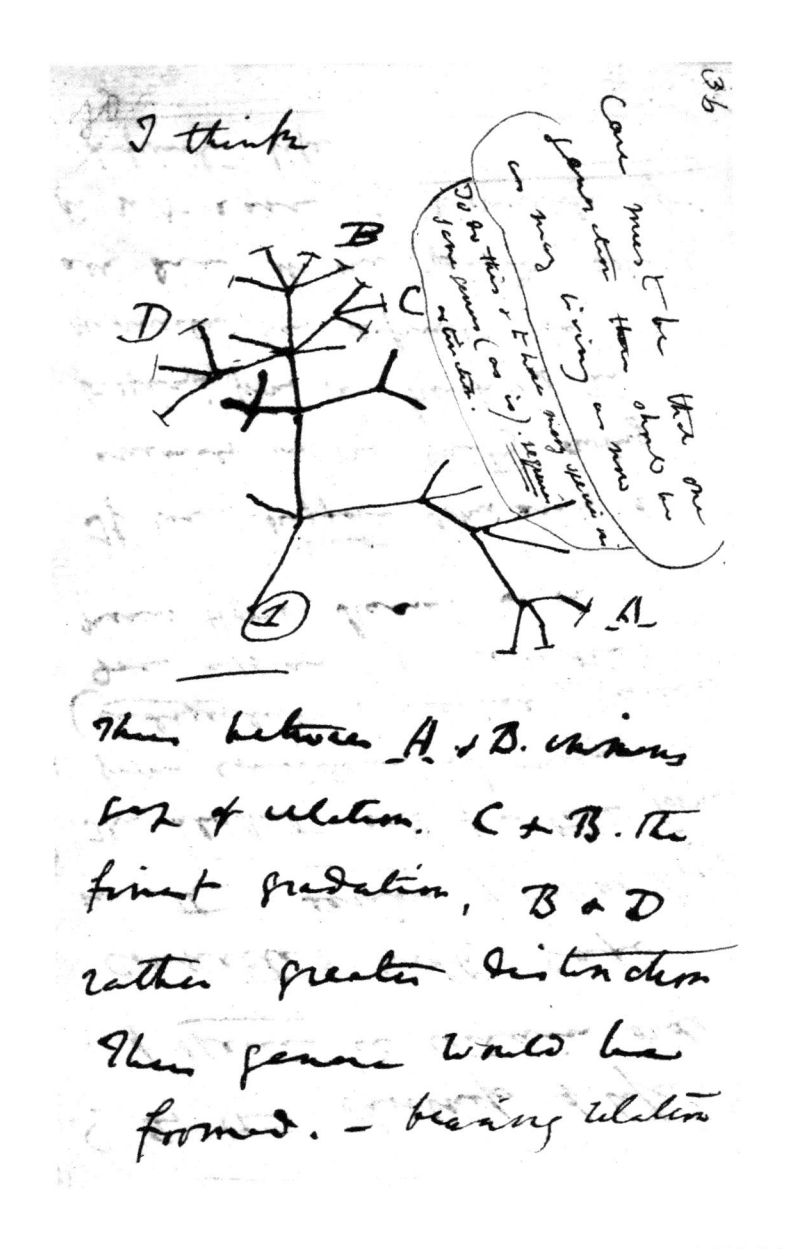

图 58 查尔斯·达尔文著名的"我认为"(I think)图,成于 1837 年 7 月,绘制在他第一本有关"物种演变"的笔记中。主干上标注着①。主枝(A、B、C、D)末端群集着分岔出去的细枝,它们代表着现生物种。树枝低处戛然而止的细枝则代表已经灭绝的物种。

达尔文档案馆,DAR 121.36;由露丝·M. 朗和唐·曼宁提供。感谢剑桥大学图书馆提供出版许可。

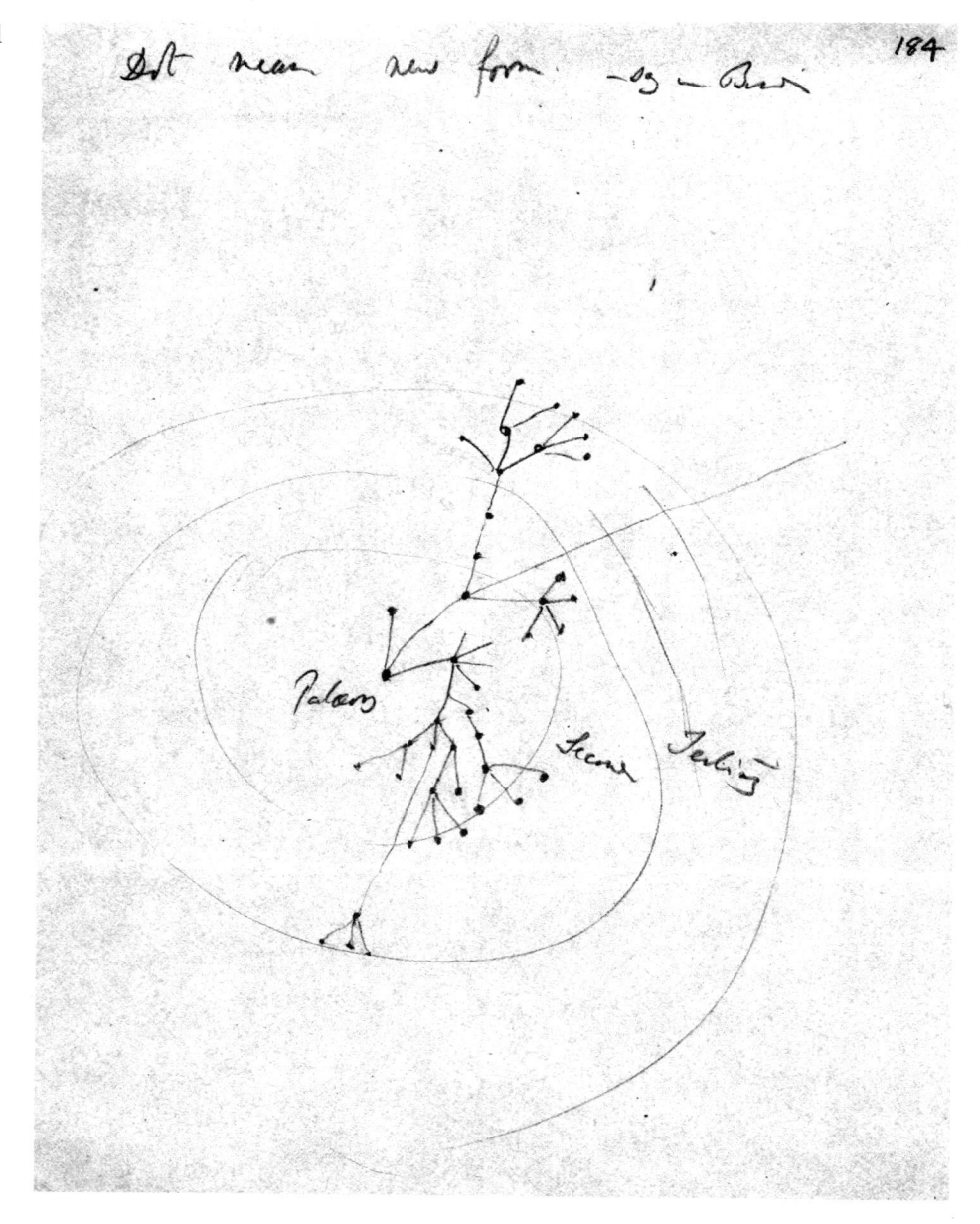

图 59 "点表示新的物种":查尔斯·达尔文绘制于 19 世纪 50 年代早期的草图,展示出了不同时代鱼类的关系,灵感来自阿加西和古尔德绘制于 1848 年的树形图(图 56)。
达尔文档案馆,DAR 205.5.184r;由露丝·M. 朗和唐·曼宁提供。感谢剑桥大学图书馆提供出版许可。

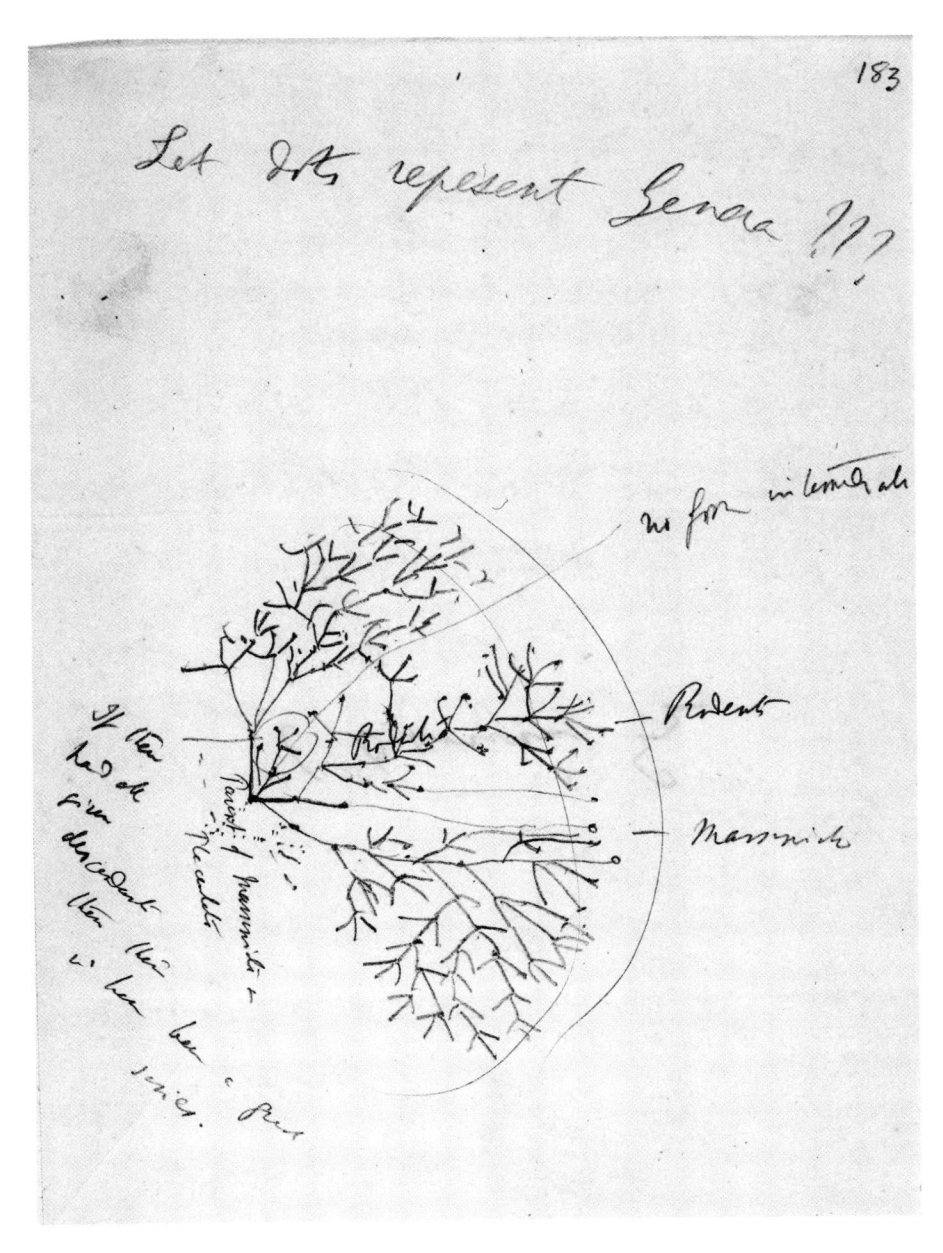

图 60 "让点代表属怎么样？？？"：查尔斯·达尔文绘制的啮齿类和有袋类演化关系，成于 19 世纪 50 年代。

达尔文档案馆，DAR 205.5.183r；由露丝·M. 朗和唐·曼宁提供。感谢剑桥大学图书馆提供出版许可。

Diagram I

```
         A.   B.   C.   D.   E.   F.   G.   H.   I.   K.   L.   M.
        a¹–d¹–l¹        &c   D    E    F    G    H    I    K    L   z¹–m¹
       a²–c²–f²  i²–l²       &    &    G    &c   &c              z²–m²
      a³–c³–f³  i³–l³                  F                         z³–m³
     a⁴–c⁴–f⁴  i⁴–l⁴                   G                         z⁴–m⁴
    a⁵–c⁵–f⁵  i⁵–l⁵                    G                         z⁵–m⁵
   a⁶–c⁶–f⁶ g⁶–h⁶ i⁶–l⁶                &c                        z⁶–m⁶
  a⁷–c⁷–f⁷      i⁷–l⁷                                            z⁷–m⁷
 a⁸–c⁸–f⁸ g⁸–h⁸ i⁸–l⁸                                            z⁸–m⁸
a⁹–c⁹–f⁹  g⁹–h⁹ i⁹–l⁹                                            z⁹–m⁹
a¹⁰            h¹⁰ l¹⁰                                           m¹⁰
```

Diagram II

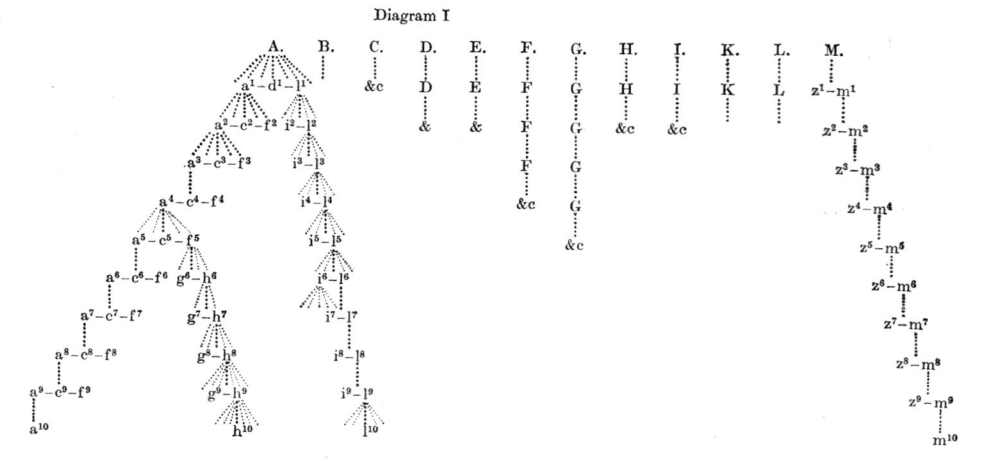

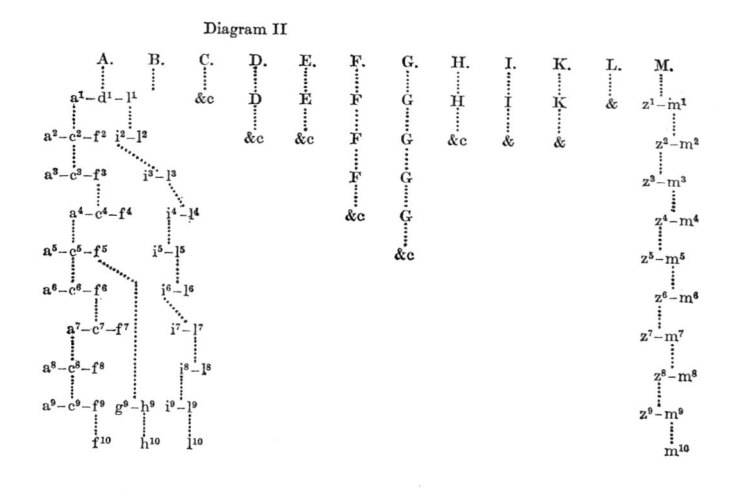

```
         A.   B.   C.   D.   E.   F.   G.   H.   I.   K.   L.   M.
        a¹–d¹–l¹        &c   D    F    G    H    I    K    &   z¹–m¹
       a²–c²–f² i²–l²        &c   F    G    &c   &              z²–m²
      a³–c³–f³  i³–l³             F    G                        z³–m³
     a⁴–c⁴–f⁴       l⁴             F    G                       z⁴–m⁴
    a⁵–c⁵–f⁵    i⁵–l⁵              &c                           z⁵–m⁵
   a⁶–c⁶–f⁶     i⁶–l⁶                                           z⁶–m⁶
  a⁷–c⁷–f⁷      i⁷–l⁷                                           z⁷–m⁷
 a⁸–c⁸–f⁸       i⁸–l⁸                                           z⁸–m⁸
a⁹–c⁹–f⁹  g⁹–h⁹ i⁹–l⁹                                           z⁹–m⁹
f¹⁰        h¹⁰   l¹⁰                                            m¹⁰
```

Original Species in Diag. I	A.	B.	C.	D.	E.	F.	G.	H.	I.	K.	L.	M.
Diagram III	a^{10}.	h^{10}.	l^{10}.	B.	C.	D.	E.	F.	G.	H.	I.	K.	L.	M^{10}
Diag. IV	a^{20} k^{20} n^{20}			p^{20} t^{20} l^{20}		E^{20}	F^{20}	G.	H.	I.	K.	L.	x^{20} z^{20} m^{20}

图 61 达尔文原本打算收入《大物种之书》的演化树，这是印刷后的版本。1858 年，他因为开始撰写一个缩略版本而搁置了该书的手稿，这个缩略版本就是不久之后的《物种起源》。

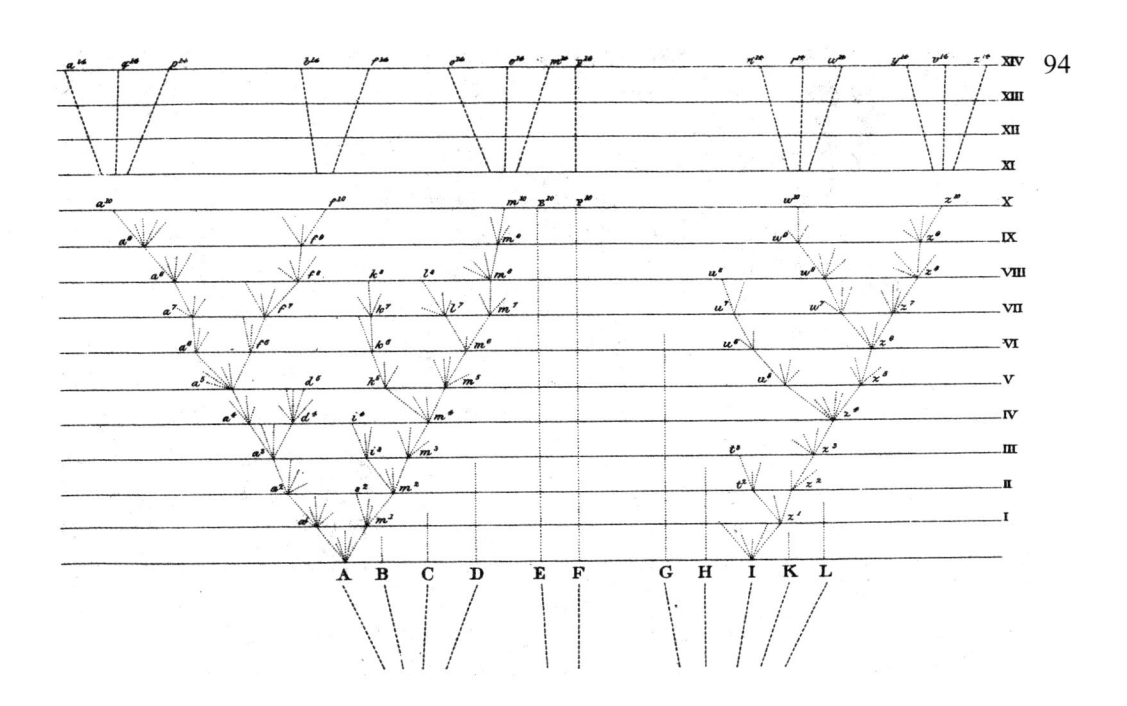

图62 达尔文著名分枝图的最终版本,旨在解释"自然选择可能会通过特征趋异和灭绝而对共同祖先后代产生的影响",收录于1859年出版的《物种起源》。

DIAGRAM I.

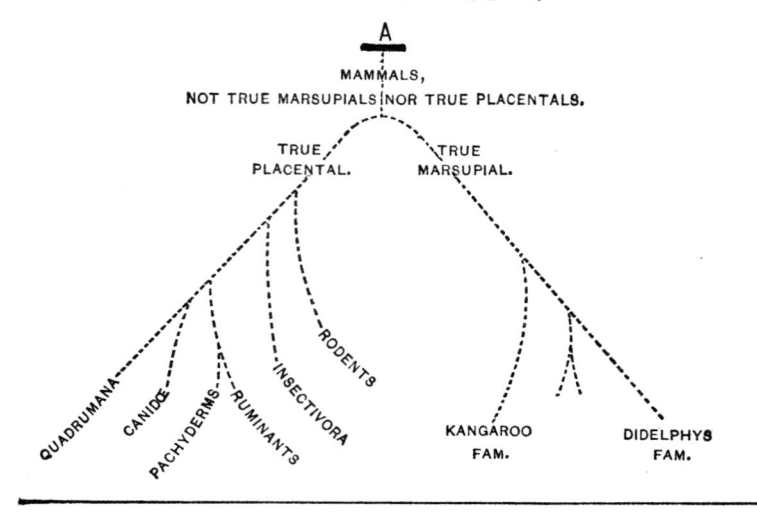

```
                    A
              ━━━━━━━━━━━
              MAMMALS,
         NOT TRUE MARSUPIALS NOR TRUE PLACENTALS.

              TRUE              TRUE
            PLACENTAL.        MARSUPIAL.
```

(分支) QUADRUMANA, CANIDÆ, PACHYDERMS, RUMINANTS, INSECTIVORA, RODENTS, KANGAROO FAM., DIDELPHYS FAM.

DIAGRAM II.

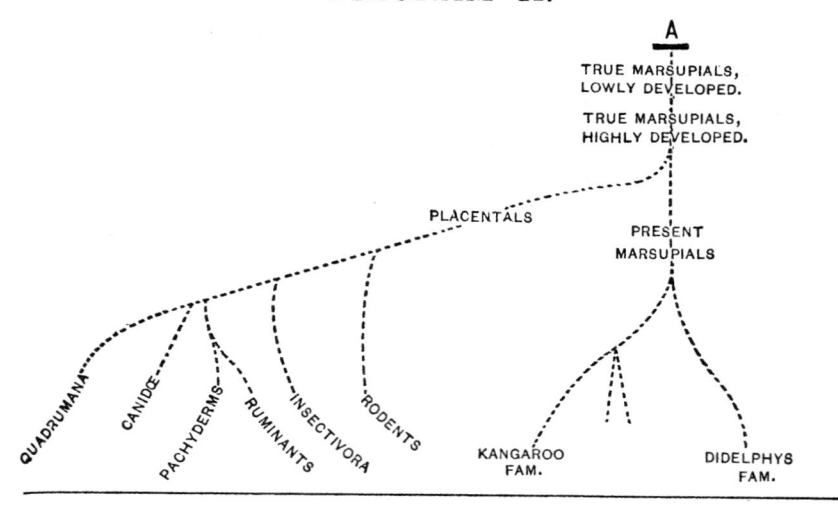

```
                              A
                         ━━━━━━━━━━
                         TRUE MARSUPIALS,
                         LOWLY DEVELOPED.

                         TRUE MARSUPIALS,
                         HIGHLY DEVELOPED.

         PLACENTALS              PRESENT
                                MARSUPIALS
```

(分支) QUADRUMANA, CANIDÆ, PACHYDERMS, RUMINANTS, INSECTIVORA, RODENTS, KANGAROO FAM., DIDELPHYS FAM.

图 63 达尔文的哺乳动物演化树，最初附在 1860 年 9 月 23 日写给英国地质学家查尔斯·莱伊尔的信件中，后来他的儿子弗朗西斯·达尔文于 1887 年在《查尔斯·达尔文生平和信件》中发表了这幅图。

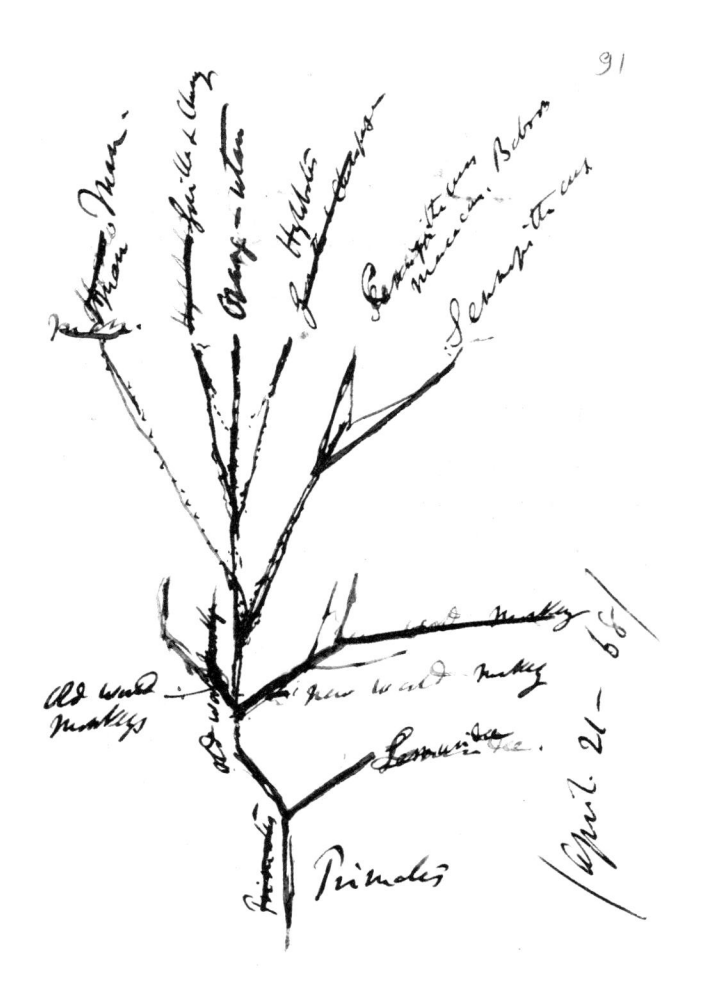

图 64　达尔文的灵长类关系演化树草图,成于 1868 年。其中"人类"位于左上角,旁边是包含大猩猩和黑猩猩的族系。

达尔文档案馆,DAR 80.91r;由露丝·M. 朗和唐·曼宁提供。感谢剑桥大学图书馆提供出版许可。

查尔斯·达尔文的演化理论和树形图　1837—1868

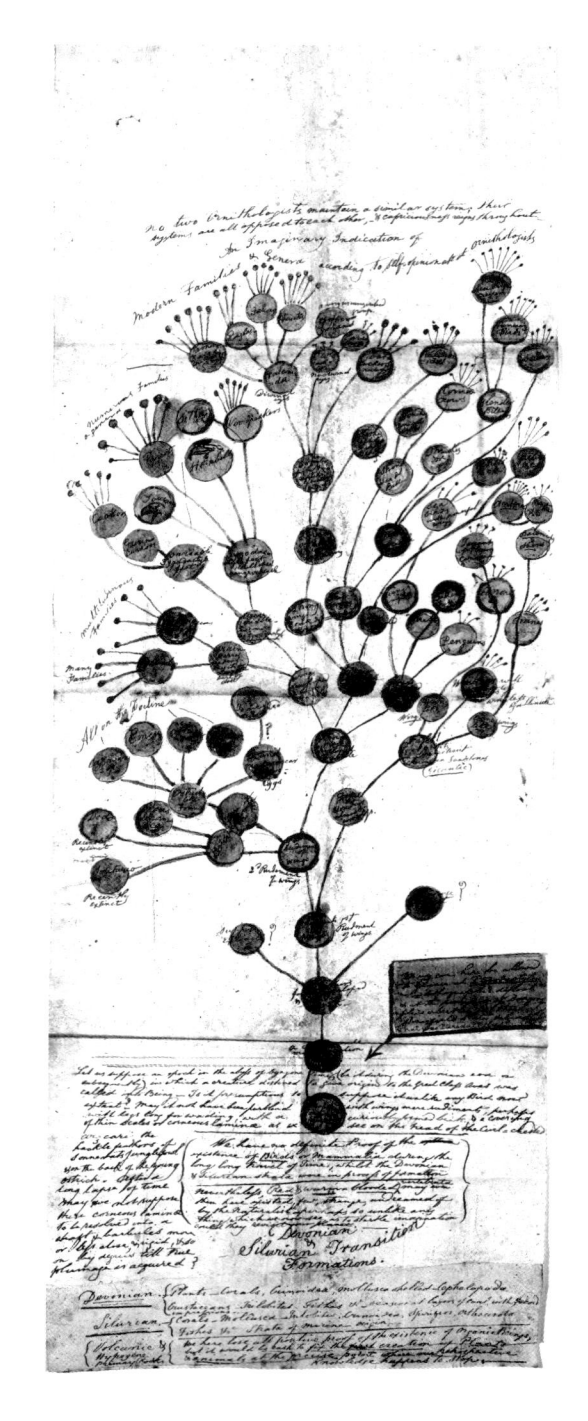

图 65 威廉·查尔斯·林奈·马丁在《物种起源》刚刚出版之后寄给达尔文的鸟类系谱,希望能得到达尔文的认同。

达尔文档案馆,DAR 171:56.15r;由露丝·M. 朗和唐·曼宁提供。感谢剑桥大学图书馆提供出版许可。

恩斯特·海克尔的系统树　　1866—1905

恩斯特·海因里希·菲利普·奥古斯特·海克尔（Ernst Heinrich Philipp August Haeckel，1834—1919）是德国杰出的生物学家、博物学家、哲学家、医生、教授和科普插画家，他发现、描述并命名了数千个新物种，还创造了很多生物学术语，比如生态学、门、系统发生学、个体发生学、单源、多源、分节现象、原生生物和后生动物。[1] 有"德国达尔文"之称的海克尔于1861年阅读了《物种起源》的德译本，这是他第一次对达尔文学说有了详细了解。这个译本由海因里希·博隆于1860年出版，仅比达尔文的原版著作迟了几个月。[2] 虽然海克尔不太愿意接受将生物多样性完全归功于自然选择这一理论，但他很快就成了达尔文最热情而且成果最丰硕的支持者之一，还很早就意识到构建演化树是最适合为生物体展现逐渐演变过程的途径。[3]

海克尔是第一位伟大的"造树人"。在漫长的职业生涯中，他绘制了数百幅极具视觉冲击力的系统树，不同生物门类在树上各居其位，这和达尔文完全基于假设的系统树完全不同。他最早期的成果中包括第一个将所有主要生命形式联系起来的系统树（图66），这个系统假设所有生物的共同祖先都是原核生物中的一员。他对原核生物的定义是"简单、无结构且不定形的同质性黏液或蛋白物质小团块"[4]，而现在我们所说的原核生物是没有细胞核和细胞器的单细胞生物。海克尔还率先提出人类祖先是类人猿，并在自己的分枝图上将"人类"置于演化的顶点。1866年，他出版了自己作为进化论者的第一部重要专著，也就是分为两册的《普通生物形态学》，其中囊括了一系列单源系统树。它们全都以植物的形象出现，具有结实的树干、粗大的枝干、树枝和末端的小枝，除了树叶应有尽有。每一个系统树都是独一无二的罕见资料，大多数在一个多世纪里都没有重印，因此本书将其中8幅系统树都呈现给了读者（图66—73）。

在后来的著作和旧作品的修订版中，海克尔也没有忘了演化树，他不断完善自己的方法，并将其扩展到了诸多其他门类，同时还在创造新的表现形式。[5]在广受欢迎的《自然创造史》的各个版本中，海克尔赋予了演化树多种新的风格，使它们更加简洁，同时也大大淡化了植物的形象。该书最初于1868年出版，并在海克尔去世前出到了第13版。书中的一些演化树是由细细的曲线或波浪线组成，末端是一簇簇浓密的波浪状细枝（图74和75）；其他演化树则以奇怪的三角锥图案为主，每个三角锥里都有很多分散或聚拢的线条（主要是为了让各族系的排布比较美观），以此展示亲缘关系紧密、可以归为一类的动物族群（图76）。但书中也有两个错综复杂的植物和脊椎动物古生物树，它们用羽毛一样的形式展示出了各个类群逐渐分化的过程，还沿左边的空白处标出了地质年代和时期（图77和78）。在海克尔绘制的动物界演化树中，恐龙的位置十分耐人寻味，这个位置表明它们是鸟类的祖先，而人们通常认为这段关系是最近的发现。

在1870年出版的《自然创造史》第二版中，海克尔的风格变得更加简洁，他又捡起了以前的括号图形（不过采用了竖向排版而不是横向排版），这种形式在文艺复兴时期的博物学家中十分流行（图79，与图3—14对比）。但他同时也首次创造出了为动植物展示多个独立起源（也就是他口中"多源性"的范例）和多起灭绝的图例，每次灭绝都用匕首表示。他首创的这种图示迅速征服了古生物学家，在今天也依然是普遍应用的范例（图80）。最后，在1870年的版本中，海克尔完成了"12个人种的单源起源和（在全球的）扩散假想草图"（图81）。它和树木并不相像，更类似于枝条在世界地图上四散开来的复杂树丛，也是第一个真正以演化历程为核心的亲缘地理学范例。海克尔坚信所有人种都起源于共同的祖先[6][1]，他希望能用这份地图和人类曲折的迁移路线来解开人类起源地区之谜，这个谜团一直让包括达尔文在内的进化论者困扰不已。达尔文曾经提出过非洲这个正确的假设（以生物地理证据为依据）[7]，而海克尔认为该地区可能位于西印度洋（假想的利莫里亚大陆）或荷属东印度群岛（现在的印度尼西亚，见下文）[8]。

1874年，海克尔出版了《人类进化》一书，他在书中将地球上所有生命的起源详细追溯到了低等单细胞生物，同时提出人类的祖先是类人猿，其中既包括大猩猩和黑猩猩，也包括猩猩和长臂猿。为了用图画展示出这种关系，他绘制出了著名的"人类系谱图"：一株粗粝的大橡树，具有外皮坚硬的粗壮树干、结节突起的树枝和小小的细枝。这也是最著名而且引用次数最多的生命之树（图82）。和他自己将人类囊括在内的其他演化树一样，海克尔在这幅图中同样将人类放在顶端，表明我们是动物中的高级生灵，不过他还给人类分出三六九等：

---

[1] 海克尔认为："人类是由低等脊椎动物逐步发展而来的，更直接地说，是由类人猿哺乳动物发展而来的。这一学说是由来理论（Theory of Descent）不可分割的一部分，所有深思熟虑的由来理论拥护者……都承认这一点，所有反对者也都承认这一点，因为他们从逻辑上进行了推理。"

我们目前还没有发现理论上的原始人类的化石,他们是在古近纪从类人猿中演化出来,发源地位于利莫里亚或东南亚,也有可能是在非洲。但最低等的长毛人和今天依然存在的最高等类人猿极为相似,因此稍加想象就能构建出连接它们的过渡物种,并发现它们和理论上的原始人类极为相似,后者也可以被称为类猿人[图83]。[9]

海克尔热情似火,魅力四射,他在科学会议上非凡的表现总像磁石一样吸引着听众[10],但他喜欢根据微不足道的证据提出宏大的假设,甚至凭空捏造一个,导致名声屡屡受损[11]。达尔文1859年出版《物种起源》的时候,人们尚未发现人类祖先的化石[12][1],但向来自信的海克尔在1868年就大胆假设人类演化的证据最终会在荷属东印度群岛出现。他详细描述了自己假设的遗骸,想象出了一种直立行走且智力高于类人猿,但不能说话的形象。[13]他在没有实际证据的情况下将这个物种命名为无言猿人(*Pithecanthropus alalus*),并将它加入了自己的系统树(图84和85),还鼓励学生去寻找证据。很多批评者都指责海克尔太过离谱,但这次他证明了自己:1891年,一位年轻的荷兰古生物学家玛丽·欧仁·弗朗索瓦·托马斯·迪布瓦(Marie Eugène François Thomas Dubois,1858—1940)在印度尼西亚的爪哇岛上发现了随后闻名世界的爪哇猿人,此时距离海克尔的预言已经过去了24年。这是猿人和人类之间的过渡物种[14],现在被称为直立人。海克尔对此自然是欣喜万分:"我(于1868年)提出了人类起源于'人猿'的系统发生假说,现在得到了辉煌的证明。"[15]

---

[1] 除了一些无法解释的尼安德特人的遗骸外,当时还没有发现人类祖先的化石。

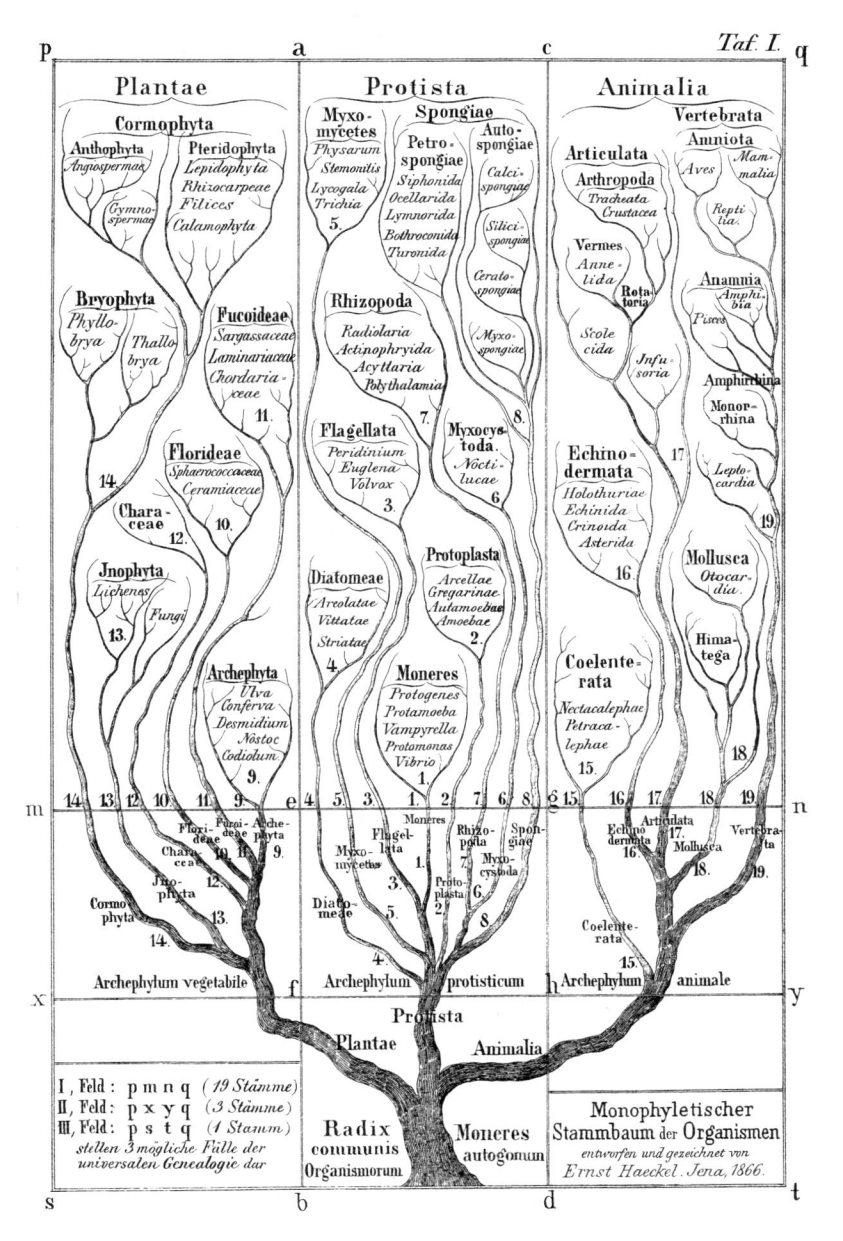

图 66 恩斯特·海克尔出版的第一幅分枝图"生物的单源系谱",其中列出了植物界、原生生物界和动物界。该图收录于他 1866 年出版的《普通生物形态学》第一版。

恩斯特·海克尔的系统树 1866—1905

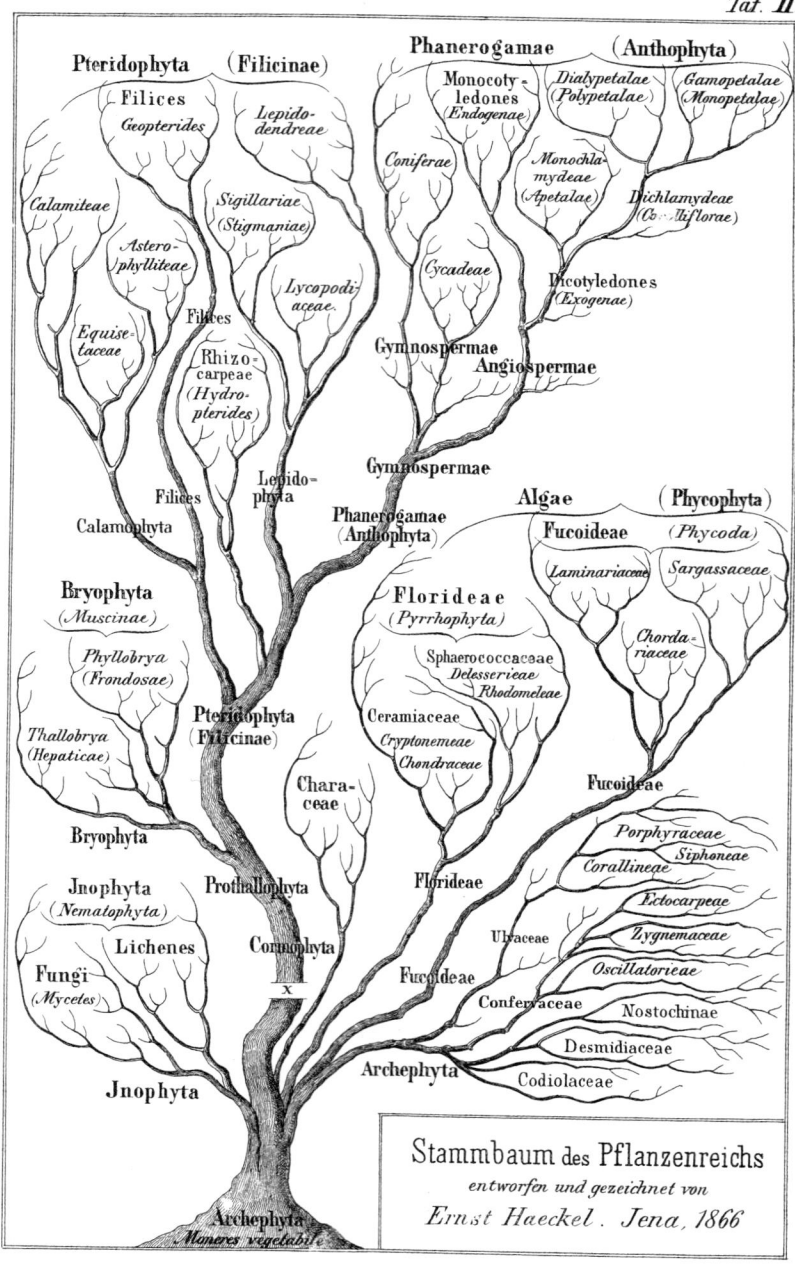

图 67　恩斯特·海克尔发表于 1866 年的植物界系统树。

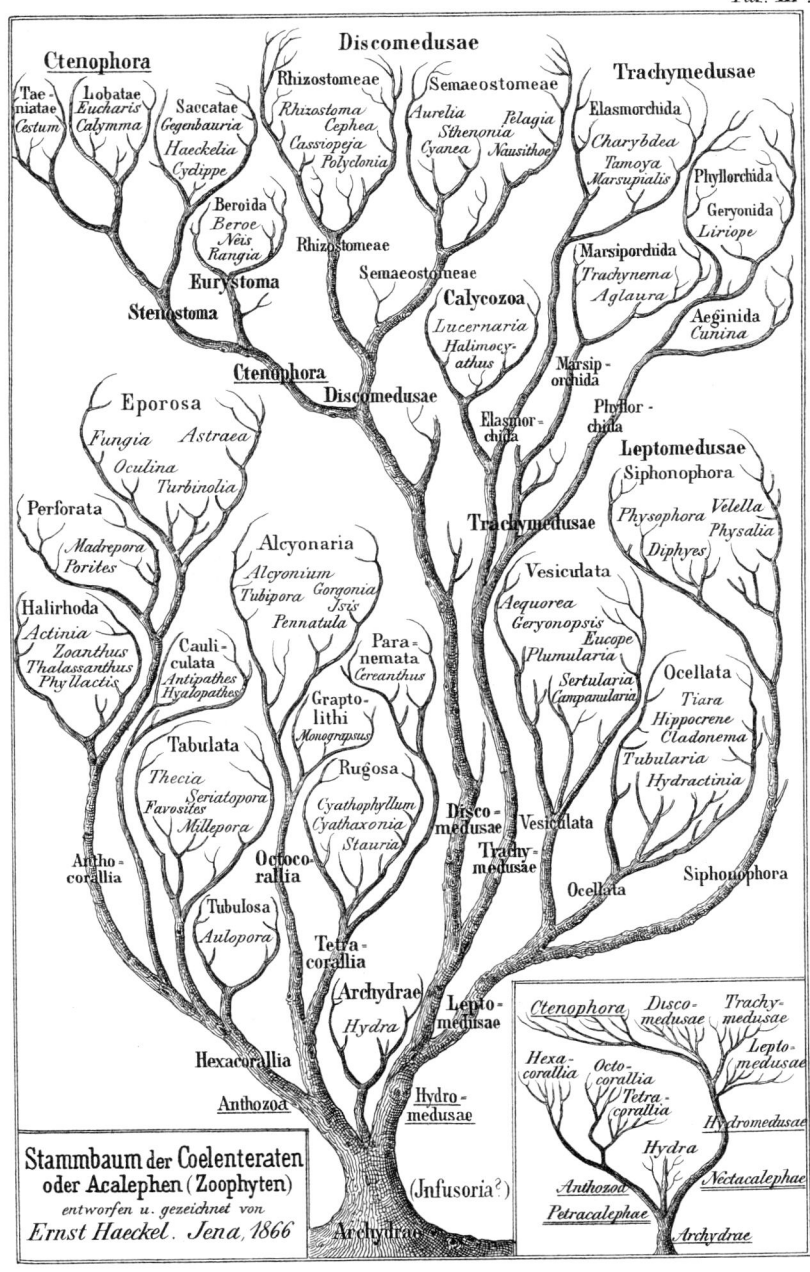

图 68　恩斯特·海克尔发表于 1866 年的腔肠动物（水母）系统树。

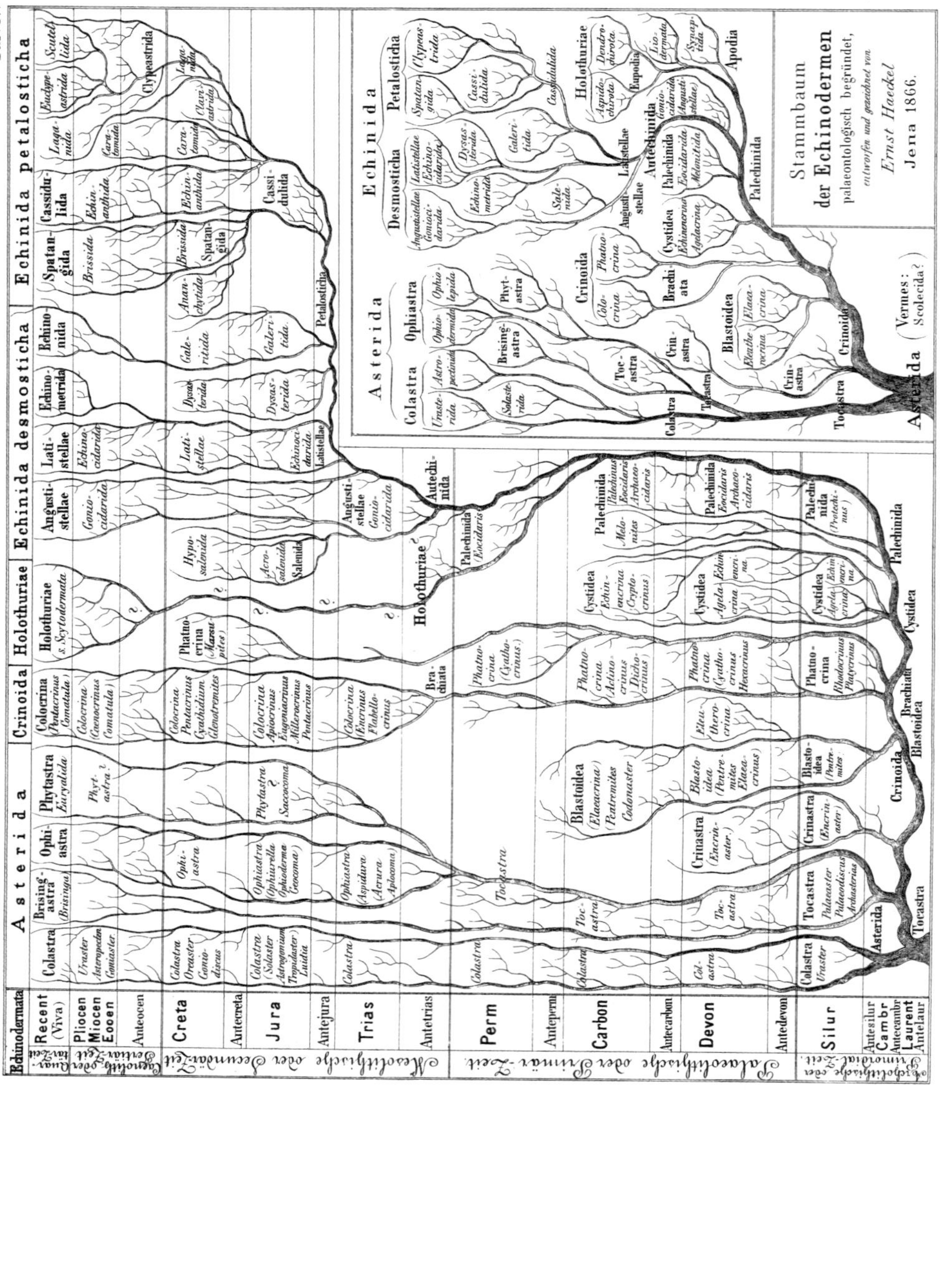

图 69　恩斯特·海克尔发表于 1866 年的古代棘皮动物系统树。

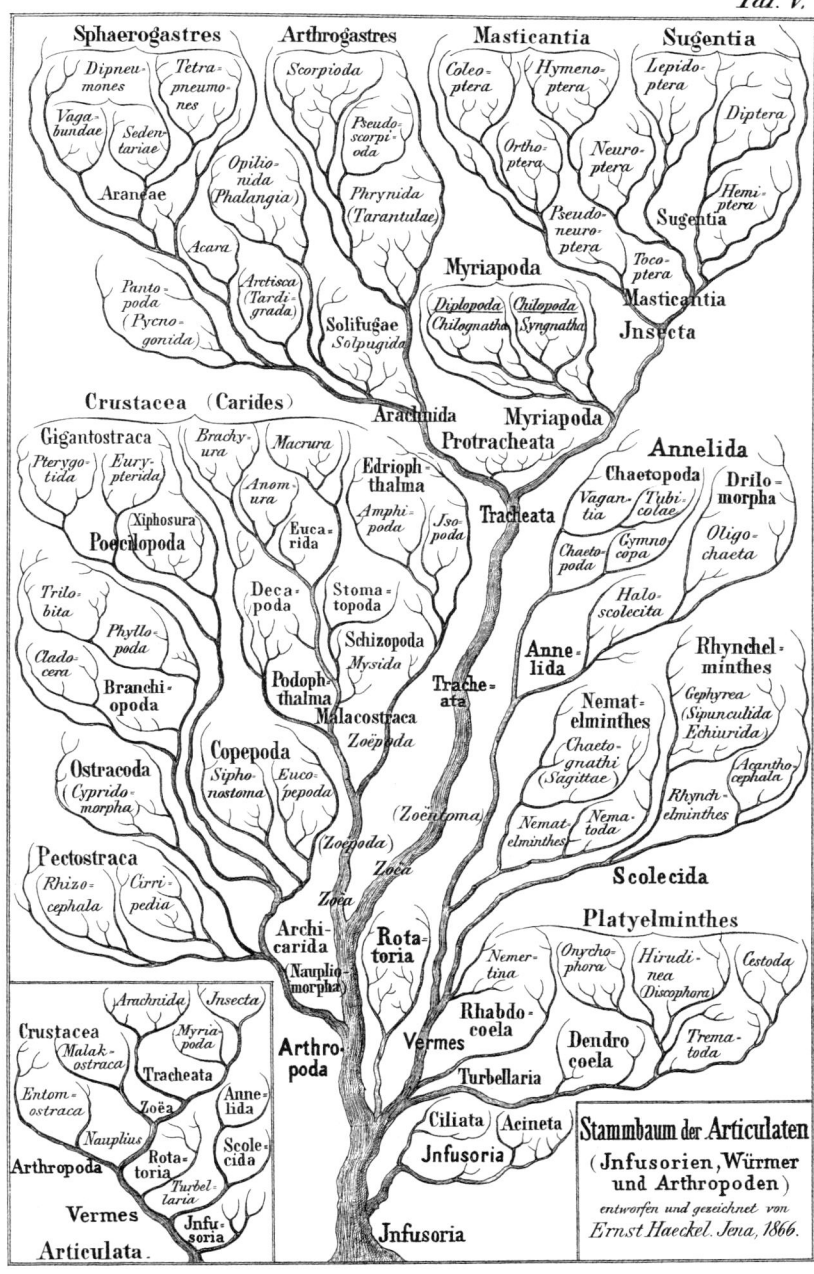

图 70　恩斯特·海克尔发表于 1866 年的关节动物（单细胞生物、蠕虫和节肢动物）系统树。

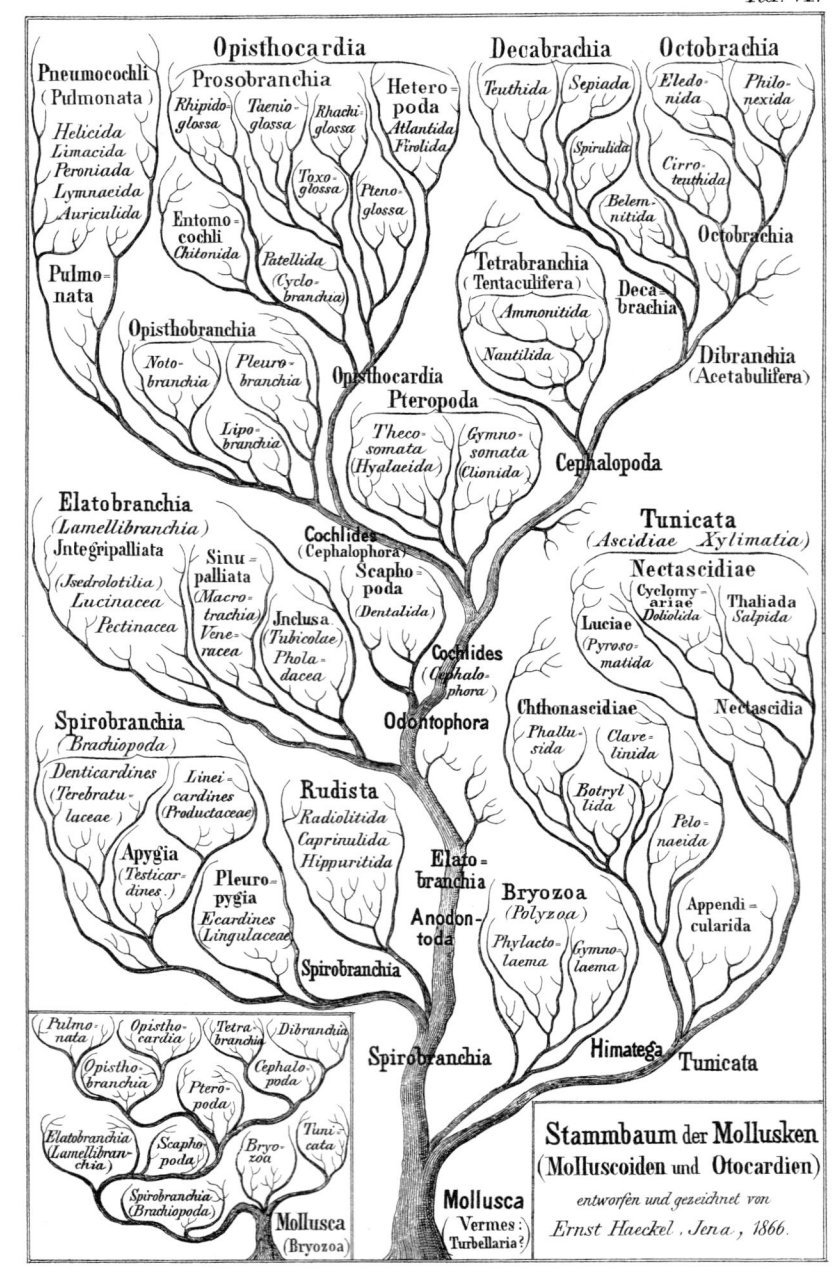

图 71 恩斯特·海克尔发表于 1866 年的软体动物系统树。

图 72　恩斯特·海克尔发表于 1866 年的哺乳动物系统树。

恩斯特·海克尔的系统树　1866—1905

Stammbaum der Wirbelthiere palaeontologisch begründet, entworfen und gezeichnet von *Ernst Haeckel. Jena, 1866.*

N.B. Die Linie M N bezeichnet die Gränze zwischen den Anamnien und den Amnioten.

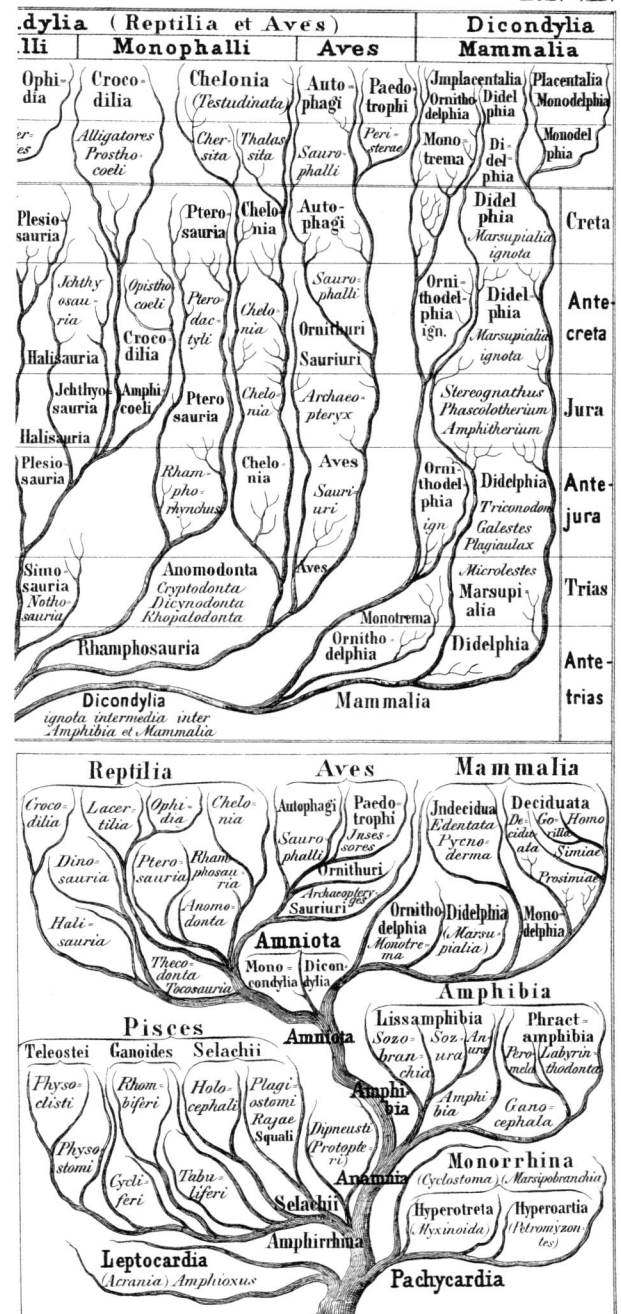

图 73　恩斯特·海克尔发表于1866年的古脊椎动物系统树。标注着 M—N 的垂直细线将画面分成了左边的无羊膜脊椎动物（在胚胎发育时期没有羊膜的鱼类和两栖类）和右边的羊膜动物（爬行类、鸟类和哺乳类）。

恩斯特·海克尔的系统树　1866—1905

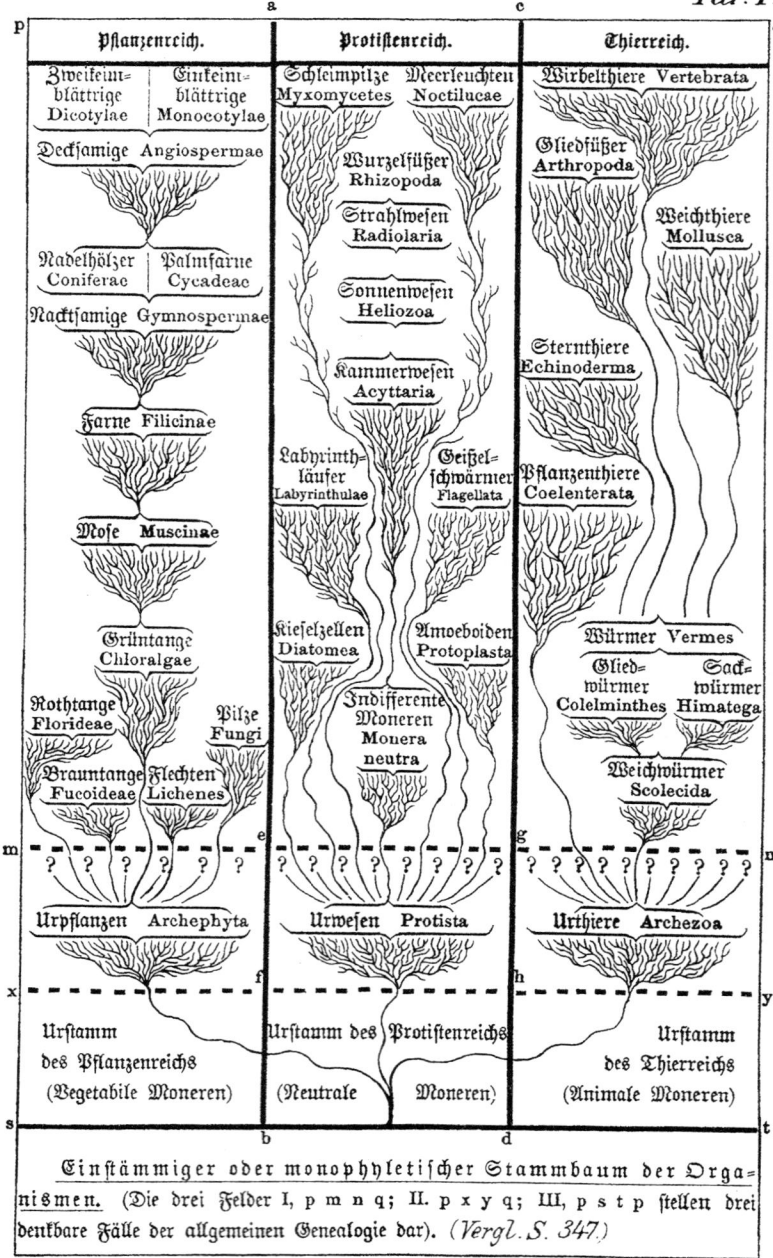

图 74　生物的单源系统树，收录于恩斯特·海克尔 1868 年出版的《自然创造史》。

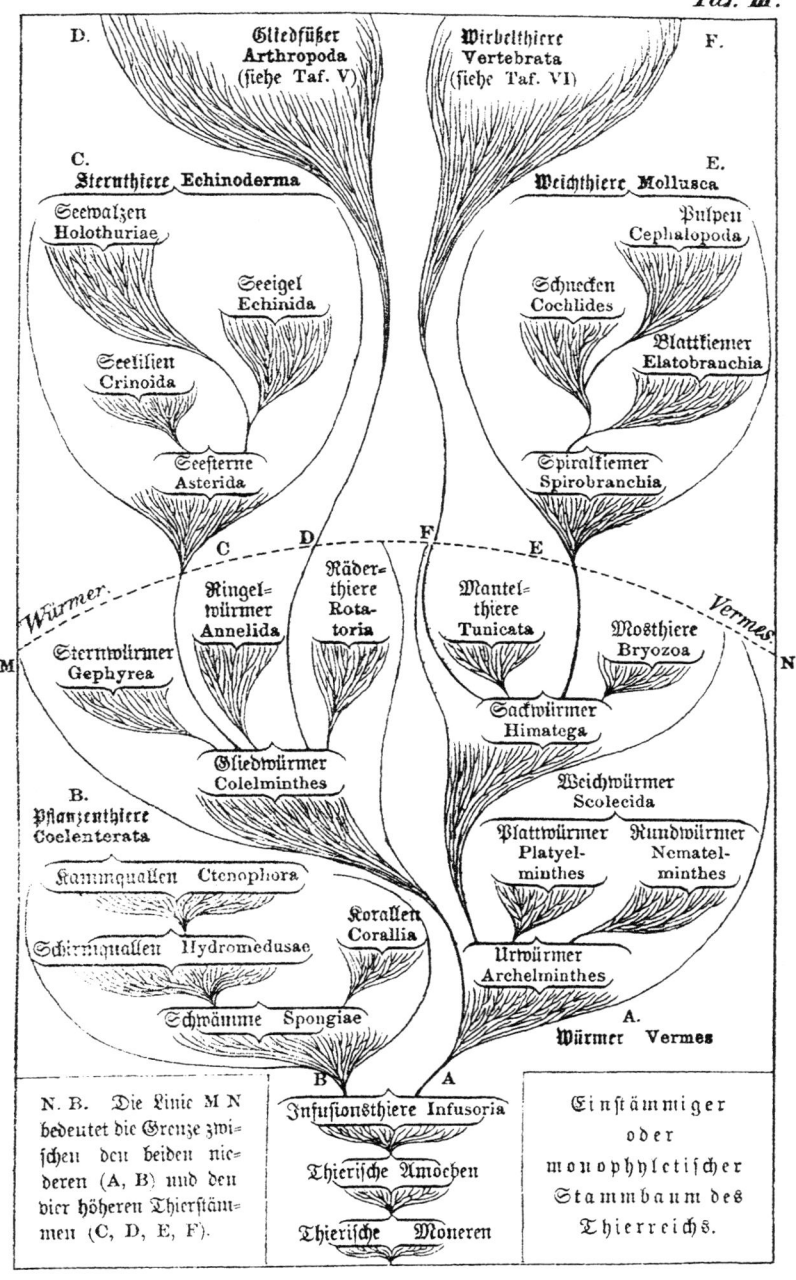

图 75 恩斯特·海克尔发表于 1868 年的动物单源系统树。

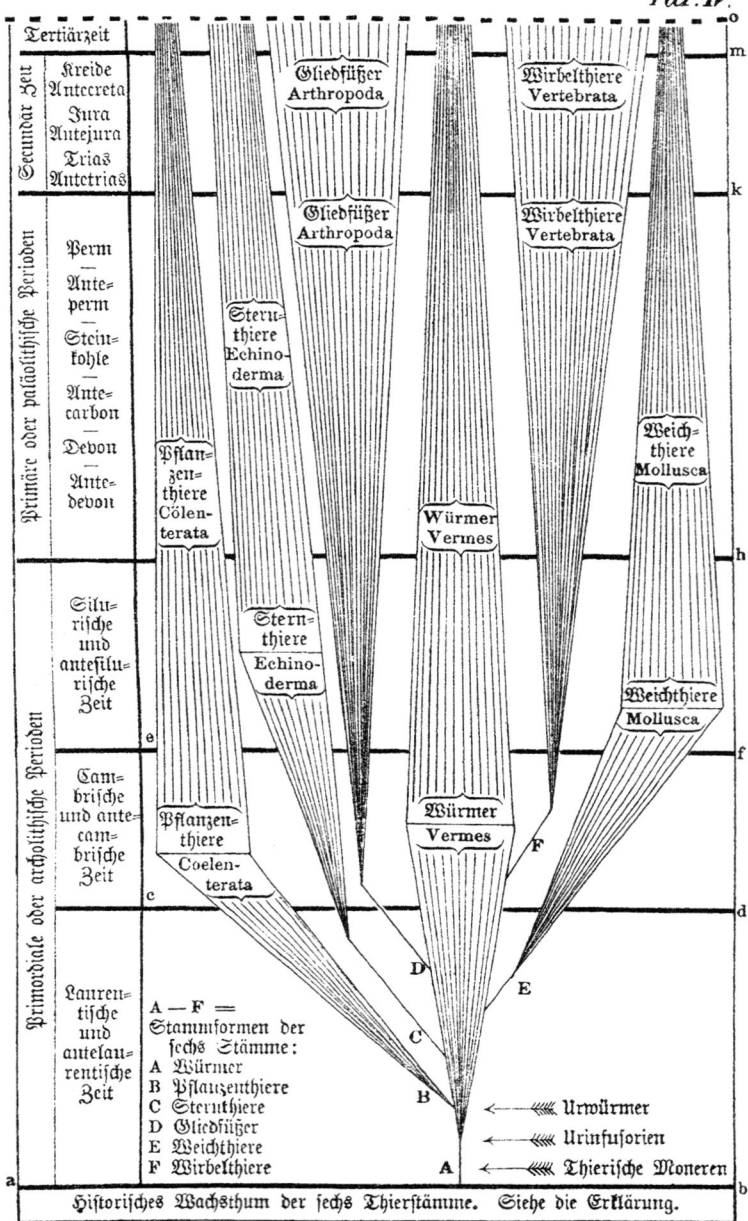

图 76 展现六大动物类群关系的系统树,包括植虫类(也称似植物动物,等同于腔肠动物)、棘皮动物、节肢动物、蠕虫、脊椎动物和软体动物,收录于恩斯特·海克尔 1870 年出版的《自然创造史》第二版。

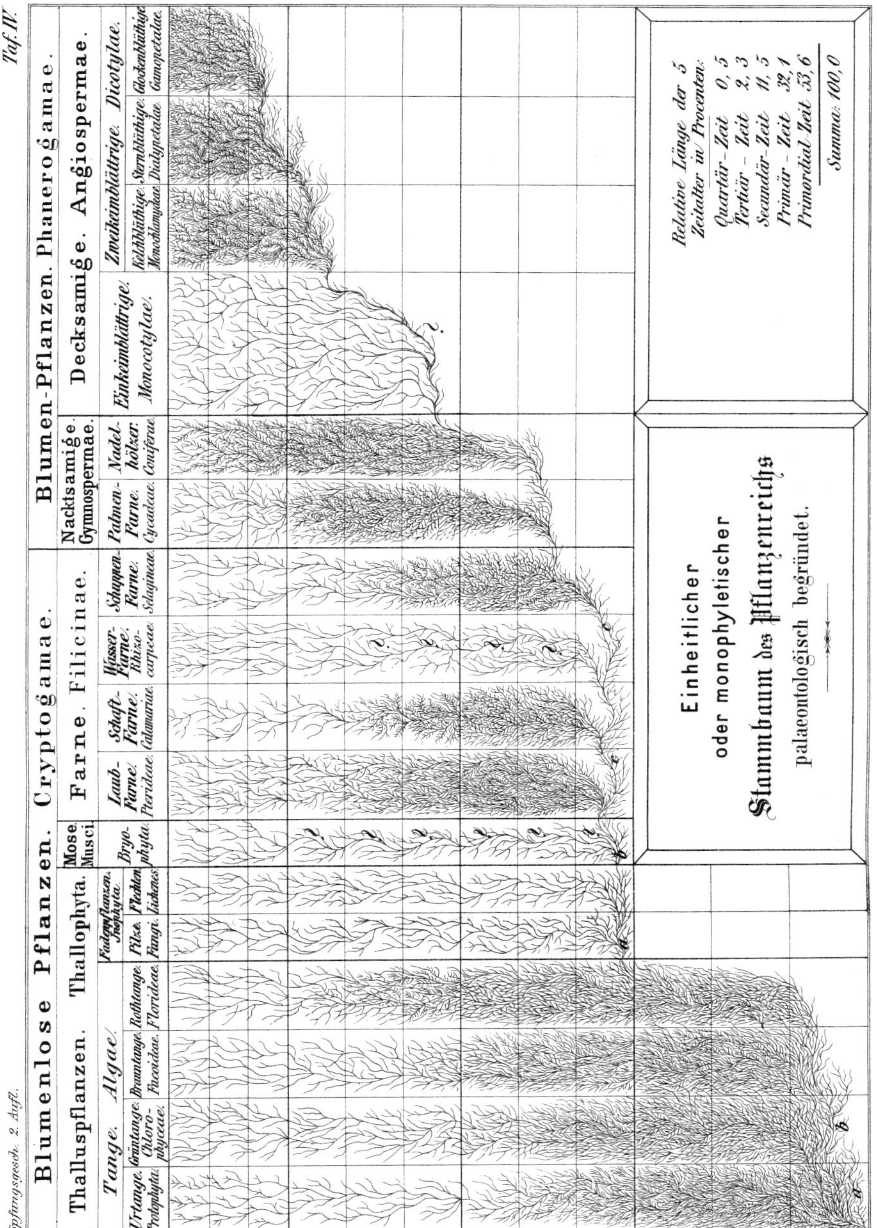

图77 恩斯特·海克尔发表于1870年的古植物界系统树。

恩斯特·海克尔的系统树 1866—1905

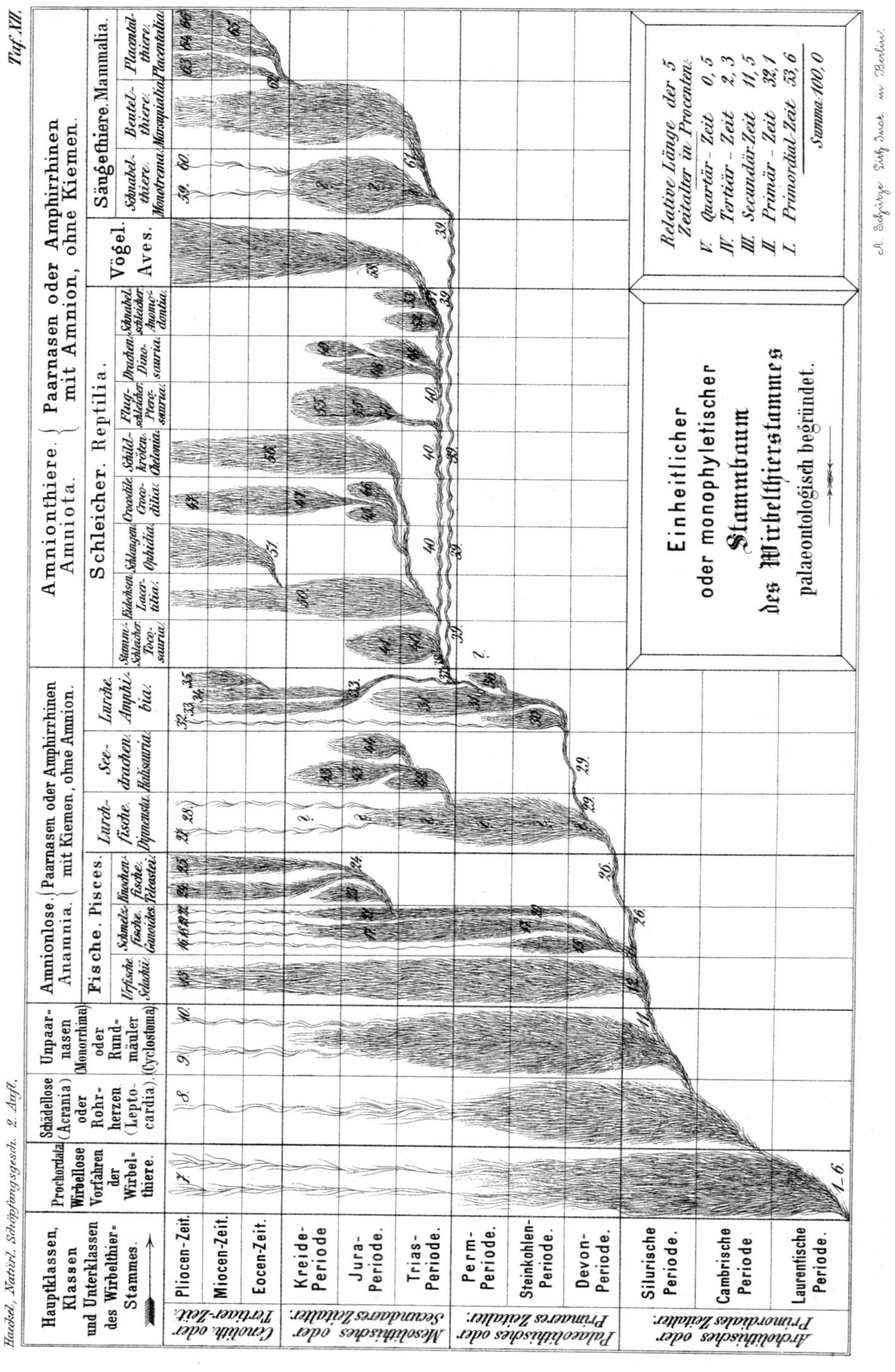

图 78 恩斯特·海克尔发表于1870年的古脊椎动物系统树。

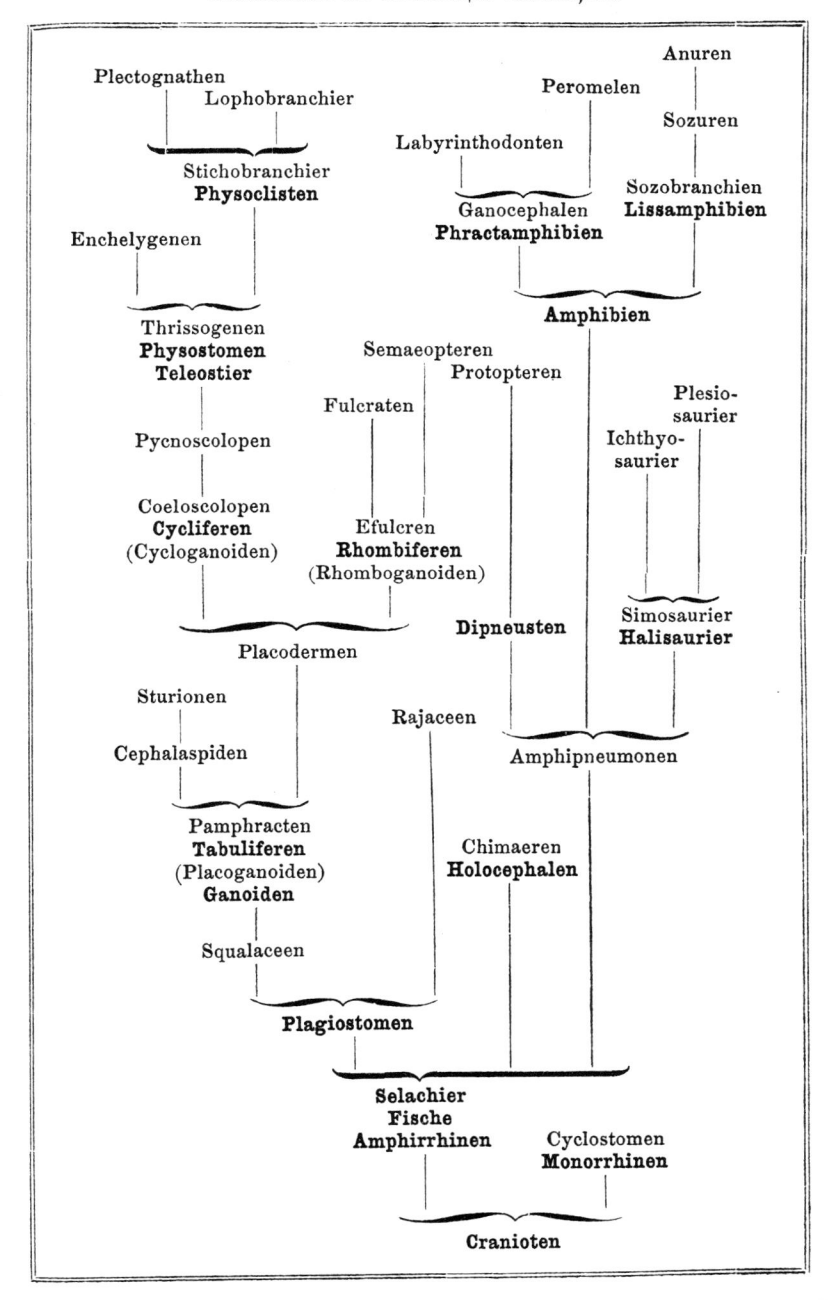

Stammbaum der amnionlosen Wirbelthiere.

图 79 恩斯特·海克尔发表于 1870 年的羊膜脊椎动物系统树，使用了颇受文艺复兴时期博物学家青睐的括号图。

Vielstämmiger oder polyphyletischer Stammbaum der Organismen.

II.
Pflanzenreich
Vegetabilia

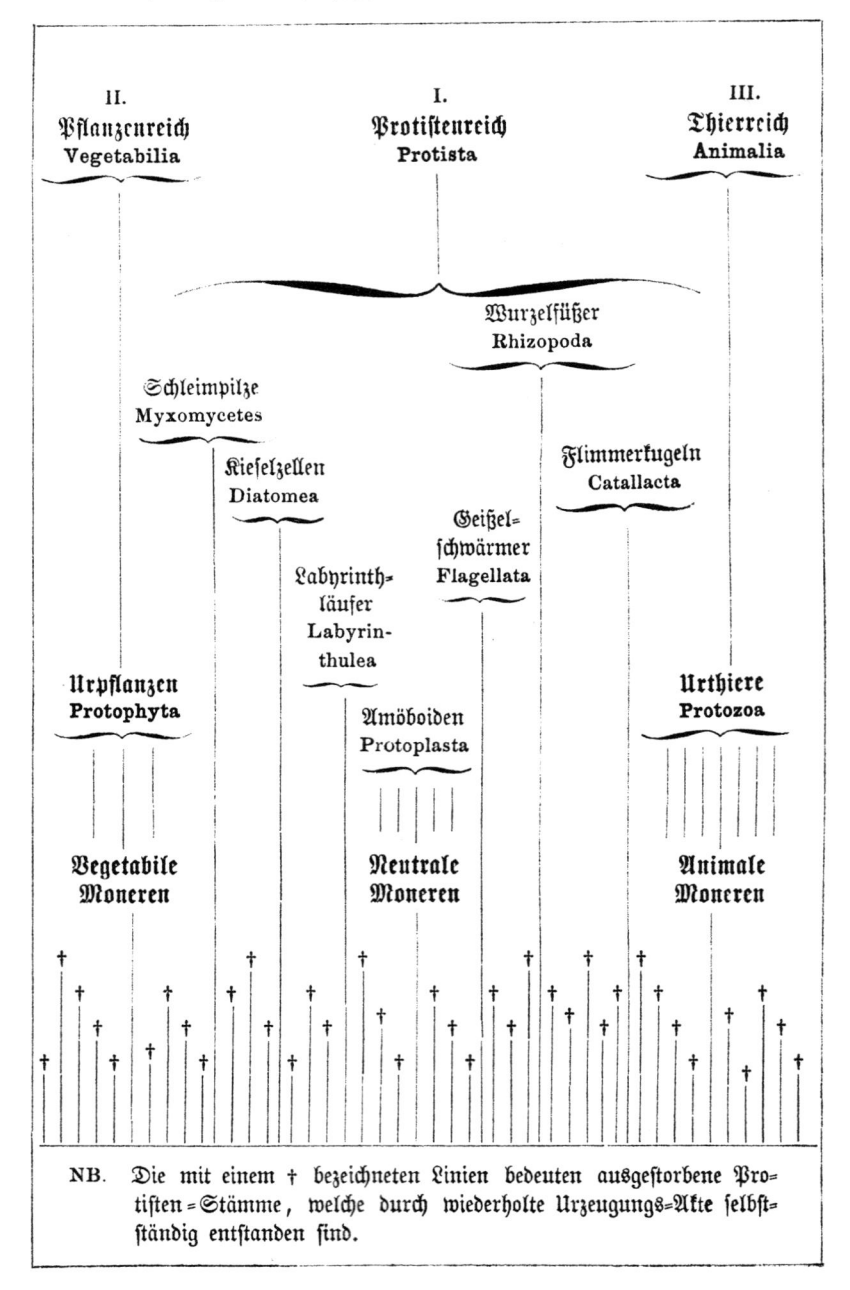

I.
Protistenreich
Protista

III.
Thierreich
Animalia

Wurzelfüßer
Rhizopoda

Schleimpilze
Myxomycetes

Kieselzellen
Diatomea

Flimmerkugeln
Catallacta

Geißelschwärmer
Flagellata

Labyrinthläufer
Labyrinthulea

Urpflanzen
Protophyta

Amöboiden
Protoplasta

Urthiere
Protozoa

Vegetabile Moneren

Neutrale Moneren

Animale Moneren

NB. Die mit einem † bezeichneten Linien bedeuten ausgestorbene Protisten=Stämme, welche durch wiederholte Urzeugungs=Akte selbstständig entstanden sind.

图 80　恩斯特·海克尔发表于 1870 年的多源生物系统树，展现出了多个自然发生的生物起源，数目远多于起源的灭绝事件，后者由以匕首标志结束的族系表示。

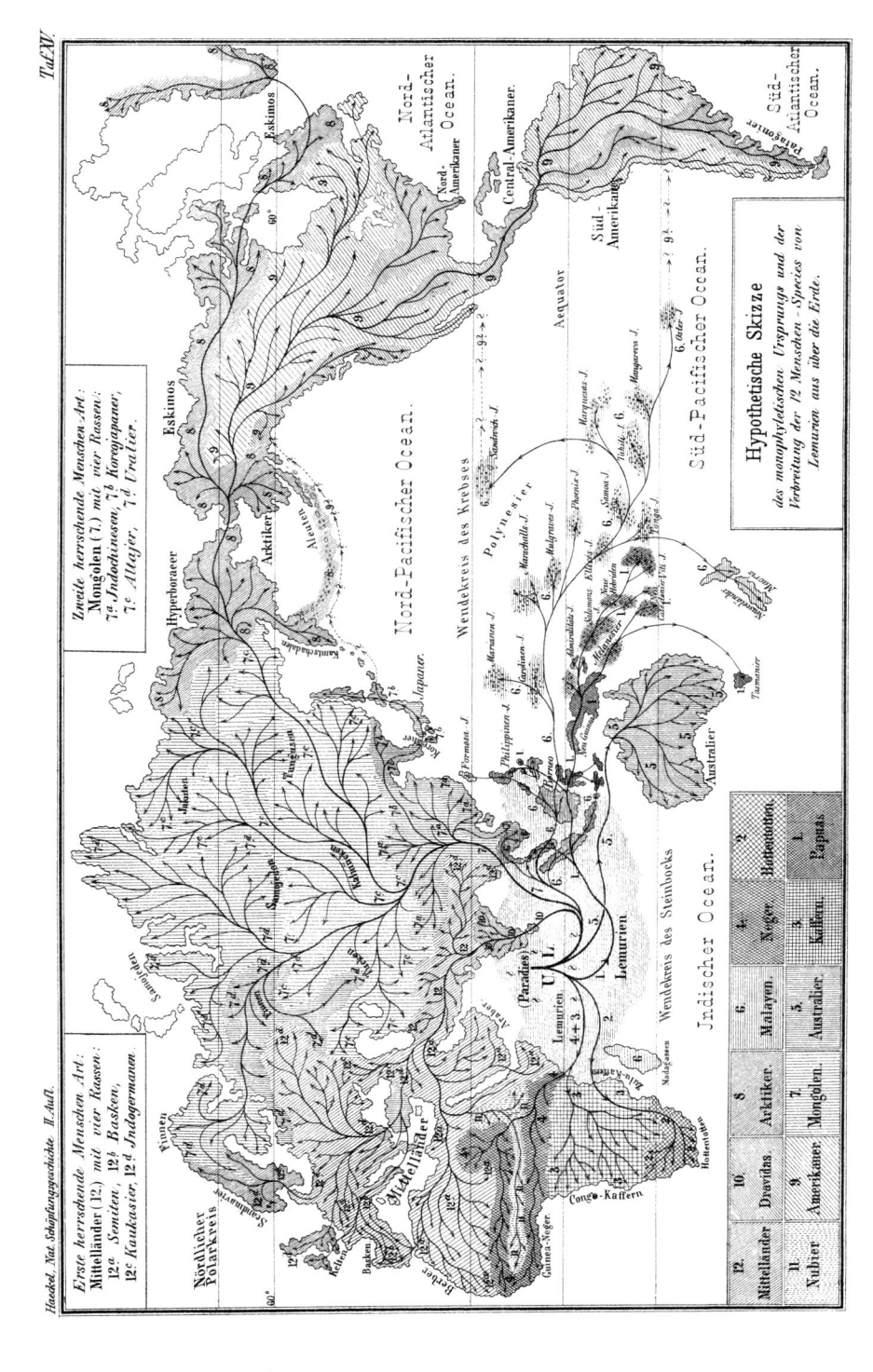

图81 恩斯特·海克尔发表于1870年的假想草图，主题是12个人种和36个人类种族的单源起源和迁徙方式。"树根"位于神话中失落的利莫里亚大陆，他将这处位于西印度洋的陆地称为"天堂"。

恩斯特·海克尔的系统树　1866—1905

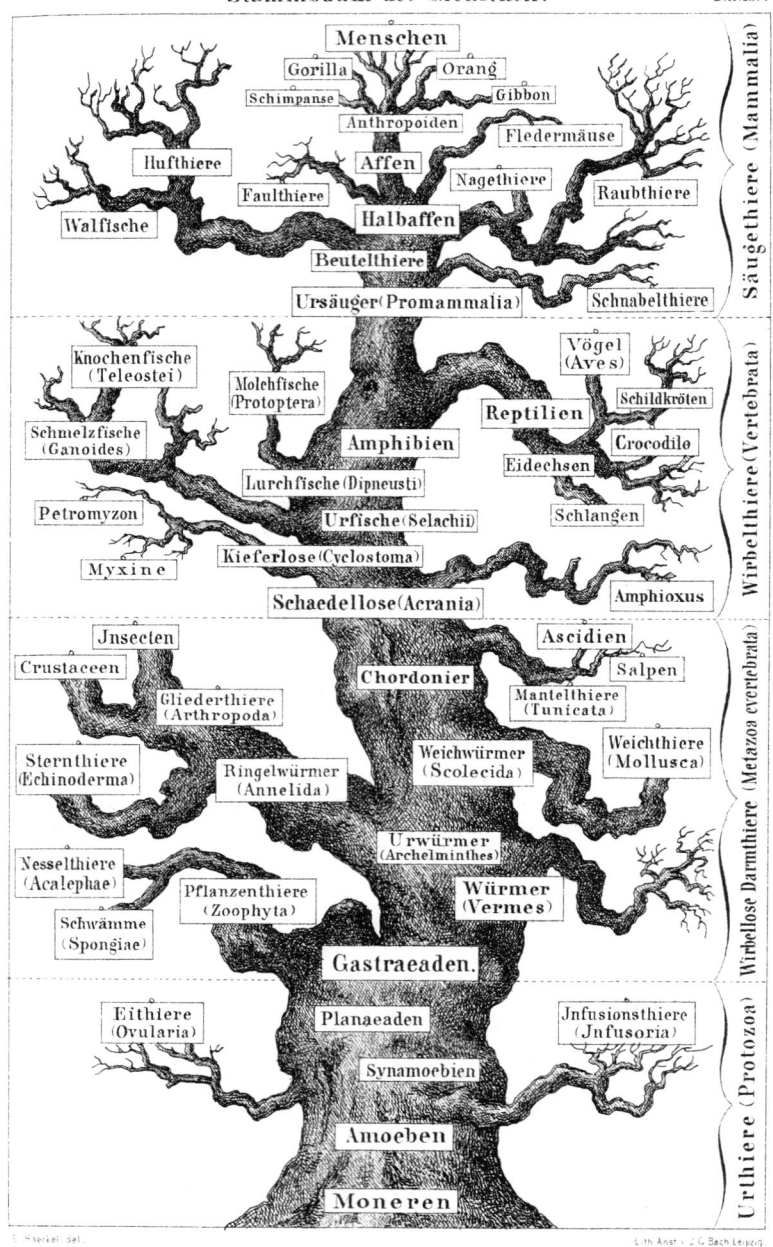

图 82　恩斯特·海克尔著名的"大橡树",这是发表于 1874 年的动物系统树,收录于 1874 年出版的《人类进化》第一版。

图 83 恩斯特·海克尔发表于 1874 年的灵长类关系树，其中包含着赤裸裸的种族主义。

恩斯特·海克尔的系统树　1866—1905

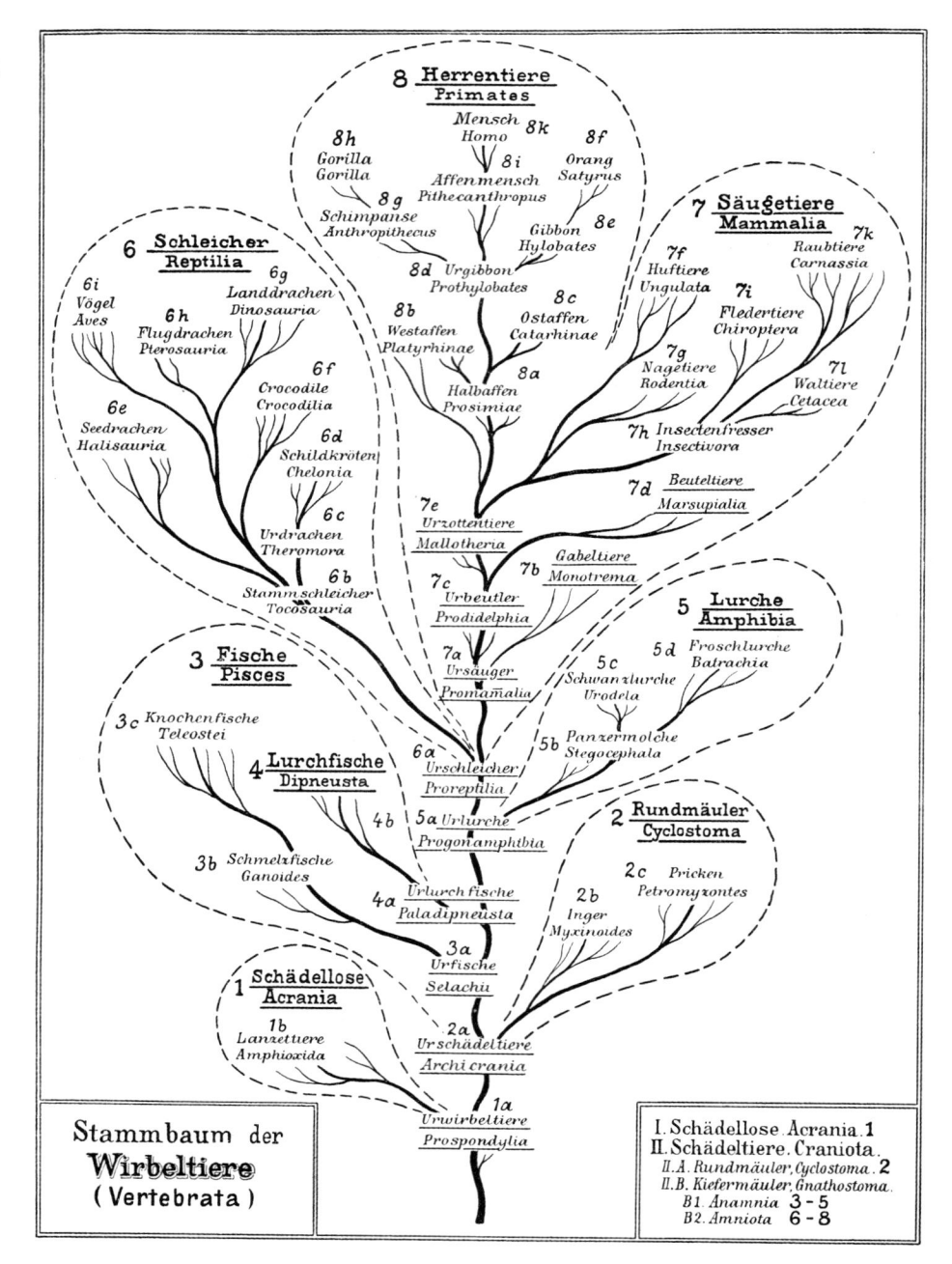

图 84 脊椎动物系统树，展现出了恩斯特·海克尔假想的人类的猿人祖先，即无言猿人。该图收录于 1905 年出版的《演化思想的争论》。

4. Stammbaum der Herrentiere (Primates).

Anthropomorpha
Anthropini
Homo sapiens

Anthropoides africanae
- Anthropithecus schimpanse
- Gorilla gina
- Dryopithecus fontani

Anthropoides asiaticae
- Satyrus orang
- Hylobates agilis
- Pliopithecus antiquus

Homo stupidus

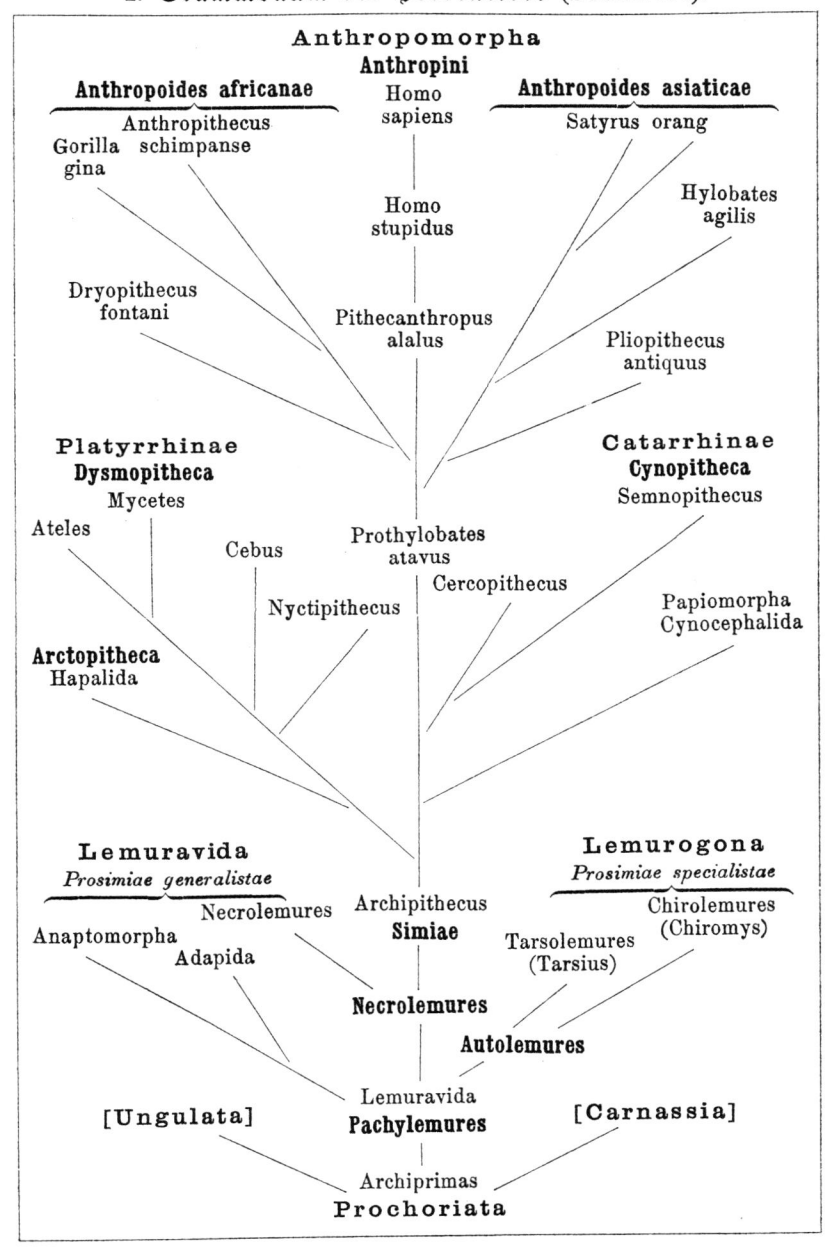

Pithecanthropus alalus

Platyrrhinae
Dysmopitheca
- Mycetes
- Ateles
- Cebus
- Nyctipithecus

Catarrhinae
Cynopitheca
- Semnopithecus
- Cercopithecus
- Papiomorpha Cynocephalida

Prothylobates atavus

Arctopitheca
- Hapalida

Lemuravida
Prosimiae generalistae
- Anaptomorpha
- Necrolemures
- Adapida

Lemurogona
Prosimiae specialistae
- Chirolemures (Chiromys)
- Tarsolemures (Tarsius)

Archipithecus
Simiae

Necrolemures
Autolemures

[Ungulata]   Lemuravida   [Carnassia]
Pachylemures

Archiprimas
Prochoriata

图85 创作于1905年的脊椎动物系统树，其中包括恩斯特·海克尔假想的无言猿人，他认为这是愚人（*Homo Stupidus*）和智人（*Homo Sapiens*）的祖先。

恩斯特·海克尔的系统树 1866—1905

生命之树

后达尔文时期的离经叛道

1868—1896

到 19 世纪 60 年代早期，进化论已经深入人心，只有少数鼓噪的批评家例外。因此大部分使用地图、网络图和对称几何图形来展示动植物关系的理念都遭到了摒弃，但也有几个明显不想走寻常路的研究者。葛蕾丝安娜·露易斯（Graceanna Lewis，1821—1912）发表于 1868 年的动物界三角图（图 86）就是其中之一，不过这幅图可能更适合被称作锥形图。路易斯也许是第一位绘制和出版系统树的女性。她虽然接受了生物会演化的事实，但她并不喜欢达尔文物竞天择的观点，反而更愿意将演化看作上帝以仁慈之心缓缓展开的画卷。[1] 在这幅高度对称的系统树中，中央的上升圆环主干向左右两边伸出了分岔的枝丫，而"人类"位于动物的顶端。可见她坚信达尔文时代之前支持者甚众的假说，即动植物的关系可以用数学来分析："毫无疑问，动植物必然可以按照某种数学法则来分类。"[2] 乔治·本瑟姆（George Bentham，1800—1884）发表于 1873 年的圆圈图（图 87）也沿袭了旧时代的风格，其中展示了菊科植物的 13 个族。菊科是维管植物中最大的一个科，包括紫菀、雏菊和向日葵。图中将"最古老"的春黄菊族摆放在底部，越往上的族历史越短。³ 本瑟姆的图示融合了布封、儒宁和巴奇（见图17—19）的地图和网络风格，还采用了康多勒、纽曼和米尔恩-爱德华兹（图33、43和50）的圆圈式样。相对亲和性由圆圈的远近表示，次级关系由虚线网络展示。

1880年，英国海洋生物学家威廉·萨维尔-肯特（William Saville-Kent，1845—1908）也用一幅类似于五分法图示（图35—42）的圆圈图（图88）展示了原生动物的关系。他同时也认为"连接各个纲和目的演化关系线无穷无尽，人为绘制的线性图标不可能充分明晰地将它们一一阐明……所以专门设计了……特别的图示……解释如下"⁴：

> 前面的图示中有四大类群：全口类（Pantostomata）、Discostomata、多盘虫类（Polystomata）和Eustomata，包括它们比较重要的纲和目……环绕着更大的双环。这些圆环和其中各式各样的内容和行星系统或星座十分相似，它们都来自共同的中心，还在外缘交叉的部位显示出了相互关系和相互依赖。原生生物中的所有类型、目和纲可能都是在一段比较长的演化历程中从作为整个序列共同起源的中心演化而来，这个中心无疑存在于结构最简单的全口类之中，阿米巴原虫就是典型的代表。方便起见，阿米巴原虫的原始祖先可以使用原变形虫（Protamoeba）这一属名。⁵

阿尔弗雷德·威廉·班尼特（Alfred William Bennett，1833—1902）发表于1887年的"藻类亲和性与分类"（图89）则更类似于儒宁等人的网络图（图18）。班尼特在图中创造了多个分类，由表明进步程度的关系线连接。[6]1889年，爱德华·哈克尔（Eduard Hackel，1850—1926）也使用了类似的方法来展示蜀黍族中的关系（图90）。在固守前达尔文时期系统树绘制方法的例子中，我们最后要提到俄国植物学家尼科莱·伊万诺维奇·库兹涅佐夫（Nicolai Ivanovich Kusnezov，1864—1932）发表于1896年的龙胆属亲和性网络图（图91）。这是一个成员众多的草本植物属，几乎遍布所有温带地区。库兹涅佐夫特意摒弃了用分枝树来描述关系的理念[7]，他更喜欢这种以巴奇为代表的网状风格（可与图19对比）。

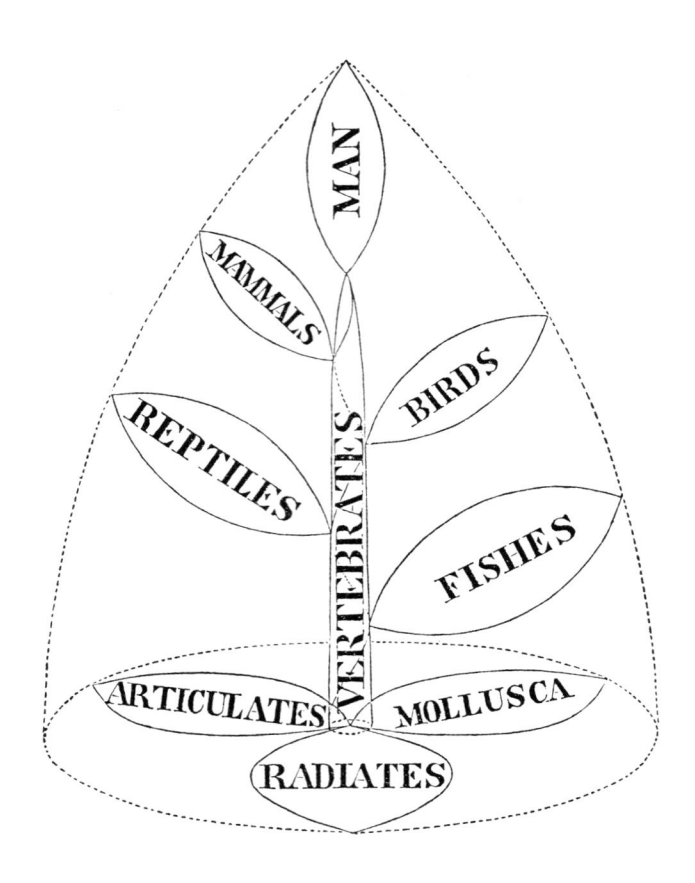

图 86 对称的几何样式动物界系统树,由葛蕾丝安娜·露易斯发表于 1868 年,她可能是第一位构建并发表系统树的女性。

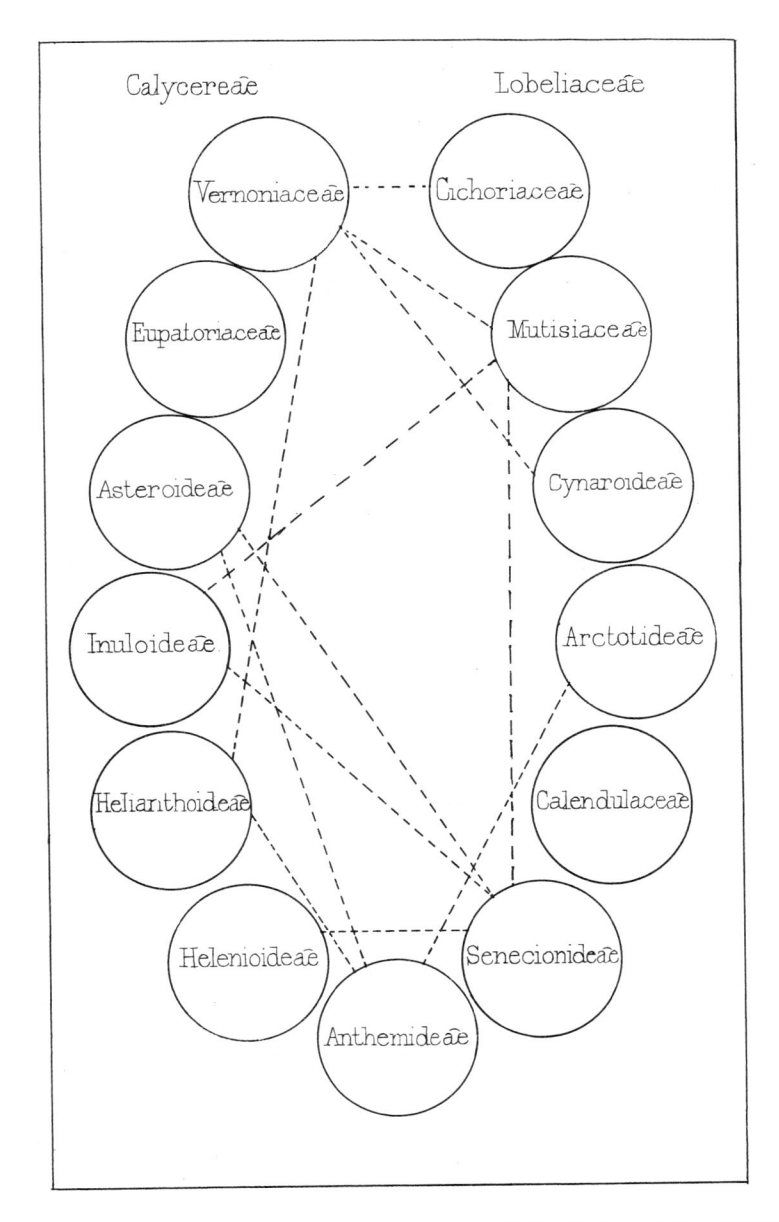

图 87 乔治·本瑟姆发表于 1873 年的圆圈图，其中包括菊科植物的 13 个族。菊科植物是维管植物中规模最大的类群，包括雏菊、向日葵和紫菀等多个成员。

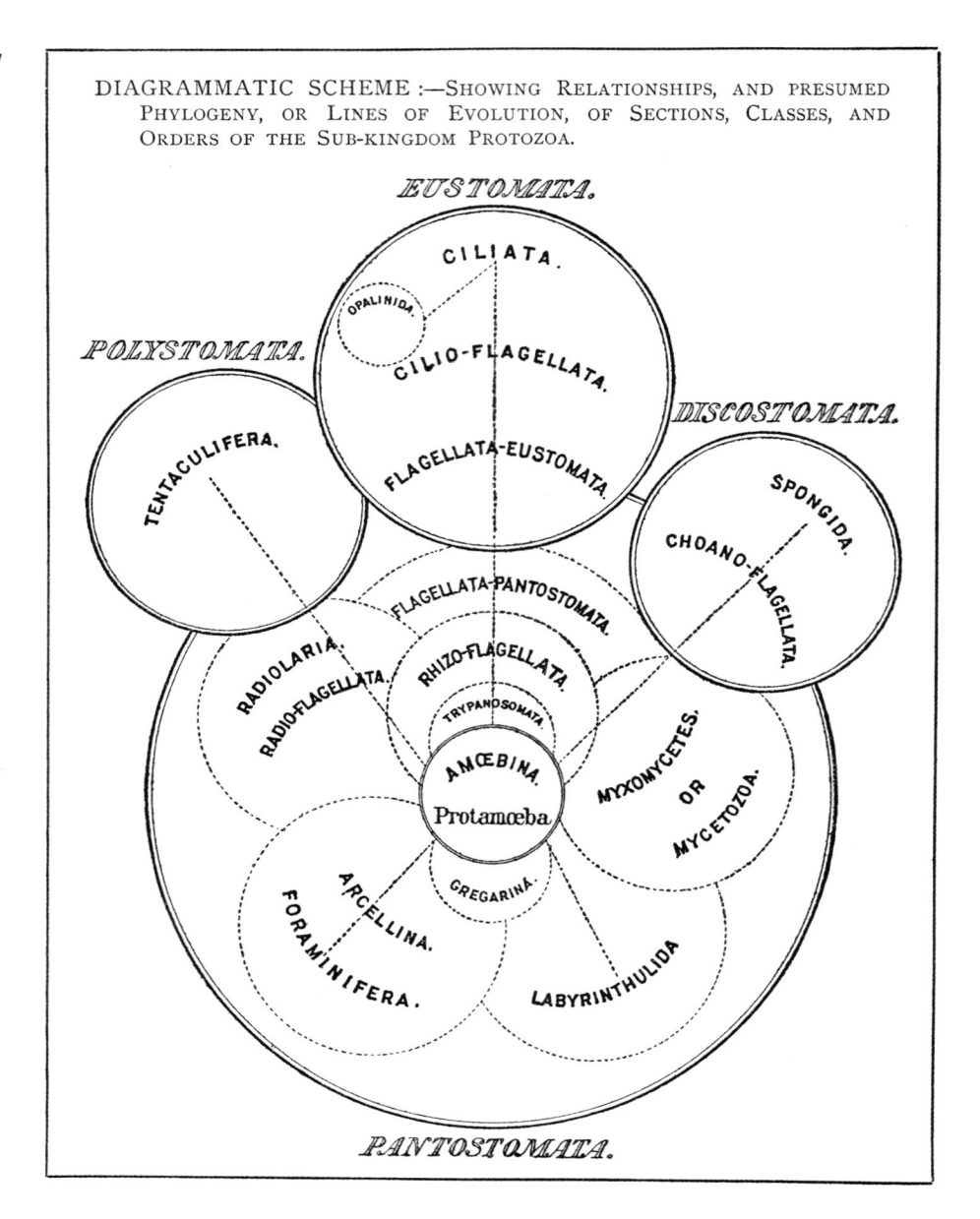

图 88　威廉·萨维尔 – 肯特发表于 1880 年的原生动物的纲、目和亚属的关系图。

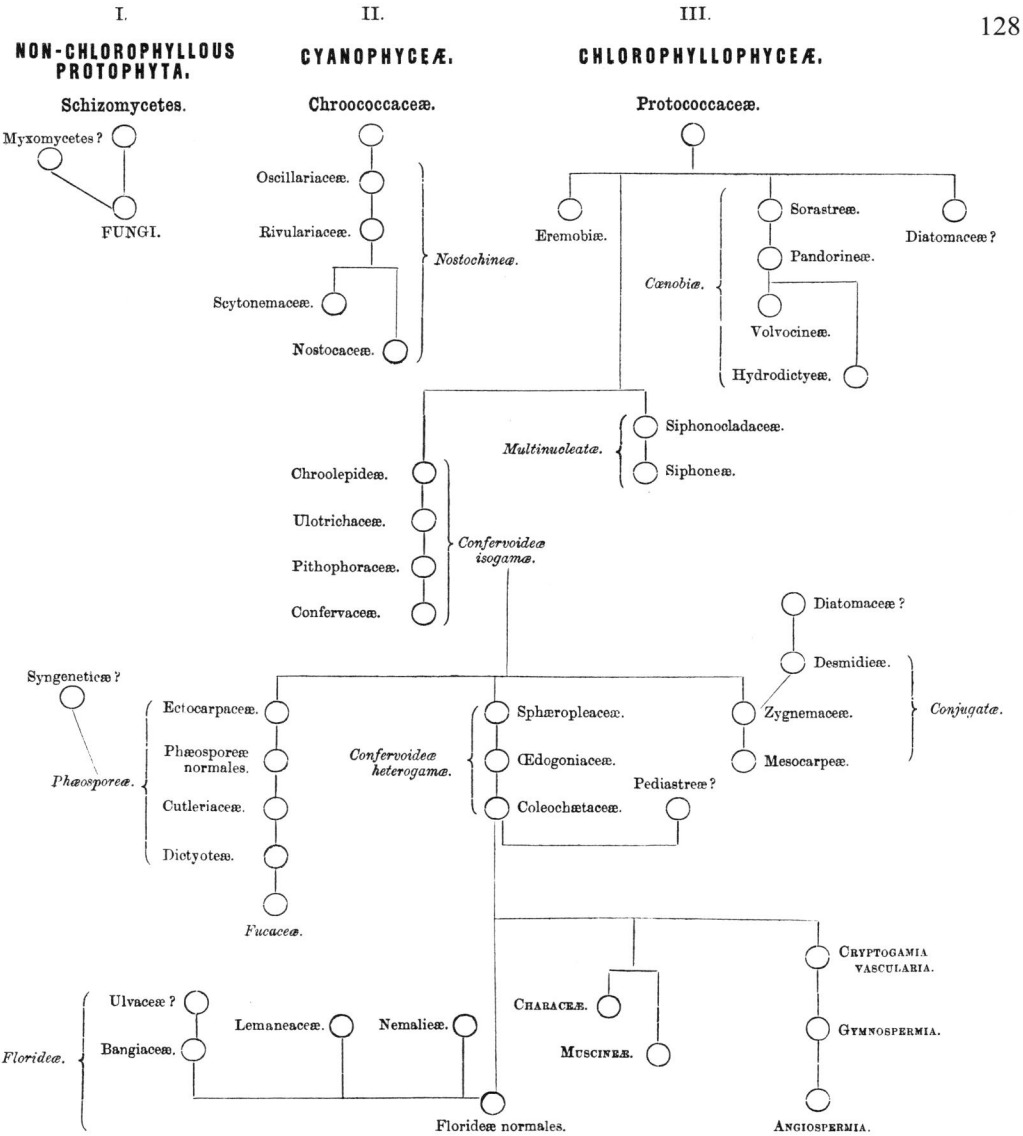

图 89 阿尔弗雷德·威廉·班尼特发表于 1887 年的"藻类亲和性与分类"网络图。

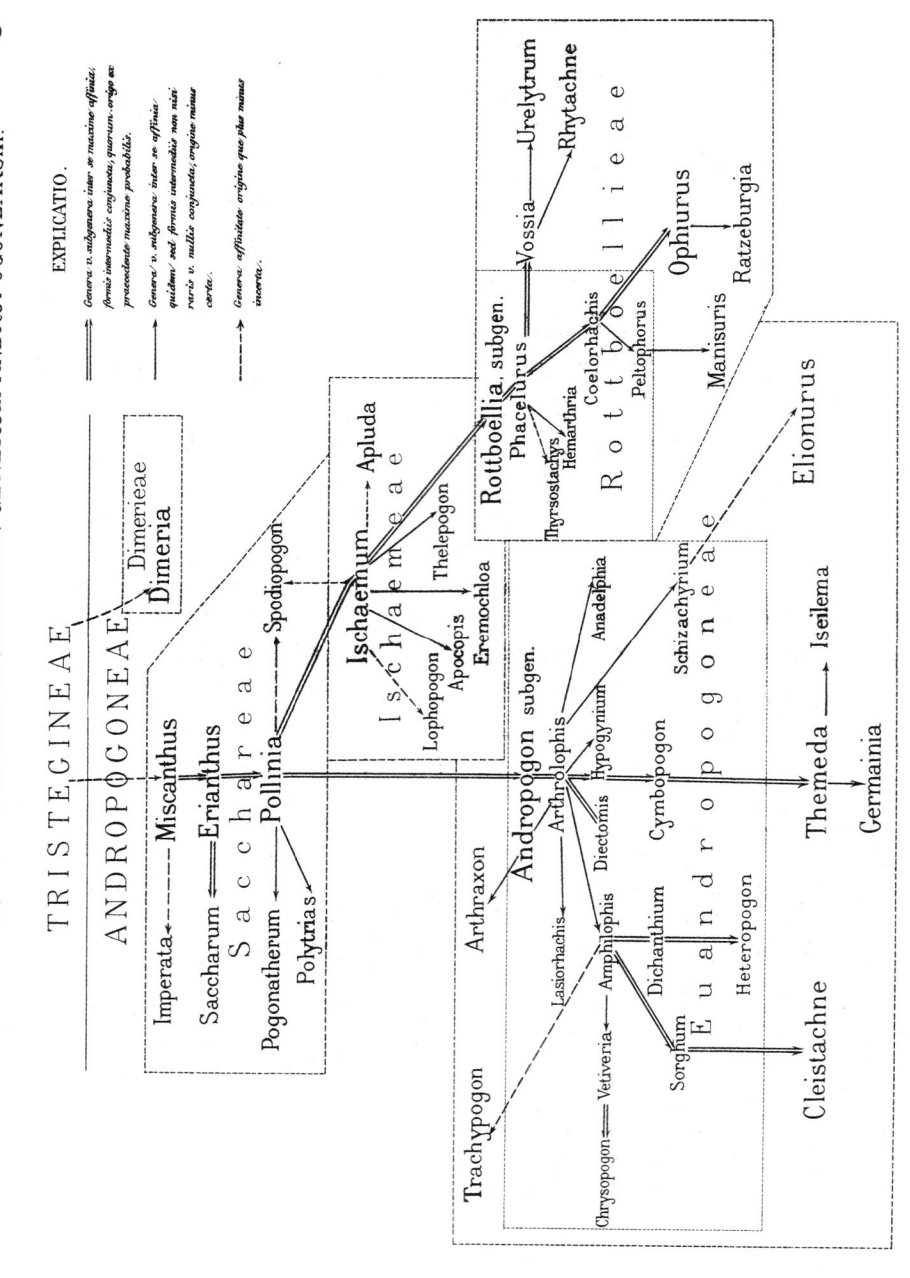

TABULA AFFINITATIS (PARTIM PROBABILITER GENEALOGICA) GENERUM ANDROPOGONEARUM.

图 90 爱德华·哈克尔发表于 1889 年的蜀黍族关系图。

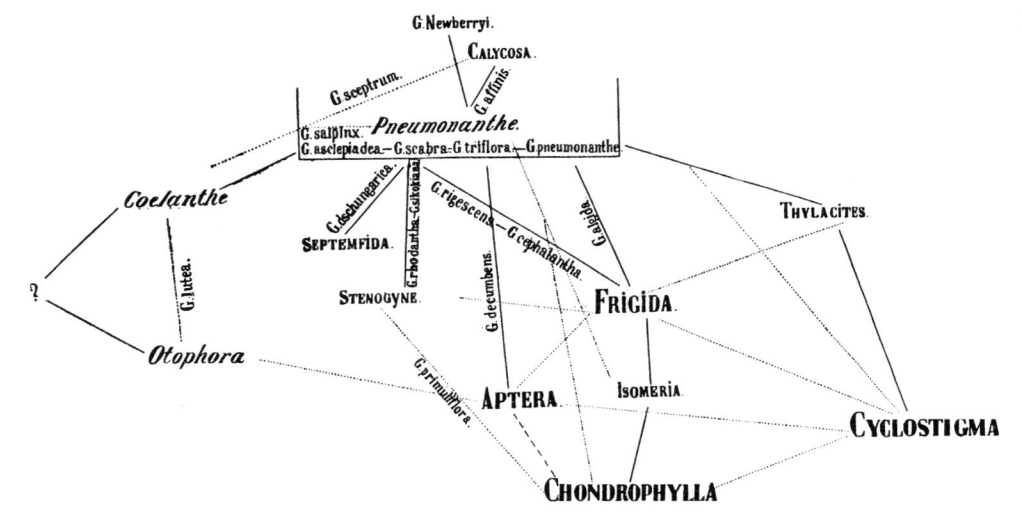

Verwandtschaftsschema der Sectionen der Untergattung Eugentiana

图 91 尼科莱·伊万诺维奇·库兹涅佐夫发表于 1896 年的龙胆属（草本植物）亲和性网络图。

生命之树

19 世纪晚期的其他系统树

1874—1897

德国植物学家海因里希·古斯塔夫·阿道夫·恩格勒（Heinrich Gustav Adolf Engler，1844—1930）带有精美插图的分类学作品让他闻名遐迩，其中被称为恩格勒系统的植物分类尤为著名。这是唯一从广义上纳入了所有植物（从藻类到开花植物）的系统，而且今天仍在使用。1874 年，他总结了主要由热带和亚热带乔木以及灌木组成的金莲木科（Ochnaceae），并为此绘制了外观十分现代且和树相当神似的系统树（图 92），亚科排列在树枝上，属则在顶部排成一列。每根细枝顶部圆点的直径代表各个属中的相对种数，而细枝的不同高度代表相对的进步程度。[1]

恩格勒绘制于 1874 年的系统树使用了典型的侧视图，但后来他灵机一动，在作品中加入了从上方俯视"树冠"的设计。这可能是第一幅用三维的形式展现树枝从中轴伸展开来的树形图。1881 年，恩格勒发表了俯视式漆树科植物关系图（图 93），其中的同心圆分别对应不同的形态学特征，展示出了它们相对共同祖先的趋异程度。[2] 末梢逐渐变细的分枝也进一步体现出了树的概念。[3][1]

德国解剖学家马克西米利安·菲尔布林格（Maximilian Fürbringer，1846—1920）可能受到了海因里希·恩格勒新式造树理念的影响，而且将这种方法推进到了新的高度。1888年，他发表了一幅精彩绝伦的鸟类关系图，其中罗列出了所有现生和化石鸟类，本身就已经是细致和繁复的盛宴。[4]顺带一提，图中提及鸟类来自恐龙，这正是今天众所周知的常识。但在用侧视图来展示鸟类关系之后（图94），他又将图画旋转了180°，将视角转到了另一侧（图95）。通过将两个侧视的投影分成上中下三个"层次"，他又创造出了对应的垂直投影图，或者说是树枝切面图，最后得到了三个地图样图示（图96—98）。这和保罗·吉塞克发表于1792年的飘浮泡泡图十分相似（图16）。

1882年，德国鸟类学家安东·赖歇诺（Anton Reichenow，1847—1941）发表了和菲尔布林格截然不同的鸟类关系图，即"鸟类的系统树"（图99）。赖歇诺最著名的工作是多次尝试给鸟类分类，他在这个早期图示中提出了四大族系（"茎干"），共包含7个系和17个目，它们都起源于"有牙齿的原始鸟类"。[5]第一根"茎干"里只包含不飞鸟，第二根"茎干"中诞生了游禽和涉禽，第三根包含了鸽子及其亲属，第四根通往猎鸟、鹦鹉、啄木鸟以及它们的亲属，还有所有雀形目成员。多年之后，他在1913年出版的《鸟类系统分类手册》中将系的数目减为6个。他为工作付出了巨大努力，而且在鸟类研究界里名气不小，可惜从来没有哪位同行接受过他的理论。[6]

---

[1] 恩格勒在设计图表时，似乎还考虑到了腰果树的形状——典型的低矮、宽阔的结构，树干短小，形状往往不规则，主枝长而粗壮，几乎呈水平状。

英国动物学家阿尔弗雷德·亨利·加罗德（Alfred Henry Garrod，1846—1879）因研究鸟类而出名，但他对系统分类学方法的贡献可能更深入人心。1874年，他发表了一幅鹦鹉的"谱系树"，其以首次使用特征状态分布的理念而著称（图100）。[7] 通过查验鹦鹉及其亲属的形态学差异并进行外群比较，加罗德用现代到出人意料的手法复原了理论上的鹦鹉始祖。确定鹦鹉始祖的特征之后，他又确定了和始祖差别最小的两个类群，并将它们作为系统树的两大主要分枝。其他类群随后都根据和始祖的其他不同而从这两根枝条上发出。[8] 为了进一步阐明自己的分类理念，他还对应树中的分层情况绘制了一套互相嵌套的圆圈图（图101）。每个圆圈中都写明了特征状态和一系列对应的类群。哈佛大学的进化生物学家罗伯特·奥哈拉认为：

> 加罗德的创新之处在于他专门复原了始祖类群的特征，并用图表展示出了演化中的特征变化过程。加罗德侧重表现特征和特征变化的手法确实颇有新意，此前的研究者倾向于描述类群总的来说相互"接近"或"差异很大"，而不是在具体的特征上存在异同。[9]

约翰·亚当·奥托·布奇利（Johann Adam Otto Bütschli，1848—1920）是德国的动物学家和海德堡大学的教授。他因研究无脊椎动物而享有盛名，而且在原生动物领域中取得了尤为引人注目的成就。[10] 他在1876年出版的作品里详尽研究了节肢动物和多种"蠕虫"之间的关系，并为此仔细分析了各种身体结构，从而根据个体发育和解剖位置等标准描述了同源和非同源性状。[11] 在将环节动物（基本等同于包括蚯蚓和水蛭在内的环节动物门）和节肢动物分别安置在亲缘关系极远的族系中时（图102），他提出身体节段化和神经系统中和节段化有关的相似性其实是这两个类群独立演化出来的特征。[12] 他的系统树是少数几株根部在上的图示之一。

接下来的两个例子本身算不上精彩，但都代表着标志性发现，因此也一并纳入。1881 年，英国动物学家埃德温·雷·兰克斯特（Edwin Ray Lankester，1847—1929）发表了两幅看似平平无奇的"系统树"（图 103），其中为左边的蛛形纲（蜘蛛及其近亲）和右边规模更大的节肢动物组合（蛛形纲、昆虫和甲壳类）总结了相互关系。剑尾目（包括鲎在内的目）的加入让这个蛛形纲系谱显得特别有意思。作为一个致力于脊椎动物研究的比较解剖学家，兰克斯特由此成为否定鲎属归于甲壳类的第一人，并且提供了它们和蛛形纲（蜘蛛及其近亲）关系密切的证据："鲎并不是甲壳类动物，毫无疑问，它们是蛛形纲的成员……最好把它们理解为水生蝎子。"[13]

1896 年，路易·安托万·马里·约瑟夫·道罗（Louis Antoine Marie Joseph Dollo，1857—1931）也发表了一幅看似平凡的有颌脊椎动物系统树（图 104）。道罗是出生在法国的比利时古生物学家，最著名的成就是建立了道罗法则，即演化不可逆。[14][1] 通过总结所有关于腔棘鱼、肺鱼和四足动物的既往研究，他为肺鱼建立了第一套详细的系统分类。[15] 他的系统树首次表明肺鱼和四足动物的亲缘关系最近，而且两者的祖先都是腔棘鱼。这个理论如今已经在形态学和分子学证据的支持下得到了广泛接受。[16] 他还明确地表示肺鱼不属于两栖动物，而是属于鱼类，当时愿意接受这个理论的人寥寥无几。

1897 年，美国植物学家查尔斯·埃德温·贝西（Charles Edwin Bessey，

---

[1] 正如道罗 1893 年最初提出的假设，道罗法则指出："生物体无法退回——哪怕是部分退回——其祖先已经实现的前一阶段。"

1845—1915）发表了一幅前所未有的奇特系统树（图 105），展示了他对双子叶植物间关系的研究。贝西希望能体现出植物随时间推移而逐渐增加的多样性，他采用的数据在一定程度上参考了威廉·菲利普·申佩尔（Wilhelm Philipp Schimper，1808—1880）1869 至 1874 年出版的《植物古生物学论著》（3 册）。每个类群的多样性增加都通过三个连续时代（白垩纪、始新世和中新世）中的锐角三角形面积表示。从图中可以看出，更久远的时代里不存在地质历史较短的类群，以及所有类群的多样性都在增加。[17] 人们普遍认为贝西是被子植物起源学说的创始人，该理论将木兰属等开花植物安置在演化的底层。这在整个 20 世纪都占据着主流理论的地位，直到被分子系统发生学取代。[18]

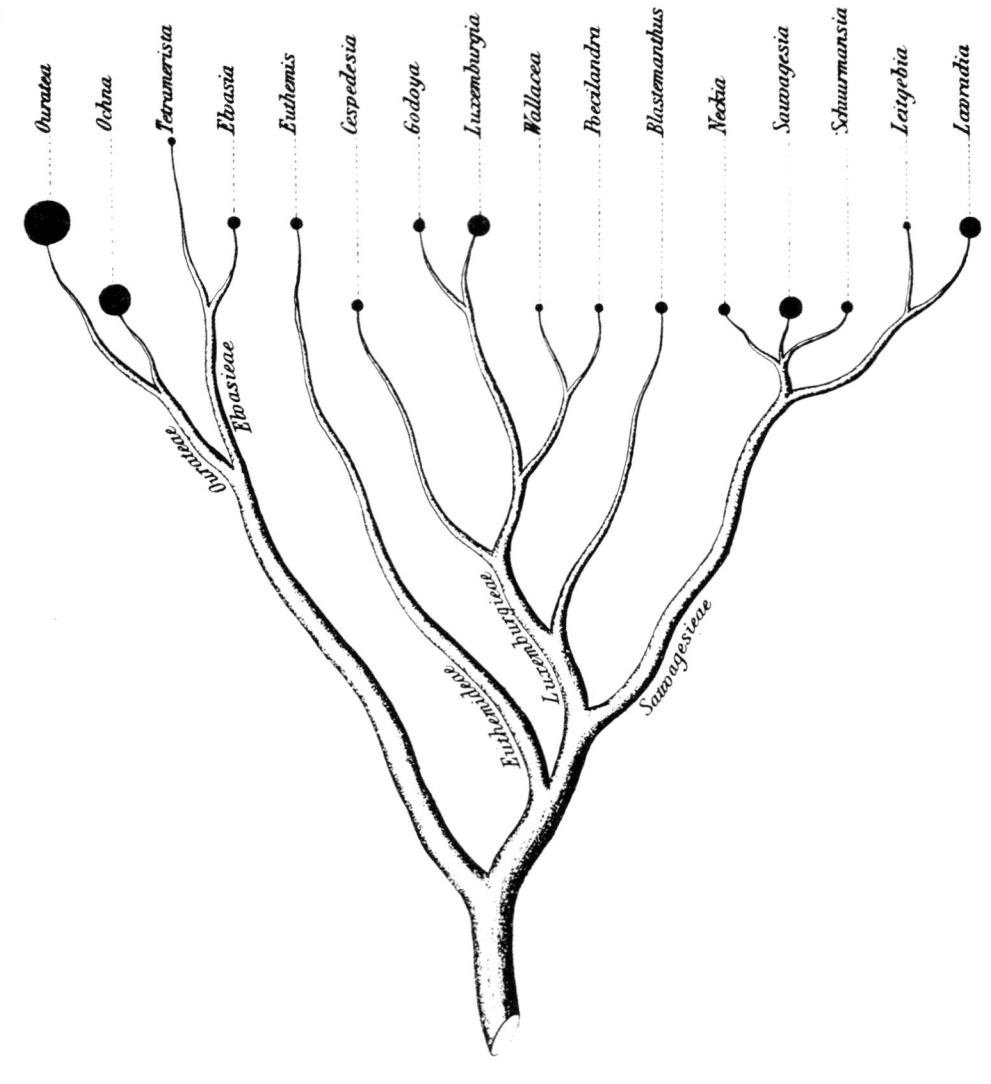

图 92 海因里希·古斯塔夫·阿道夫·恩格勒发表于 1874 年的金莲木科系统树，该科是一个主要由乔木和灌木组成的大家族。细枝末端圆点的直径代表每个属的相对规模，而细枝所处的不同高度代表它们和基干类型相比的趋异程度。

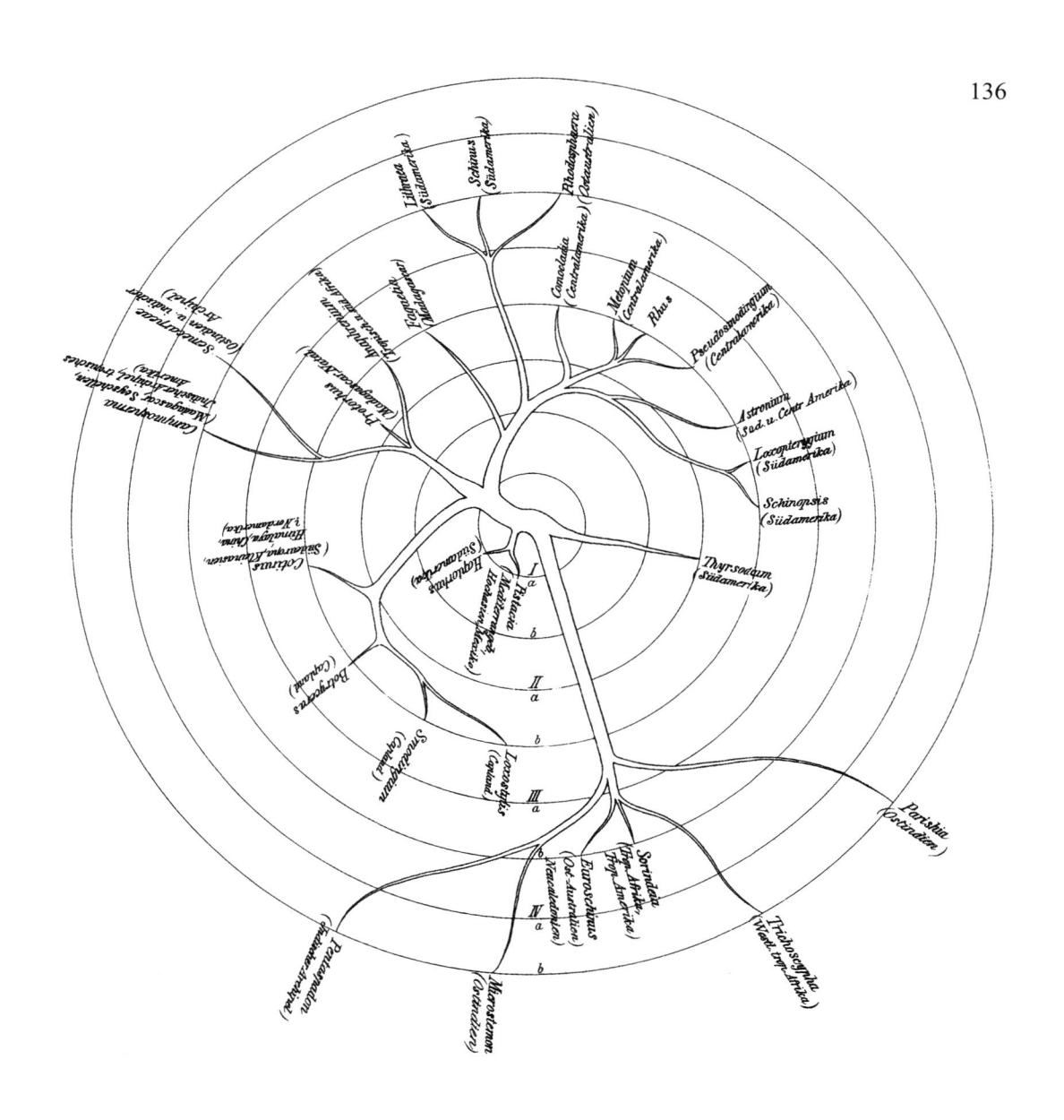

图 93 海因里希·古斯塔夫·阿道夫·恩格勒发表于 1881 年的漆树科成员关系树形图，采用了俯视视角。

19 世纪晚期的其他系统树　1874—1897

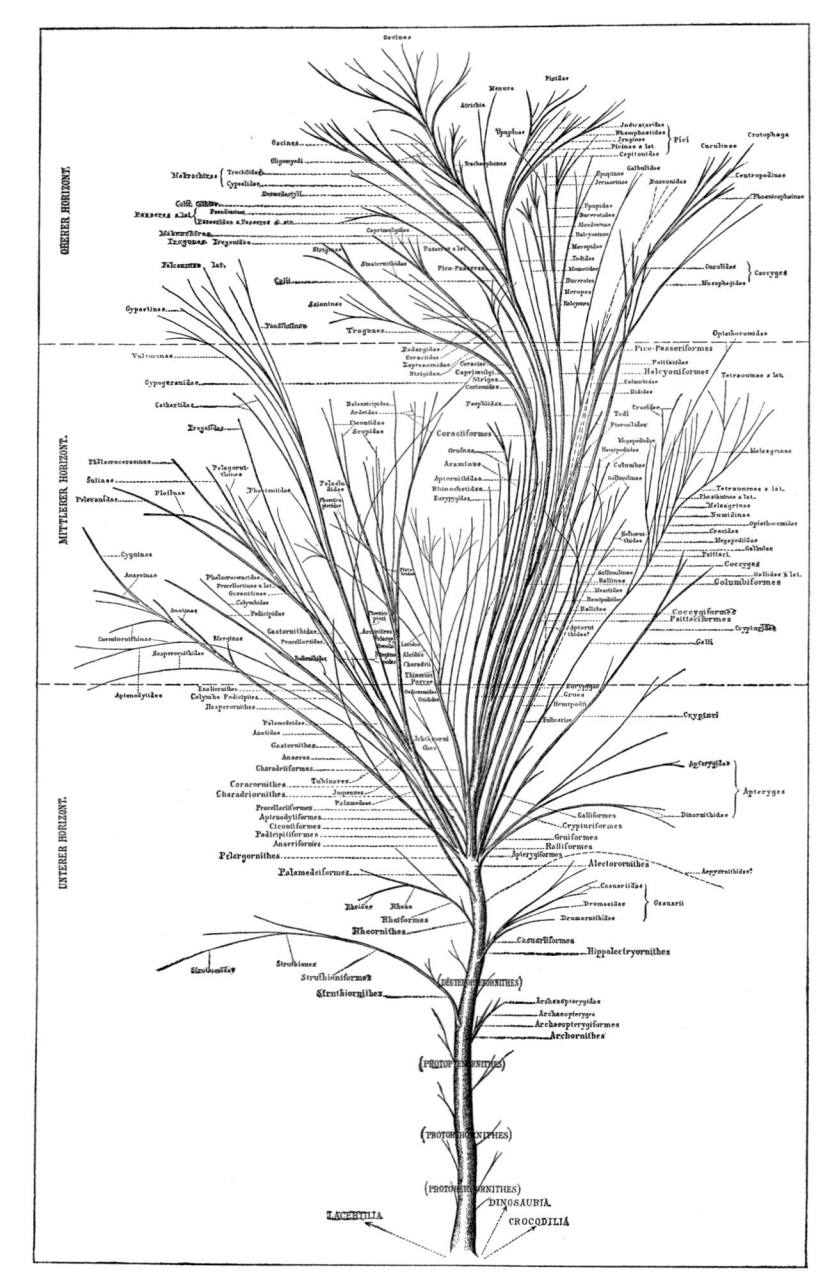

图 94 马克西米利安·菲尔布林格发表于 1888 年的鸟类关系树,视角为 Struthiornithes、Rheornithes、Pelargornithes、Hippalectryornithes、鹤形目(Gruiformes)和 Ralliformes 一侧。

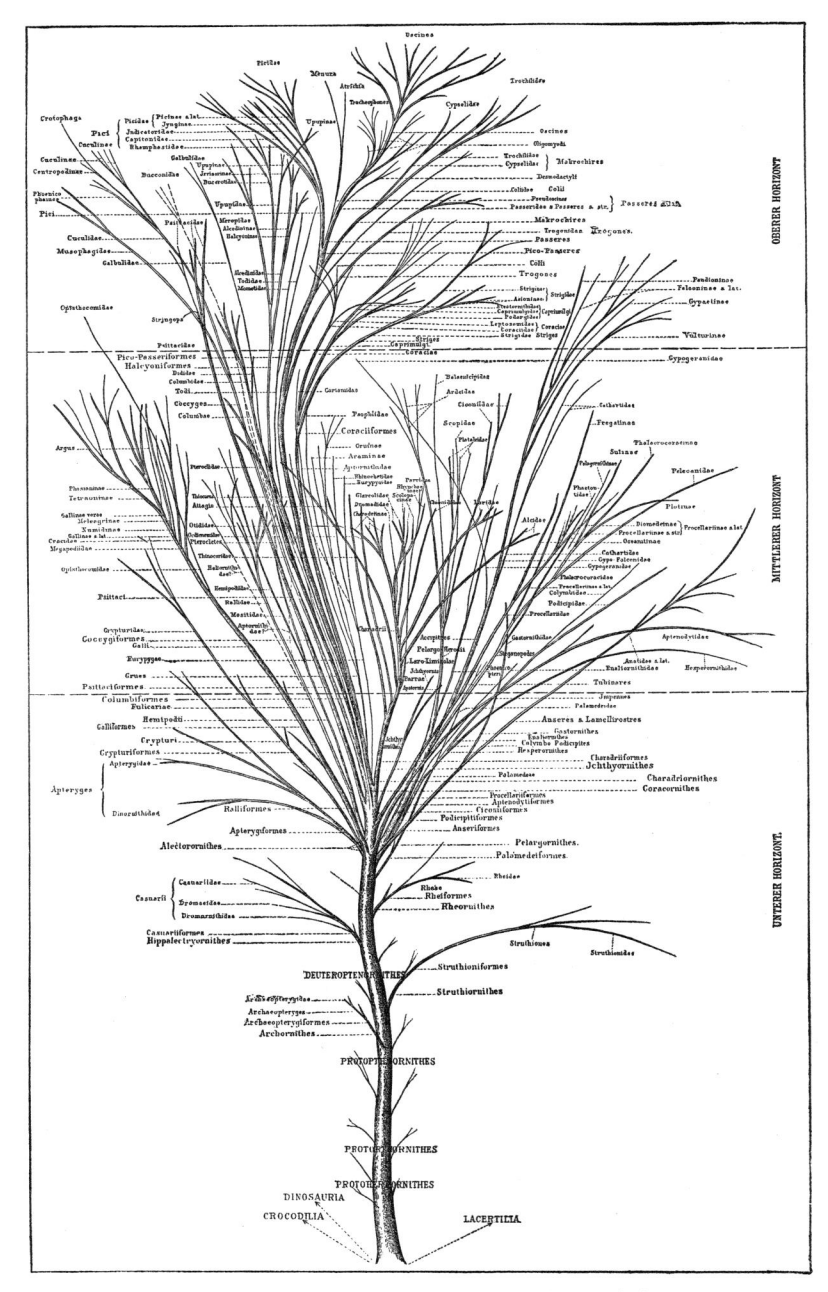

图 95 马克西米利安·菲尔布林格发表于 1888 年的鸟类关系树，视角为 Aptenodytiformes、鹱形目（Procellariiformes）、鸻形目（Charadriiformes）、鸽形目（Columbiformes）和鸡形目（Galliformes）一侧。

19 世纪晚期的其他系统树　1874—1897

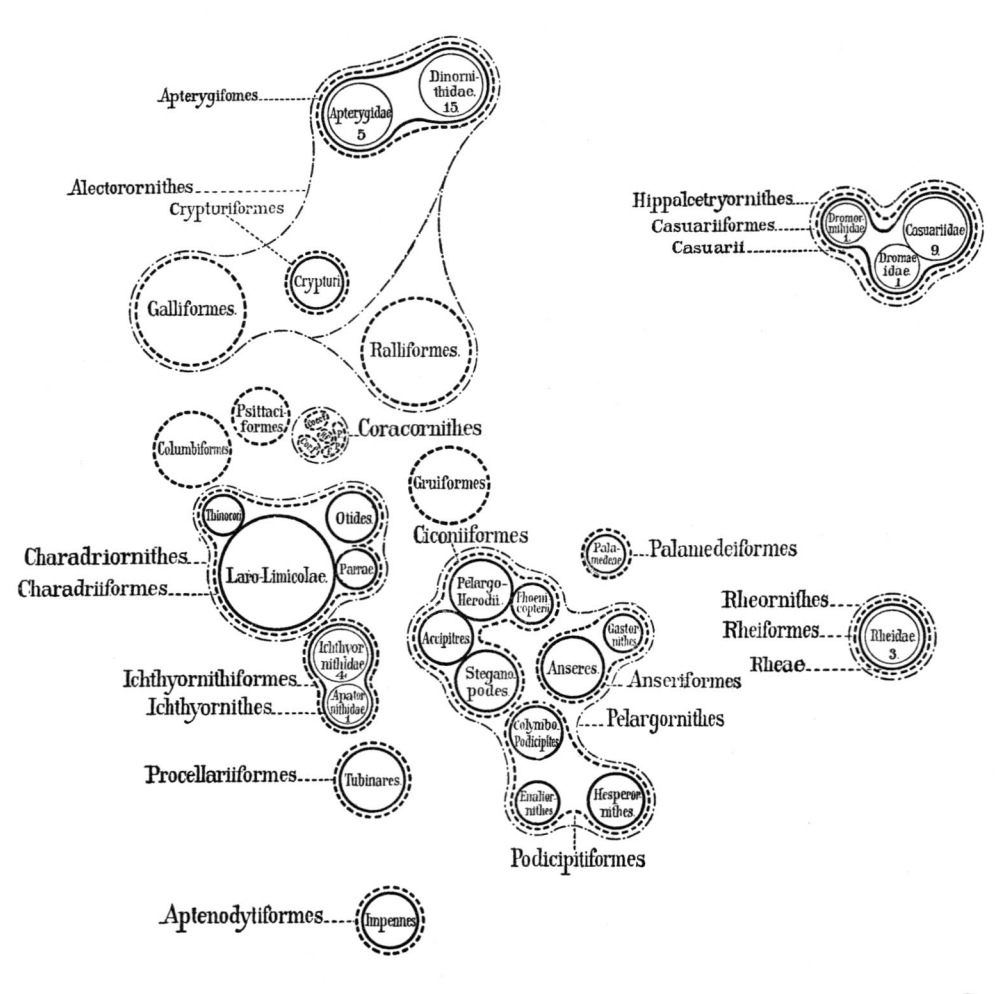

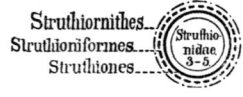

图 96 马克西米利安·菲尔布林格的鸟类系统树下部投影，发表于 1888 年。每个类群中的种数由圆圈直径代表。

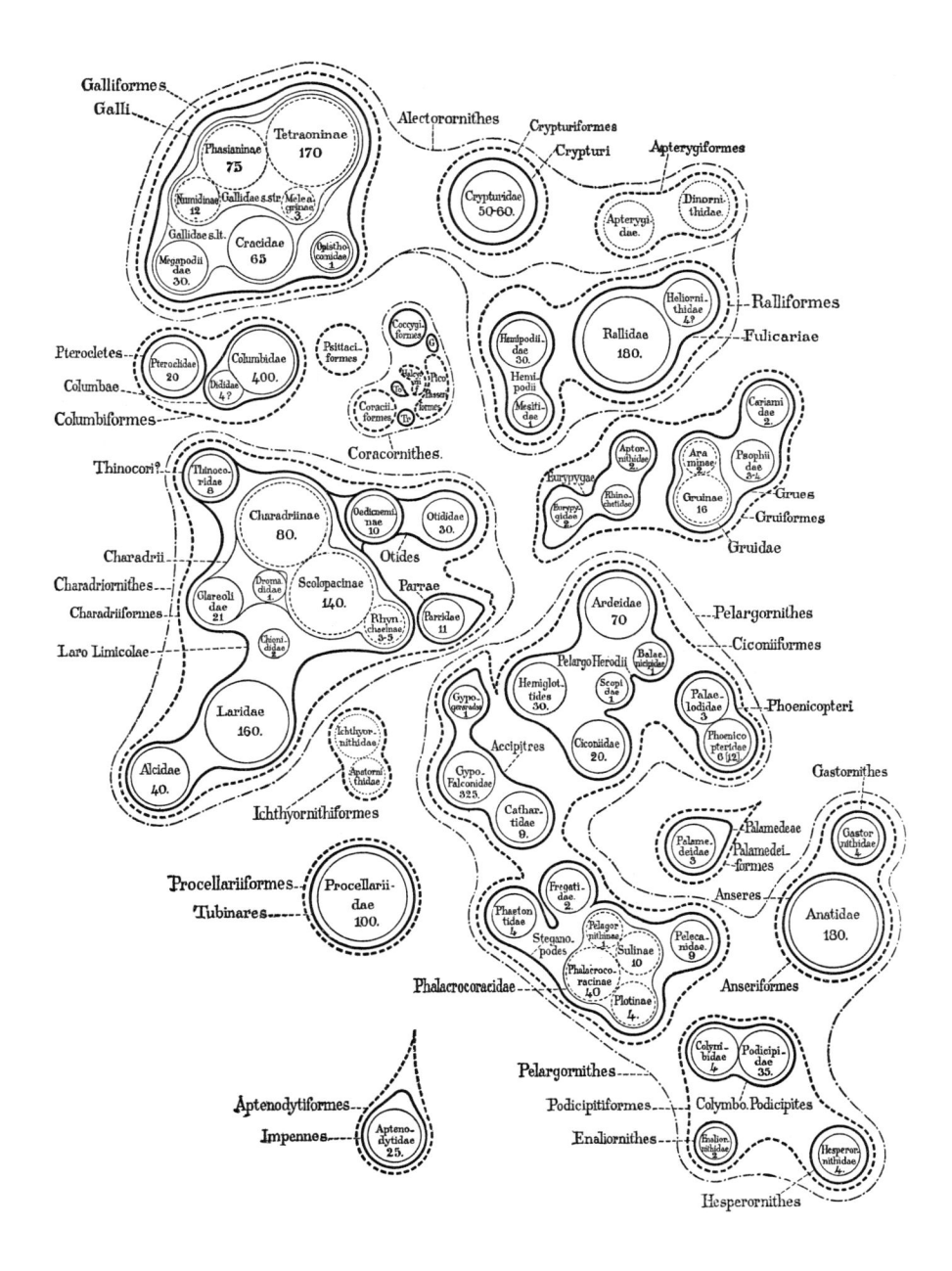

图 97 马克西米利安·菲尔布林格的鸟类系统树中部投影，发表于 1888 年。每个类群中的种数由圆圈直径代表。

19 世纪晚期的其他系统树　1874—1897

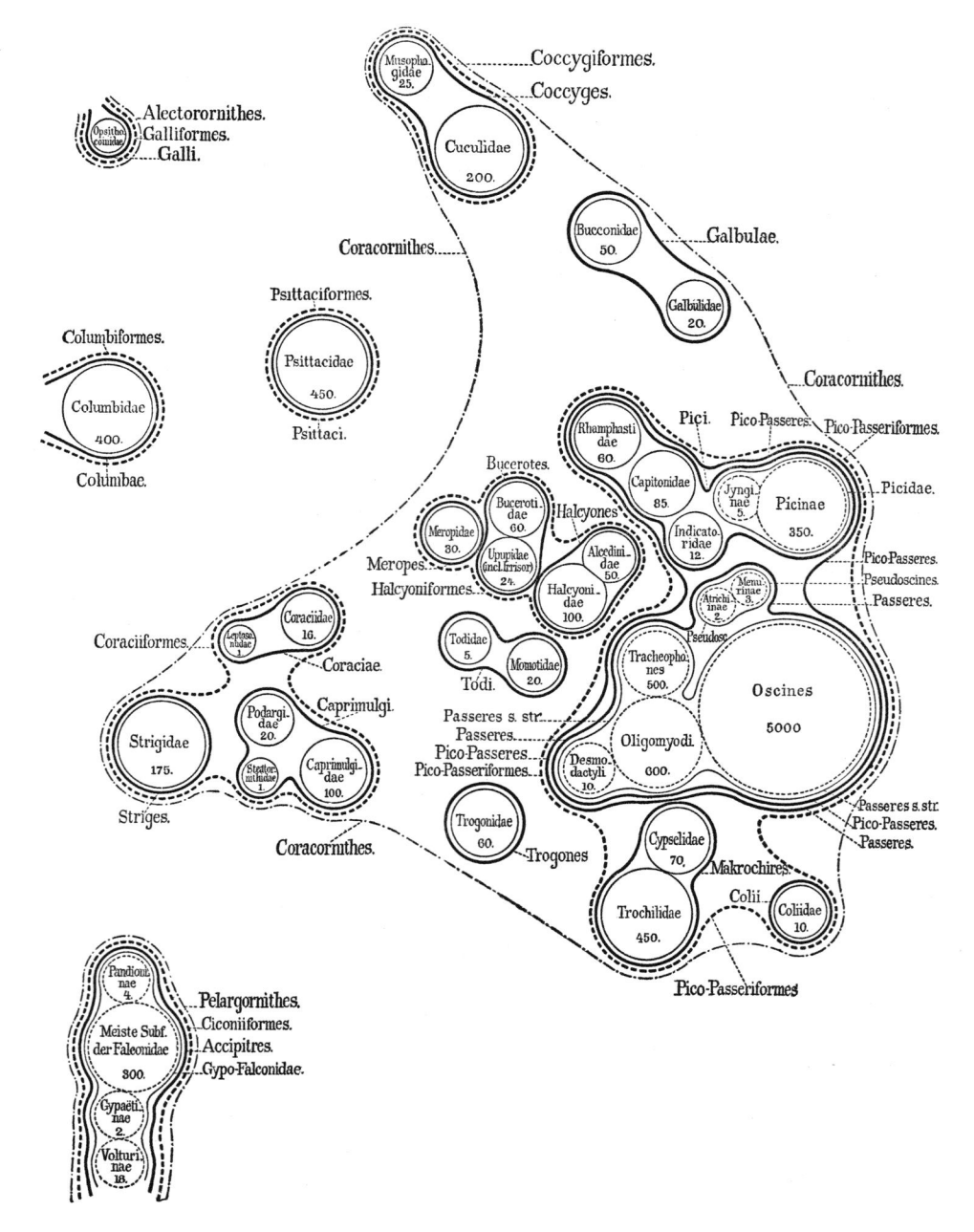

图 98 马克西米利安·菲尔布林格的鸟类系统树上部投影,发表于 1888 年。每个类群中的种数由圆圈直径代表。

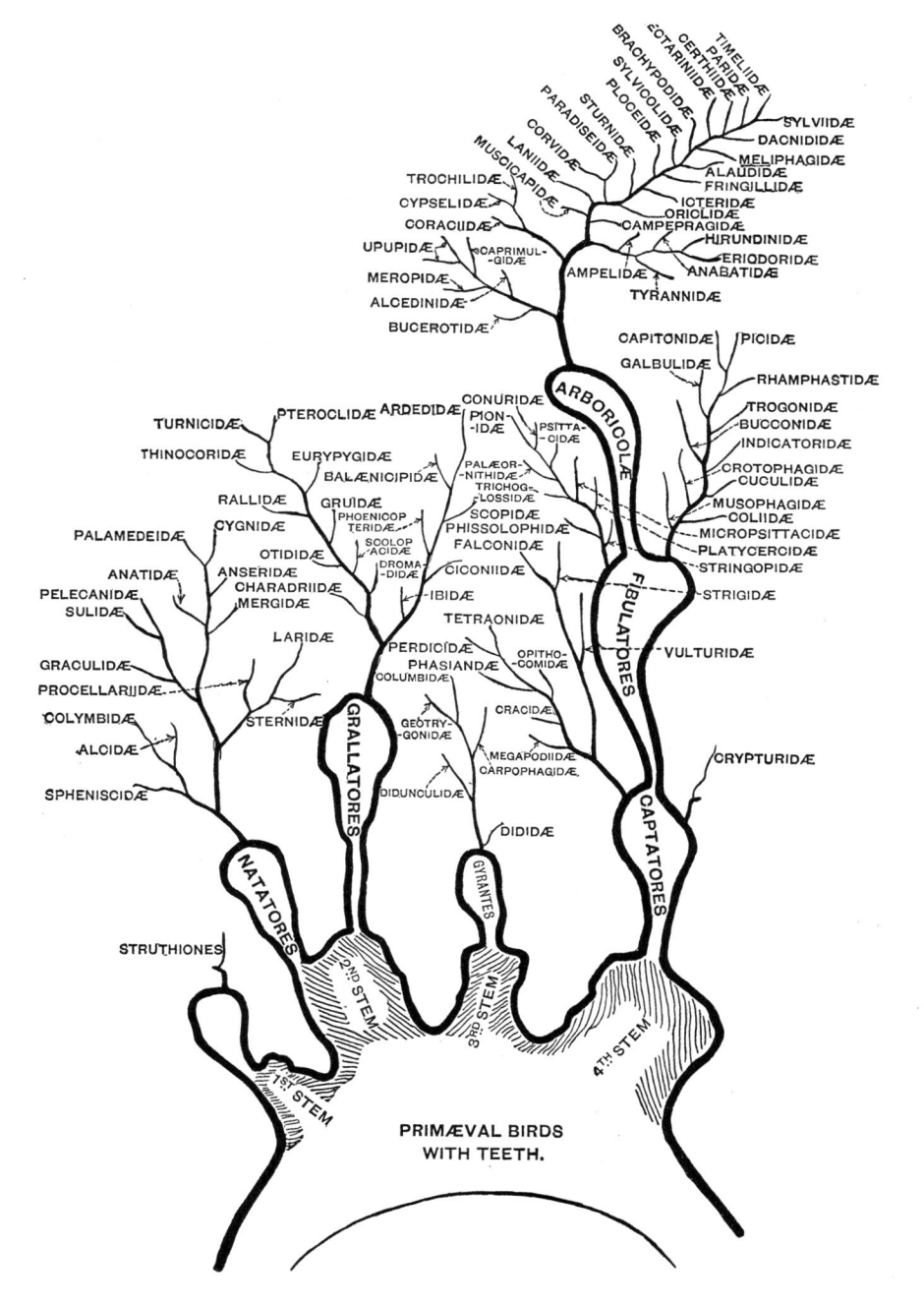

图99 安东·赖歇诺发表于1882年的鸟类多源系统树,由理查德·鲍德勒·夏普于1891年重绘。

19世纪晚期的其他系统树　1874—1897

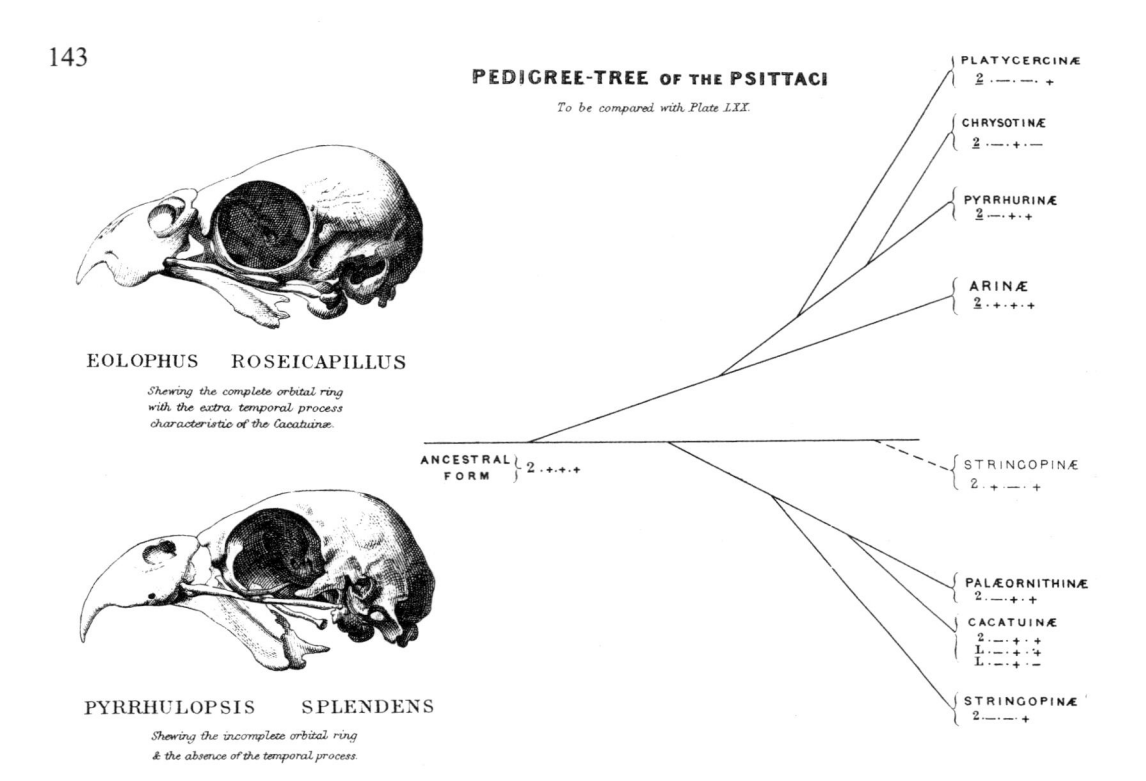

图 100 阿尔弗雷德·亨利·加罗德发表于 1874 年的鹦鹉"谱系树",也是第一幅使用了特征状态分布的分枝图。左边是加罗德所采用的特征,即有无颞突和完整的眼眶。数字 2 和加减号代表四个特征的状态,具体见图 101 中心的小圆圈。

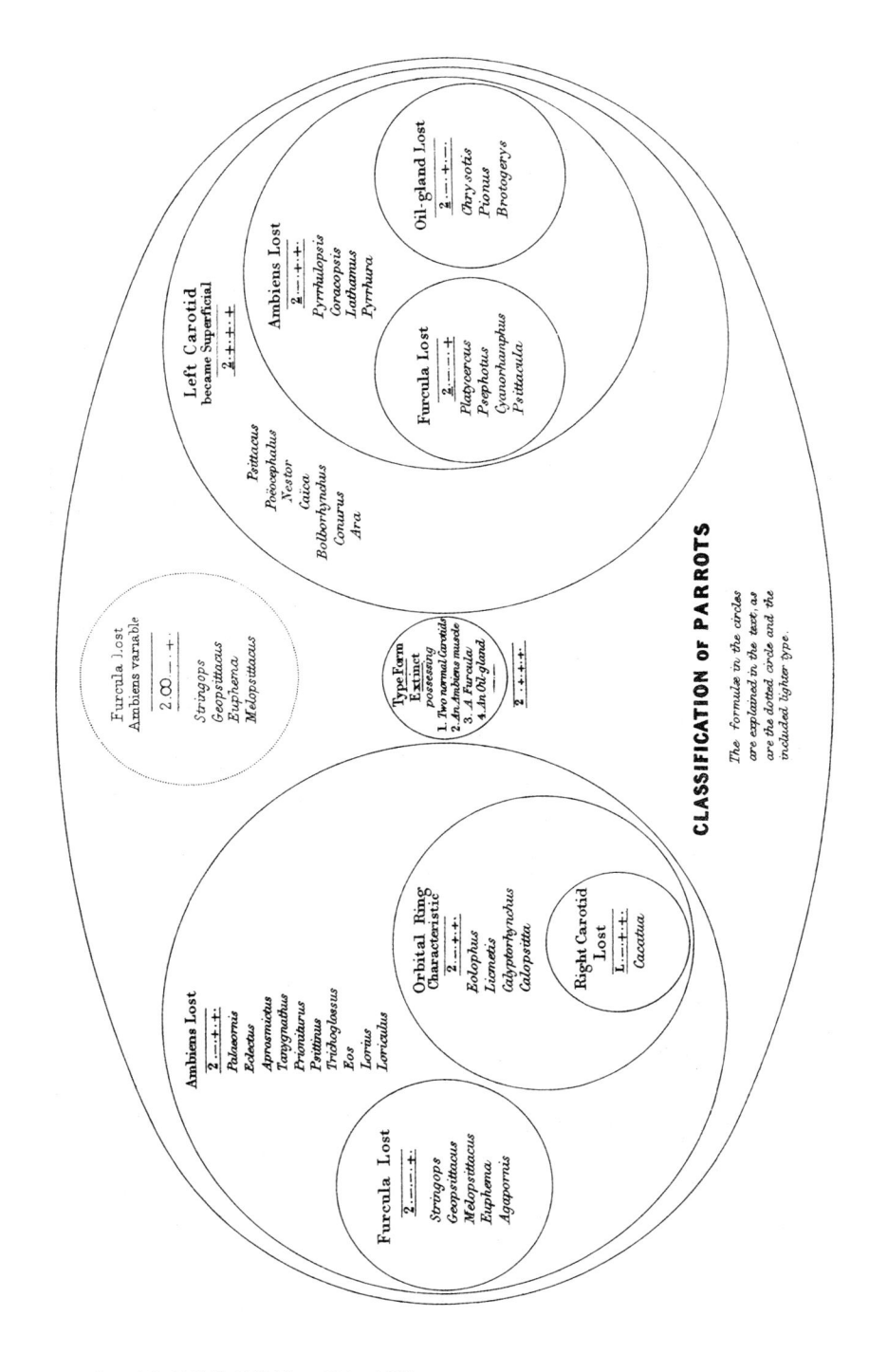

图 101 阿尔弗雷德·亨利·加罗德发表于 1874 年的"鹦鹉分类图",展示出了不同属中的特征状态分布,进一步诠释了他在"谱系树"中所使用的方法(图 100)。

19 世纪晚期的其他系统树 1874—1897

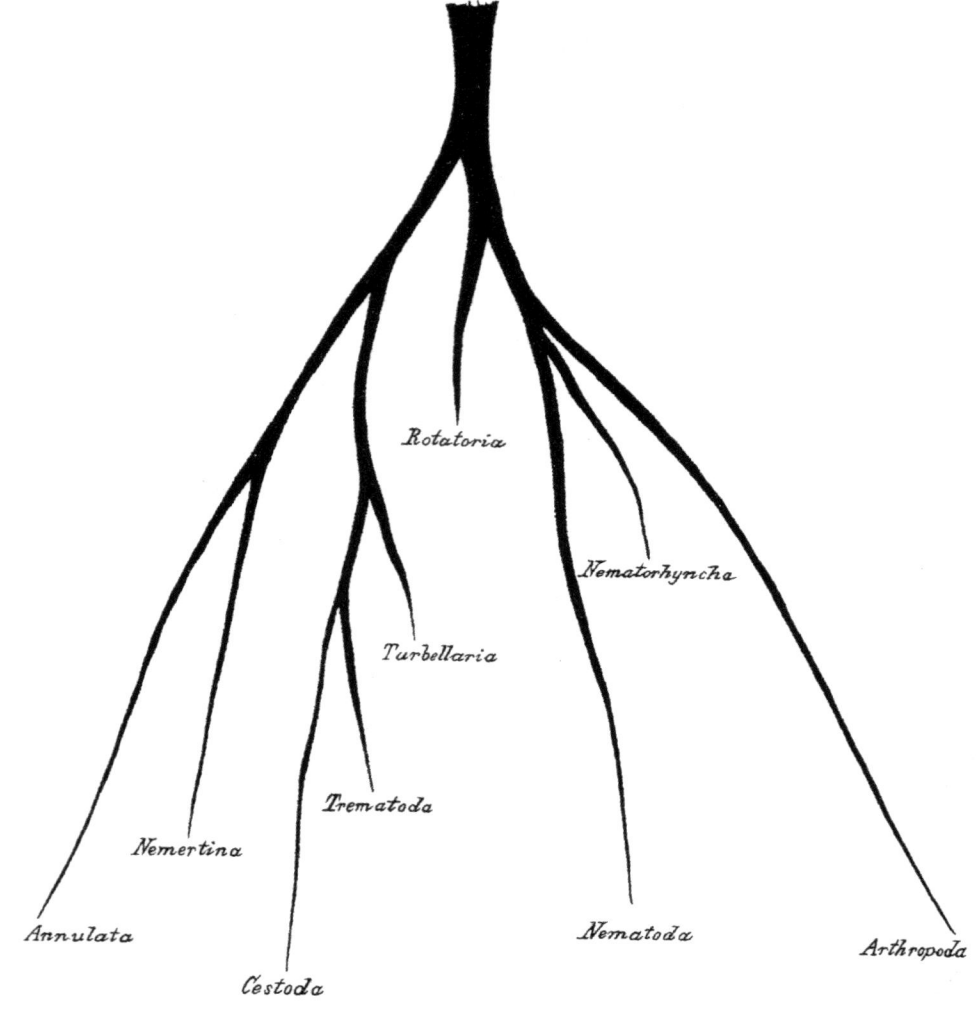

图 102 约翰·亚当·奥托·布奇利发表于 1876 年的"蠕虫"和蛛形纲关系图,是少数几株根部在上的系统树之一。

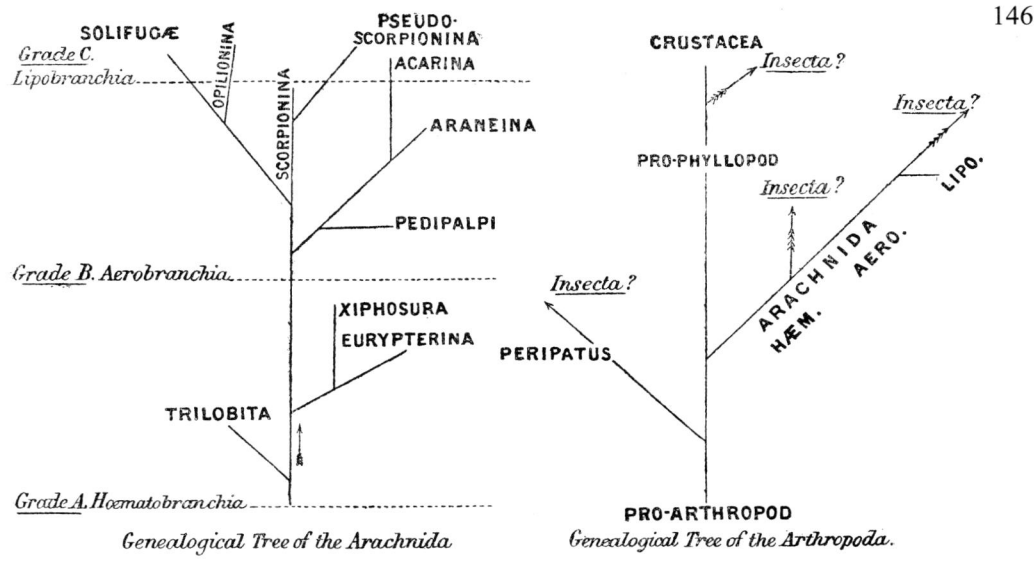

图 103 埃德温·雷·兰克斯特绘制的两幅系统树，收录于他 1881 年发表的著名论文《蛛形纲的鲎》。他在论文中指出鲎属不能归入甲壳类，而是和蜘蛛及其亲属具有亲缘关系。鲎属归于左边的剑尾目，而右边是蜘蛛及其亲属（蛛形纲）和甲壳类的关系。

147

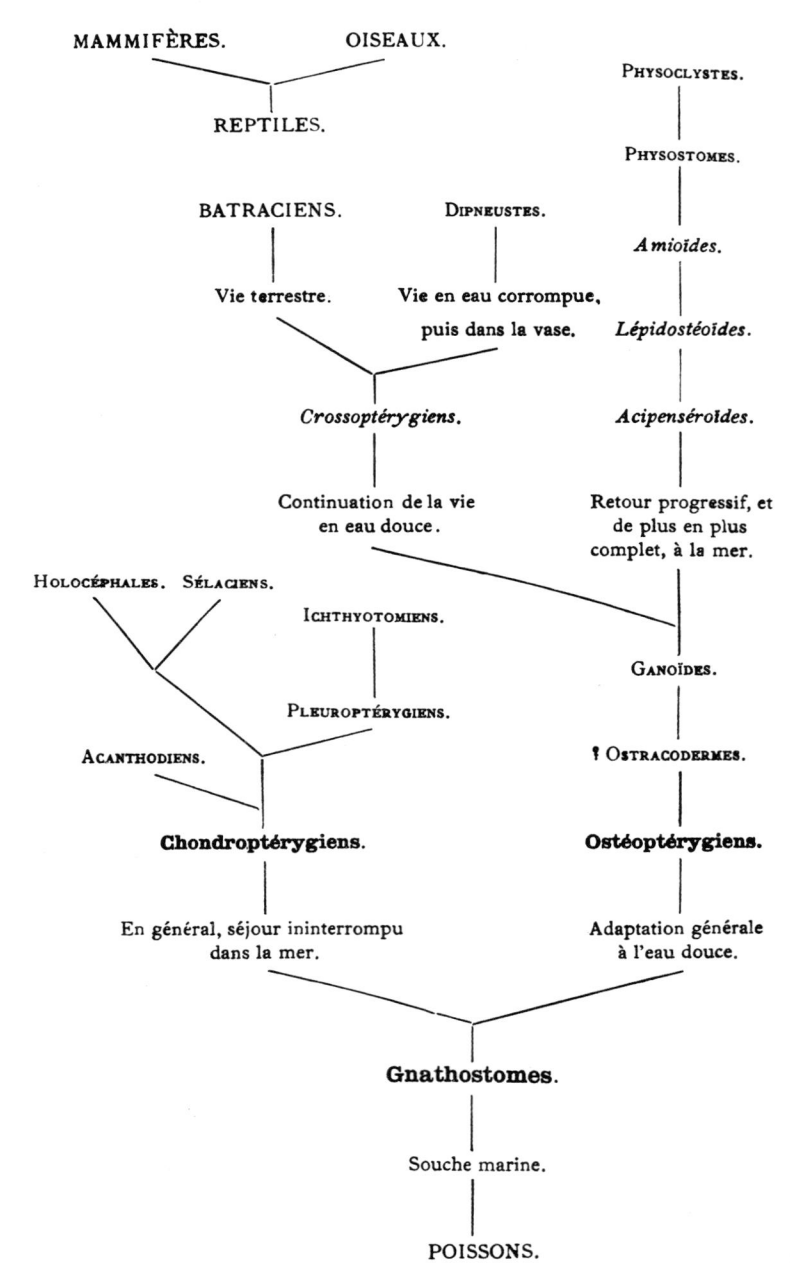

```
        MAMMIFÈRES.        OISEAUX.                           Physoclystes.
              _____/                                      |
                    |                                         Physostomes.
                REPTILES.                                          |
                    |                                              |
              BATRACIENS.           Dipneustes.                Amioïdes.
                    |                   |                          |
               Vie terrestre.    Vie en eau corrompue,             |
                    \           puis dans la vase.           Lépidostéoïdes.
                     _____/                             |
                            |                                      |
                      Crossoptérygiens.                      Acipenséroïdes.
                            |                                      |
                    Continuation de la vie           Retour progressif, et
                        en eau douce.                 de plus en plus
                            \                          complet, à la mer.
                             _____/
    Holocéphales.  Sélaciens.                                      |
         _____/                                               |
              \       Ichthyotomiens.                         Ganoïdes.
               \          |                                        |
                \    Pleuroptérygiens.                             |
                 \        |                              ? Ostracodermes.
        Acanthodiens.    /                                         |
              _____/                                          |
                    |                                              |
             Chondroptérygiens.                         Ostéoptérygiens.
                    |                                              |
           En général, séjour ininterrompu            Adaptation générale
                dans la mer.                             à l'eau douce.
                    _____/
                                    |
                              Gnathostomes.
                                    |
                               Souche marine.
                                    |
                               POISSONS.
```

图 104　路易·安托万·马里·约瑟夫·道罗发表于 1896 年的有颌脊椎动物系统树，其中指出肺鱼和四足动物的亲缘关系最近，而且它们的祖先都是腔棘鱼。

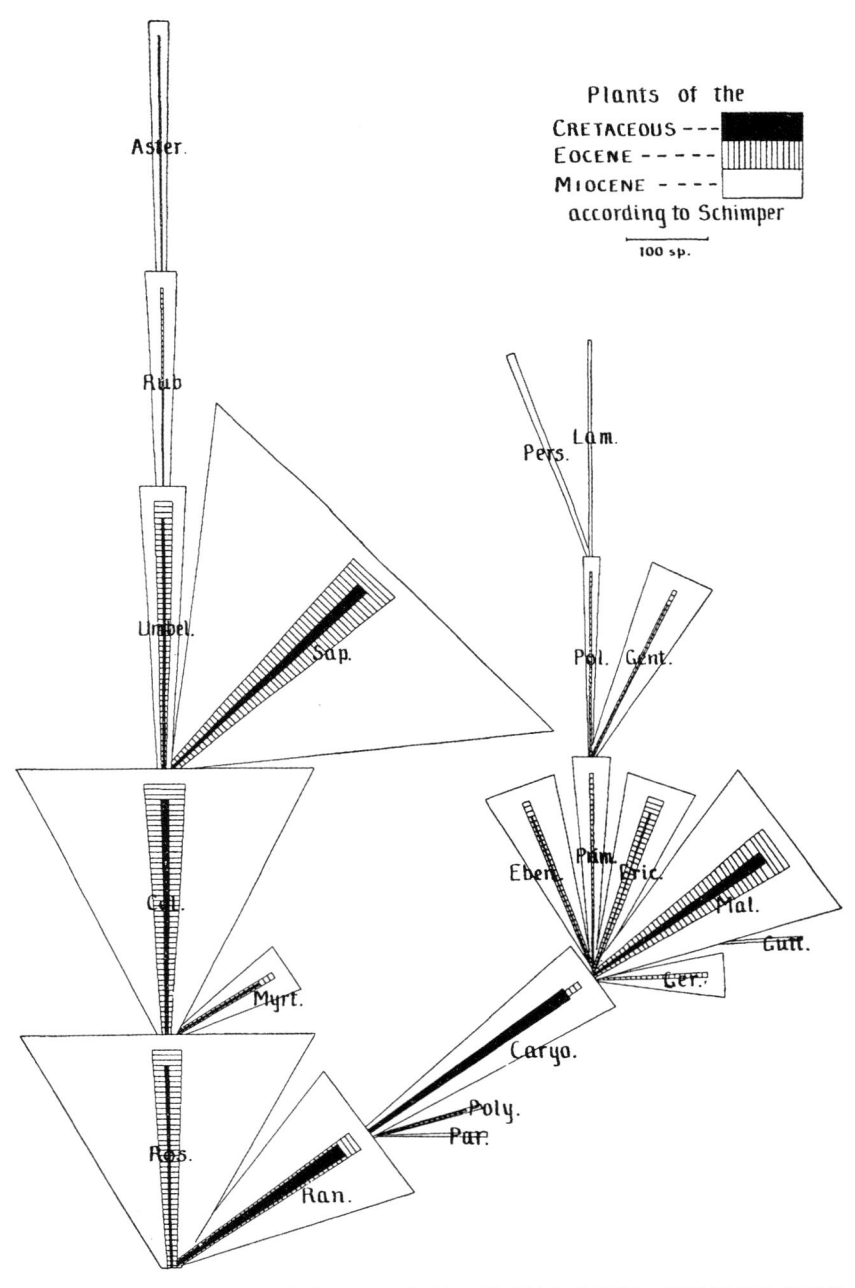

图 105 查尔斯·埃德温·贝西发表于 1897 年的双子叶植物分类图,展示了每个类群的多样性随着时间推移而增加,范围是三个连续的地质时期(白垩纪、始新世、中新世)。

19 世纪晚期的其他系统树　1874—1897

生命之树

20 世纪早期的系统树   1901—1930

除了一些早期的例子，比如前文中尼古拉·塞兰热（1815）和阿尔弗雷德·加罗德（1874）的系统树，当时的研究者都是用动植物的分枝图来阐释它们的内部亲和性的。也就是说，系统树末梢的细枝只有类群的名字。一直没人仔细考虑过在树上加入特征。改变这一格局的是彼得·查尔莫斯·米切尔（Peter Chalmers Mitchell，1864—1945），他长期担任伦敦动物学会的秘书（1903—1935），还建立了世界上第一座露天动物园。1901 年，米切尔发表了面面俱到的鸟类肠道研究，其中包括一系列被今天的研究者称为特征状态树的图示（图 106）。他明确区分出了原始特征和衍生特征，并将它们称为"原始中心"和"离中心"（现在使用的术语是祖征和衍征），这比威利·亨尼希（Willi Hennig，1913—1976）的《系统发生分类理论》（1950）要早半个世纪。他还区分了独特的衍生特征和趋同特征，由此发现不能根据共同的原始特征来确证演化关系。[1] 米切尔在构建系统树时很担心自己的意图会被误解：

在系统性描述中，我必须尽量将不同鸟类的肠道形态特征当作动物本身对待，以及各种……附图……我认为是肠道的关系，而不一定是肠道拥有者的关系。事实上，我一直以解剖结构为本，而不是生物个体或物种……即使本文中的附图能够比较精确地呈现出鸟类肠道的系统发生，我们依然不清楚这种结构的系统树和其他结构的系统树存在什么关联，也不了解这种类型的系统树和物种（由暂时在一起的特征构成）系统树有何关系。虽说人们常认为这类系统树具有一致性，但并没有先验理由支持这个观点，而且最近很多有关特征性质和遗传性的研究对这个说法提出了质疑。²

1908年，奥利弗·佩里·海（Oliver Perry Hay，1846—1930）发表了19世纪和20世纪早期里最详细、也最具影响力的现生和化石海龟系统树，而且使用了之前十分少见的手法（图107）。³海假设棱皮龟属是最原始的现生海龟，起源于晚二叠世的祖先。他还详细描述了一个成员众多的远古类群，即已经灭绝的三叠纪两栖龟类，它们的特征是脖子不能伸缩。古生物树上的虚线代表假想中的族系，而实线表示已经发现的化石记录。这种表现形式当时十分新颖。

1908年，德国植物学家路德维希·爱德华·西奥多·卢奥森纳（Ludwig Eduard Theodor Loesener，1865—1941）根据自己对冬青属的研究发表了一幅富有想象力而且十分古怪的系统树图。图中宽大的树干上发出了一团错综复杂的手指样树枝，而树干"神秘地生长在似乎有些透明的液体中"（图108）。⁴横向虚线代表过去和现在的分界，于是虚线下都是假想或已经灭绝的类群。图中的三维感觉相当独特。

俄国植物学家康斯坦丁·梅里日可夫斯基（Constantin Merezhkowsky，

1855—1921）因为共生起源理论而闻名至今。20世纪初，他很快就根据自己对地衣的研究提出叶绿体起源于共生的蓝藻。他还提出细胞核和细胞质都起源于两种生物和两种原生质，并将这个理论引申到了所有生命形式，还在发表于1910年的分枝图中对此进行了详细描述（图109）。在这个理论中，核染色质、叶绿体和细菌都属于一种原生质，而细胞质属于另一种原生质，而且这两种原生质在地球历史中的起源时期并不相同。[5]

梅里日可夫斯基认为自然选择不能充分解释生物的新特征，因此拒绝接受达尔文的进化论。他坚信微生物的获得和遗传才是生命历史的核心。林恩·亚历山大·马古利斯（Lynn Alexander Margulis，1938—2011）20世纪70年代创立和推广的现代内共生理论中（见下文）也可以看到梅里日可夫斯基共生学说的影子。马古利斯认为叶绿体和线粒体等细胞器是起源于早期真核细胞生物内共生的细菌。[6]

威廉·帕滕（William Patten，1861—1932）是达特茅斯大学生物系的主任，同时长期担任动物学教授。他也是进化论的拥护者，会在大学课程中强调进化的重大意义。[7]早在1898年，他就开设了"脊椎动物比较解剖学"课程，后来又在1920年开美国之先河，设立了新生必修的进化论课程。[8] 1912年，他出版了备受欢迎的教科书《脊椎动物及其亲属的演化》，并专门为该书绘制了一幅集自己研究思想之大成的"动物界主要亚门的种系发生学"（图110）。

帕滕虽然笃信进化论，但也从没放弃过对神的信仰："我之所以会教授进化论，是因为在一些人类思想和经验领域中，'高深'的哲学和'肤浅'的宗教正在以惊人的速度彻底驱逐上帝，而长期以来的经验让我相信只有传授进化论才能让永恒的神重新回归。"[9]

赫伯特·富勒·沃纳姆（Herbert Fuller Wernham，1879—1941）发

表于 1914 年的茜草科木藤茜属（Sabicea，通常称为 woodvine）分枝图是亲缘地理学的早期例证，其中将地理分布绘制到了演化关系树上（图 111）。该组合最初根据花朵的结构差异分为四个"亚属"：Laxae、无柄亚组（Sessiles）、Capitatae 和 Floribundae。非洲种的名字以大写字母表示，在 3 个主要聚落中都有出现，而美洲种以小写字母表示，主要聚集在右边的两条弯曲虚线之间。仅存在于马达加斯加的种位于最右边，由斜体字表示。请注意，有些位于圆圈和椭圆中的群落具有共同的形态学特征，这有时候是趋同演化的结果。荷兰植物学家赫尔曼·约翰内斯·蓝姆（Herman Johannes Lam，1892—1977）抱怨说如果按照大陆真正的位置来展示族系分布，那这幅图就会更加成功：美洲在左边，随后是非洲，而马达加斯加在右边。[10]

152 　　查尔斯·贝西发表于 1915 年的显花植物（也称种子植物）近期目演化关系图（图 112）和他发表于 1897 年的双子叶植物系统树（见图 105）大不相同。新的图中包括一系列形状奇特而且以锁链形式连接在一起的叶片，这是最著名也最有设计感的开花植物系统分类学图示之一，被当时的植物学家们称为"贝西的仙人掌"。[11]不同类群间的关系由位置表示。每片叶子的面积大致和每个目里的种数成正比。贝西系统的主要结构早已建立（1897），但后来经历了数年的细节修订。贝西的方法非常简便，学生也可以使用。例如迪恩·布雷特·斯温格尔（Deane Bret Swingle，1879—1944）就在自己出版于 1928 年的第一版《植物系统分类学课本》中很好地利用了贝西的方法。

　　卡尔·艾根曼（Carl Eigenmann，1863—1927）是美国鱼类学家，他和妻子罗莎·史密斯·艾根曼（Rosa Smith Eigenmann，1858—1947，第一位知名女性鱼类学家）在北美和南美搜集并描述了诸多新的鱼类属和数百个新的鱼类种。在1908年著名的卡内基英属圭亚那考察中,他们带回了25 000多个标本,并据此描述了128个新的种和28个新的属。1917年,他出版了5册本美国脂鲤科丛书中的第一册,还为尝试厘清大眼脂鲤亚科(Tetragonopterinae)中令人困惑的形态学差异而绘制一幅插图(图113)。但他使用的不是树形图,而是奇特的椭圆形,将他眼中最原始的属放在中心,并将其他属安置在外周,向各个方向呈扇形展开。[12] 某些属由实线连接在内部的椭圆形上,表明他对这些属的血统相当自信,而其他属是由虚线连接或根本没有连线。外面的椭圆用于分隔具有完整侧线和不具有完整侧线的属。艾根曼没有隐瞒自己在分类时经历了好一番艰苦的思想挣扎:

> 从前面的内容不难看出,这个亚科简直是趋异演化学者的天堂。但正是让演化学者对它兴趣盎然的地方使它成了系统分类学家眼中的绝望地狱。后者的工作目标是将种归类成有序的属,并将生物个体归类为有序的种,以便厘清它们的关系,可能的话一定要使用常规的系统树……大眼脂鲤亚科似乎形成了错综复杂的关系,无法用分枝树显示。[13]

进化论的拥护者越来越多,让它在中小学和大学里成为重要课程,于是研究者们也开始为生物教材和大众读者设计生命树。其中一些最出色的成果出自美国科学教育者本杰明·查尔斯·格林贝格之手(Benjamin Charles Gruenberg,1875—1965)。例如起初收录于他1919年出版的《基础生物学》中的动植物"系统树"(图114和115)。他的图案和树木十分相似,会让人联想起恩斯特·海克尔半个世纪前的作品(图66—75)。为了尽量激起读者的兴趣,格林贝格在树枝末梢加上了对应的动植物的小图片,这种当时看来颇为新奇的手法已经成了今天的标准风格。

与乔治·本瑟姆于 1873 年用圆圈完成的菊科系统树（图 87）不同，詹姆斯·斯莫尔（James Small，1889—？）于 1919 年绘制的菊科系统树和树木十分相似（图 116）。[14] 该图的依据主要是斯莫尔对花柱和雄蕊形态的详细分析。[15] 在逐渐变细的中轴上，代表菊科各族的诸多分枝向两边发散开去，并穿过了年代标注在左边的横向地质时间层。作为早期亲缘地理学的又一实例，图中节点或分枝点上的数字代表"每个族起源的地理中心"[16]。

美国地质学家、古生物学家和优生学家亨利·费尔菲尔德·奥斯本（Henry Fairfeld Osborn，1857—1935）最著名的成就是遗作《长鼻类：全球乳齿象和大象发现、演化、迁徙和灭绝的专著》，这两卷巨著分别发表于 1936 年和 1942 年。他在书中详细讨论了化石历史和大象及其亲属的演化。[17] 在 40 年的研究生涯中，他发表过大量系统树，这些工作主要是在纽约的美国自然史博物馆完成，而且大部分都是以哺乳动物为主题。在他最早期的系统树中，有一幅（图 117）是为他 1917 年出版的畅销书《生命起源和演化》而设计，并由学生威廉·金·格雷戈里（William King Gregory，1876—1970）完成。该图的主旨是哺乳动物的适应性扩张，与阿加西发表于 1844 的"纺锤"图（图 55）以及威廉·迪勒·马修（William Diller Matthew，1871—1930）和阿尔弗雷德·舍伍德·罗默（Alfred Sherwood Romer，1894—1973）发表于 20 世纪 20 年代晚期和 40 年代中期的多个系统树有些相似。[18]

1921 年，奥斯本发表的一幅图展示了"当前的长鼻类适应性扩张理论"（图 118）。[19] 这幅图与众不同，可能是当时唯一显示出栖息地（水陆交错地带和沼泽；森林和热带稀树草原；森林、草原、热带稀树草原和草甸草原）、觅食行为（食草和食树叶）和系统发生之间联系的图示。奥斯本完成于 1926 年的另一幅系统树（图 119）[20] 再次显示出大象及其亲属间的关系，其中还增添了这些动物的图片，让整幅图更加赏心悦目。这是本杰明·格林贝格和其他人在几年前才开创的风格（图114和115）。1933年，奥斯本还创作过一幅长鼻类系统树图[21]，这幅以乳齿象为主角的系统树更侧重于适应性扩张（即"系谱"），而不是系统发生关系（图120）。奥斯本相当高产，也极具影响力，但他算不上最出色的分类学家：他总共识别出了352个长鼻类的种和亚种，但只有164个左右在今天得到了承认，它们归于约40个属和8个科。[22]

查尔斯·露易斯·坎普（Charles Lewis Camp，1893—1975）发表于1923年的"蜥蜴科"系统树（图121）现代到了令人吃惊的程度，其中包含了系统发生分类学（支序分类学）中的所有基本原理。虽然彼得·查尔莫斯·米切尔1901年就提出了这些原理（图106），而威利·亨尼希在二十多年后才真正敲定了精确的细节。[23]坎普深知建立单源类群时需要使用独立的特征状态，以及应该依靠哪些标准来精确锁定过渡种系。他还指出只有衍生特征状态可以被用来确定关系。可惜坎普没能在后来的作品中继续深化自己的理念，而亨尼希为发扬自己的原理和方法使出了浑身解数。[24]图中最上一栏里的黑色圆柱代表现生每个科里相对特化的特征，圆柱越短说明保留的原始状态越多。各化石记录栏中的黑色部分代表经过严格验证的记录，交叉连接的部分表示比较确定的关系，虚线表示不太确定的关系。向下的箭头表示无肢类群，这是在5个族系中独立发生的特征。

1923年，威廉·帕滕为之前绘制的"动物界"系统树（图110）改头换面，构建出了一幅新的系统树图（图122）来展示"主要动物纲出现的大致时间……它们之间可能的遗传关系［和］每个纲在生物界中的相对位置"。[25]其中包括四个套叠在一起的泡泡，边框为黑色实线。[26]通常纵向排列的地质时间在图中换为了"机体、脑容量、育幼和适应性的进展"。时间

155

横向排列，生命起源之时位于中央，各个时代对称地向两侧推进。弯曲的中轴上发出了多个族系，它们在时间历程中不断扩张，但也有一些在灭绝中消失。每个区域也大致显示出了当时已知的种数。请注意节肢动物是通过甲胄鱼类直接演化成脊椎动物。[27]

1924 年，查尔斯·威廉·西奥多·彭兰德（Charles William Theodore Penland，1899—1982）发表了一幅并不出奇的二叉树图（图 123），展示了他对黄芩属（隶属唇形科）的系统分类学研究。这幅图的有趣之处在有一个圆圈围住了三个归于一类的族系，它们的果实上都具有"有翼小坚果"。彭兰德用这幅系统树证明这属于"次级获得性特征（即衍征），就它在和其他多个族群中的性质一样"。[28] 在另一个群组比较的早期范例中[29][1]，他描述了自己认为该特征属于衍生特征的逻辑："匆匆回顾过唇形科中其他属的小坚果特征后，我发现它们似乎不存在我们讨论的这个特征，这也可以证明该特征出现较晚。"[30]

苏格兰解剖学家和人类学家亚瑟·基思（Arthur Keith，1866—1955）是人类化石研究中的巨擘，他在人类学领域中最著名的成就是对灵长类头骨的研究，这些成果都总结在他 1897 年出版的《类人猿研究入门》中。但在科学领域之外，他的名声却和"皮尔丹人"深深地牵扯在了一起，这场事件堪称有史以来最大的古生物学骗局。当时有人宣称发现了全新的早期人类残骸。这具发现于 1912 年的标本由头骨和颌骨碎片组成，来自英格兰东苏塞克斯郡皮尔丹的一片墓地。当时很多专家都认为这是某种未知的早期人类的化石残骸。化石的意义一直存在争议，直到 1953 年人们揭

---

[1] 见加罗德发表于 1874 年的鹦鹉关系树，图 100 和 101。尽管坎普在对蜥蜴进行分类时（1923）提出了四种可对特征状态进行两极分化的标准，但他并未明确提出组外比较。

穿了这场骗局：头骨标本实际上是巧妙连接在一起的成年现代人类头骨和猩猩的颌骨。[31] 1990 年，有人指控早已过世的基思假造了被埋在皮尔丹的化石，但并没有确凿证据表明他就是幕后黑手，这场官司至今仍是一桩悬案。[32] 基思一直热心倡导验证化石的真实性，但他还是在发表于 1925 年的灵长类关系树（图 124）中给皮尔丹人留了一席之地。

亚瑟·基思并不是唯一一个热情支持皮尔丹人的科学家。比如上文中的长鼻目造树人亨利·奥斯本（图 118—120），他并没有将自己的系统分类学研究局限在大象及其亲属之中，还花费了大量时间来调查其他哺乳动物，灵长类也不例外。在《人类起源和古老性的近期发现》（1927a）一文中，他阐述了类人猿亚目的种系发生，并用头盖骨的图片来表示不同的类群（图 125）。其中有两个主要类群在渐新世中期分离开来，即"猿类"和"人类"。后者在上新世再次分为尼安德特人和被他称为"现代种族储备"的类群。请注意图中位置醒目的皮尔丹人，它们处在所有其他原始人类祖先的位置。和基思一样，奥斯本对标本的真实性和它对人类演化研究的重要性深信不疑。但他太过狂热，还专门为此著书一本——《人类向帕纳塞斯山的跃升：人类史前史的关键时代》（1927b），并在其中称化石赝品"几乎是个奇迹"。时代局限让他无法摆脱种族主义的倾向，比如要将皮尔丹人的脑容量和现代澳大利亚原住民比较。幸好皮尔丹人的真相直到 1953 年才浮出水面，当时奥斯本早已过世，躲过了一场尴尬。

威廉·迪勒·马修（William Diller Matthew，1871—1930）是一位主攻哺乳动物化石的脊椎动物古生物学家，他起初在纽约美国自然史博物馆担任馆长（1895—1927），随后又在加州大学伯克利分校的加州大学古生物博物馆继续担任馆长（1927—1930），而且出版了大量著名的系统树。这里要特别介绍他的第一幅图是"主要动物类群在地质时间中的分布"（图 126）[33]，该图成于20世纪20年代晚期（但1943年才由特雷西·施托雷尔发表）。这株树的设计明显对阿尔弗雷德·舍伍德·罗默产生了影响，他在20世纪40年代中期绘制了一些非常相似的系统树（下一章将专门介绍罗默）。马修在发表于1930年的论文《犬类系统发生学》中绘制了两幅截然不同的系统树。第一幅是肉食哺乳动物的系统树（图127），由一系列分枝叶片组成，叶片中含有不同的科。叶片时宽时窄，大致代表每个科在地质时间中逐渐变化的多样性。图中还有一条虚线分开几个亲缘关系较弱且知名度不高的原始科，它们在古新世和始新世繁荣兴盛，但都灭绝于中新世中期。而更现代的族群显然在渐新世和中新世重新崛起，最终诞生了延续至今的7个科。

马修随后重点介绍了犬科，他为此绘制的系统树（图128）乍看之下似乎算得上早期的犬科头骨演化特征状态树。这株树展示了犬科动物头骨形状的演化趋势，头骨都以同一比例尺绘制，而且和它们的近亲熊科和浣熊科进行了对比，后两者分别包括熊和浣熊以及它们的近亲。但马修将这株树定位成各科的系统树，头骨图画只是用来展示不同的类群，而不是颅骨特征的演化进程。

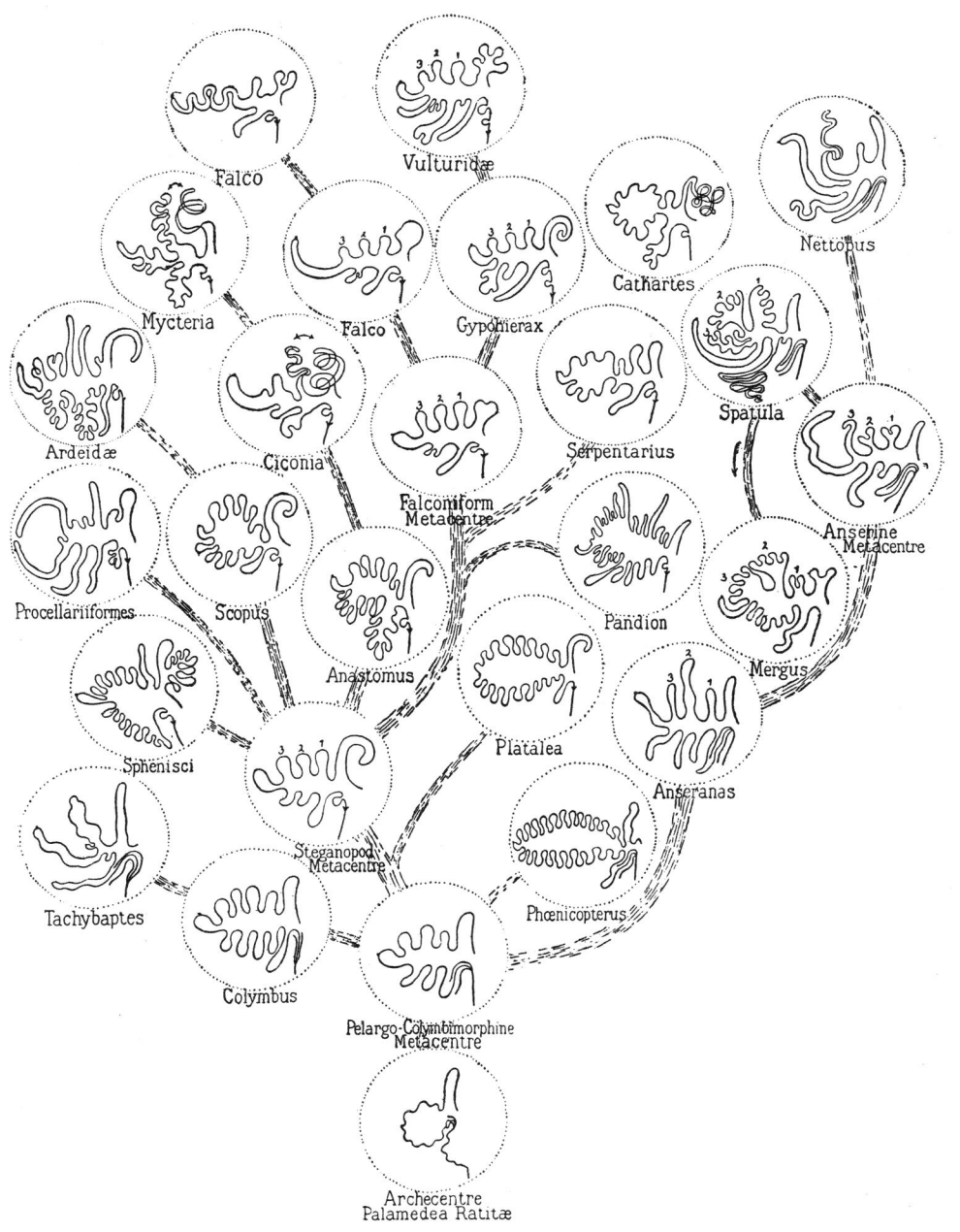

图 106　彼得·查尔莫斯·米切尔发表于 1901 年的鸟类肠道特征状态树。

20 世纪早期的系统树　1901—1930

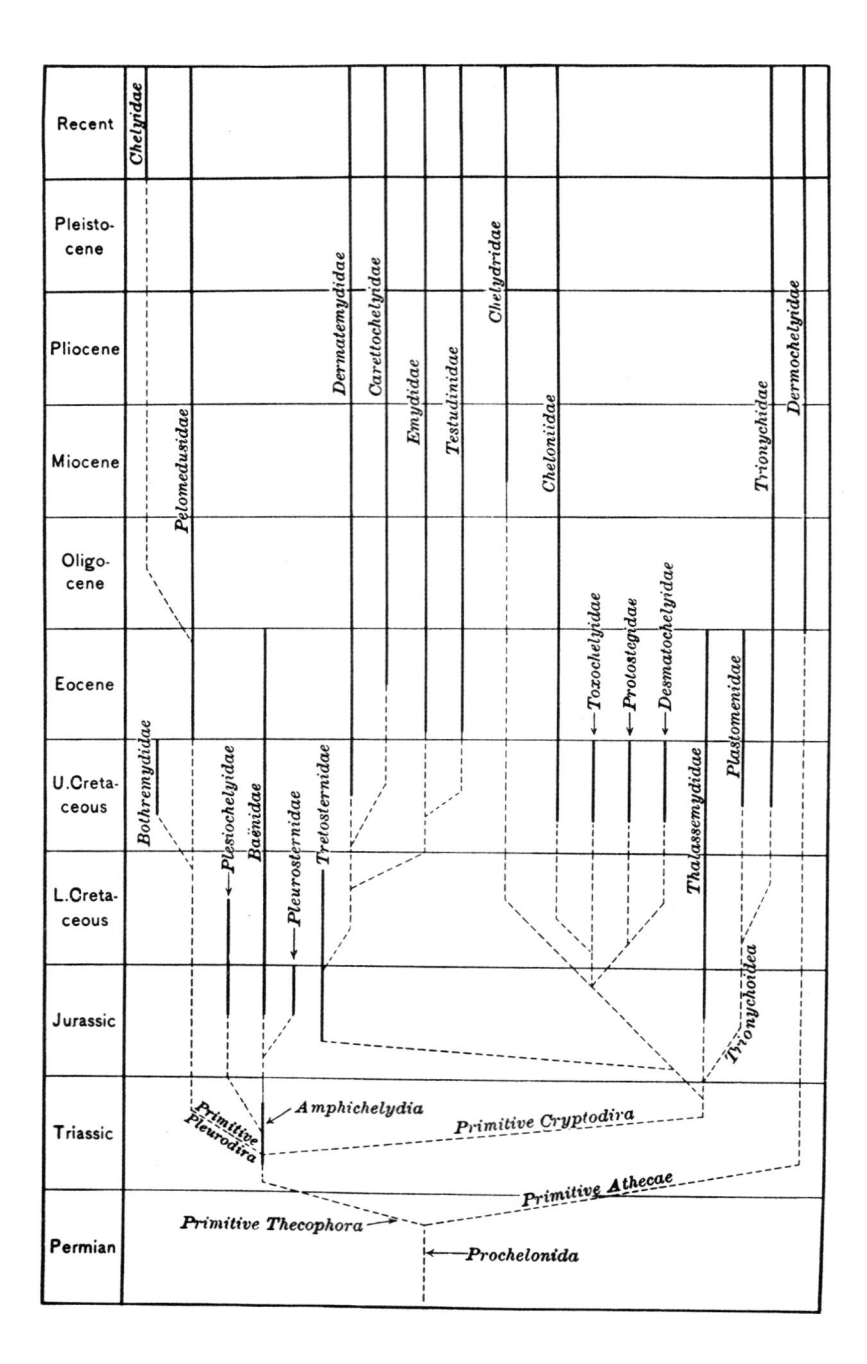

图 107　奥利弗·佩里·海发表于 1908 年的现生和化石海龟系统树。

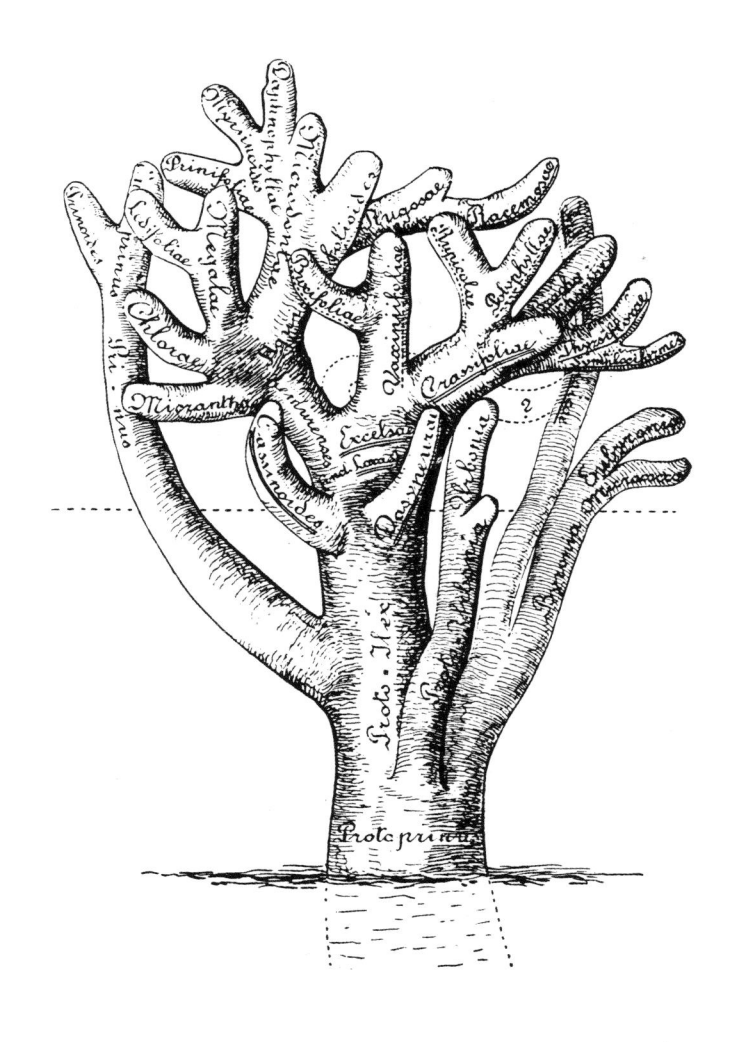

图 108　路德维希·爱德华·西奥多·卢奥森纳发表于1908年的冬青属关系树。

20 世纪早期的系统树　1901—1930

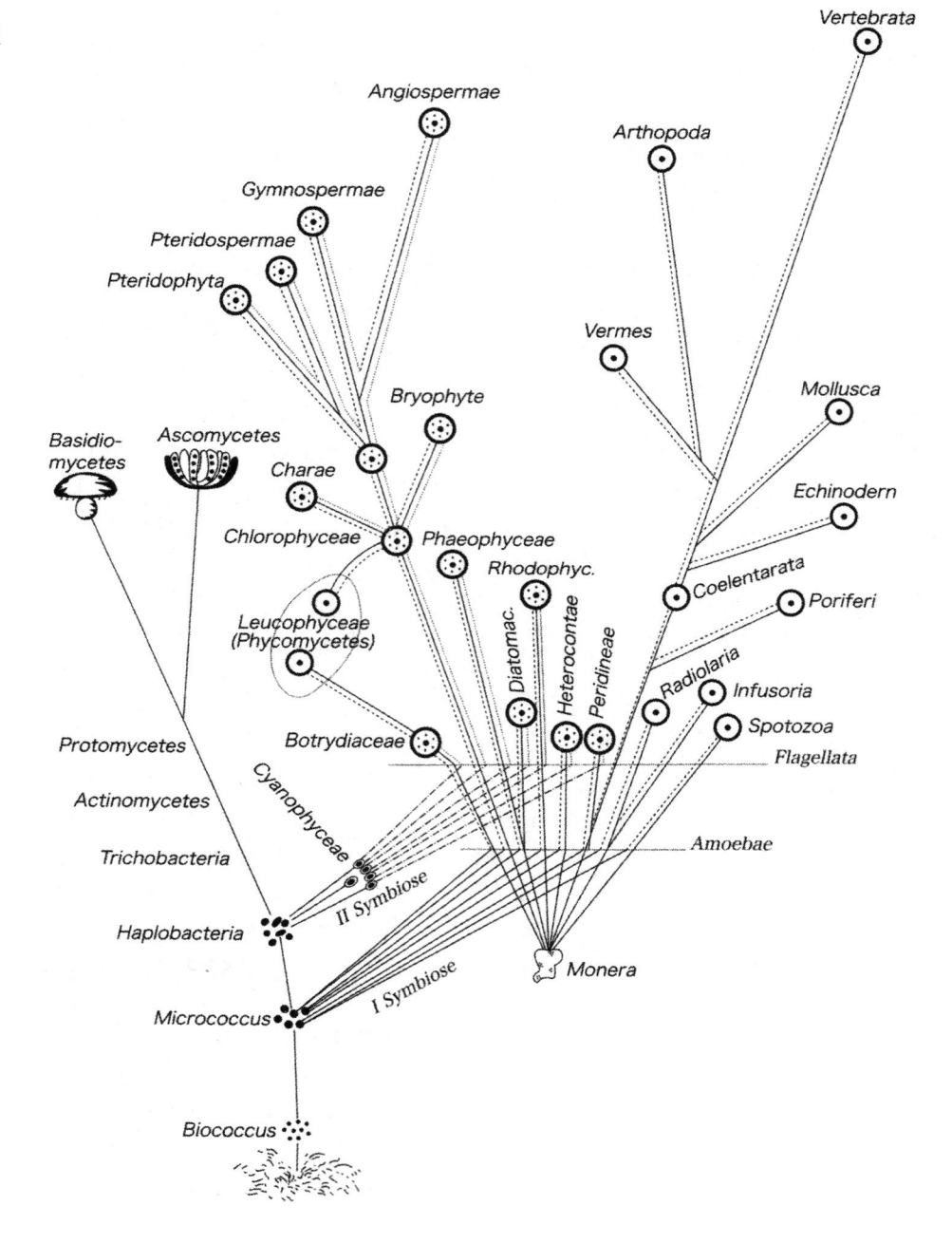

图 109　康斯坦丁·梅里日可夫斯基发表于 1910 年的生命树，依据是他的共生起源理论。

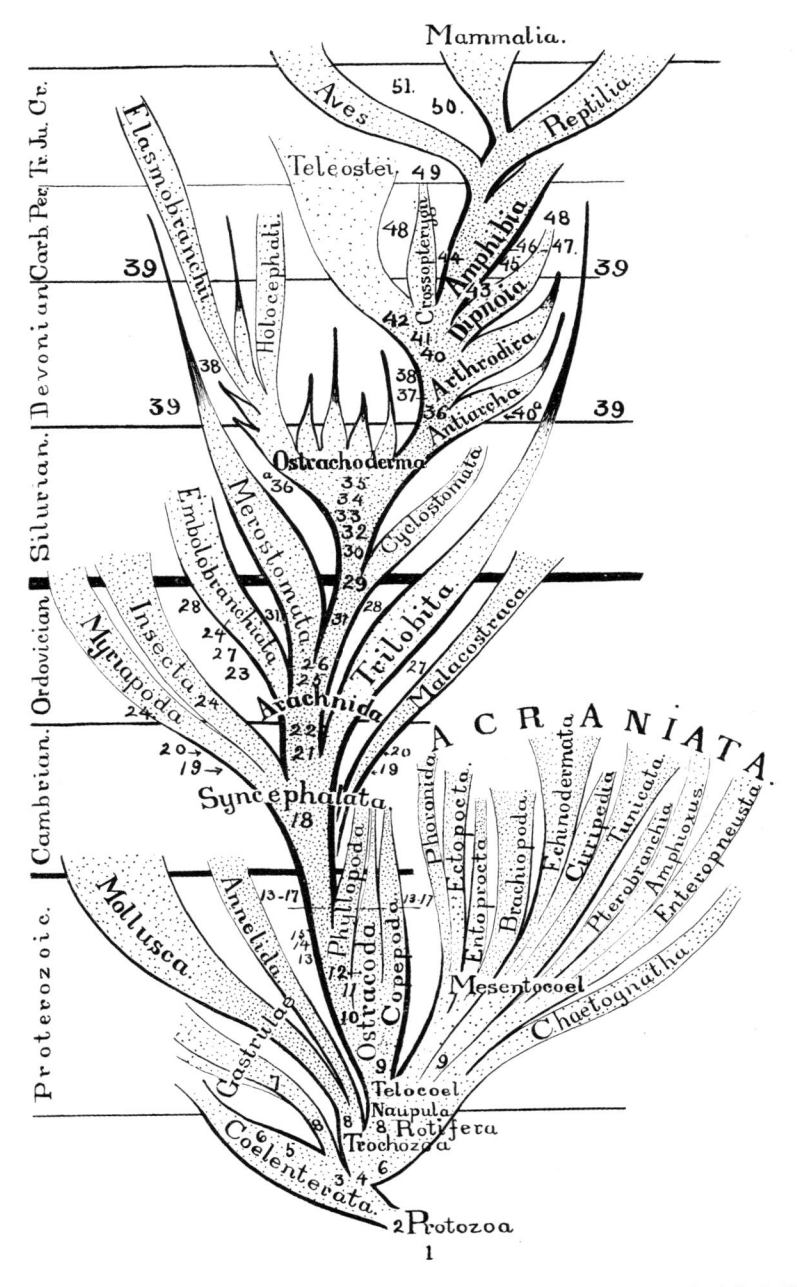

图 110　威廉·帕滕发表于 1912 年的"动物界主要亚门"的系统树。数字大致代表哪些时期发生了重要的结构和功能演化事件。

20 世纪早期的系统树　1901—1930

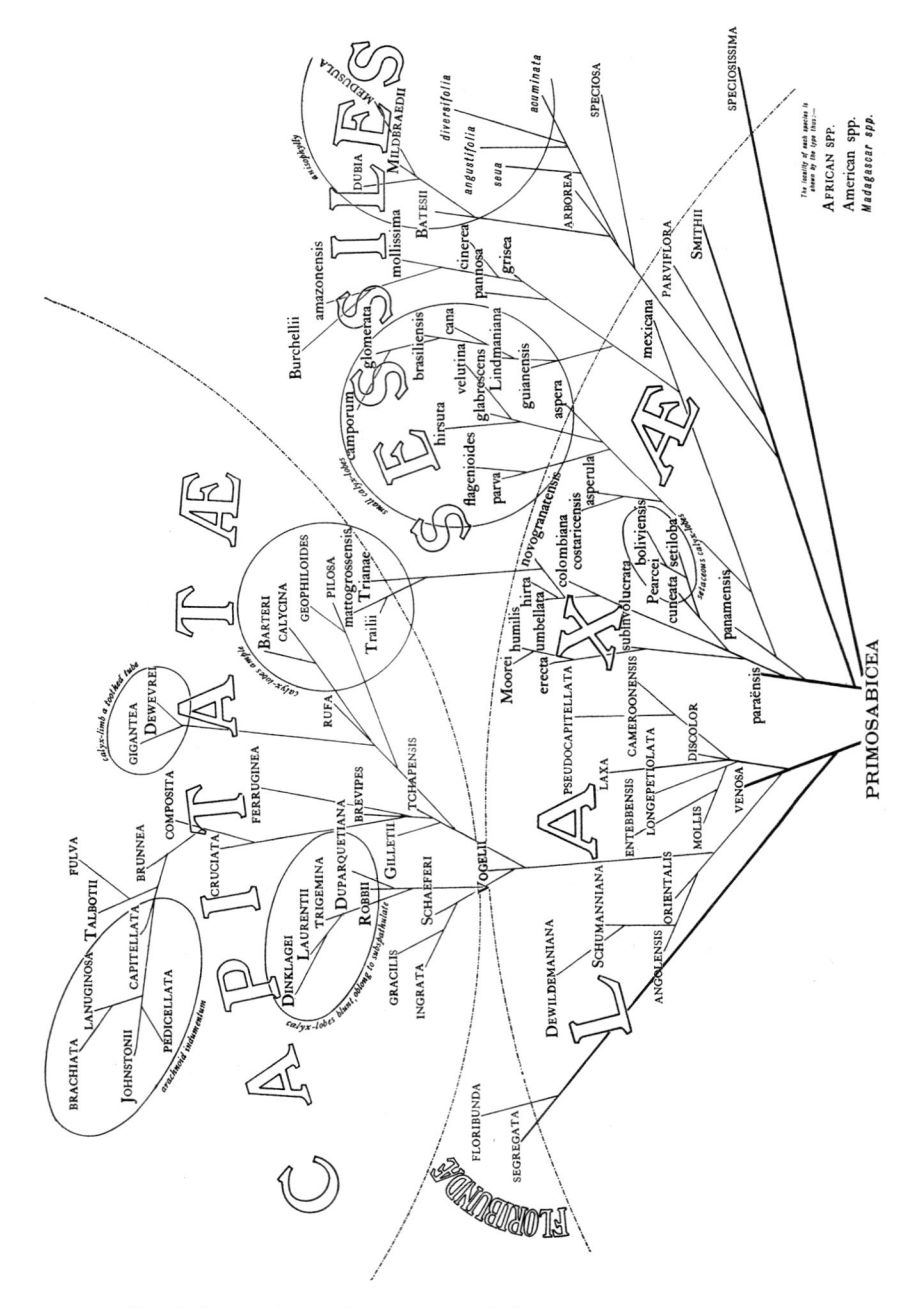

图 111　赫伯特·富勒·沃纳姆完成于 1914 年的茜草科木藤茜属关系图，是早期的亲缘地理学图示。

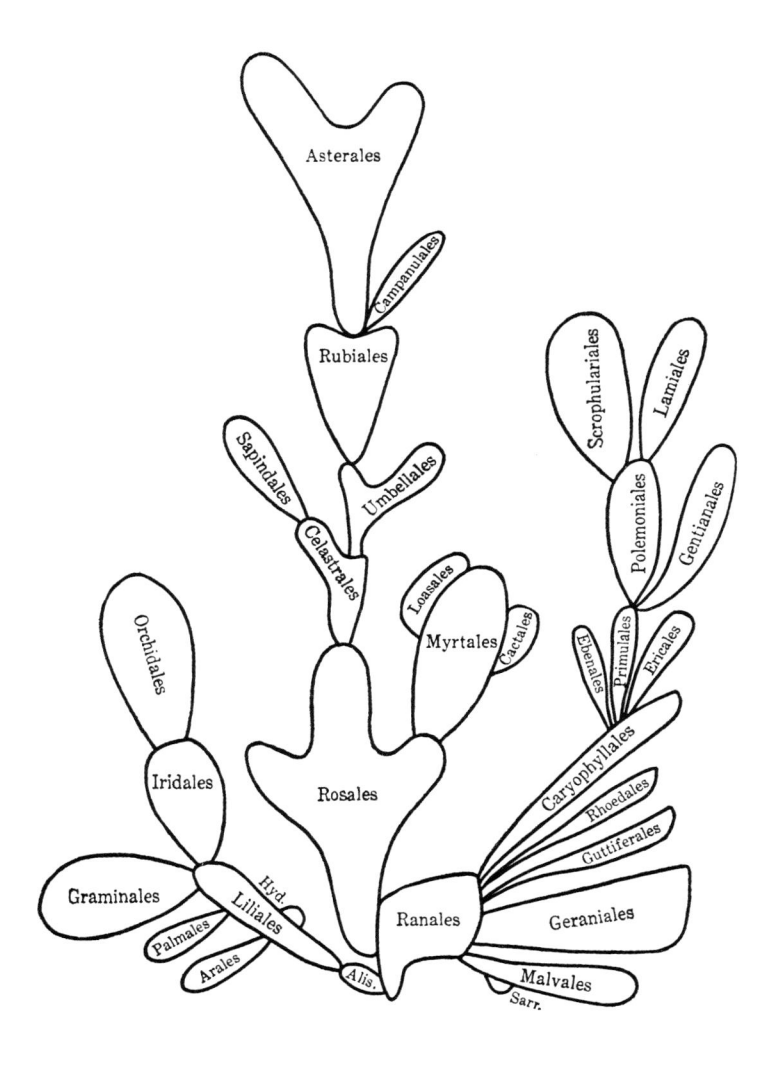

图 112 "贝西的仙人掌":查尔斯·贝西发表于 1915 年的现生被子植物关系树。

20 世纪早期的系统树 1901—1930

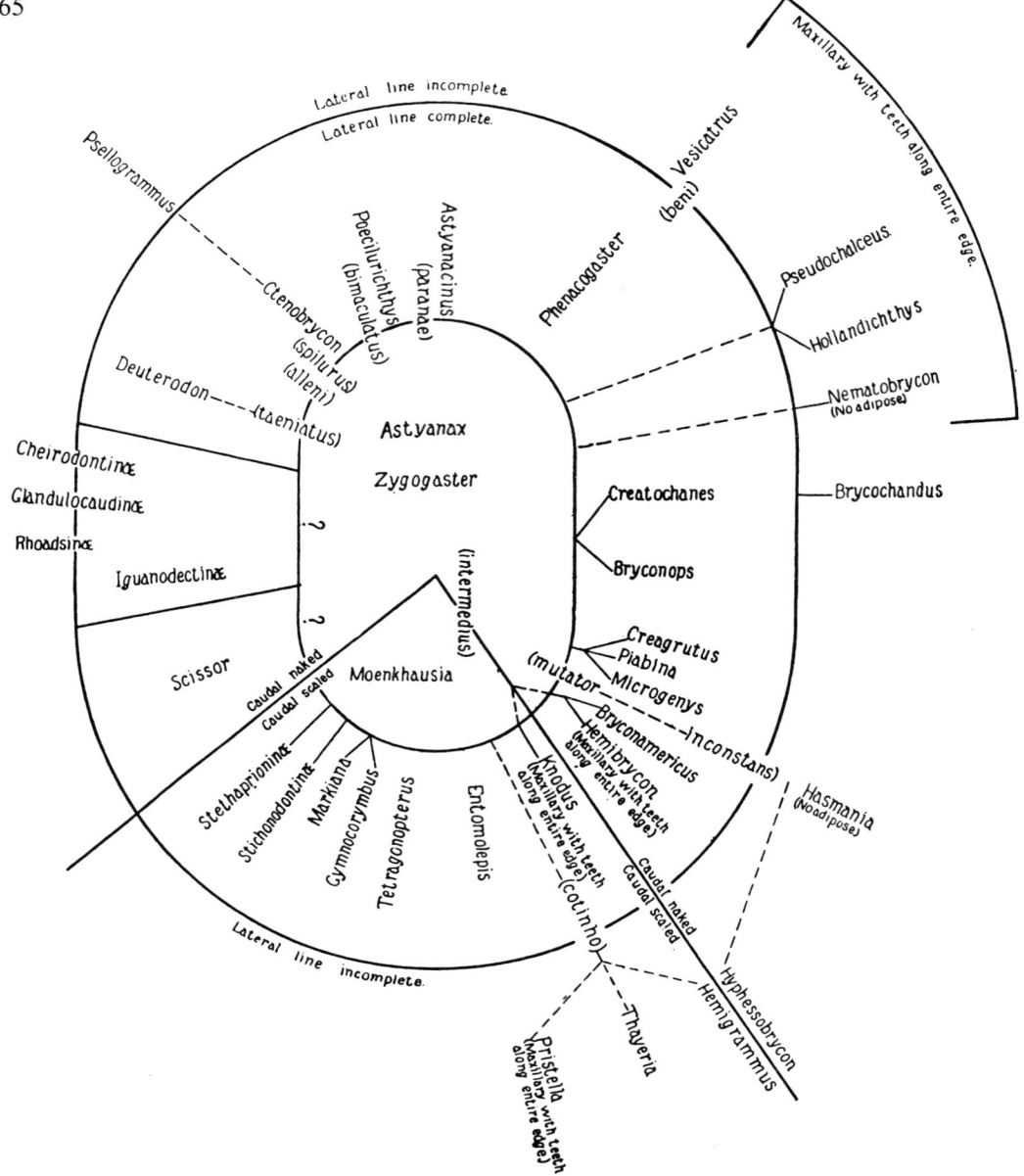

图 113 卡尔·艾根曼发表于 1917 年的分枝图，用于展现南美脂鲤科中大眼脂鲤亚科的亲和性。

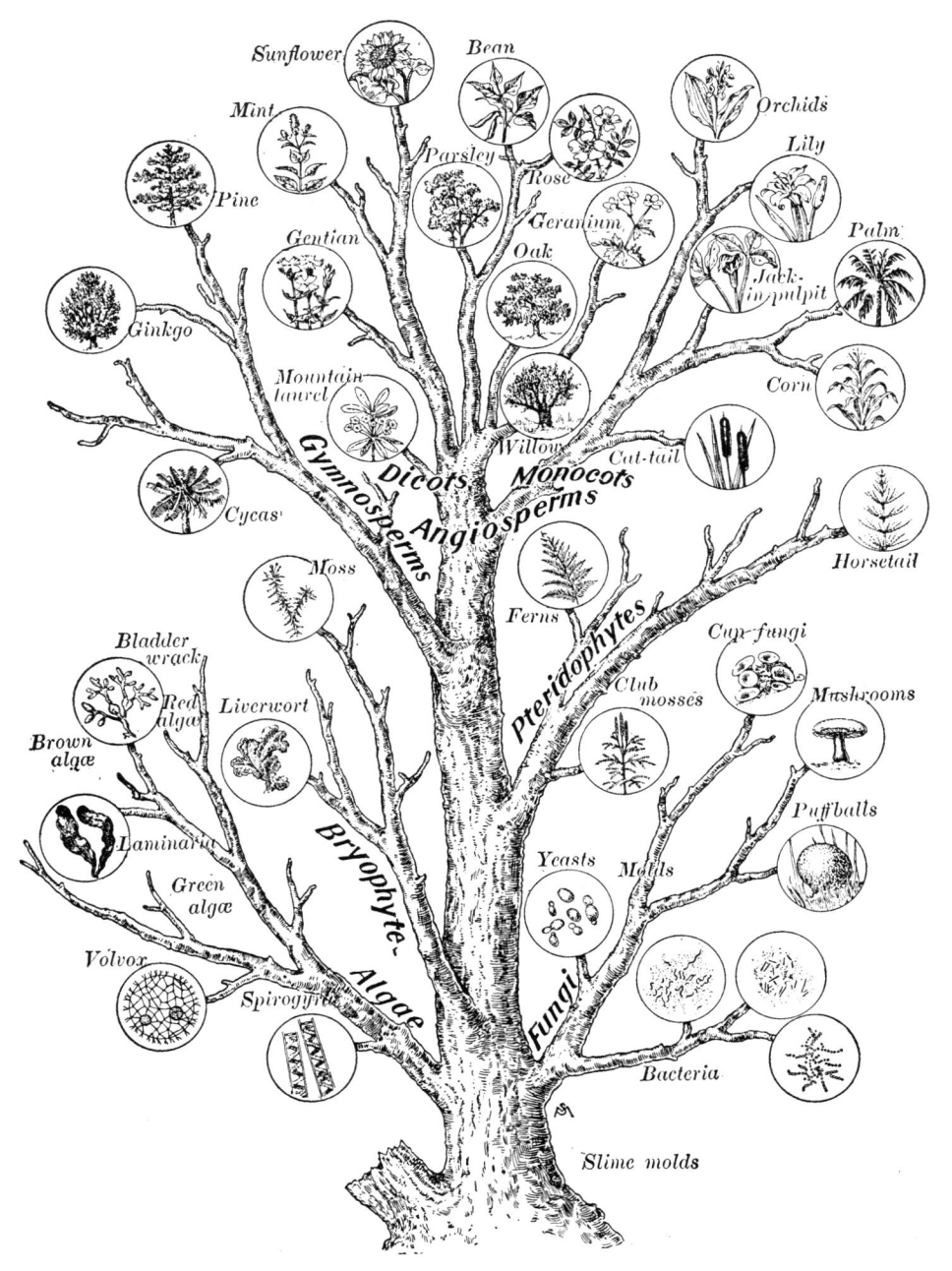

图 114 本杰明·查尔斯·格林贝格为 1919 年出版的《基础生物学》创作的"植物系统树"分枝图。

20 世纪早期的系统树　1901—1930

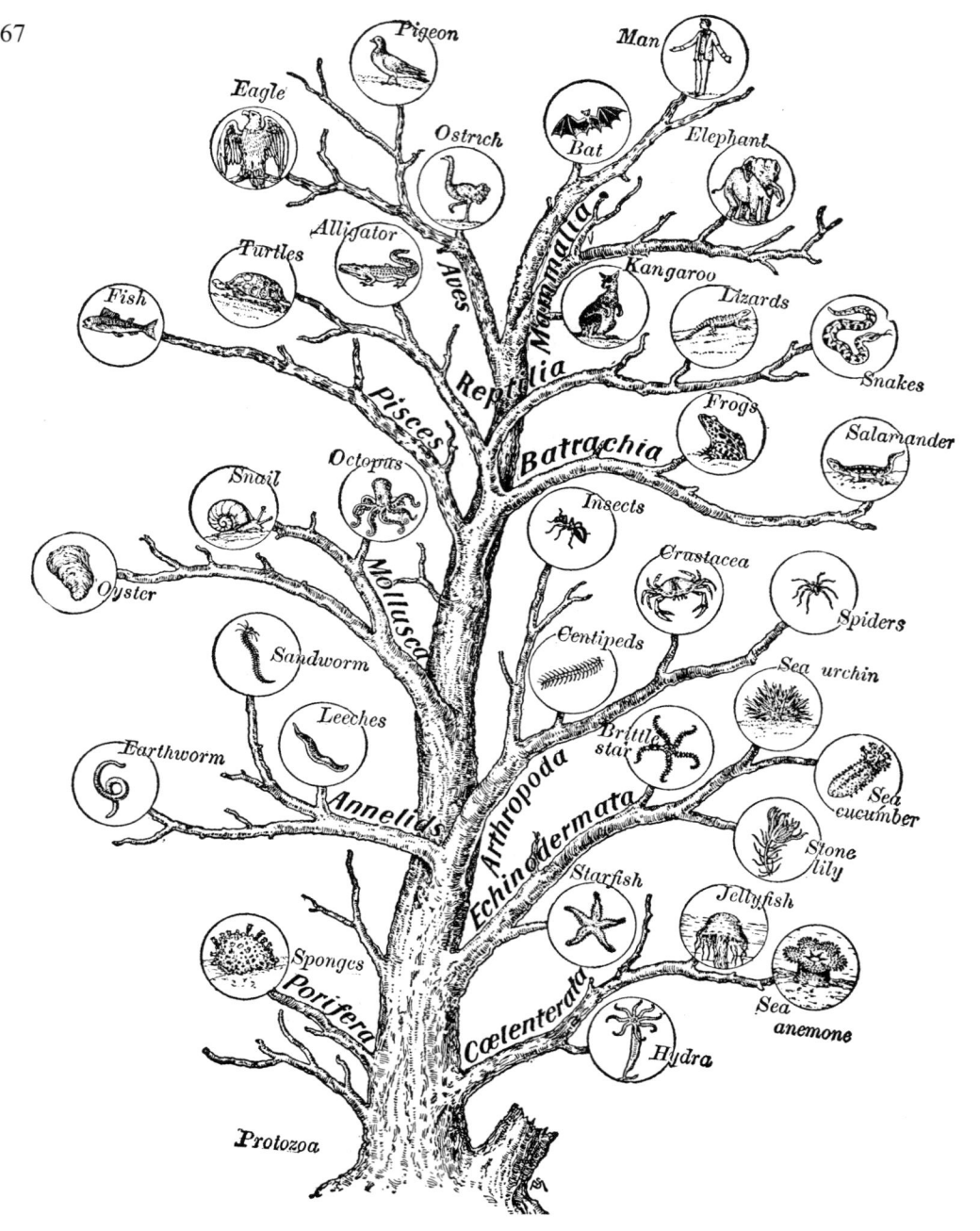

图 115 本杰明·格林贝格为 1919 年出版的《基础生物学》创作的"动物系统树"分枝图。

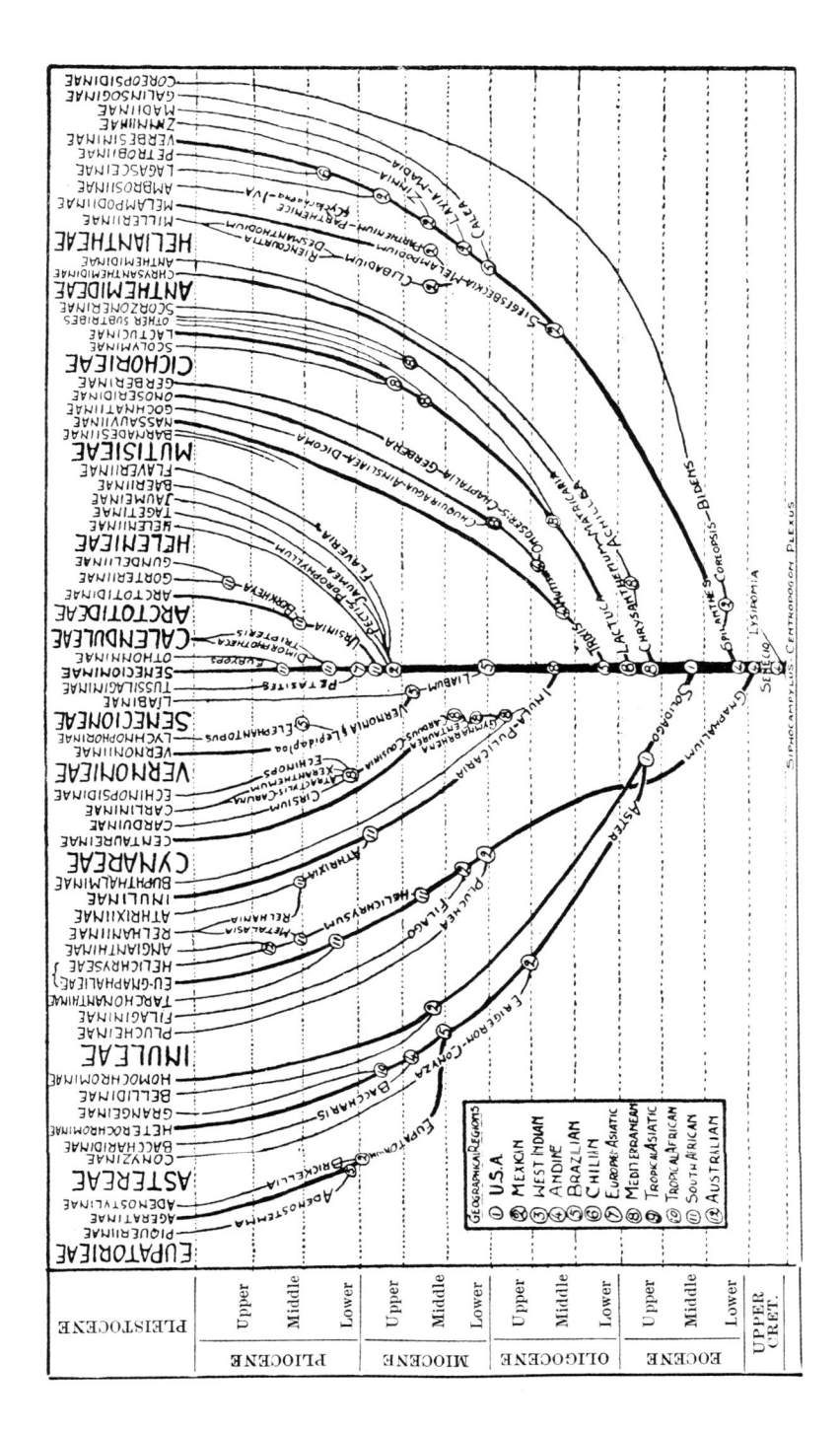

图 116 詹姆斯·斯莫尔创作于 1919 年的"菊科植物在时间和空间上的演化",是早期的亲缘地理学范例,分枝点上的数字代表相应的地理区域。

20 世纪早期的系统树 1901—1930

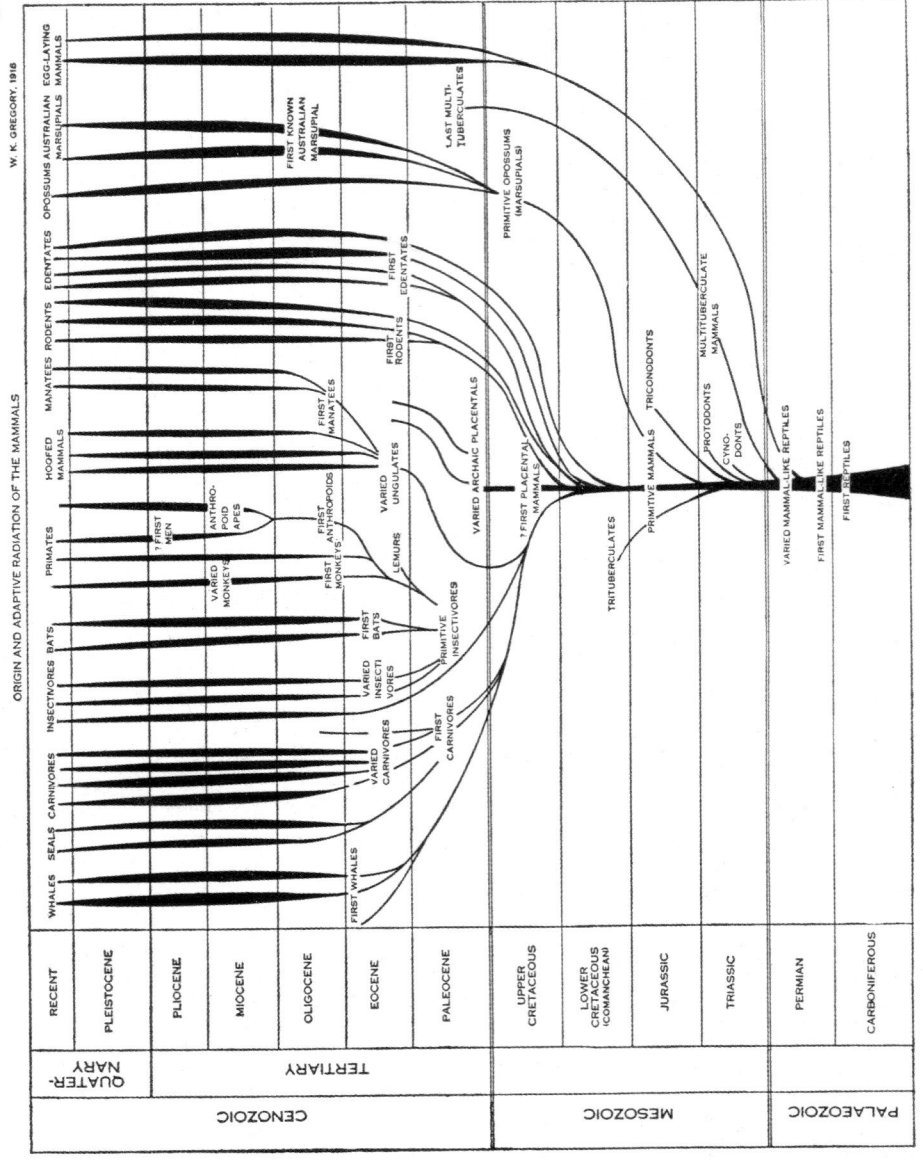

图 117 哺乳动物关系图，由威廉·金·格雷戈里于 1917 年为亨利·费尔菲尔德·奥斯本的畅销书《生命起源和演化》绘制。

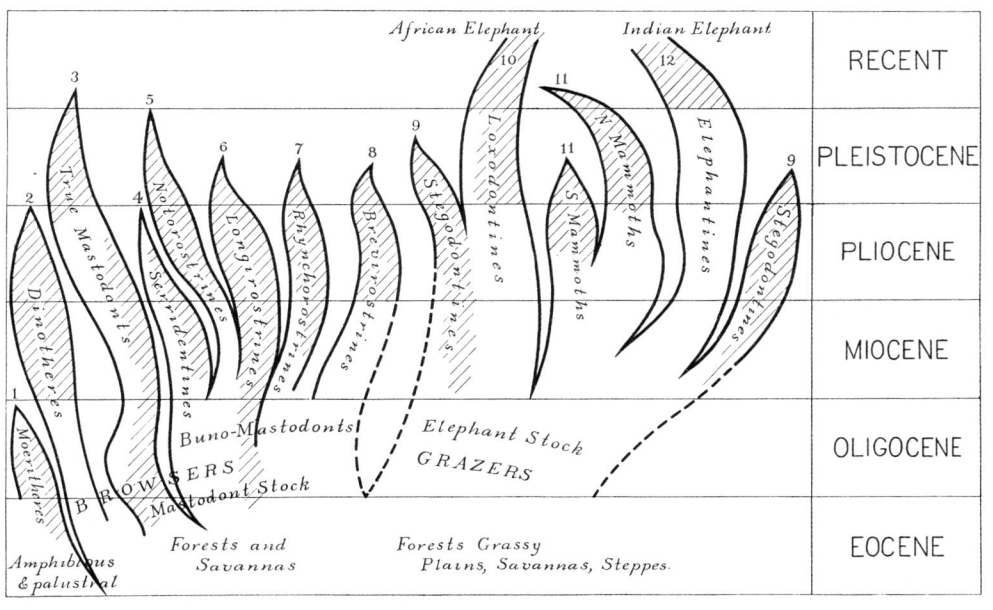

图 118 大象及其亲属的适应性扩张,由亨利·费尔菲尔德·奥斯本发表于1921年,因为展示了栖息地、觅食行为和系统发生之间的关系,当时显得十分独特。

20 世纪早期的系统树　1901—1930

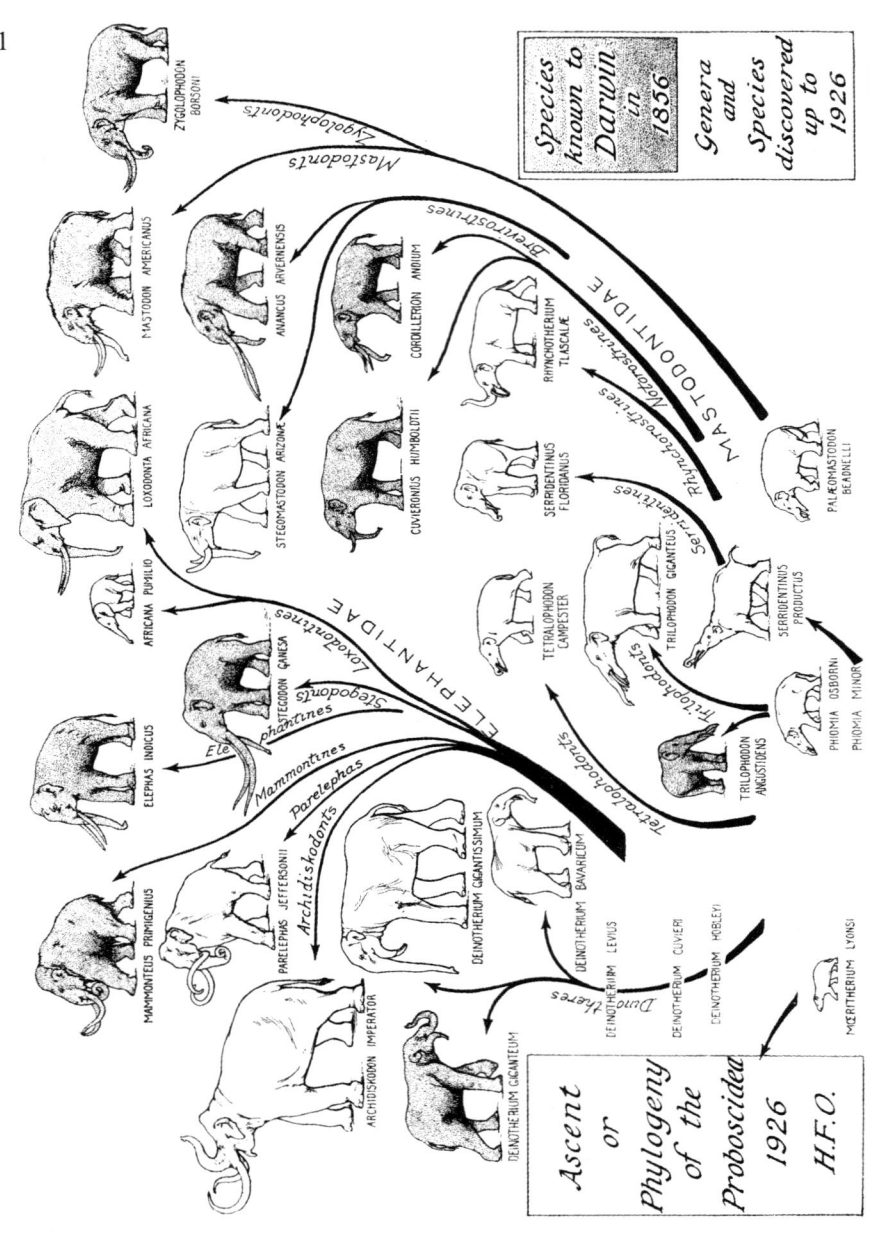

图119 亨利·费尔菲尔德·奥斯本完成于1926年的大象系统树，这幅"象形图"不仅展现出了大象间的关系，还指出了它们的相对大小，以及祖先差异极大的现代族群中的明显体形趋同。

·186· 生命之树

Trees of Life

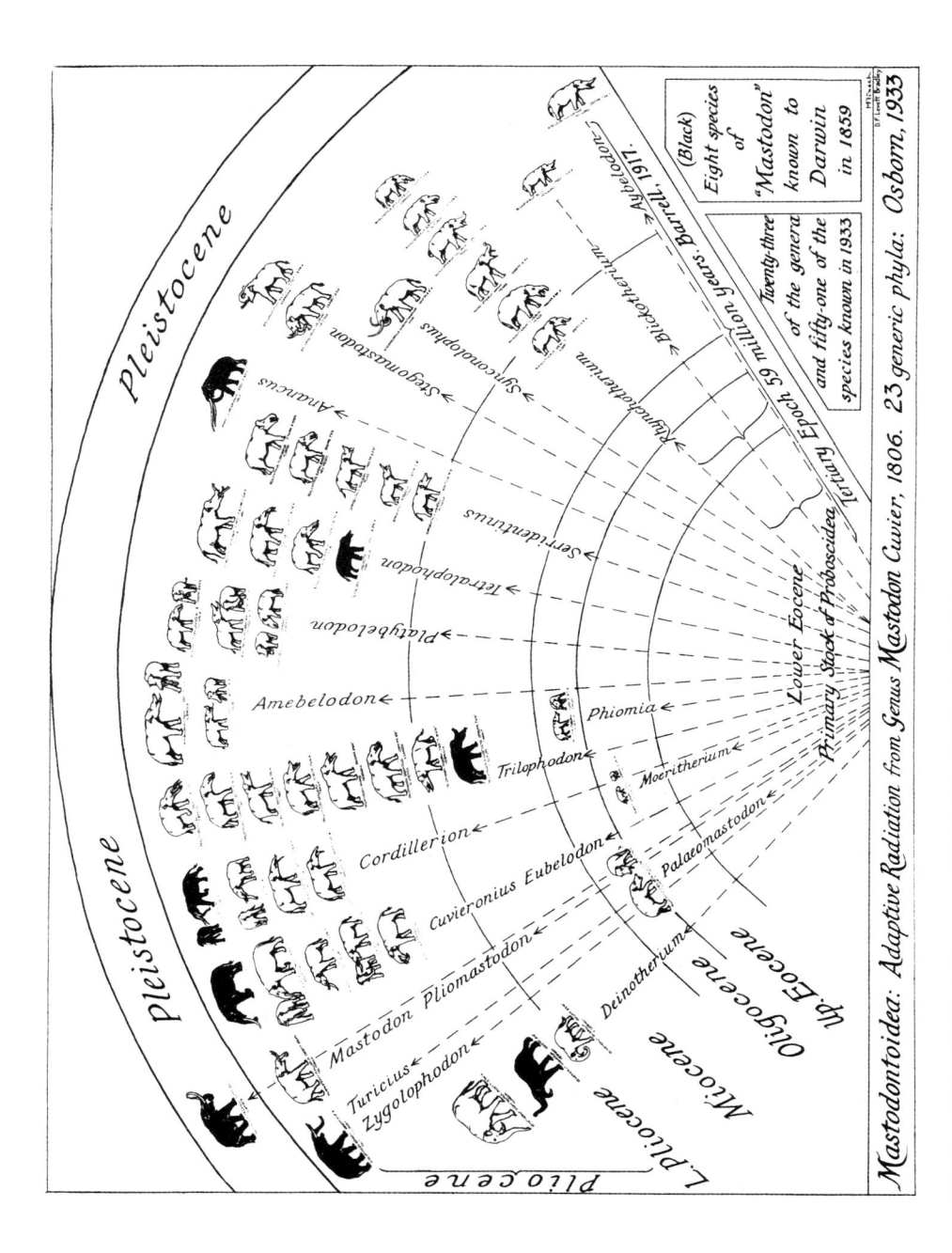

图 120 亨利·奥斯本绘制于 1933 年的乳齿象系谱图，发表于次年。

奥斯本，1934，《美国博物学家》，68（716）:214，图 4；由芝加哥大学出版社提供。已获得授权。

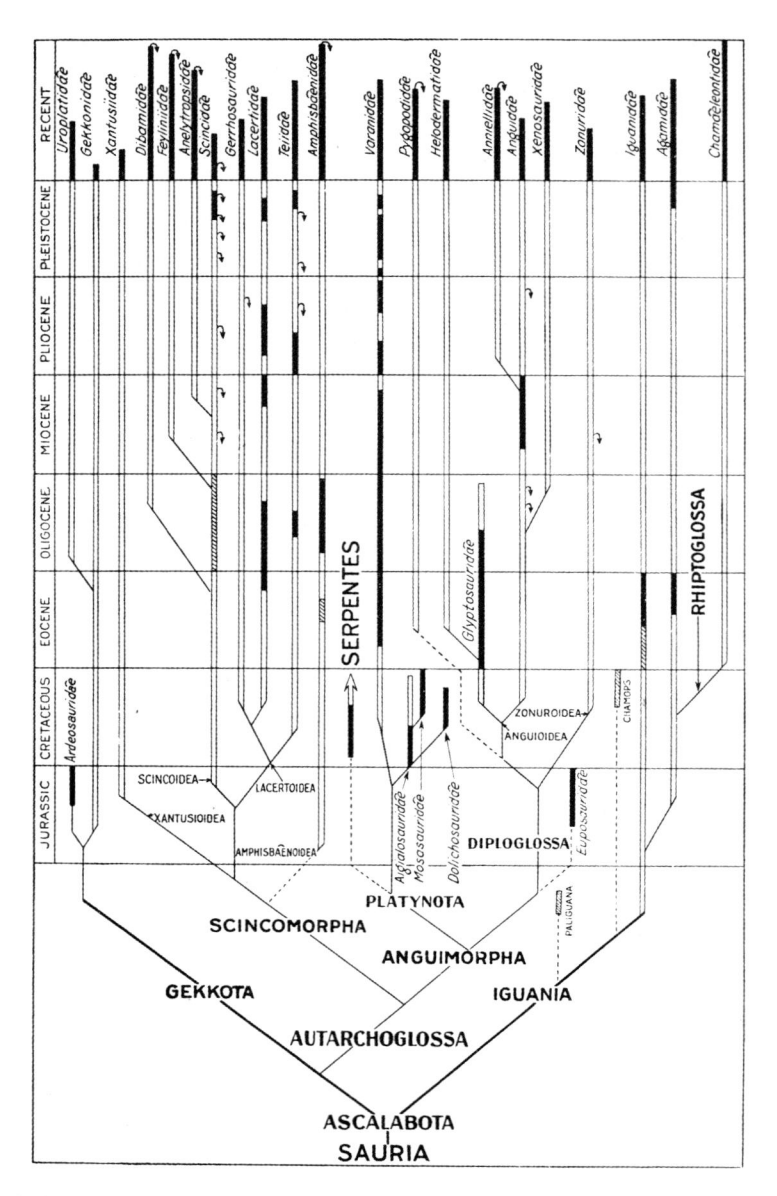

图 121 威利·亨尼希于 1950 年发表了著名的系统发生分类原则专著,但早在二十多年前,查尔斯·刘易斯·坎普的蜥蜴进化枝系统树就只将单源族群囊括在内,还将共同的衍生特征作为归类依据。

坎普,1923 年,《美国自然史博物馆公报》,48(11):333,未编号图示;由美国自然史博物馆提供。已获得授权。

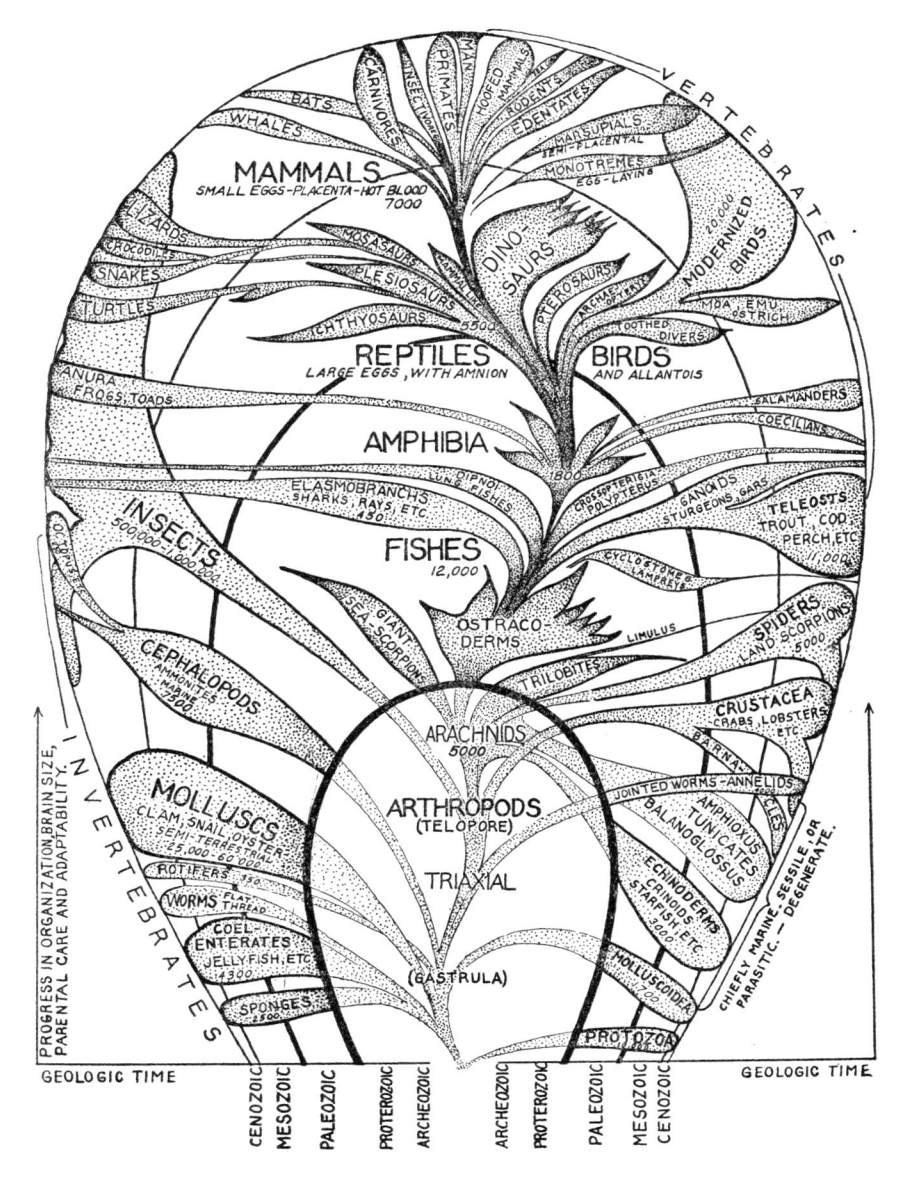

图122 威廉·帕滕发表于1923年的动物演化树。这幅极具独创性的演化树在纵轴上展示出了"机体、脑容量、育幼和适应性的进展",而地质时间位于横轴。生命起源的时代处于中间,此后的时代向两边延伸。

帕滕,1923年,《演化,第二部分:动植物的演化》,图1,第50页之后;由黛博拉·J.格雷和达特茅斯出版社提供。已获得授权。

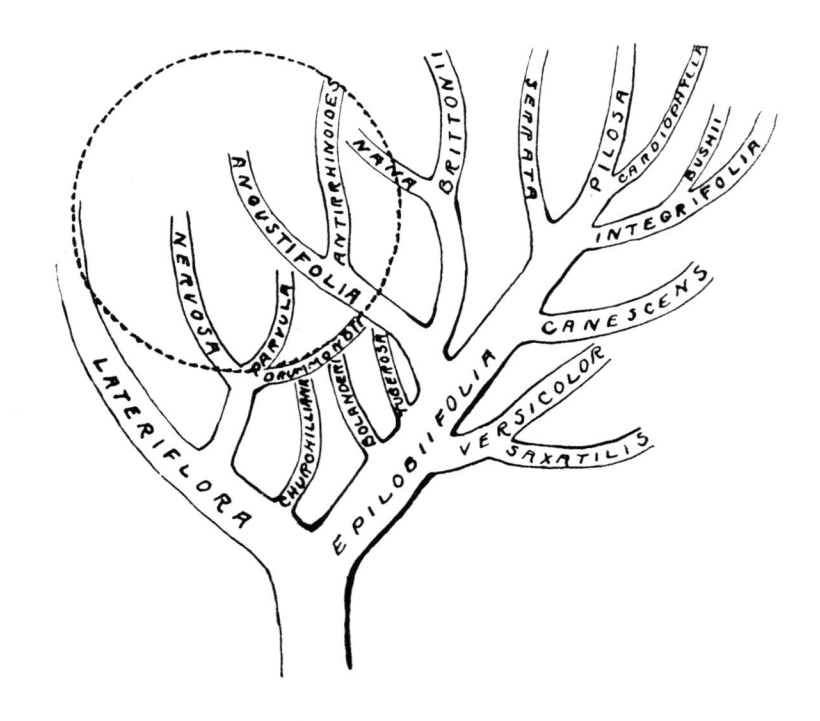

图 123 查尔斯·威廉·西奥多·彭兰德完成于 1924 年的黄芩属（隶属唇形科）关系树。圆圈中包括 3 个独立族系，它们的果实具有同一种衍生特征。

彭兰德，1924 年，新英格兰植物学俱乐部的《杜鹃》杂志，26（304）：63，图 1；由伊丽莎白·法恩斯沃思和新英格兰植物学俱乐部提供。已获得授权。

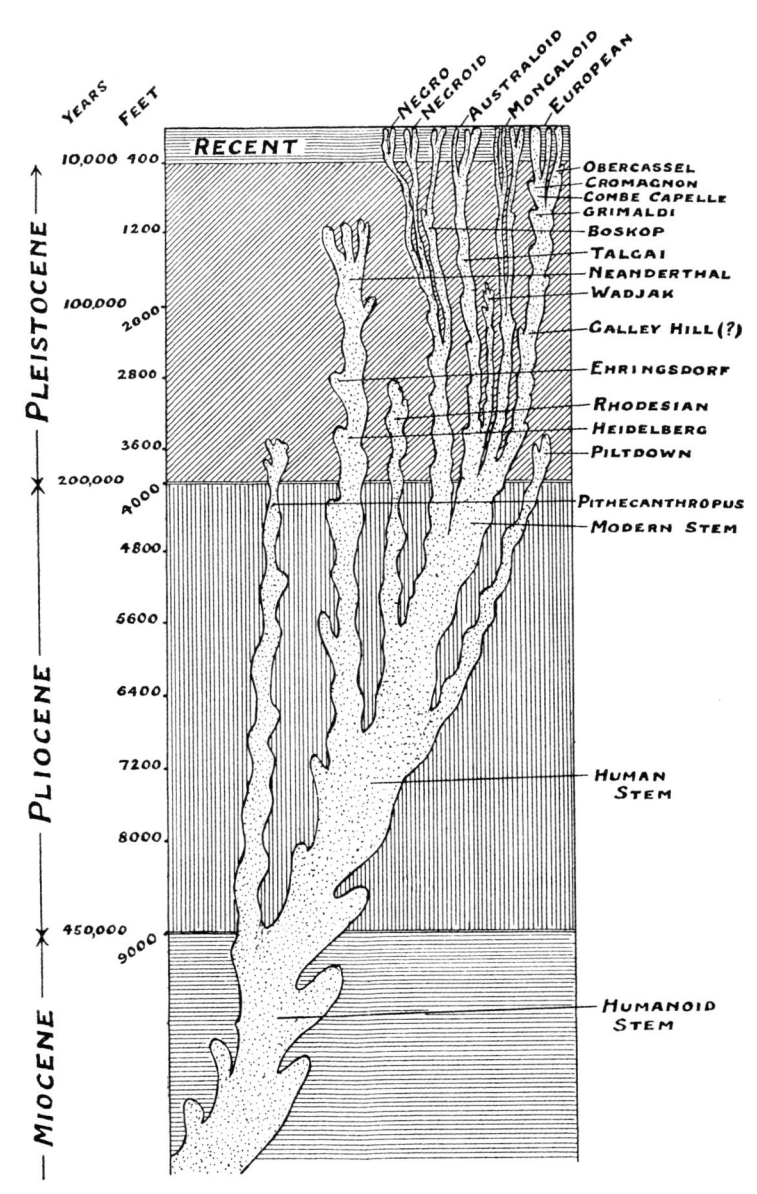

图 124 亚瑟·基思绘制于 1925 年的"人类祖先的系统树",其中皮尔丹人从上新世中期的"人类茎干"上发出,但这其实是炮制于 1912 年的古生物学惊天大骗局。注意图中也包括恩斯特·海克尔的无言猿人,这种生物现在已经归入人属。地质时间标注于左边,由相对沉积深度表示。

基思,1925 年,《人类的古老历史》,第 2 卷,第 714 页,图 263。

20 世纪早期的系统树　1901—1930

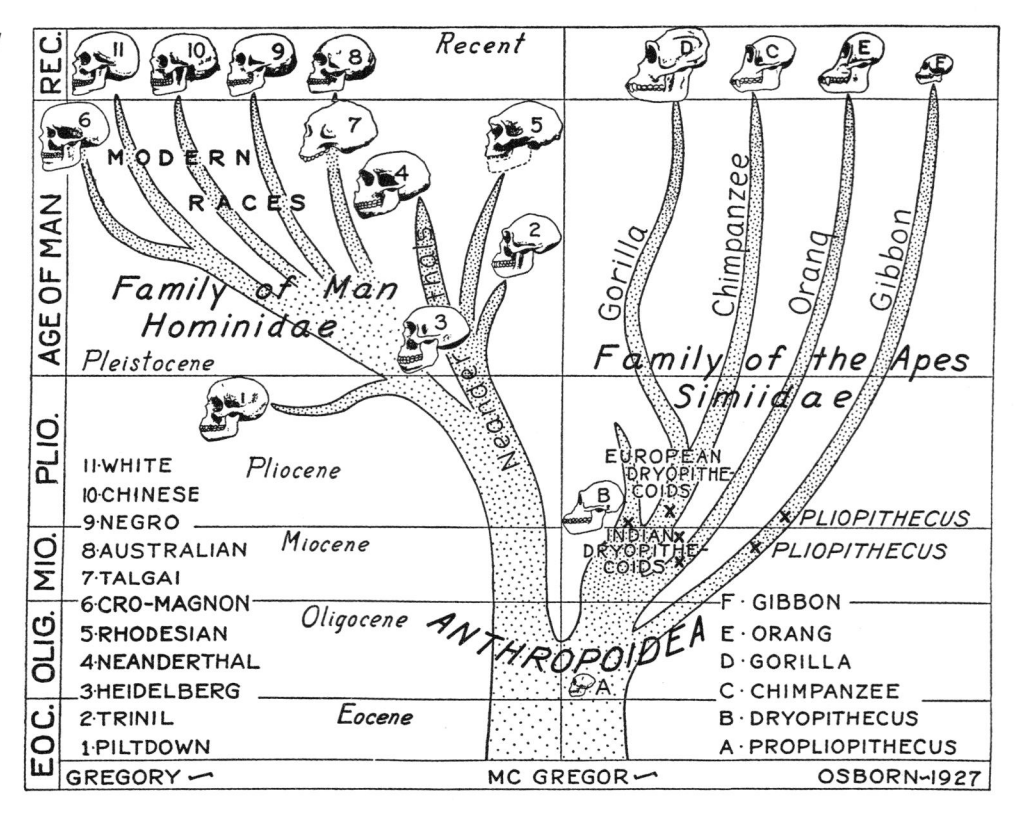

图 125 由亨利·费尔菲尔德·奥斯本发表于 1927 年，展示了人类的起源和久远历史，其中皮尔丹人出现于上新世晚期，是所有其他人科成员的祖先。

奥斯本，1927a，《科学》，65:486，图 2，依据 1927 年 4 月 28 日在美国哲学学会发表的演说而作；由伊丽莎白·桑德勒和玛丽·麦克唐纳提供。美国科学促进会和美国哲学学会授权复印。

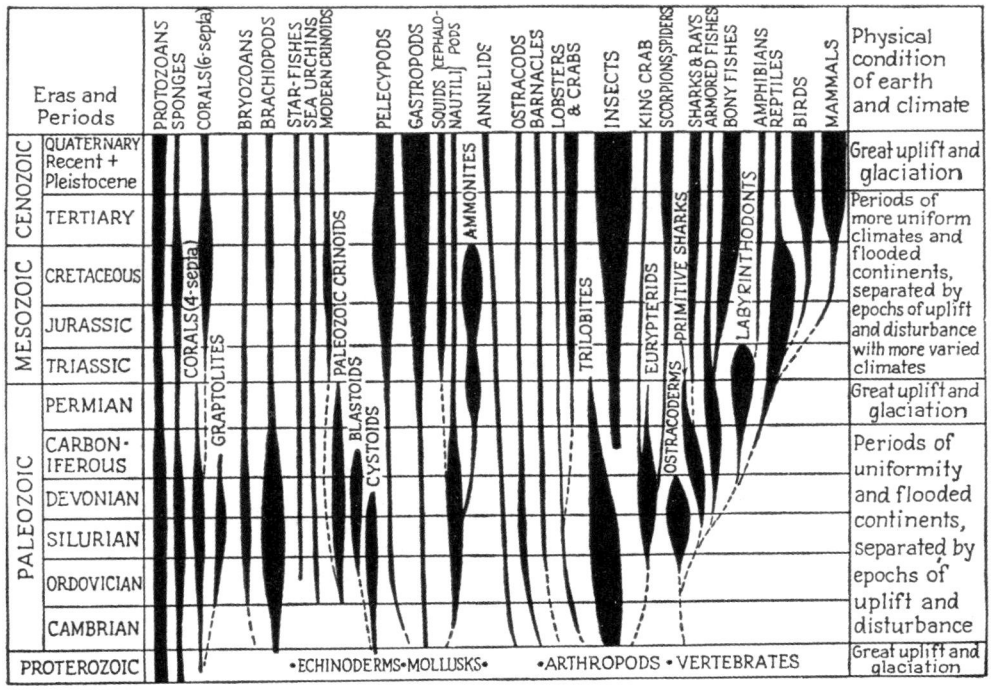

图 126 威廉·迪勒·马修的动物系统树,由特雷西·施托雷尔发表于 1943 年出版的《普通动物学》。图中左边是地质年代,右边是地球的物理状态和气候,类似于路易斯·阿加西发表于 1844 年的"纺锤"图。

施托雷尔,1943 年,《普通动物学》,第 2 页,图 1-1。

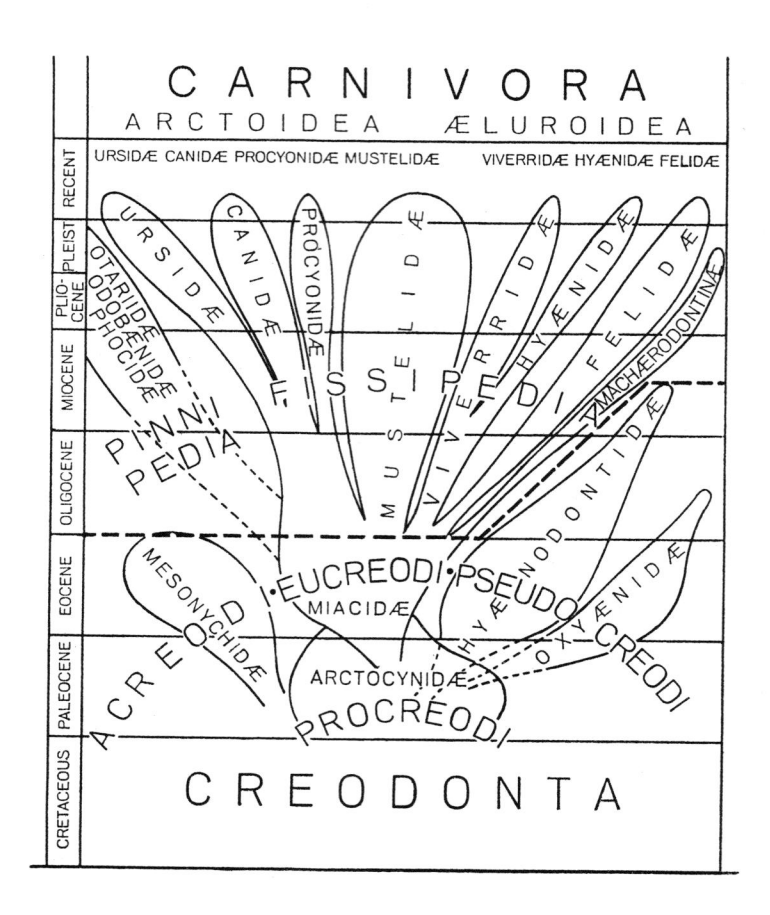

图 127 威廉·迪勒·马修完成于 1930 年的肉食哺乳动物系统树。

马修，1930，《哺乳动物学杂志》，11（2）:119，图 1；由丹妮拉·博内、美国哺乳动物学家协会和艾伦新闻出版社提供。已获得授权。

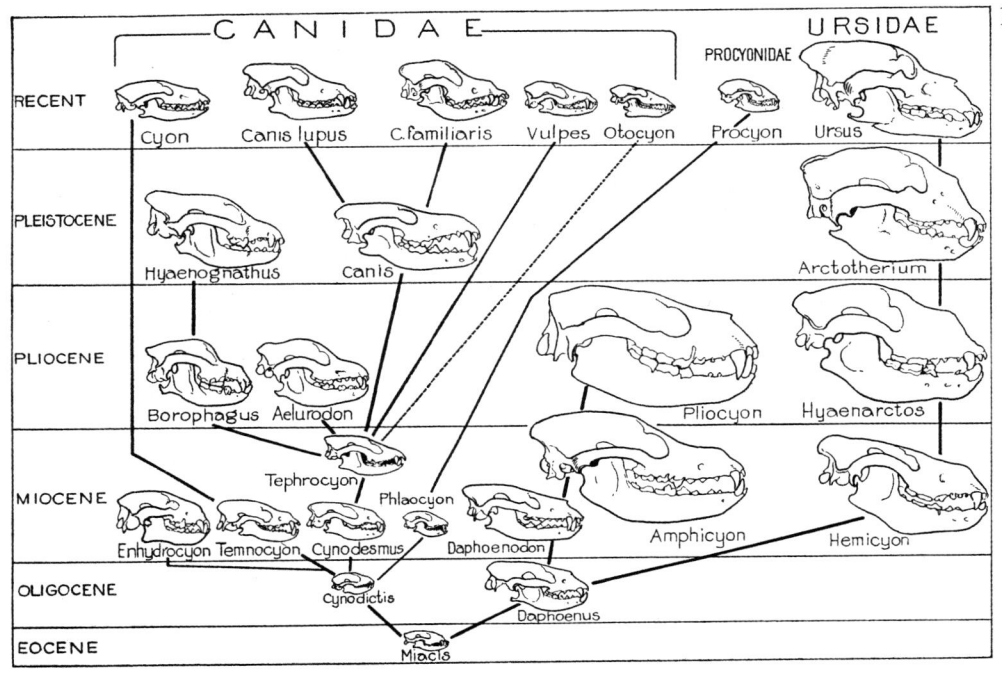

图 128 由威廉·迪勒·马修发表于 1930 年，主题是犬科动物以及它们和熊科、浣熊科及其亲属的密切关系。各个类群由同一比例尺的头骨图片表示。

马修，1930 年，《哺乳动物学杂志》，11（2）:132，图 3；由丹妮拉·博内、美国哺乳动物学家协会和艾伦新闻出版社提供。已获得授权。

20 世纪早期的系统树　1901—1930

生命之树

阿尔弗雷德·舍伍德·罗默的系统树

1933—1966

在恩斯特·海克尔之后，阿尔弗雷德·舍伍德·罗默可以称得上是另一位伟大的"造树者"。他完成阿默斯特学院以及哥伦比亚大学的学习之后，于 1923 年进入芝加哥大学古生物系。1934 年，他成为哈佛大学教授，并最终于 1946 年担任比较动物学博物馆馆长。作为古生物学家和比较解剖学家，他致力于脊椎动物演化的研究，发表了无数重要文献并搜罗了大量化石。但罗默最打动人心的成就，是他精彩的教学方法，以及诸多文采飞扬而且配图精美的书籍。20 世纪 50 至 70 年代学习生物学、比较解剖学和古生物学的学生都不会对他风格独特的课本感到陌生：出版于 1933 年的《人类与脊椎动物》第一版和《脊椎动物古生物学》第一版，以及出版于 1949 年的《椎体》和《脊椎动物的故事》。这些著作在今天都已经成为了经典教材。在《人类与脊椎动物》和《椎体》以及《脊椎动物的故事》后来的几版中，罗默加入了一系列广义的系统树，主要是为了让高年级学生认识到基本的演化关系。下面会展示其中 3 幅图画。第一幅是"无脊椎动物简明系统树，用于展示脊椎动物可能的起源"[1]（图 129）；第二幅来自同一版著作，是爬行动物的系统树（图 130）；第三幅展示了真哺乳类（也称有胎盘哺乳类）的目，最初发表于 1955 年出版的《椎体》第二版（图 131）。

1945 年出版的《脊椎动物古生物学》第二版中，罗默设计了更加细致且风格完全不同的系统树，魅力远超之前的作品。在后来的版本里，他又对这些系统树进行了修改和更新，还增添了一些新的作品。[2][1] 虽然这些古生物学图示在某些意义上很有原创性，但很明显借鉴了路易斯·阿加西发表于 1844 年的鱼类古生物树（图 55），以及威廉·金·格雷戈里（图 117）和威廉·迪勒·马修（图 126）的一些早期系统树。我们会在下面展示其中最优秀的作品（图 132—140）。罗默也为自己发表在杂志上的众多文章绘制过系统树，其中一幅也会在下面展示（图 141）。

---

[1] 罗默的这些古生物学树出现在他 1933 年出版的《脊椎动物古生物学》（1933b）第一版中，但并不完整。

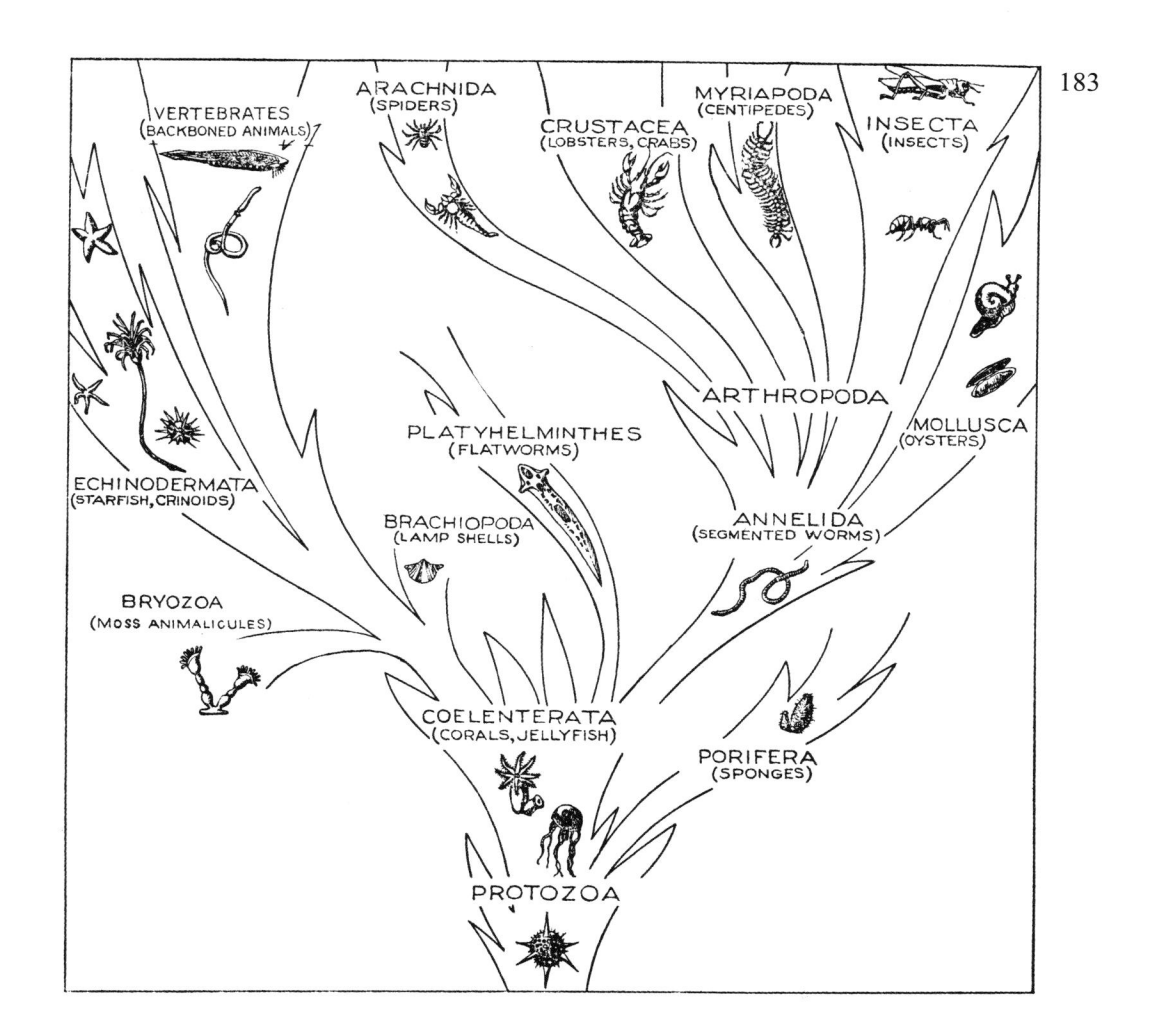

图 129 阿尔弗雷德·舍伍德·罗默发表于 1933 年的"无脊椎动物简明系统树，用于展示脊椎动物可能的起源"。

罗默，1933a，《人类与脊椎动物》第一版，第 16 页，图 17；由佩里·卡特赖特和芝加哥大学出版社提供。已获得授权。

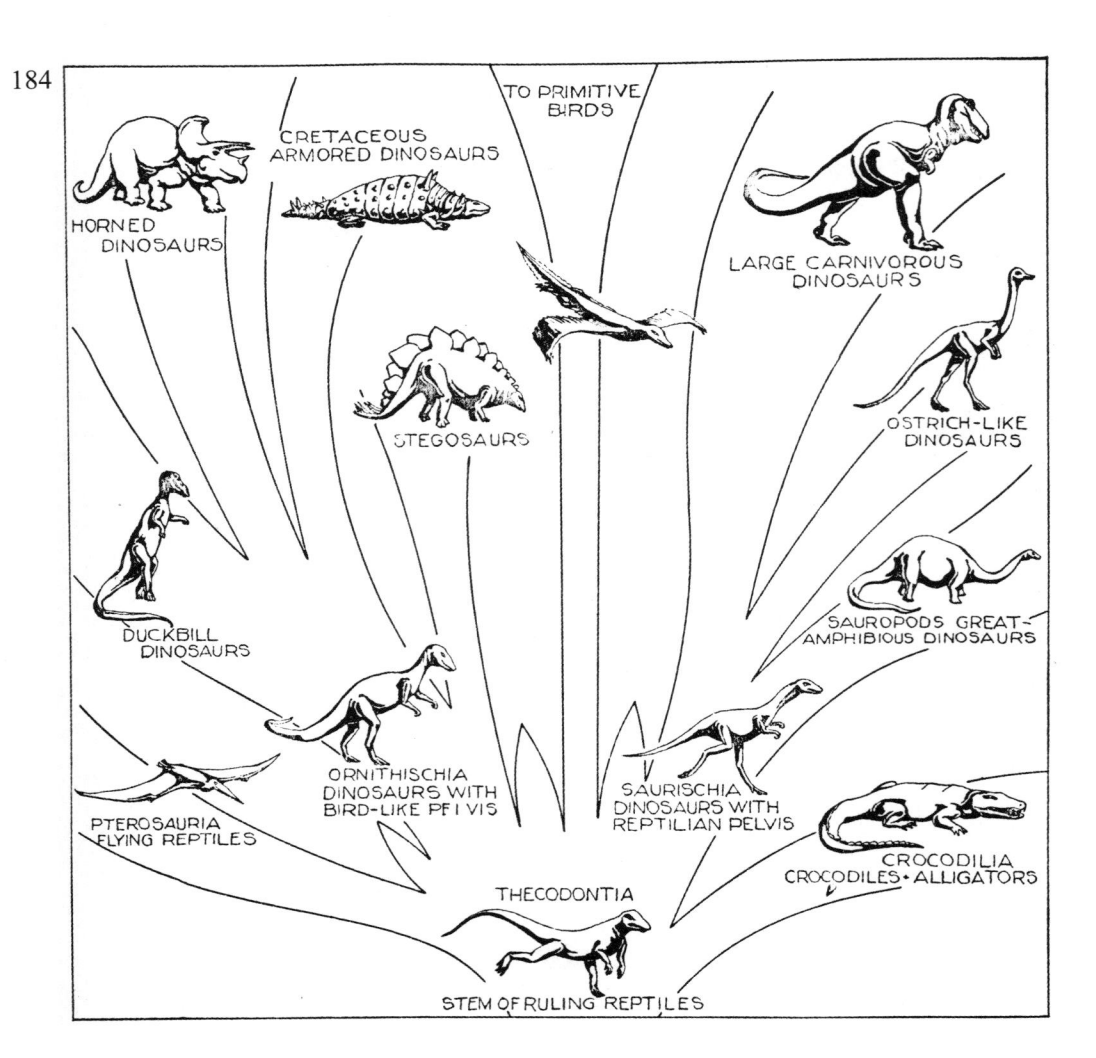

图 130 "统御爬行类"(Ruling Retiles)的系统树,该术语已经废弃,原本是指各种恐龙、翼龙、鳄类和鸟类。

罗默,1933a,《人类与脊椎动物》第一版,第63页,图43;由佩里·卡特赖特和芝加哥大学出版社提供。已获得授权。

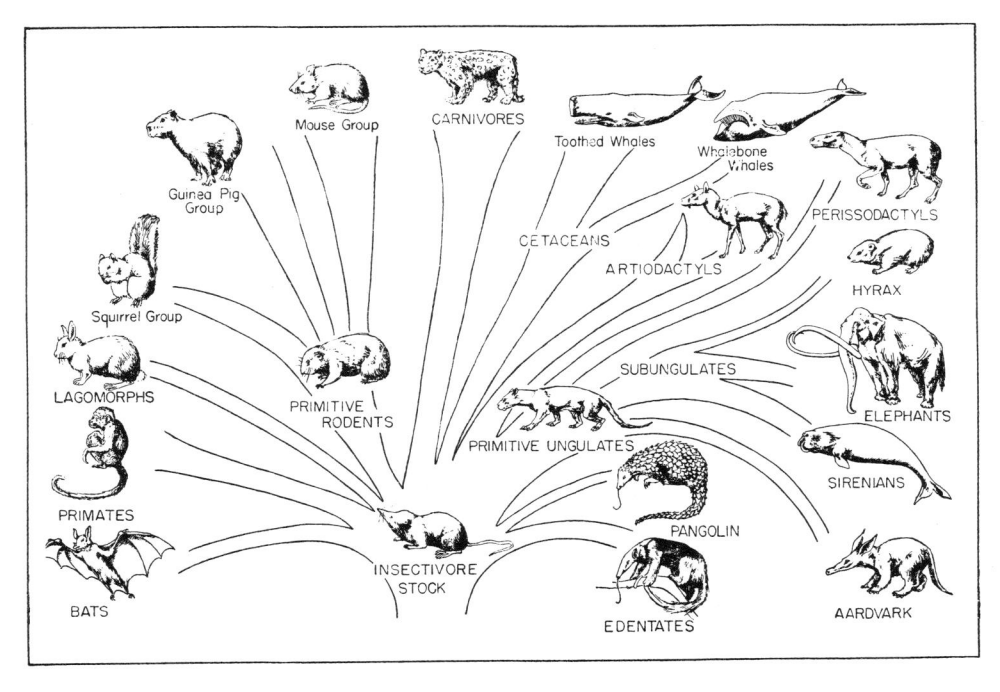

图 131 有胎盘哺乳动物的系统树。

罗默,1955,《椎体》第二版,第 73 页,图 41;© 1955, 1986 Brooks/Cole, a part of Cengage Learning, Inc., www.cengage.com/permissions。已获得授权。

阿尔弗雷德·舍伍德·罗默的系统树　1933—1966

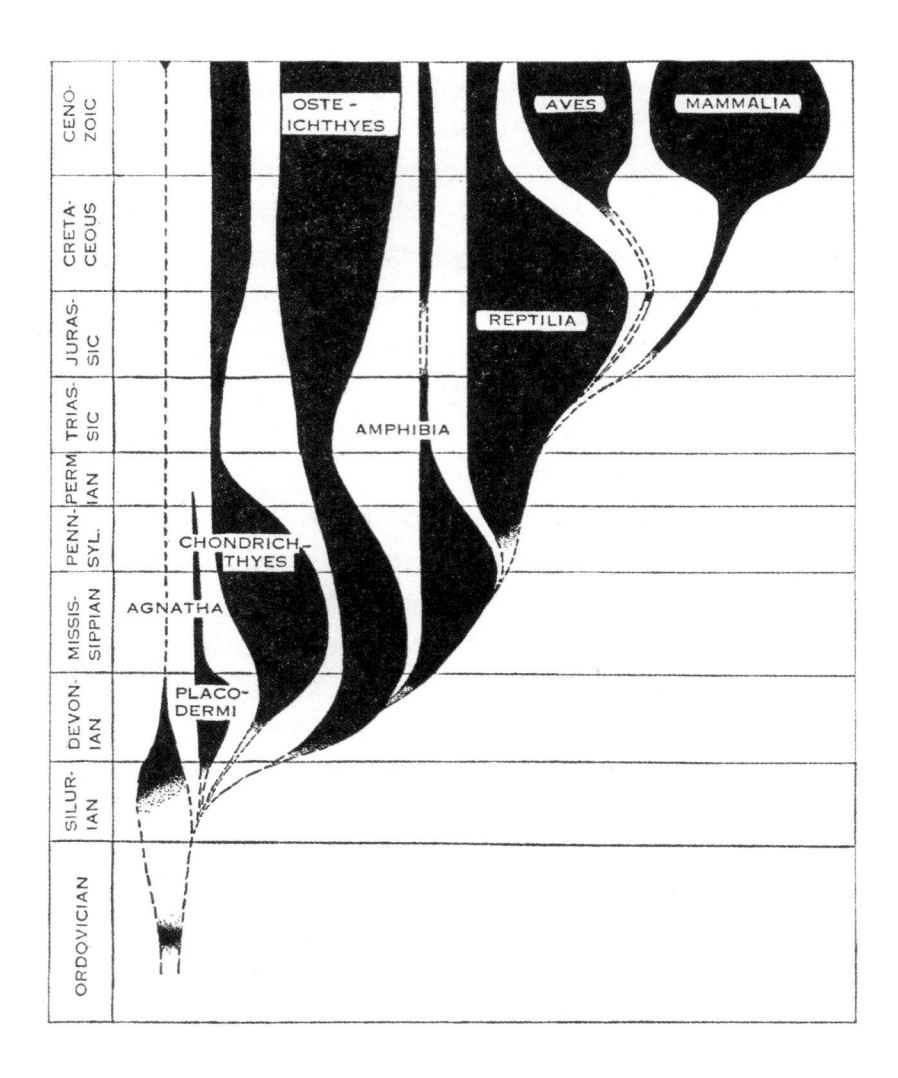

图 132 阿尔弗雷德·舍伍德·罗默发表于 1945 年的脊椎动物系统树。这株树和罗默以后的系统树都是通过树枝的粗细来大致体现各个类群的相对丰度。

罗默,1945 年,《脊椎动物古生物学》第二版,第 22 页,图 13;由佩里·卡特赖特和芝加哥大学出版社提供。已获得授权。

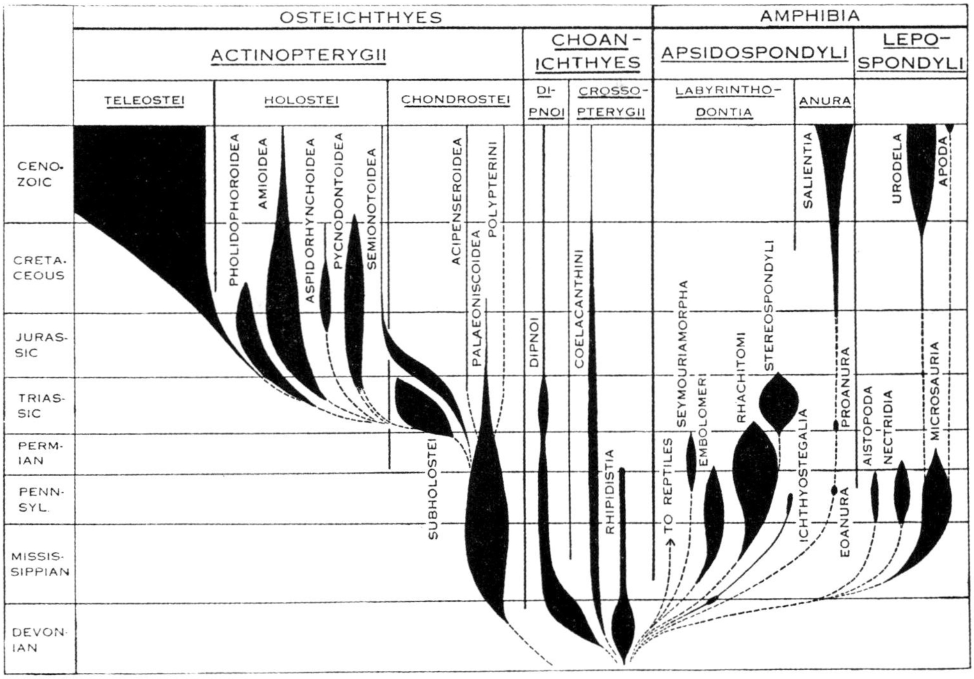

图 133 硬骨鱼和两栖动物的系统树。

罗默，1945 年，《脊椎动物古生物学》第二版，第 76 页，图 60；由佩里·卡特赖特和芝加哥大学出版社提供。已获得授权。

阿尔弗雷德·舍伍德·罗默的系统树　1933—1966

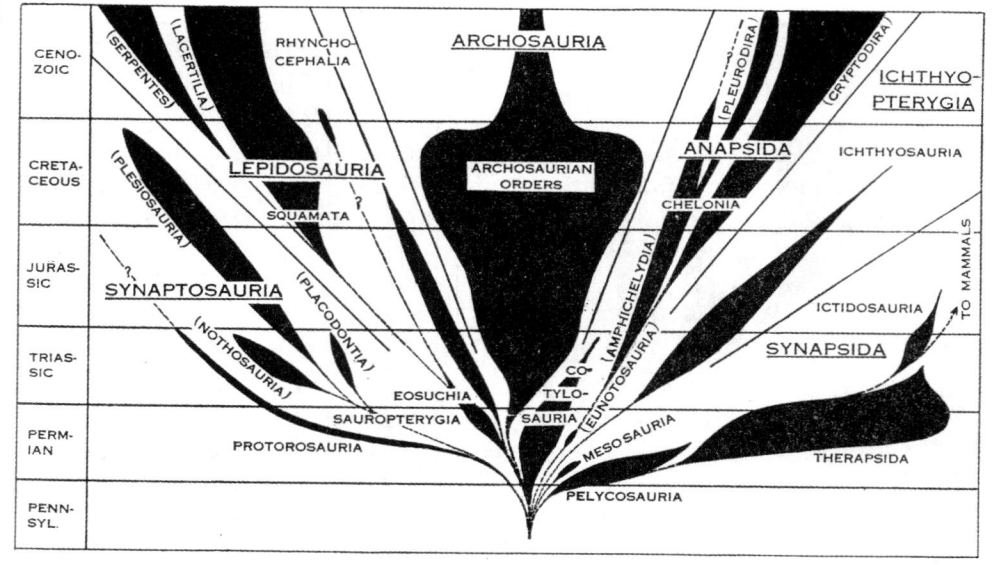

图 134 爬行动物的系统树。

罗默，1945 年，《脊椎动物古生物学》第二版，第 171 页，图 133；由佩里·卡特赖特和芝加哥大学出版社提供。已获得授权。

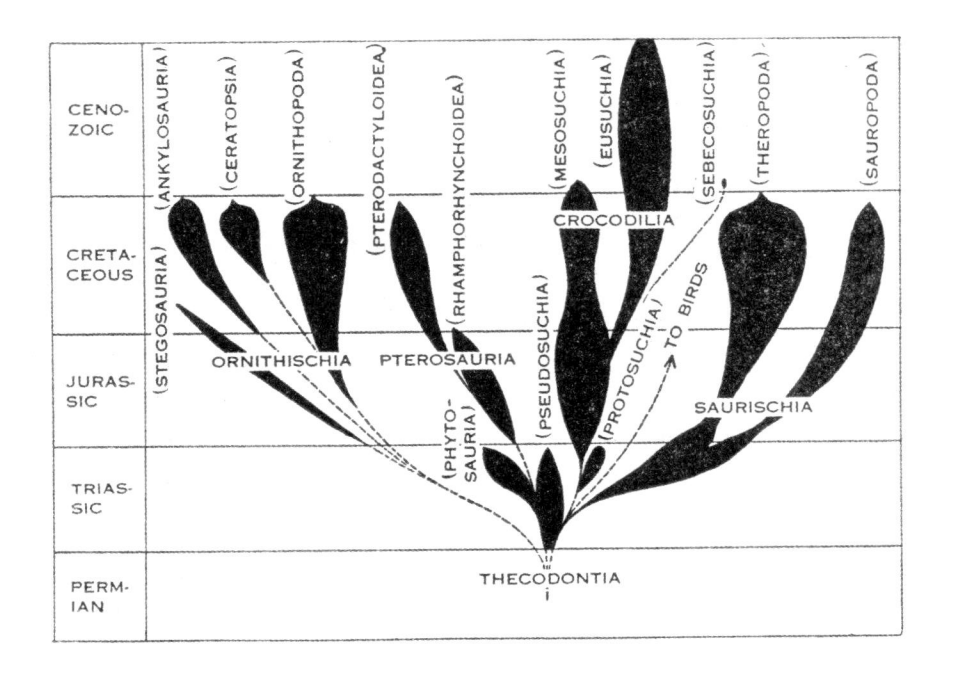

图 135 槽齿类（也称"统御爬行类"，见图 130）的系统树。
罗默，1945 年，《脊椎动物古生物学》第二版，第 210 页，图 173；由佩里·卡特赖特和芝加哥大学出版社提供。已获得授权。

阿尔弗雷德·舍伍德·罗默的系统树　1933—1966

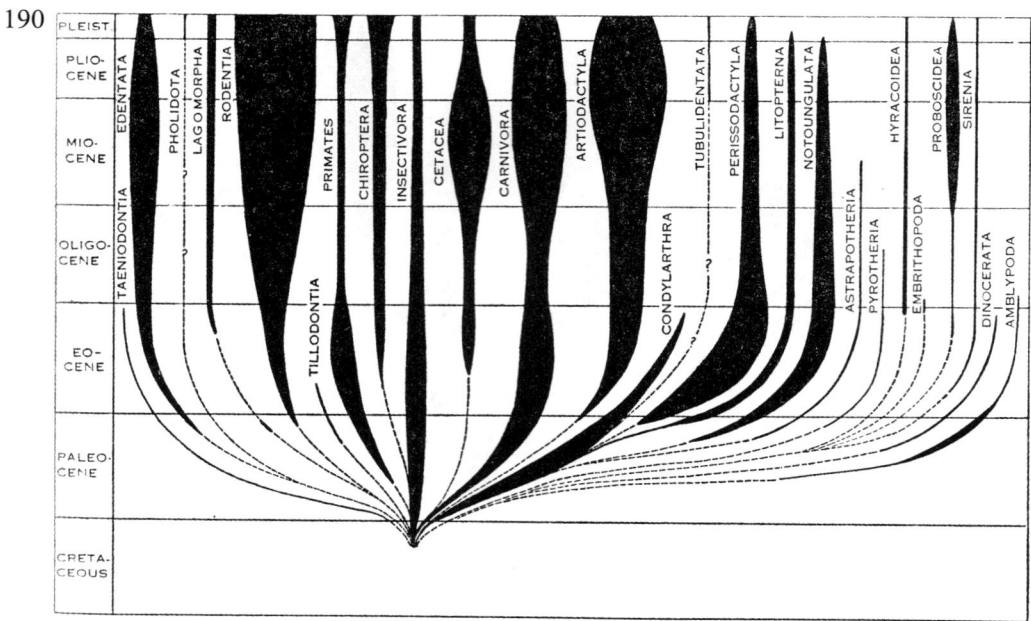

图 136 有胎盘哺乳动物的系统树。

罗默,1945 年,《脊椎动物古生物学》第二版,第 325 页,图 257;由佩里·卡特赖特和芝加哥大学出版社提供。已获得授权。

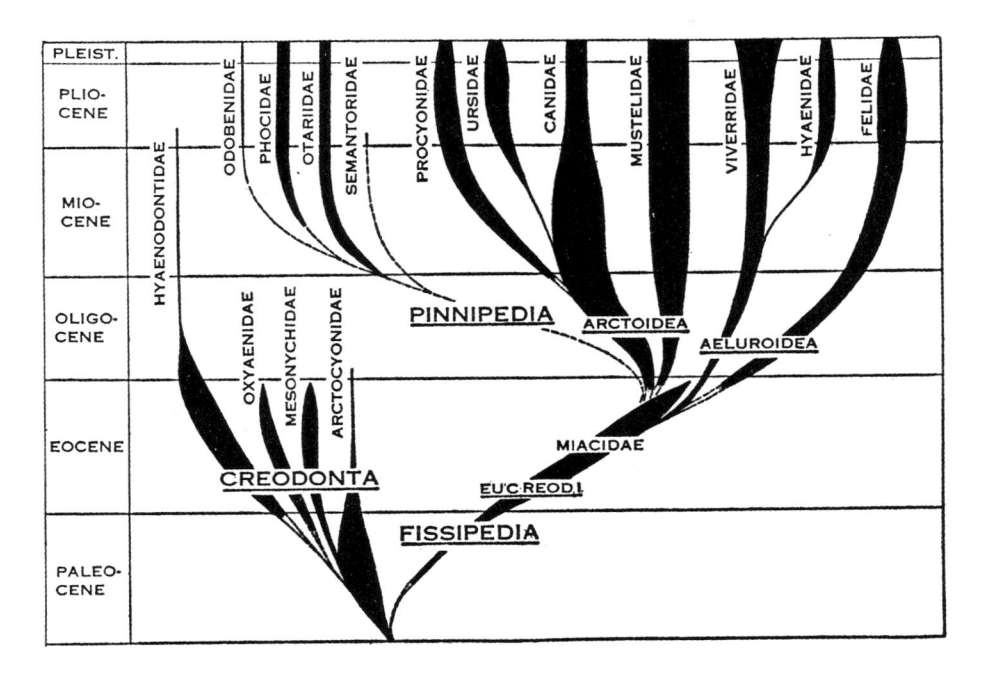

图 137 肉食性哺乳动物的系统树。

罗默，1945 年，《脊椎动物古生物学》第二版，第 363 页，图 274；由佩里·卡特赖特和芝加哥大学出版社提供。已获得授权。

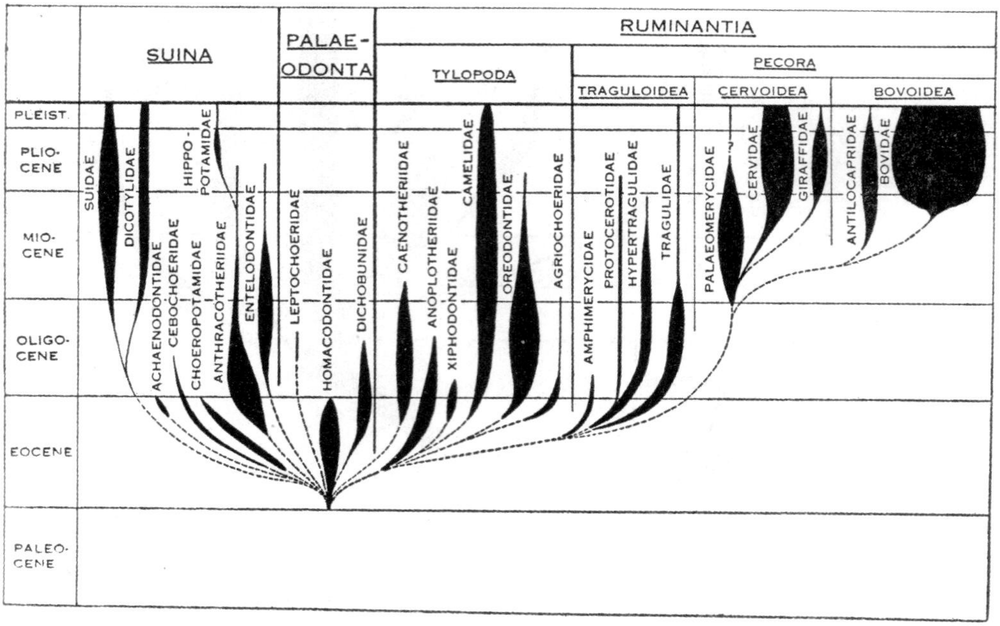

图 138 偶蹄类的系统树。

罗默，1945 年，《脊椎动物古生物学》第二版，第 443 页，图 334；由佩里·卡特赖特和芝加哥大学出版社提供。已获得授权。

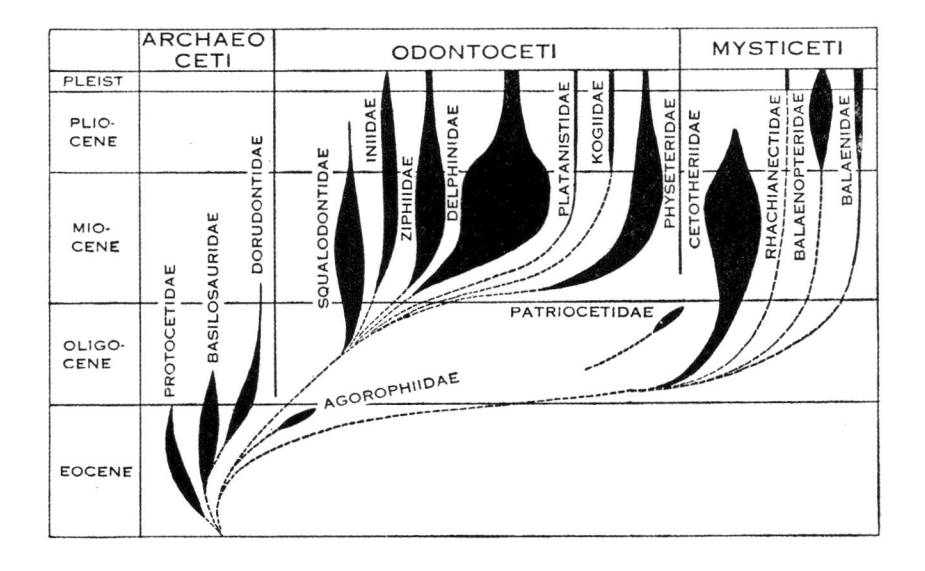

图 139 鲸的系统树。

罗默，1945 年，《脊椎动物古生物学》第二版，第 492 页，图 368；由佩里·卡特赖特和芝加哥大学出版社提供。已获得授权。

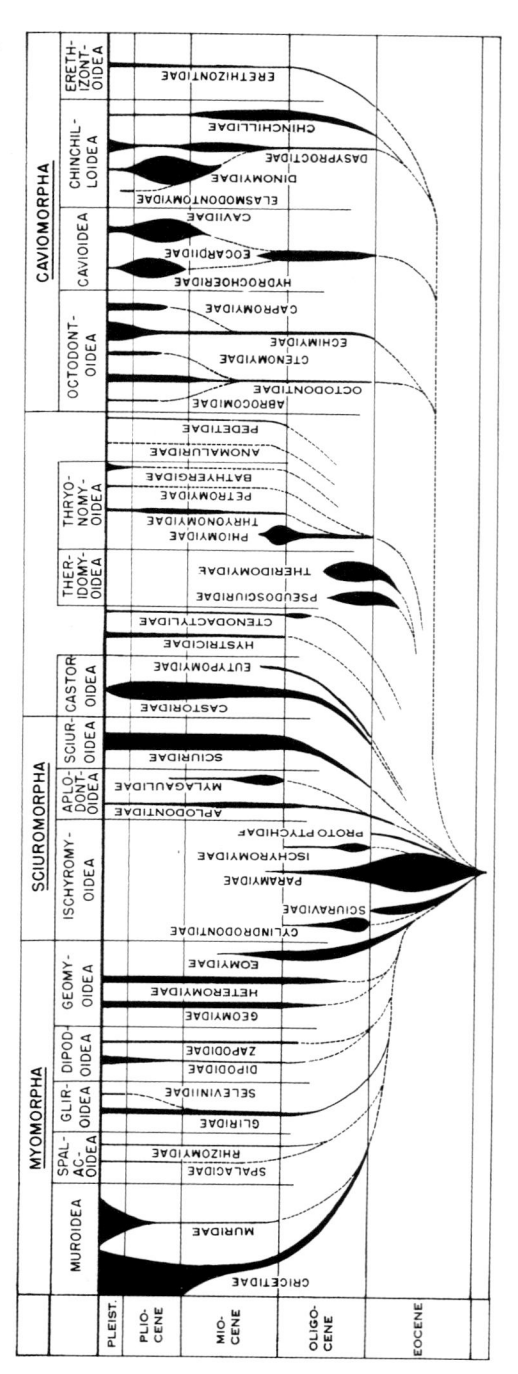

图 140　啮齿类的系统树。

罗默，1966年，《脊椎动物古生物学》第三版，第 303 页，图 435；由佩里·卡特赖特和芝加哥大学出版社提供。已获得授权。

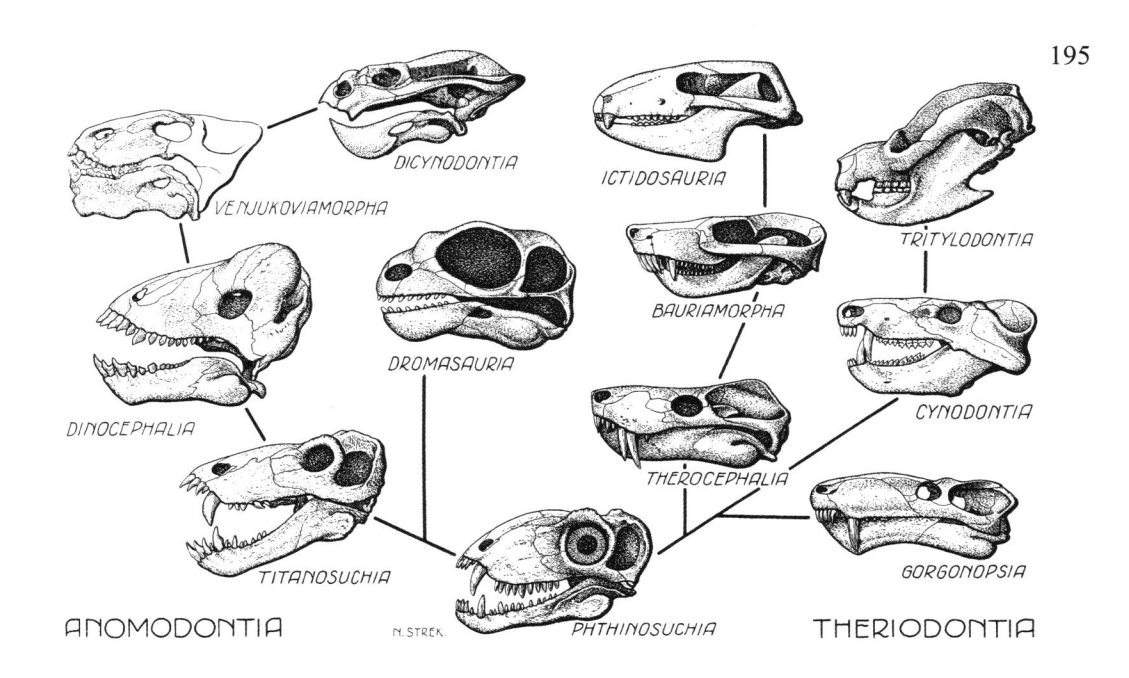

图 141 似哺乳类爬行动物的系统树,附带各个类群的头骨图片。
罗默,1961 年,《下孔类演化和齿列》,第 27 页,图 10;由索菲亚·德耶格和皇家佛兰德科学与艺术学院提供。已获得授权。

阿尔弗雷德·舍伍德·罗默的系统树　1933—1966

生命之树

20 世纪中期的其他系统树　　1931—1943

德国植物学家沃尔特·麦克斯·齐默尔曼（Walter Max Zimmermann，1892—1980）于 1931 年发表了一幅极具时代感的理论树图，旨在阐明"系统发生关系"的概念（图 142），这比威利·亨尼希 1950 年出版的系统分类专著（图 190—192）早 20 年。通过明确定义共祖近度，齐默尔曼毫不含糊地指出，只有两个物种具有更近的共同祖先时，它们之间的关系才会比它们和第三个物种之间的关系更密切。[1] 和前辈彼得·米切尔以及查尔斯·坎普一样（图 106 和 121），齐默尔曼也没有在后来的作品中充分拓展自己的观念。又过了一代人，亨尼希提出了几乎举世公认的动植物关系分类法。如果齐默尔曼当时能再接再厉，那如今大家提到这一方法时，口中传颂的可能便是他的名字。

英国动物学家沃尔特·加斯唐（Walter Garstang，1868—1949）最著名的作品是诗集《幼虫形态和其他动物诗篇》，该书发表于 1951 年，当时他本人已经过世。书中描述了各种海生无脊椎动物幼虫的形态和功能，还用插图呈现出了当时演化生物学中的重大争议。但他也发表过大量严肃的科学作品，包括意义重大但知者甚少的硬骨鱼分类，其与现代分类法极为接近（图143）。加斯唐认为自己的分类法可以取代当时的主流关系体系，他对该体系的评价是"一系列分散又孤立的目，不能明确传达出演化更替的框架，而且它们的平淡无奇实属对自然的曲解"。[2] 当时流行绘制头骨和颌部的骨骼特征，但加斯唐提出真骨鱼亚门的细分依据应该是鱼鳔和耳朵间的内耳连接差异。这个理论当时没有激起太大水花，但在35年后由彼得·汉弗莱·格林伍德（Peter Humphry Greenwood，1927—1995）及其同事（1966）复活，并成为今天真骨鱼演化研究的基石（例如图182）。

1933年，英国昆虫学家威廉·爱德华·奇纳（William Edward China，1895—1979）为半翅目昆虫绘制了一幅关系图（图144）[3]，其中粗短树干上发出的枝条组成了一个半圆。奇纳一生都致力于这一个类群的分类，而且成果丰硕，最后共发表了265篇论文，描述了98个新的属和248个种。[4]

植物学家约翰·亨利·沙夫纳（John Henry Schaffner，1866—1939）在1934年发表的有关"植物系统分类"的论文里收录了两幅系统树，他表示这是为了展示以进化论中21个基本原则（权威准则）为基础的"种族分类系统"。通过在植物分类上严格应用这些原则，他发现了10个基本阶段，也就是植物的"亚界"。沙夫纳并没有为这种分类方法提供非常明确的理论基础，而且最终结果也并没有和当时的同行们产生根本性的不同。略具立体感的图画（图145）显示出了植物间的整体关系，其中从粗大枝干两边发出的短枝代表纲和亚纲。沙夫纳的第二幅图（图146）侧重于开花植物门中各个目的关系，其中包括第一株树中组成树冠的12个纲。在两幅图中，树枝上的黑色实心线条代表现生物种的相对多样性，由点组成的部分则代表已知的化石记录。注意图145中有一根突然截短的短枝条，上面标注着

"动物界",而且从 Archeophyta 的底部发出。沙夫纳对 Archeophyta 的解释是"生命起源或无生命物质开始向生物转变的过程"。[5]

1935年,美国藻类学家约瑟芬·伊丽莎白·蒂尔登（Josephine Elizabeth Tilden,1869—1957）出版了著名的《藻类及其生命联系》一书,其中收录了一幅主要用来展示各种藻类"演化水平"的分枝图（图147）。[6] 这幅直挺挺的纯线性图类似于恩斯特·海克尔19世纪60年代和70年代绘制的系统树（图79和80）。但它在横轴上显示出了各类群间的"突变活动",其从中心向两边伸展,而此前的系统树从未出现过这种表现手法。主纵轴分开了浸没在咸水中的类群、在退潮时暴露在空气中的类群、浸没在淡水中的类群和适应了陆地生活的类群。动物的祖先出现于中轴的中点处,并以多源形式向上方和左边延伸,从而产生了各种海藻,最终是无脊椎动物和脊椎动物。

荷兰植物学家赫尔曼·约翰内斯·蓝姆在发表于1936年的经典论文《过去与现在的系统发生标志》中绘制了多种分枝图,同时还讨论了构建方法和细节。这些图中也包括他亲笔所作的抽象图案,其中一幅（图148）是"展示有机世界的示意图,包括（共含有数千个种的）多个类群的（预估）相对多样性,已经灭绝和现生的水生和陆生生物都囊括在内"[7]。拉姆在这篇论文中亲笔绘制的另一幅图非同寻常（图149）,是"微观世界球形系统,包括数目不定的同心时间球"[8],它旨在展现时间、分化和关系以及生物多样性。这个系统"可以想象成透明的球体,它不断增加的半径代表时间推移,而表面上适当排列着不同时代的非现生和现生生物"[9]。

恩斯特·海克尔于1866年提出将微生物归入新的类别"原生生物界"（图66）后,美国生物学家赫伯特·福克纳·科普兰（Herbert Faulkner Copeland,1902—1968）又于1938年有理有据地提出将生物分为植物界和动物界的老旧做法已经不足以解释生物多样性。他还出示了证据证明"生物可以比过去更加自然、适宜地被分为四个界":原核生物界,即没有细胞核的生物,这种细胞可以独自生活,具有独立的生理功能;原生生物界,主要是单细胞生物,但具有细胞核;植物界,即具有质体的生物,细胞内含有淀粉和纤维素;以及动物界,即需要在发育中经历囊胚和原肠胚阶段的多细胞生物。[10] 科普兰发表于1938年的系统树(图150)旨在展现他提出的新范式,其中包括一系列逐渐变细的锥形。原核生物界位于最左边,是紧挨在一起的6根柱状体。源于太古代晚期的细胞核造就了一切生物:左边与淀粉和纤维素一同出现的植物界,右边与囊胚和原肠胚一同出现的动物界,以及群集在它们之间的多个原生生物界亚群。

马杰里·琼·米尔恩(Margery Joan Milne,1914—)和洛斯·约翰逊·米尔恩(Lorus Johnson Milne,1910—1982)都是研究毛翅目石蛾的生物学专家。他们在1939年发表了一幅超凡绝伦的石蛾三维演化图(图151),依据是石蛾幼虫建造巢壳时的差异。这幅图的精彩之处很多,比如构图方式前无来者。[11] 纵轴上标注出了对应假设关系的时间;横轴上从右到左体现出了形态相似性上的分化;第三个维度展示出了从池塘到缓慢溪流再到急流的栖息地分化,顺序为从前到后。字母和数字代表特征状态。例如第一个主要分枝点标注了1和2,分开了左边会制造可移动巢壳的植食者和食腐者,以及右边会建造固定巢壳或根本不造壳的肉食者。标注着3的族系以建造短巢壳为特征,而标注着4的族系会建造在平面上盘绕的长巢壳,5和6表示固定的丝质管状巢壳和固定的网状壳和套圈壳。两位米尔恩认为树中展现出来的分析结果为毛翅目明确区分出了当代系统分类学家眼中最明显的5个科和25个亚科。[12]

1939年,珀西·爱德华·雷蒙德(Percy Edward Raymond,1879—

1952）发表了一幅分枝图（图152），该图当时看来极不寻常，其中"从原生动物进化而来"阐明了重要动物类群间可能存在的关系。[13] 从各个类群名字上发出的放射线代表它们在所有可能的方向上都发生了演化。但只有少数线条逐渐通往更进步的族群。雷蒙德对传统的"系统树"没有太大兴趣，而且宣称自己的图画更接近演化改变的真实过程，"图中表明，虽然总体来看演化方向是向上进展，但并不是一条直线，而是动物朝环境中所有方向演化的结果。换言之，这个过程多少是辐射适应带来的结果。"[14]

鲁本·亚瑟·斯蒂尔顿（Ruben Arthur Stirton，1901—1966）是加州大学伯克利分校古生物博物馆著名的馆长，负责化石哺乳动物，曾经一度是马类演化领域里最权威的专家。在哺乳动物中，马的化石记录最为完整，因此每个族系中都有处于诸多时间点的真实标本可供系统发生研究使用。[15] 斯蒂尔顿充分利用这个优势绘制了诸多系统树，本书将展示其中两幅。第一幅（图153）是他最早的作品，完成于1940年。其中既展示了各个属之间的表观关系，也指出了它们在整个古近纪的大致地理分布。第二幅（图154）发表于1959年，大幅度修改让它比第一幅图明确得多。所有过去的马类成员都已经灭绝，尤其是中新世晚期和上新世的物种，只有包含八九个现生种的马属（现代马）生存至今。

康拉德·撒迦利亚·洛伦茨（Konrad Zacharias Lorenz，1903—1989）是奥地利的动物学家、动物行为学家、鸟类学家，也是现代动物行为学的奠基人之一。他和尼古拉斯·"尼克"·廷伯根（Nikolaas "Niko" Tinbergen，1907—1988）以及卡尔·李特尔·冯·弗里希（Karl Ritter von Frisch，1886—1982）共同获得了1973年度诺贝尔生理学或医学奖。1941年，洛伦茨发表了一幅著名的分枝图（图155），其中主要根据行为学特征指出了 20 种鸭子之间的关系。[16][1] 上升的线条代表种，它们的下部平行，但从树干上作为枝条发出之后就各自偏向了左右两边。上升的线条在多个位置上都由代表特征的横向线条相连，如洛伦茨专门指出的那样，后者大多代表衍生特征。因此，洛伦茨明确区分开了原始和衍生特征，并以真正的支序分类方式将图中几乎所有含有至少两个种且具有共有衍征的组合连了起来。[17] 他对演化关系的看法也相当现代："我们必须彻底摒弃线性排列能够真正代表系统发生关系这个想法……所有现生动物都是'生命树'上鲜活枝条的末梢，因此不能互为起源。"[18]

特雷西·欧文·施托雷尔（Tracy Irwin Storer，1889—1973）长期在加州大学戴维斯分校担任动物学教授，并出版过 200 多篇论文和书籍，但他最著名的成就可能是教科书。出版于 1943 年的《普通动物学》第一版里收录了一幅动物界"系统树"（图 156），其中展示了"主要类群（黑体字）可能的关系和相对位置"[19]。他在图中以现代的支序分类法定义了所有主要动物类群，并直接标注出了衍生特征状态："所有位于某特征之上的类群（斜体字）都拥有该特征。"[20]

---

[1] 洛伦兹曾说："我了解动物的行为，并接受了系统发育比较方法的指导，我无法不发现，同样的比较方法，同样的类比和同源概念，也适用于行为特征，就像它们适用于形态特征一样。"

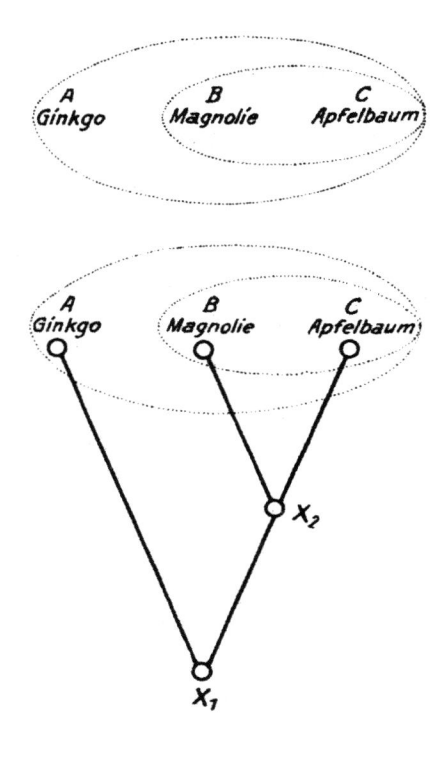

图142 沃尔特·麦克斯·齐默尔曼发表于1931年的系统树,内容十分超前,呈现出了"系统发生关系"这个概念,比威利·亨尼希出版于1950年的系统分类专著(图190—192)早将近20年。

齐默尔曼,1931年,《系统植物学和其他分组研究的工作方法》,第1004页,图179;柏林 Urban & Schwarzenberg 出版公司。

20世纪中期的其他系统树　1931—1943

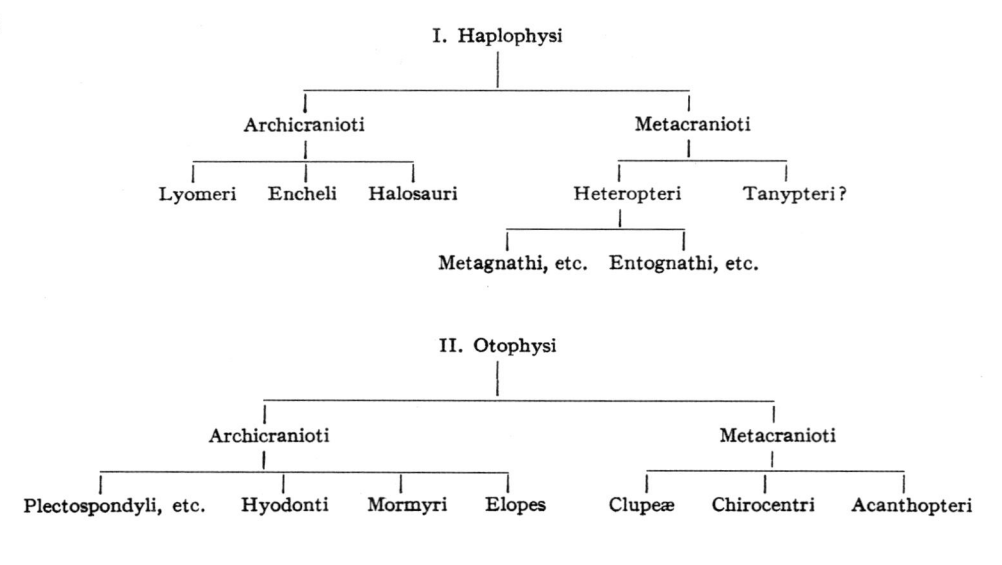

```
                            I. Haplophysi
                    ┌────────────┴────────────┐
              Archicranioti                Metacranioti
         ┌─────────┼─────────┐          ┌──────┴──────┐
      Lyomeri  Encheli   Halosauri   Heteropteri   Tanypteri?
                                    ┌─────┴─────┐
                            Metagnathi, etc.  Entognathi, etc.


                             II. Otophysi
                    ┌────────────┴────────────┐
              Archicranioti                Metacranioti
       ┌──────────┬─┴────┬────────┐     ┌──────┼──────────┐
  Plectospondyli, etc. Hyodonti Mormyri Elopes Clupeæ Chirocentri Acanthopteri
```

图 143　沃尔特·加斯唐发表于 1931 年的硬骨鱼系统树，分类依据是鱼鳔和耳朵间的内耳连接差异。这个假设在 35 年后重获新生（图 182），现在更是成了硬骨鱼演化研究的基石。加斯唐，1931 年，《利兹哲学学会论文集（科学部分）》，2（5）:253，无编号图；由安东尼·C.T. 诺斯和利兹哲学和文学学会提供。已获得授权。

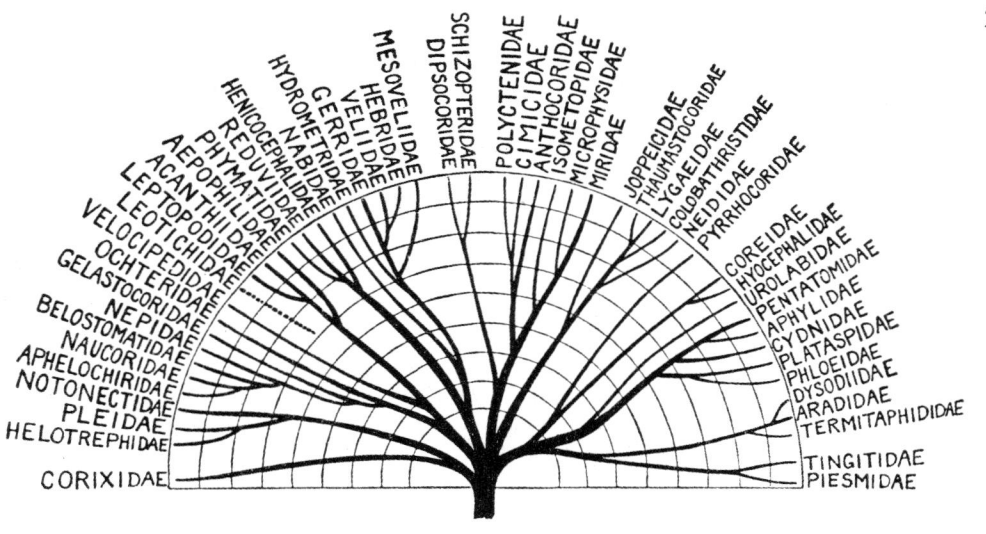

图 144 威廉·爱德华·奇纳发表于 1933 年的半翅目起源和关系图。

奇纳，1933 年，《自然史年报和杂志》第一部，12:195，图 4。

20 世纪中期的其他系统树　1931—1943

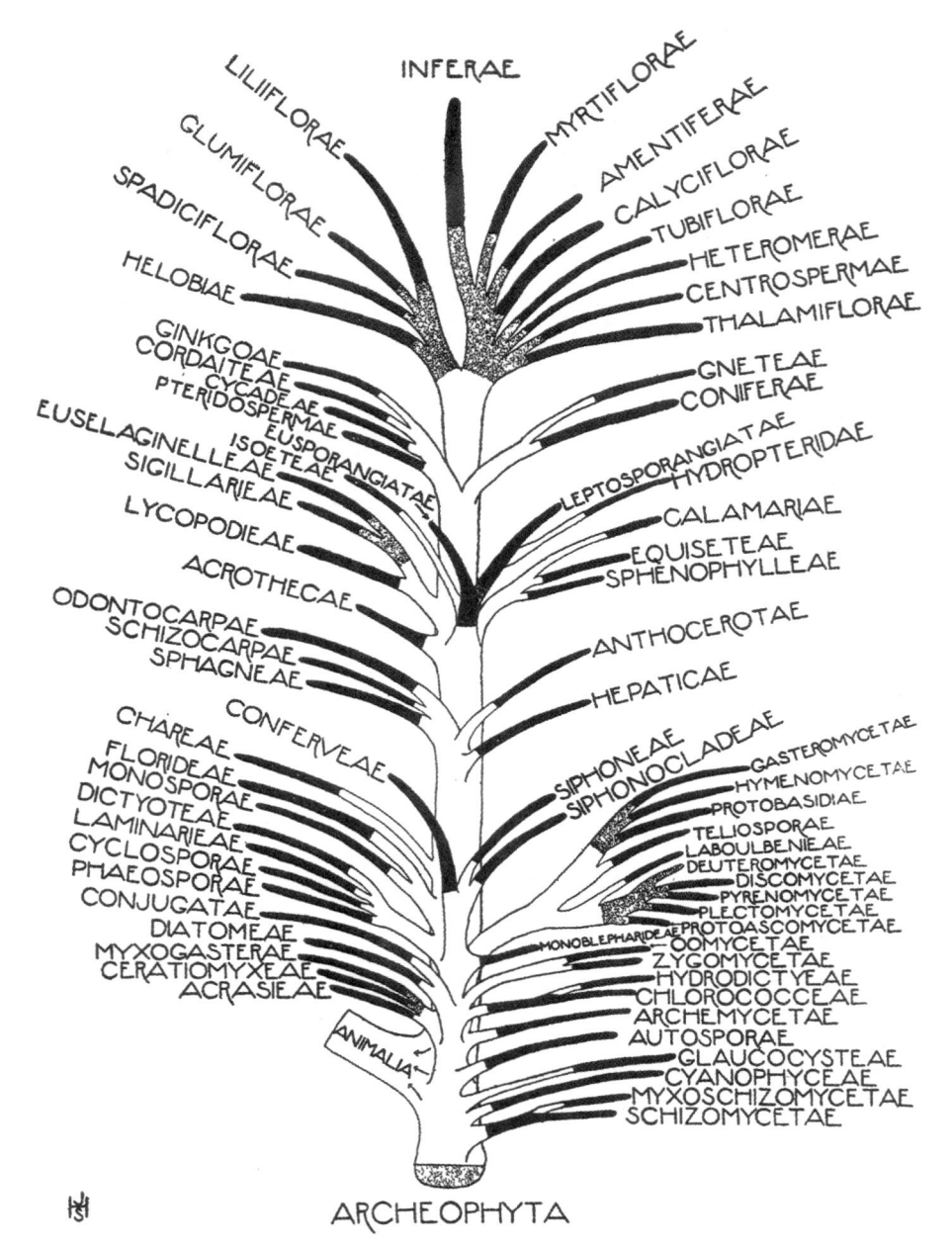

图 145 约翰·亨利·沙夫纳的植物系统树。

沙夫纳，1934 年，《生物学季刊》，9（2）:142，图 1；由佩里·卡特赖特和芝加哥大学出版社提供。已获得授权。

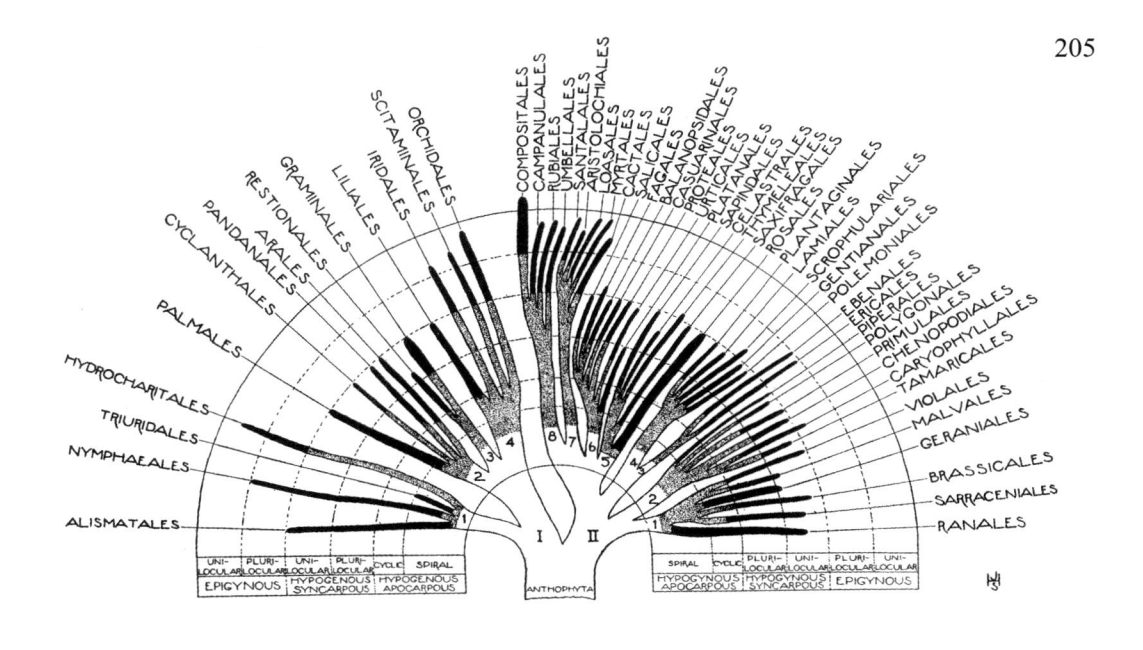

图 146 约翰·亨利·沙夫纳的开花植物关系图。树干在根部就已分枝，形成了左边的单子叶植物和右边的双子叶植物。

沙夫纳，1934 年，《生物学季刊》，9（2）:150，图 2；由佩里·卡特赖特和芝加哥大学出版社提供。已获得授权。

206

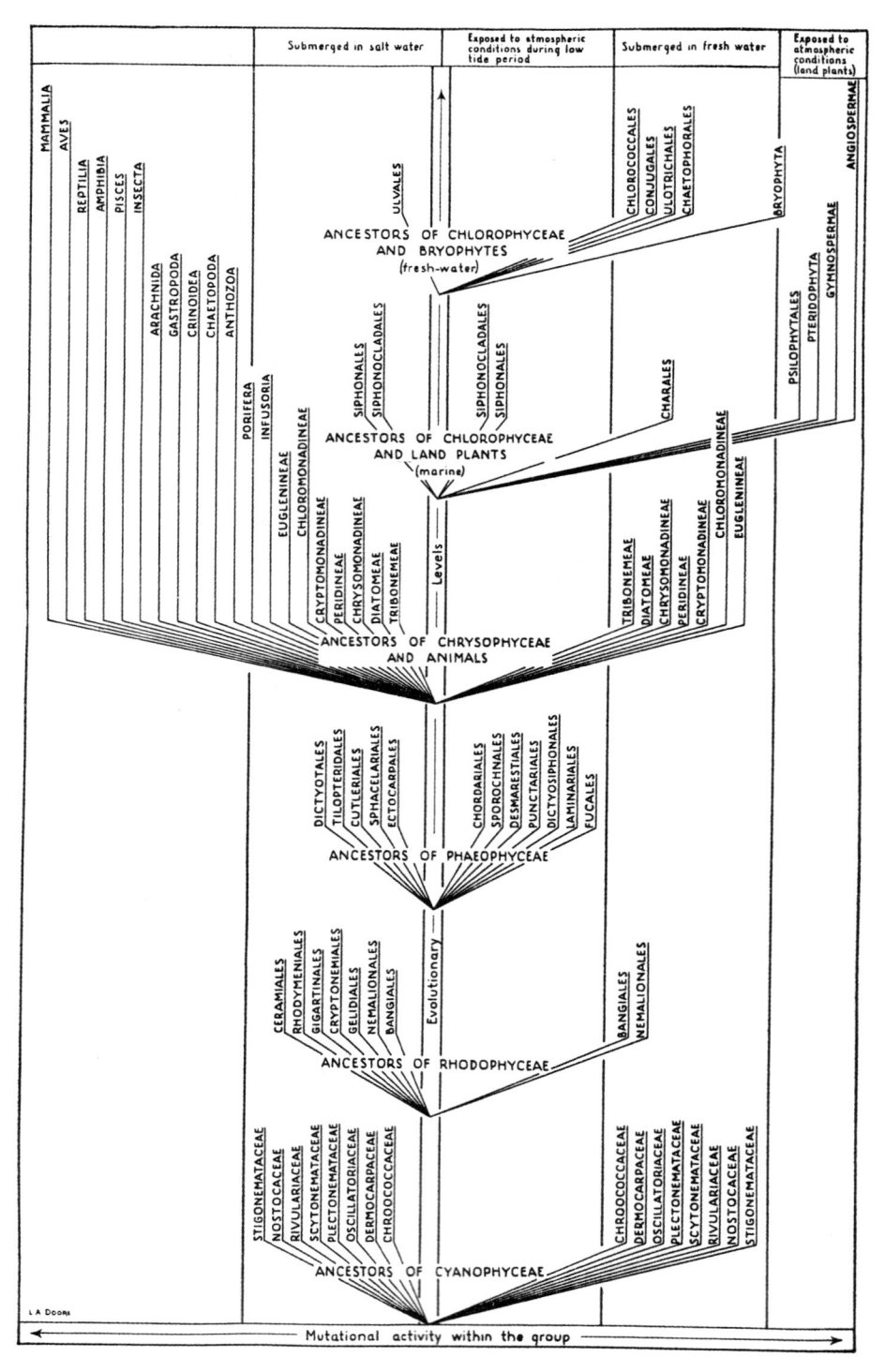

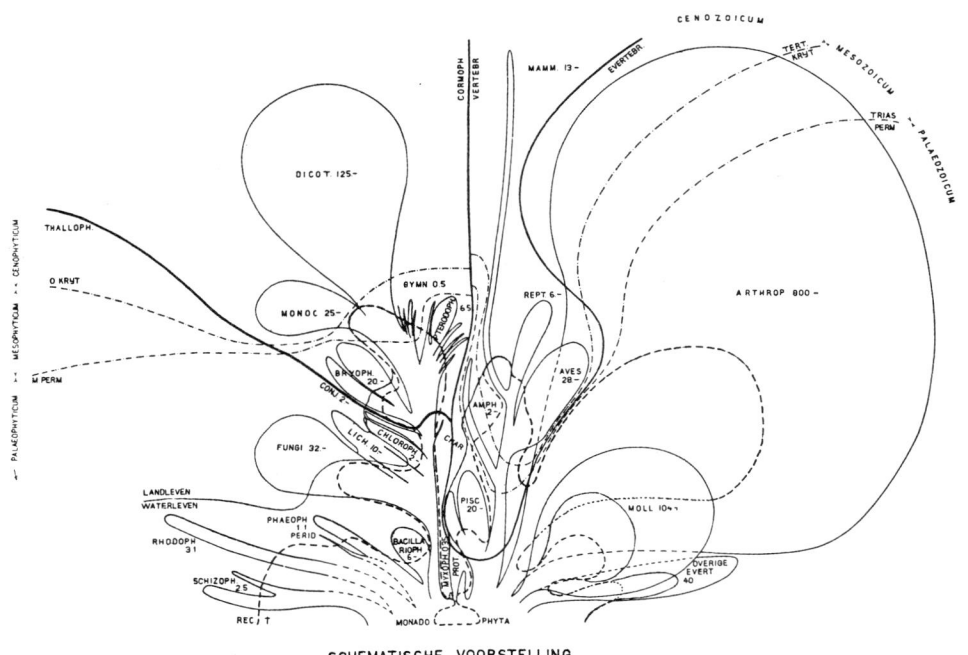

图 147（对页图） 约瑟芬·伊丽莎白·蒂尔登的藻类关系树。

蒂尔登，1935 年，《藻类及其生命联系：藻类学基础》，第 40 页，图 2；由杰夫·摩恩和明尼苏达大学出版社提供。已获得授权。

图 148 赫尔曼·约翰内斯·蓝姆的"生物系统示意图"。

拉姆，1936 年，《生物学理论学报》，2（3）:171，图 18；由扬·范德霍文基金和《生物学理论学报》主编齐阿德·德库克·布宁提供。已获得授权。

20 世纪中期的其他系统树 1931—1943

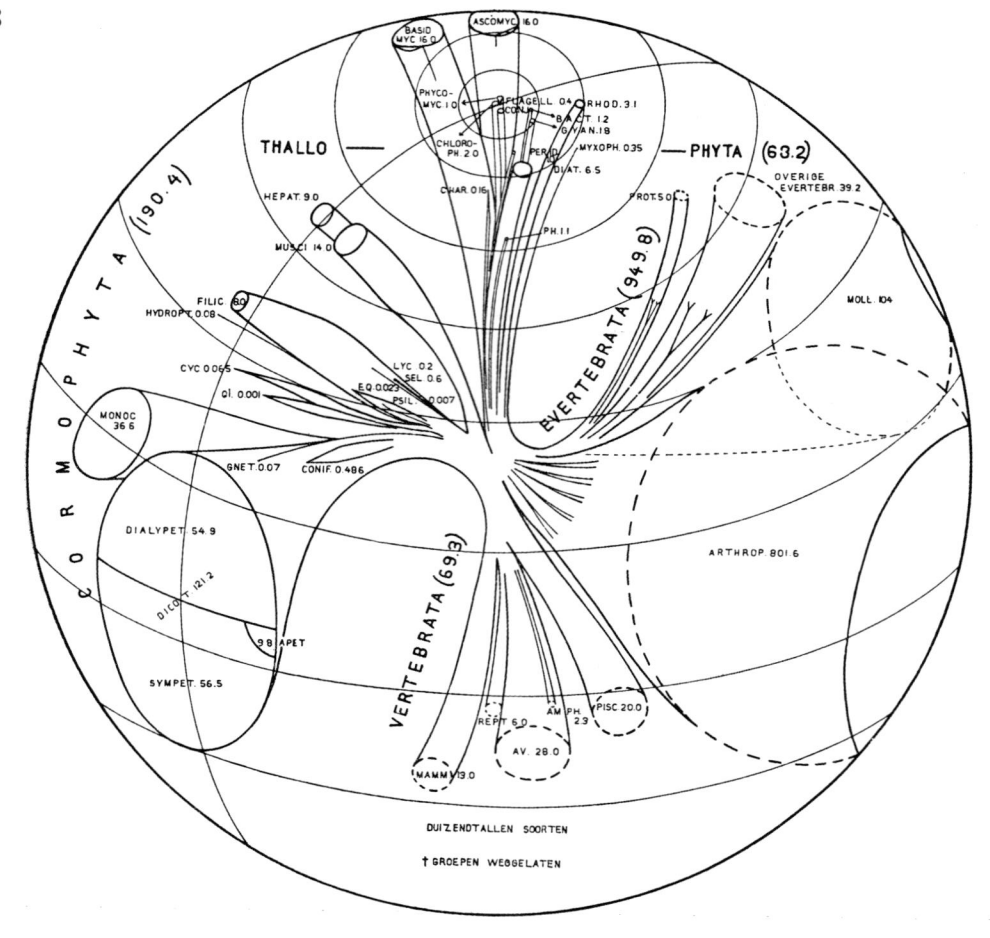

图 149 赫尔曼·拉姆的"微观世界球形系统,包括数目不定的同心时间球",体现出了时间、分化和关系以及多样性。

拉姆,1936 年,《生物学理论学报》,2(3):173,图 21;由扬·范德霍文基金和《生物学理论学报》主编齐阿德·德库克·布宁提供。已获得授权。

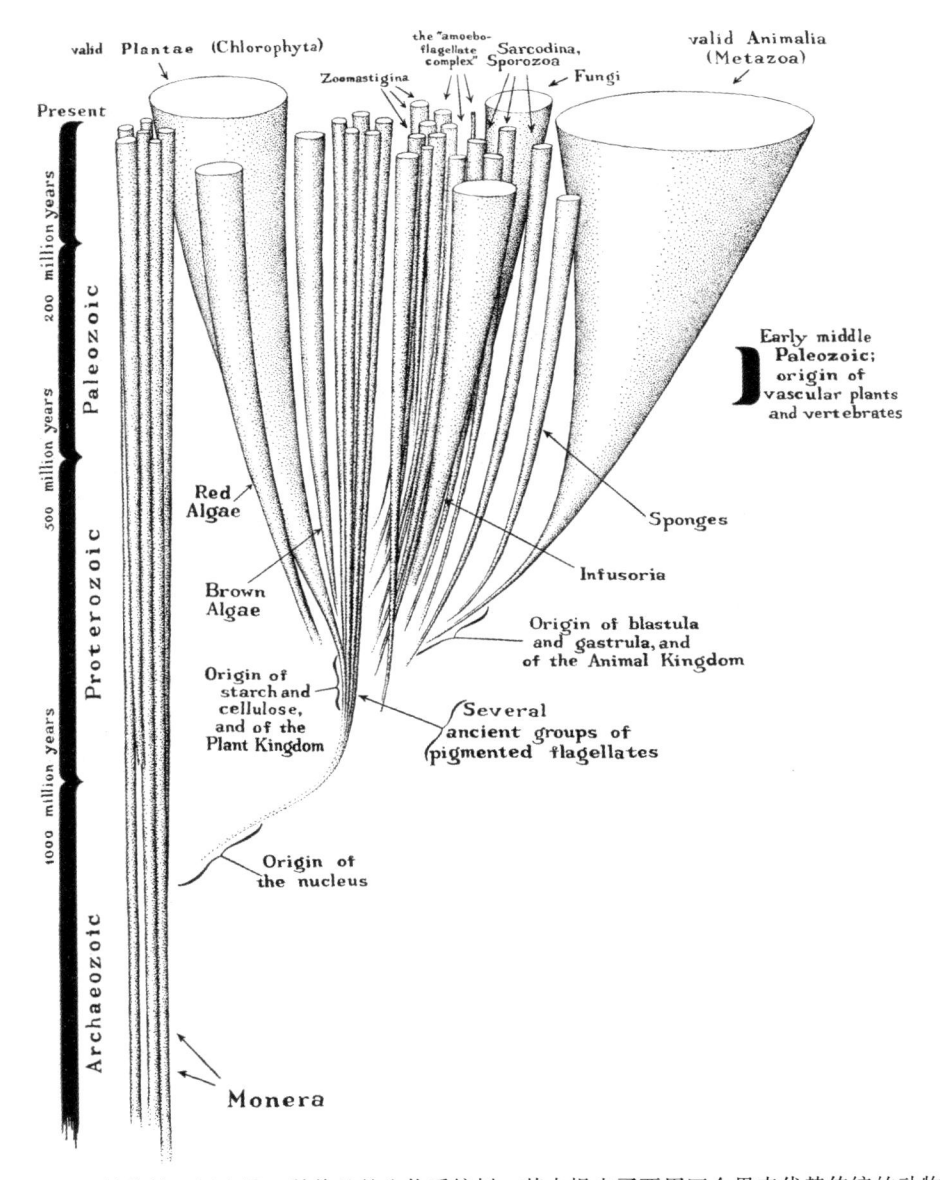

图150 赫伯特·福克纳·科普兰的生物系统树,其中提出了要用四个界来代替传统的动物界和植物界二分界法。这四个界包括最左边的原核生物界、左上方的植物界、右边的动物界和它们之间的多个原生生物界亚群。

科普兰,1938年,《生物学季刊》,13(4):410,图8;由佩里·卡特赖特和芝加哥大学出版社提供。已获得授权。

20世纪中期的其他系统树　1931—1943

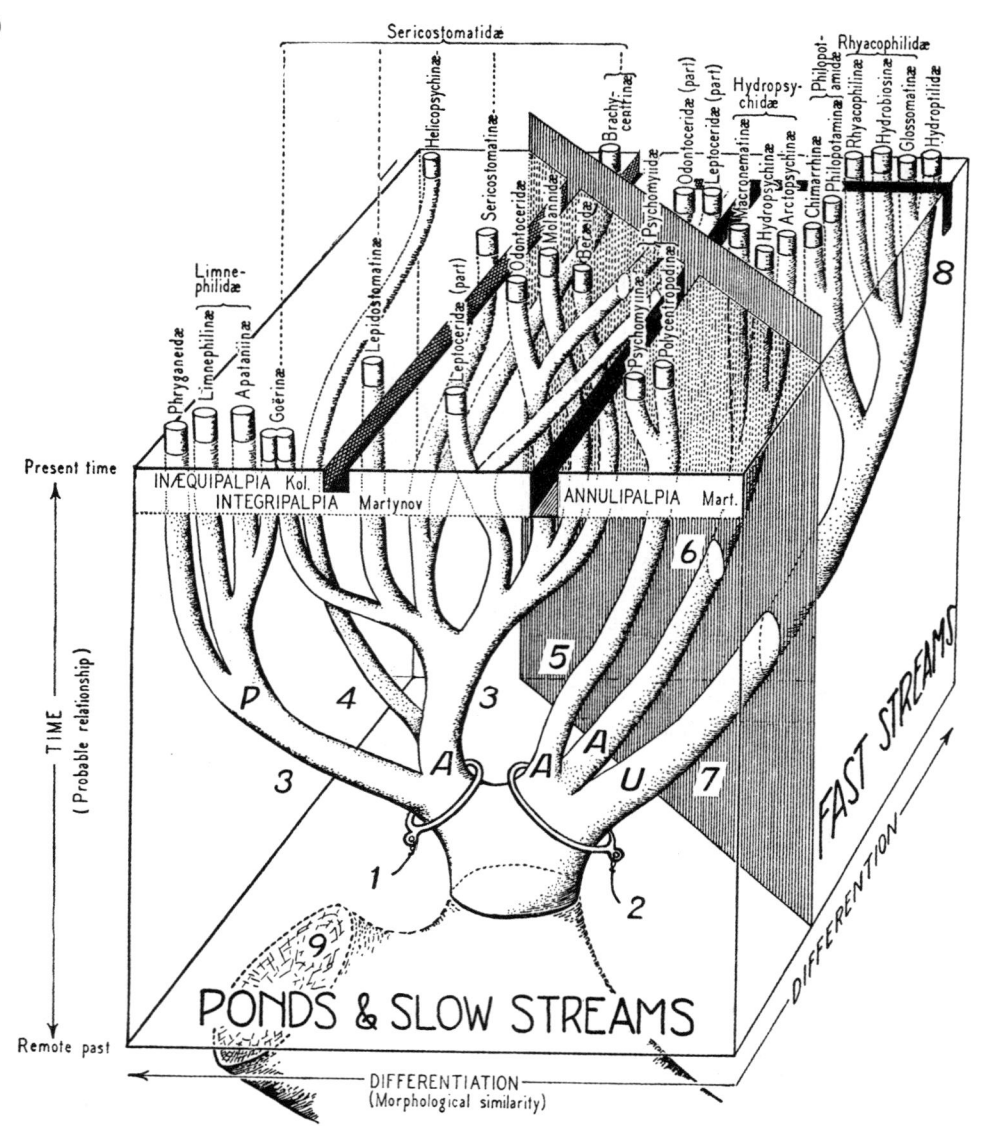

图 151 马杰里·琼·米尔恩和洛斯·约翰逊·米尔恩非凡的石蛾关系三维图，分类依据主要是石蛾幼虫建造的巢壳。

米尔恩和米尔恩，1939 年，《美国昆虫学会年刊》，32（3）:540，图 1；由艾伦·卡亨和美国昆虫学会提供。已获得授权。

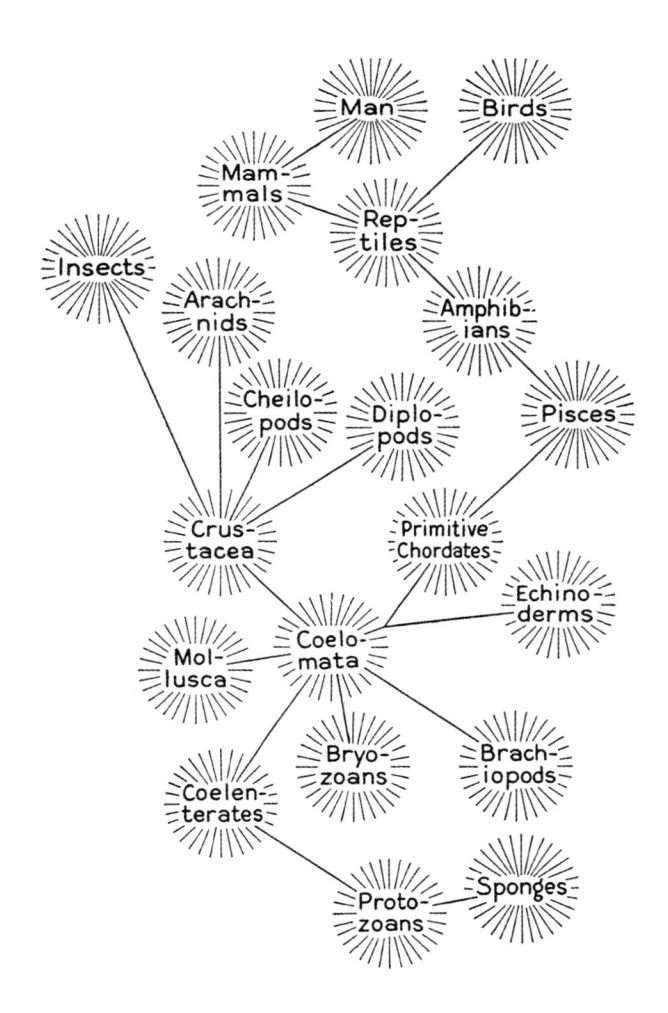

图 152 珀西·爱德华·雷蒙德发表于 1939 年的分枝图,"从原生动物进化而来"阐明了重要动物类群间可能存在的关系。

取自珀西·爱德华·雷蒙德的《史前生命》,已获得出版商的许可,第 309 页,图 156,马萨诸塞州剑桥:哈佛大学贝尔纳普出版社,哈佛大学校长及教职员工版权所有。©renewed 1966, 1975 by Ruth Elspeth Raymond. Courtesy of Scarlett R. Huffman。

20 世纪中期的其他系统树　1931—1943

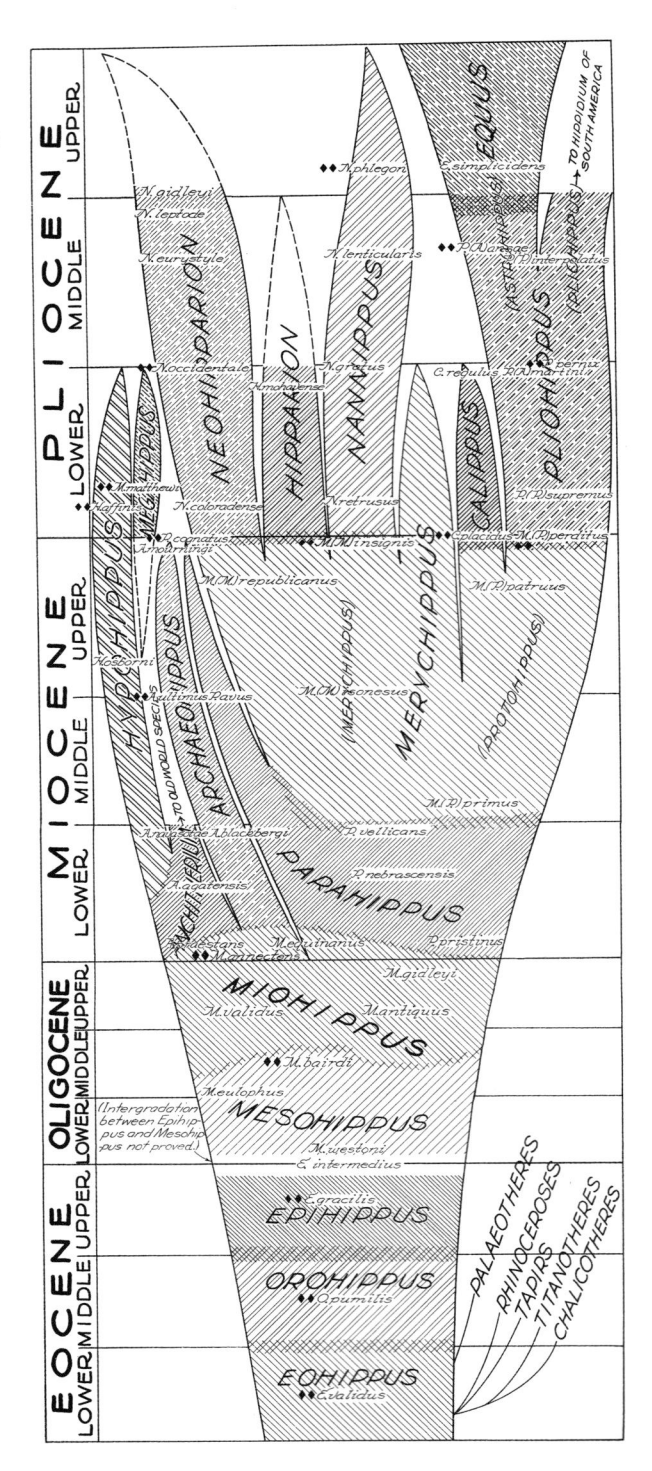

图 153 马的系统树，显示出了它们在整个古近纪的地理分布，由鲁本·亚瑟·斯蒂尔顿绘制。斯蒂尔顿，1940年，第198页后的插图；由丽贝卡·威尔斯和加州大学出版社提供。已获得授权。

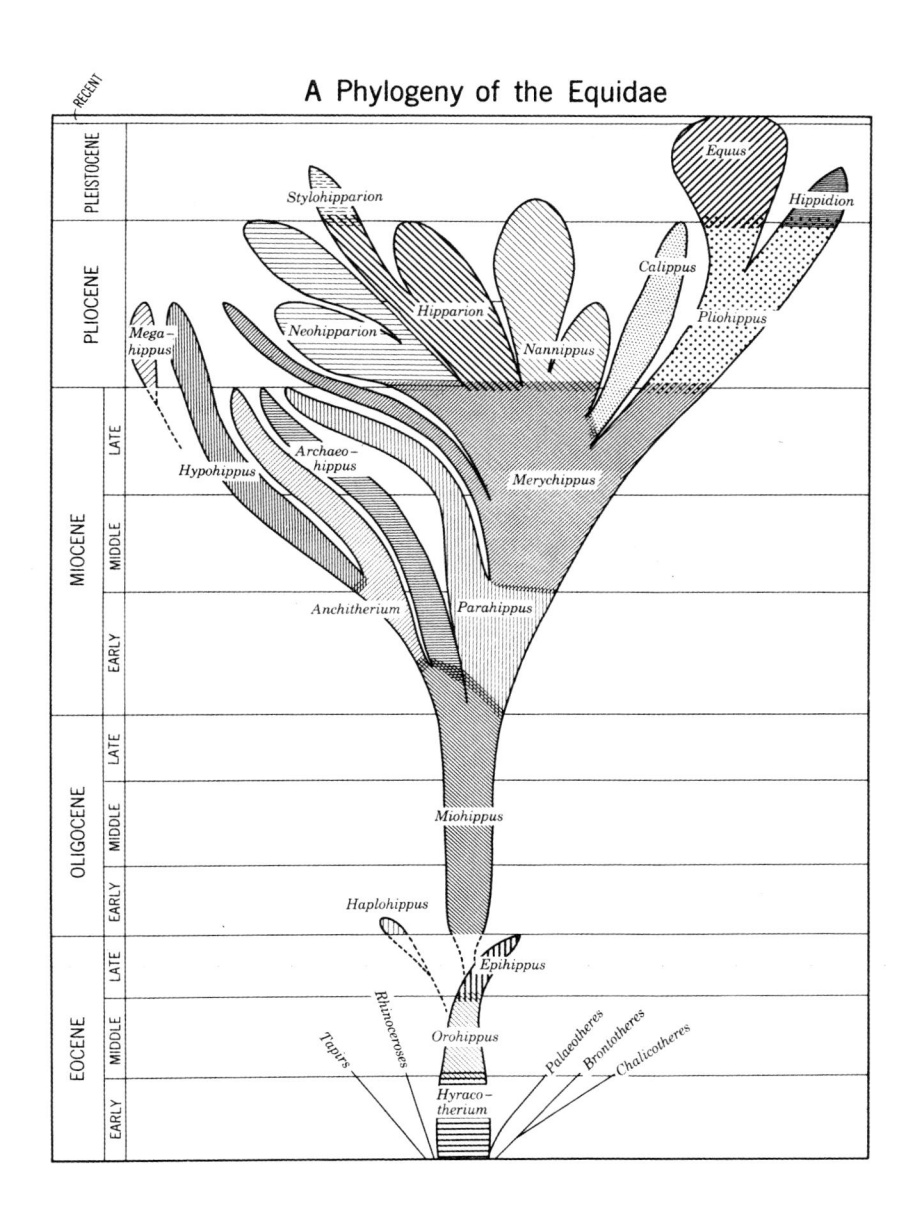

图 154 鲁本·亚瑟·斯蒂尔顿修改后的马系统图。

斯蒂尔顿，1959 年，《时间、生命和人类：化石记录》，第 466 页，图 250；由谢赫·萨夫达尔和约翰·威利父子出版公司提供。已获得授权。

20 世纪中期的其他系统树　1931—1943

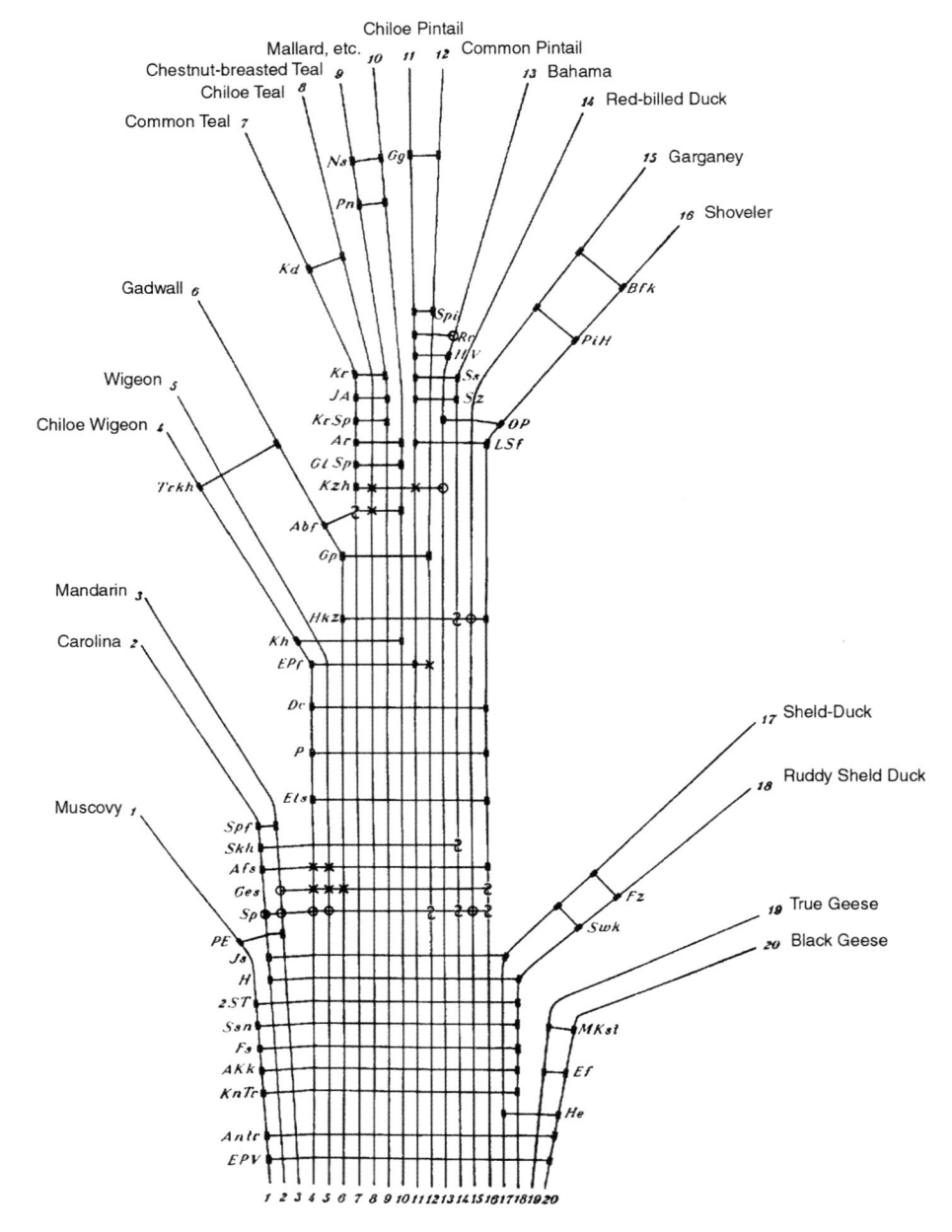

图 155 康拉德·洛伦茨发表于 1941 年的鸭亚科关系图,主要依据是行为学特征。一份英译本在图中加入了英文名称。

洛伦茨,1953 年,《养禽杂志》,59:90,无编号图;由彼得·斯托克斯和美国养禽协会提供。已获得授权。

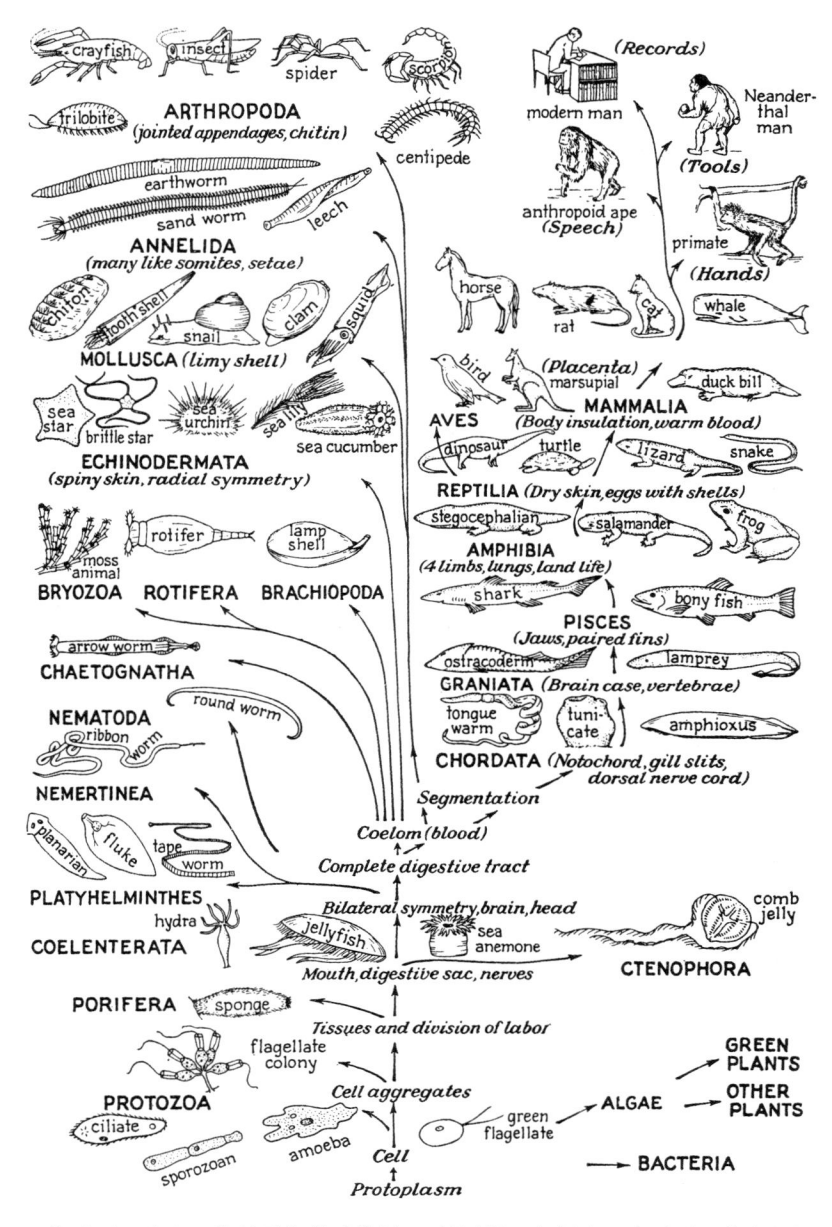

图 156 特雷西·欧文·施托雷尔的动物界"系统树",包括主要类群(黑体字)间可能存在的关系和相对位置。所有位于某个特征(如 eggs with shells,指带壳蛋)之上的类群都拥有该特征。

施托雷尔,1943 年,《普通动物学》,第 2 页,图 8-8。

生命之树

威廉·金·格雷戈里的系统树 1938—1951

美国动物学家威廉·金·格雷戈里发表的演化树在数量上无疑是位居第一,连恩斯特·海克尔都不是他的对手,阿尔弗雷德·罗默则是远远落后于他们的第三名。在哥伦比亚大学攻读本科时,他就成了亨利·奥斯本(图118—120和图125)最青眼有加的学生,奥斯本还请他担任自己的研究助手。他于1910年取得哥伦比亚大学的博士学位,次年便被委以美国自然史博物馆科学馆员一职,从此在博物馆里奋斗一生。他在古生物学、灵长类动物学、功能形态学和对比形态学领域都卓有建树,为教学和科普做出的贡献也为人称道,其中通过书籍和博物馆展览向普罗大众介绍进化论的努力尤其引人注目。上文已经介绍过他最早期的一幅系统树图,也就是为奥斯本1917年出版的《生命起源和演化》所作的插图(图117)。

在20世纪20年代和30年代,格雷戈里为自己的研究结果绘制了一些系统树,都收录在纽约动物学学会的各种出版物中。他在这个阶段的分枝图以发表于 1935 年的鲨鱼和鳐鱼系统树为代表（图 157），该图以独特的方式呈现出了各种假设关系，看起来仿佛是由游动的鲨鱼和鳐鱼构成。20 世纪 30 年代中期，格雷戈里开始和同为美国自然史博物馆员工的乔治·迈尔斯·康拉德（George Miles Conrad，1911—1964）积极合作，一起发表了一系列有精美插图的论文。1938 年，他们共同提出了肉食性脂鲤科的系统发生学（图 158）。格雷戈里还在 1942 年独立构建了"无脊椎动物和脊椎动物的比较历史"[1]，其中为每个类群标明了估计的历史、明确的或可能的诞生年代、化石缺乏程度和通过比较解剖学（包括胚胎学）得出的关系，因此显得比较独特（图 159）。他于 1945 年发表的 3 株系统树尤为复杂：爬行类、鸟类和哺乳动物的"分枝演化"（图 160）；脊椎动物独特的系统发生学、生命带和运动模式叠加图（图 161）；现生和化石鸟类的上颌特征状态图（图 162）。[2]

作为对比骨学专家和哺乳动物牙齿专家，格雷戈里在相关领域发表过大量分枝图：成于 1946 年的犬类及其亲属系统树（图 163），依据为颅骨形态学[3]；同样成于 1946 年的熊、浣熊和大熊猫的牙齿演化图（图 164）[4]；成于 1948 年的脊椎动物肱骨演化图（图 165），从总鳍鱼类到近期的哺乳动物都囊括在内[5]。他完成于 1946 年的啮齿类系统树采用了相当与众不同的表现手法，即使用立体的自然姿势来展示动物，而没有采用当时常用的平面图手法（图 166）。[6]

要说哪本作品称得上是演化树的盛宴，那就非格雷戈里的《演化兴起》莫属。这两卷巨著出版于 1951 年，收录了近 100 幅设计精美、笔触细腻的演化树。第一卷开篇就用了一幅精巧的"脊椎动物序列"作为卷首插图（图 167），其中有一系列紧凑的族系从代表地质时间的狭窄岩缝中发出，一直上升扩展到最近的时代，最右边还列出了生命历史上的重大事件。

《演化兴起》中的其他图片都集中在第二卷里。本书只展示其中最出色的几幅：深海鮟鱇鱼系统树（图168）[7][1]；陆生脊椎动物颅骨上松果体孔的演化（图169）；蜥蜴的系统树（图170）；羚羊及其亲属的系统树（图171），以头骨和角为依据；灵长类动物的手足图（图172和173）。

---

[1] 由格雷戈里以缩略版形式首次出版。

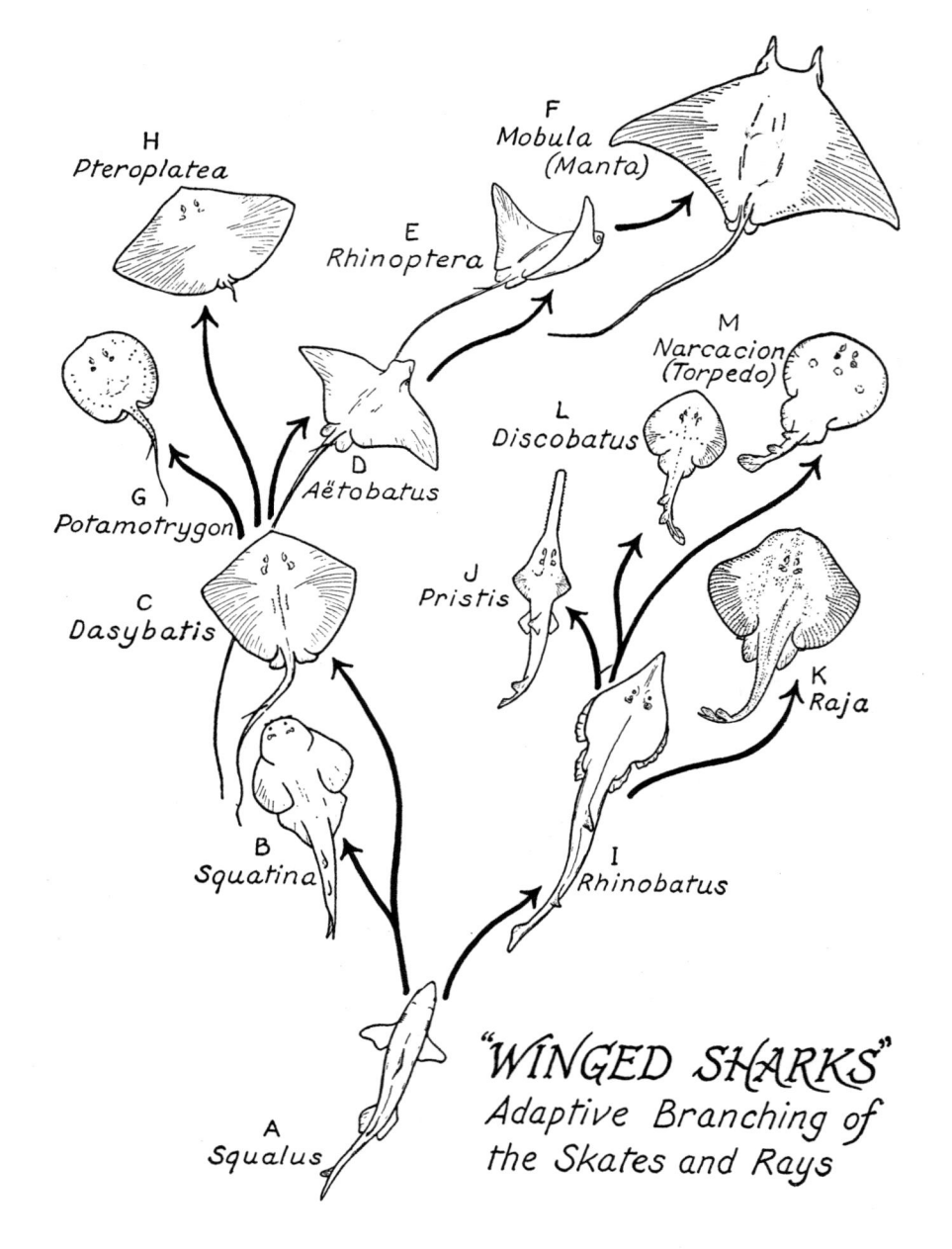

图 157 "带翅鲨鱼",鳐鱼的适应性分枝图,来自威廉·金·格雷戈里发表于 1935 年的作品。格雷戈里,1951 年,《演化兴起:从原始生物到人类的变化模式调查》,第 2 卷,第 86 页,图 6.1;由玛丽·德容、梅·卡拉曼和美国自然史博物馆提供。已获得授权。

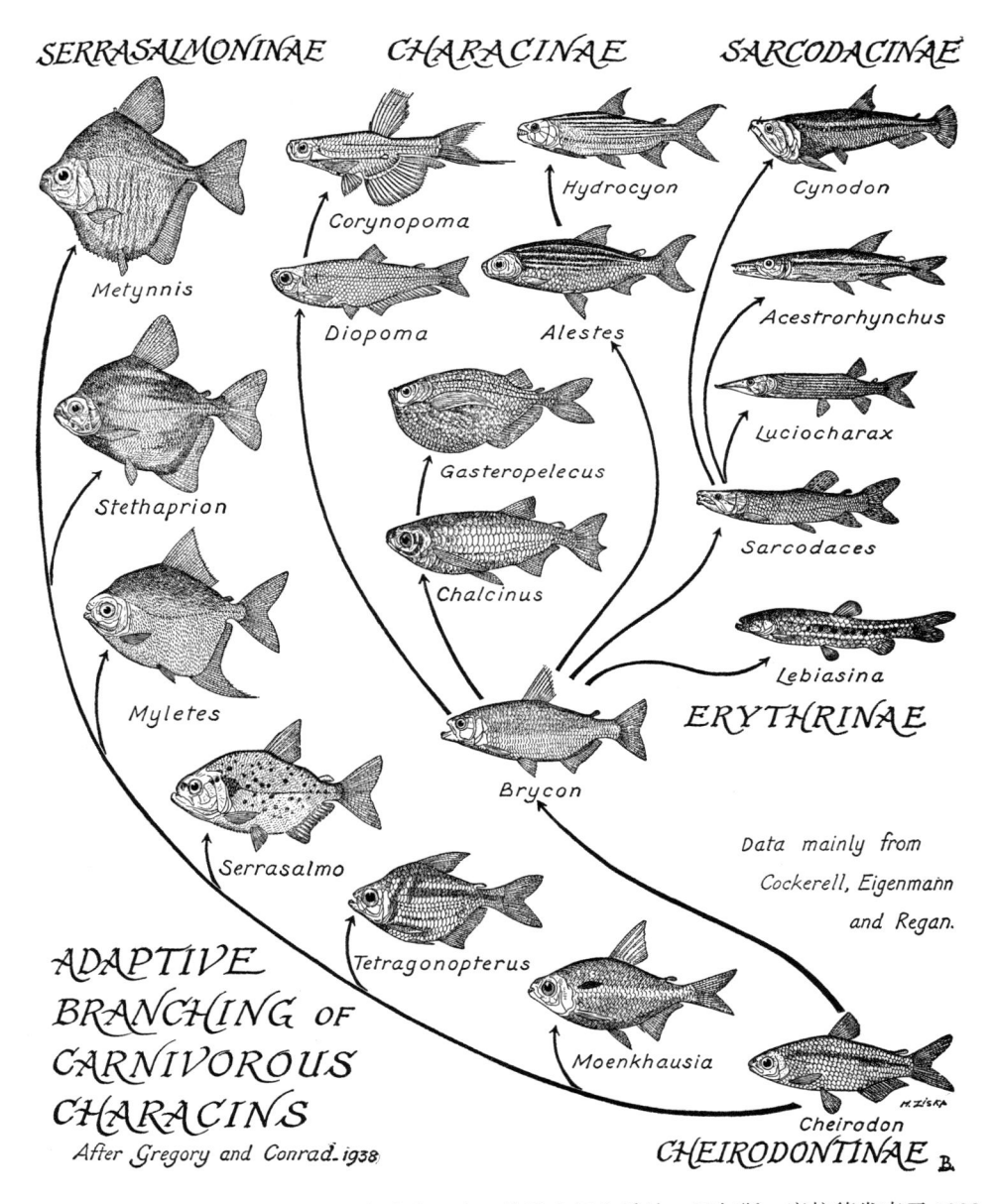

图 158 脂鲤科中的关系,来自威廉·金·格雷戈里和乔治·迈尔斯·康拉德发表于 1938 年的作品。

格雷戈里,1951 年,《演化兴起:从原始生物到人类的变化模式调查》,第 2 卷,第 170 页,图 8.60;由玛丽·德容、梅·卡拉曼和美国自然史博物馆提供。已获得授权。

威廉·金·格雷戈里的系统树　1938—1951

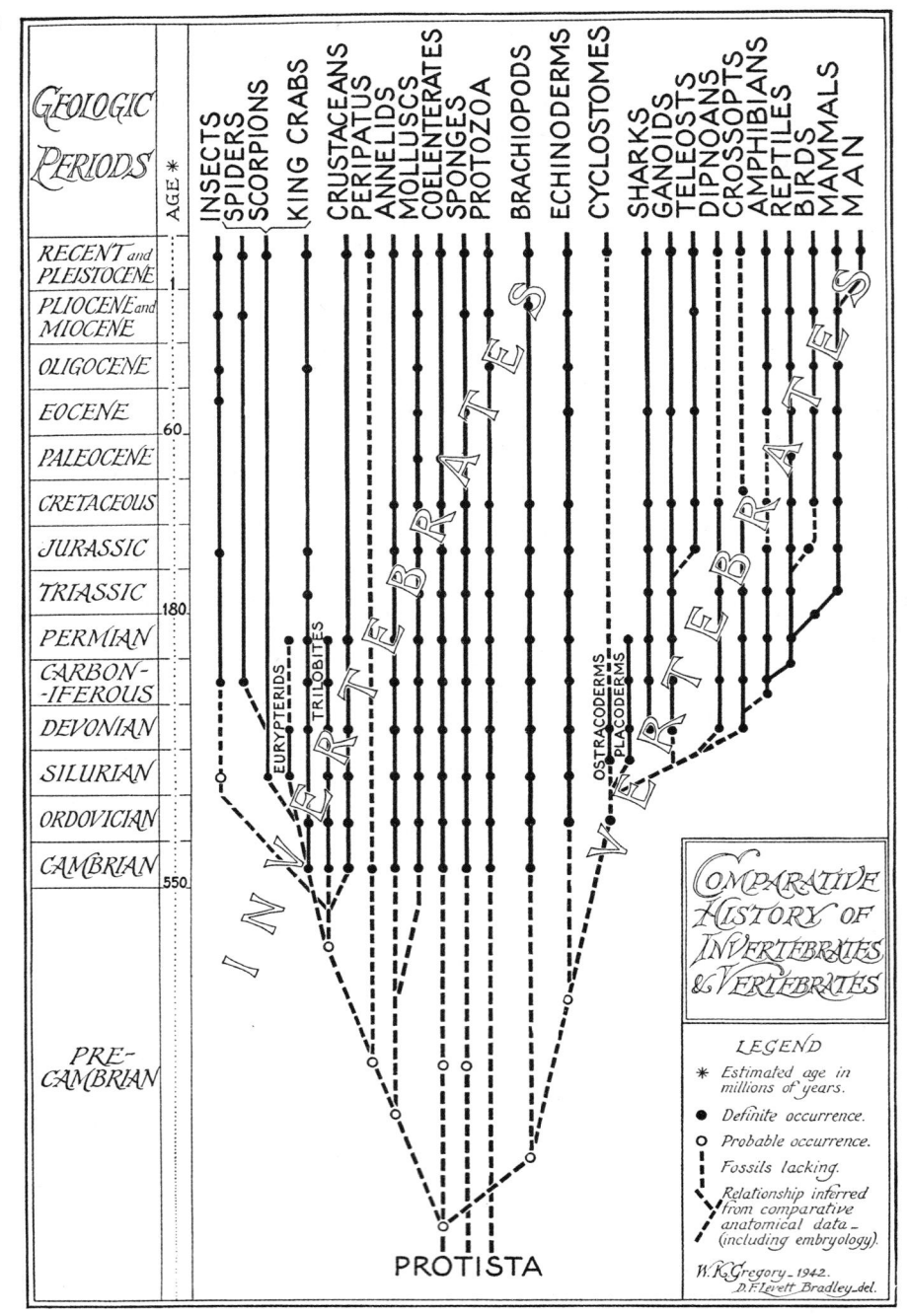

生命之树　　Trees of Life

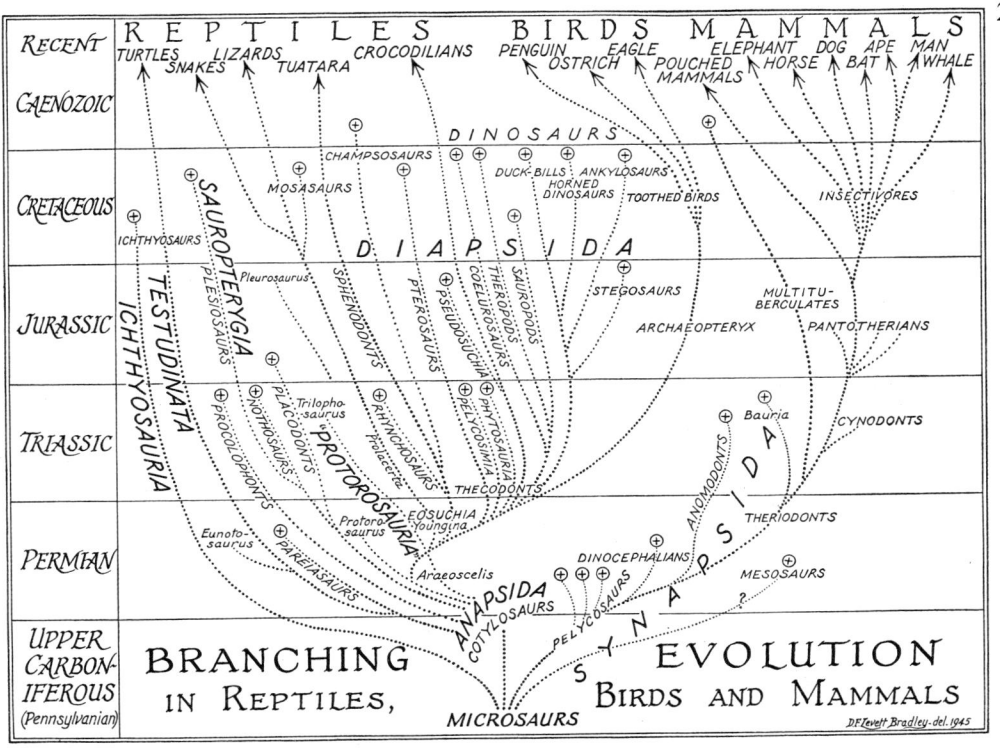

图 159（对页图） 威廉·金·格雷戈里发表于 1942 年的无脊椎动物和脊椎动物系统树。
格雷戈里，1951 年，《演化兴起：从原始生物到人类的变化模式调查》，第 2 卷，第 213 页，图 9.155；由玛丽·德容、梅·卡拉曼和美国自然史博物馆提供。已获得授权。

图 160 威廉·金·格雷戈里发表于 1945 年的爬行类、鸟类和哺乳类关系图。
格雷戈里，1951 年，《演化兴起：从原始生物到人类的变化模式调查》，第 2 卷，第 312 页，图 9.47；由玛丽·德容、梅·卡拉曼和美国自然史博物馆提供。已获得授权。

威廉·金·格雷戈里的系统树　1938—1951

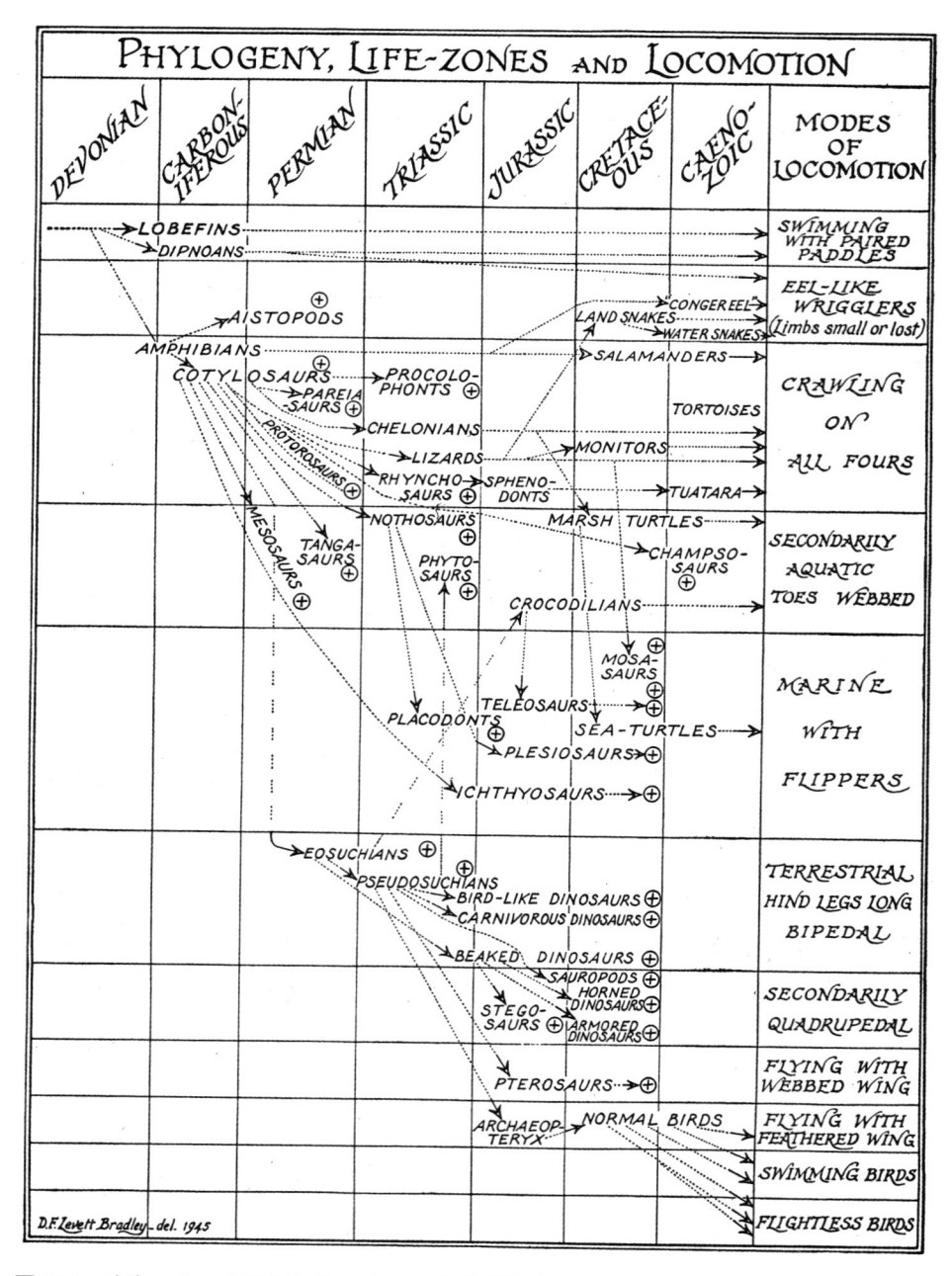

图 161 威廉·金·格雷戈里发表于 1945 年的脊椎动物"系统发生学、生命带和运动模式"。格雷戈里，1951 年，《演化兴起：从原始生物到人类的变化模式调查》，第 2 卷，第 378 页，图 12.1；由玛丽·德容、梅·卡拉曼和美国自然史博物馆提供。已获得授权。

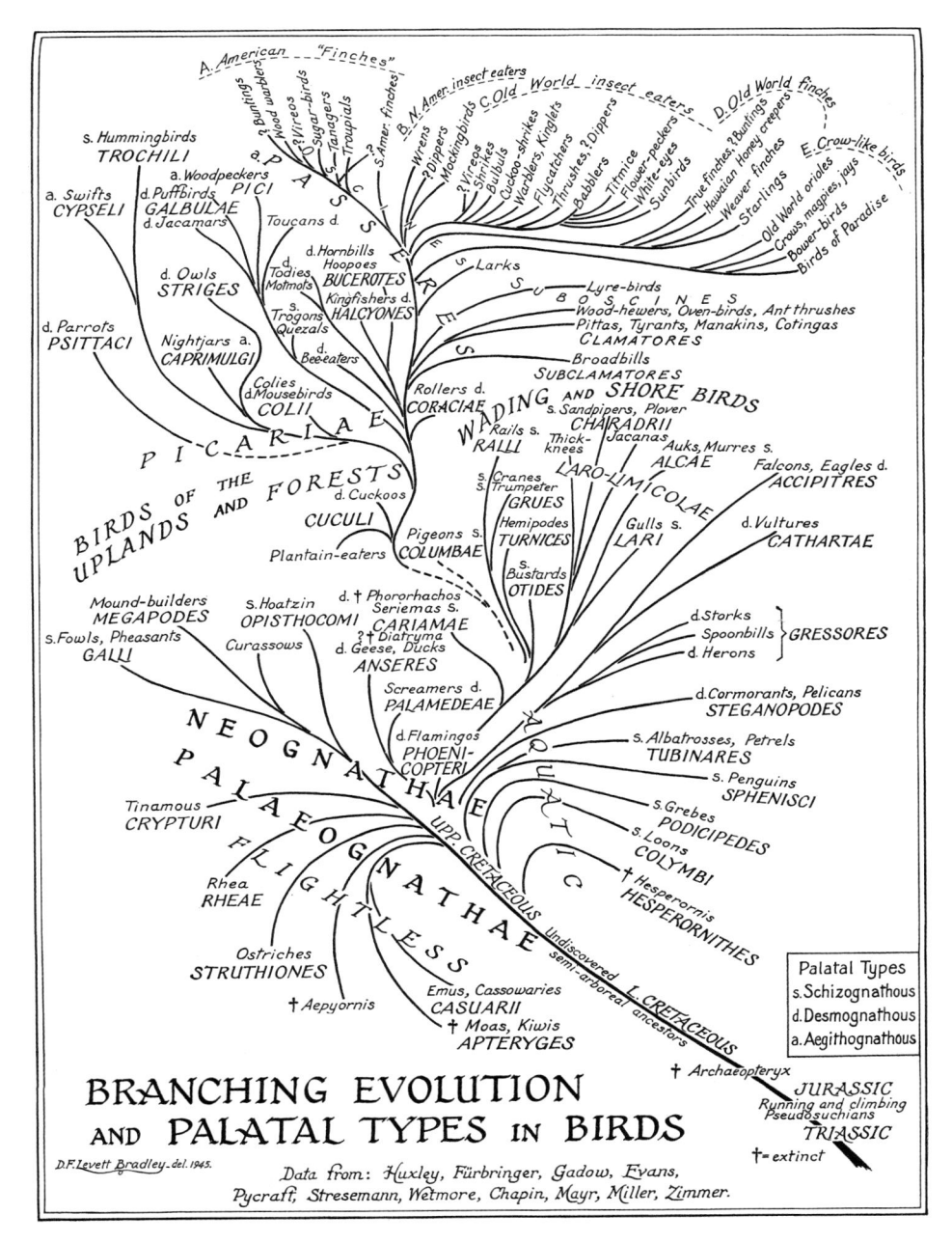

图 162 威廉·金·格雷戈里绘制于 1945 年的鸟类上颌特征状态树。

格雷戈里，1951 年，《演化兴起：从原始生物到人类的变化模式调查》，第 2 卷，第 440–441 页，图 12.52a 和 12.52b；由玛丽·德容、梅·卡拉曼和美国自然史博物馆提供。已获得授权。

威廉·金·格雷戈里的系统树　1938—1951

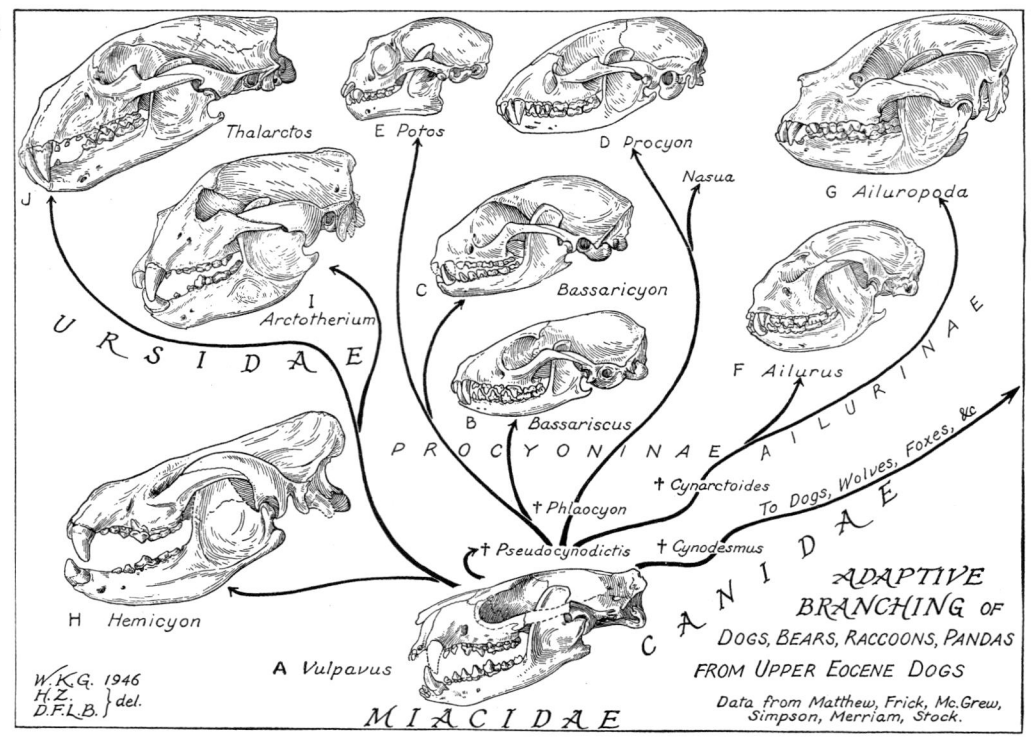

图 163 威廉·金·格雷戈里发表于 1946 年的犬类及其亲属系统树,依据是颅骨的形态。格雷戈里,1951 年,《演化兴起:从原始生物到人类的变化模式调查》,第 2 卷,第 442–443 页,图 12.53a 和 12.53b4;由玛丽·德容、梅·卡拉曼和美国自然史博物馆提供。已获得授权。

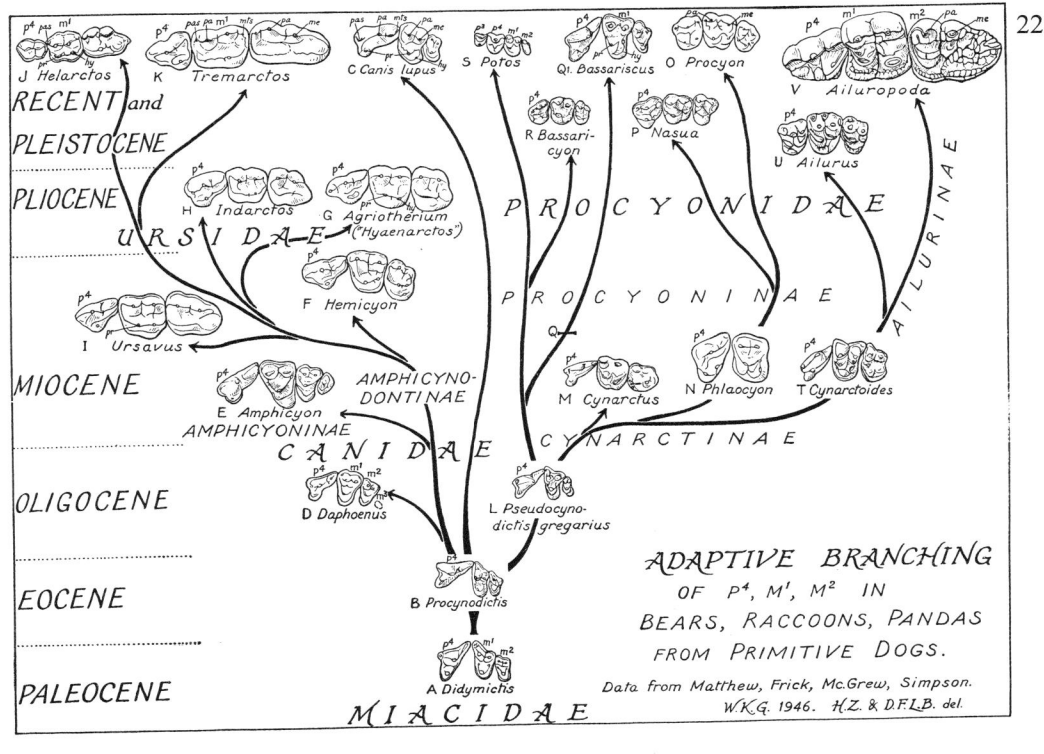

图 164 威廉·金·格雷戈里发表于1946年的熊、浣熊和大熊猫牙齿演化图。

格雷戈里，1951年，《演化兴起：从原始生物到人类的变化模式调查》，第2卷，第468页，图14.1；由玛丽·德容、梅·卡拉曼和美国自然史博物馆提供。已获得授权。

威廉·金·格雷戈里的系统树　1938—1951

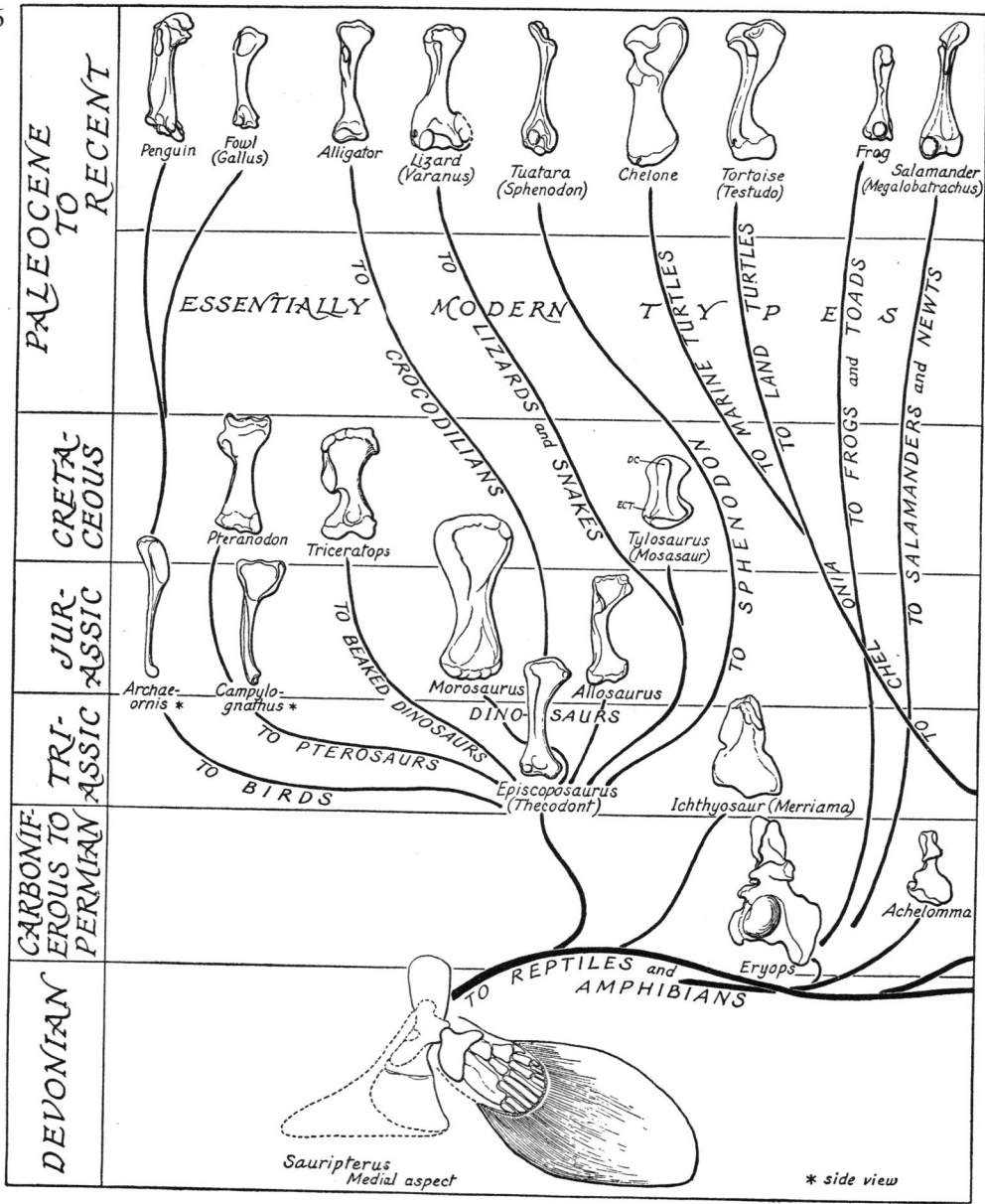

·246· 生命之树   Trees of Life

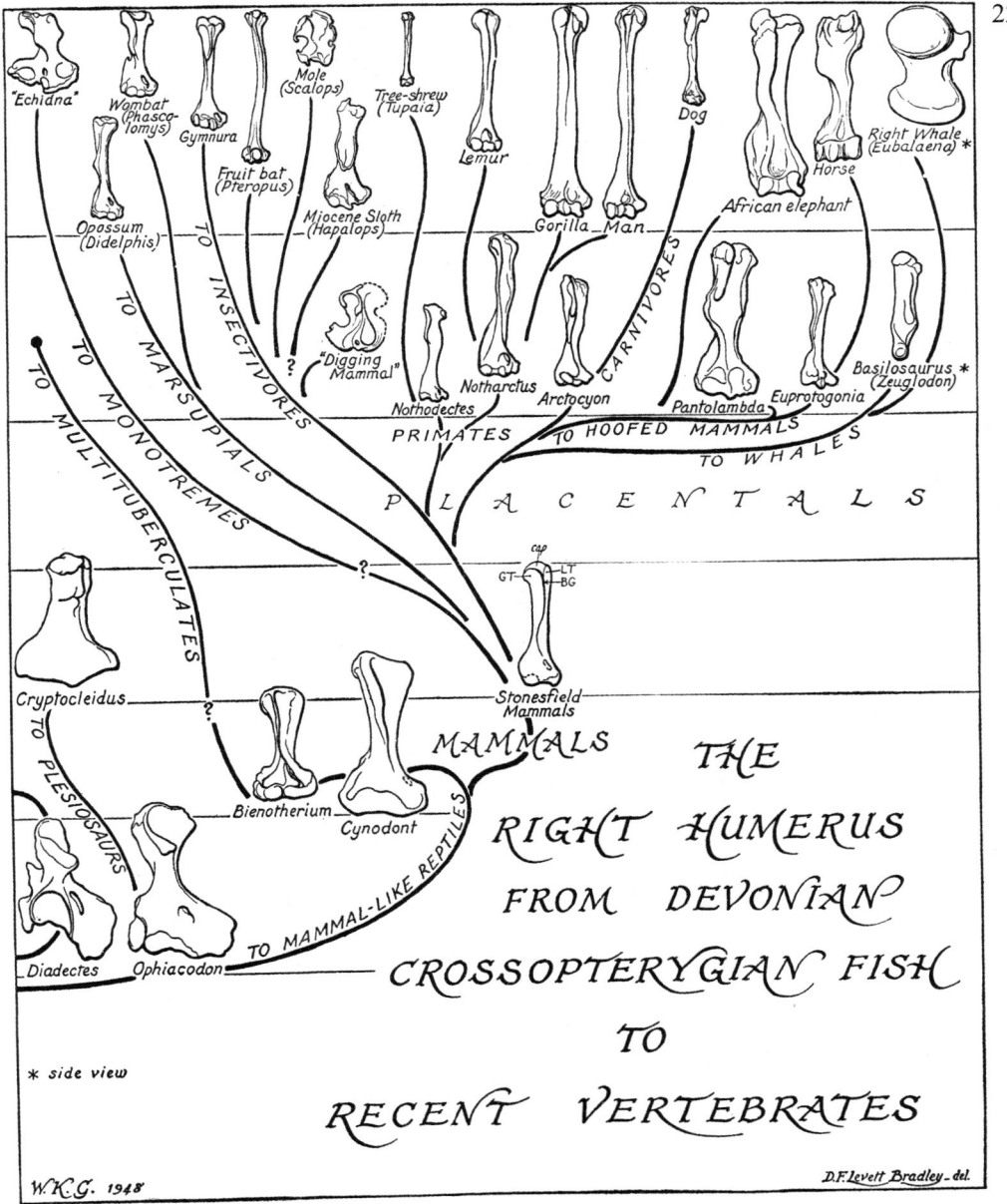

图 165 威廉·金·格雷戈里发表于1948年的脊椎动物肱骨演化图,从总鳍鱼类到近期哺乳动物都囊括在内。

格雷戈里,1951年,《演化兴起:从原始生物到人类的变化模式调查》,第2卷,第547页,图19.40;由玛丽·德容、梅·卡拉曼和美国自然史博物馆提供。已获得授权。

威廉·金·格雷戈里的系统树　1938—1951

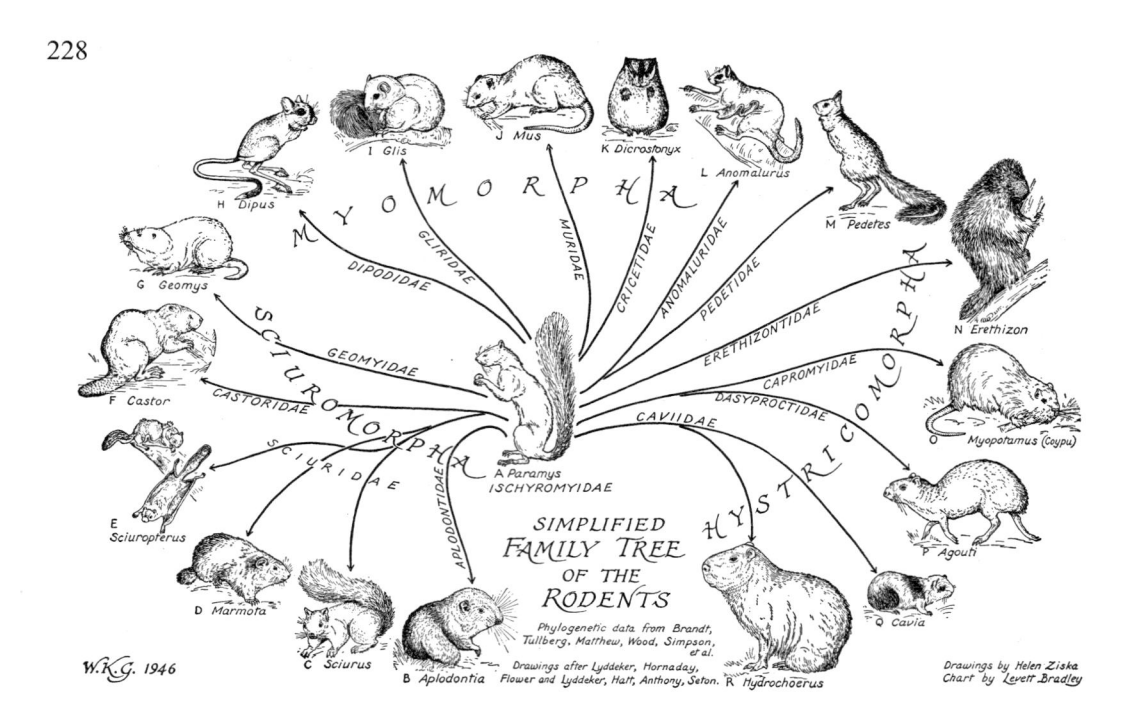

图 166 威廉·金·格雷戈里发表于 1946 年的啮齿类关系树。
格雷戈里，1951 年，《演化兴起：从原始生物到人类的变化模式调查》，第 2 卷，第 757 页，图 20.33；由玛丽·德容、梅·卡拉曼和美国自然史博物馆提供。已获得授权。

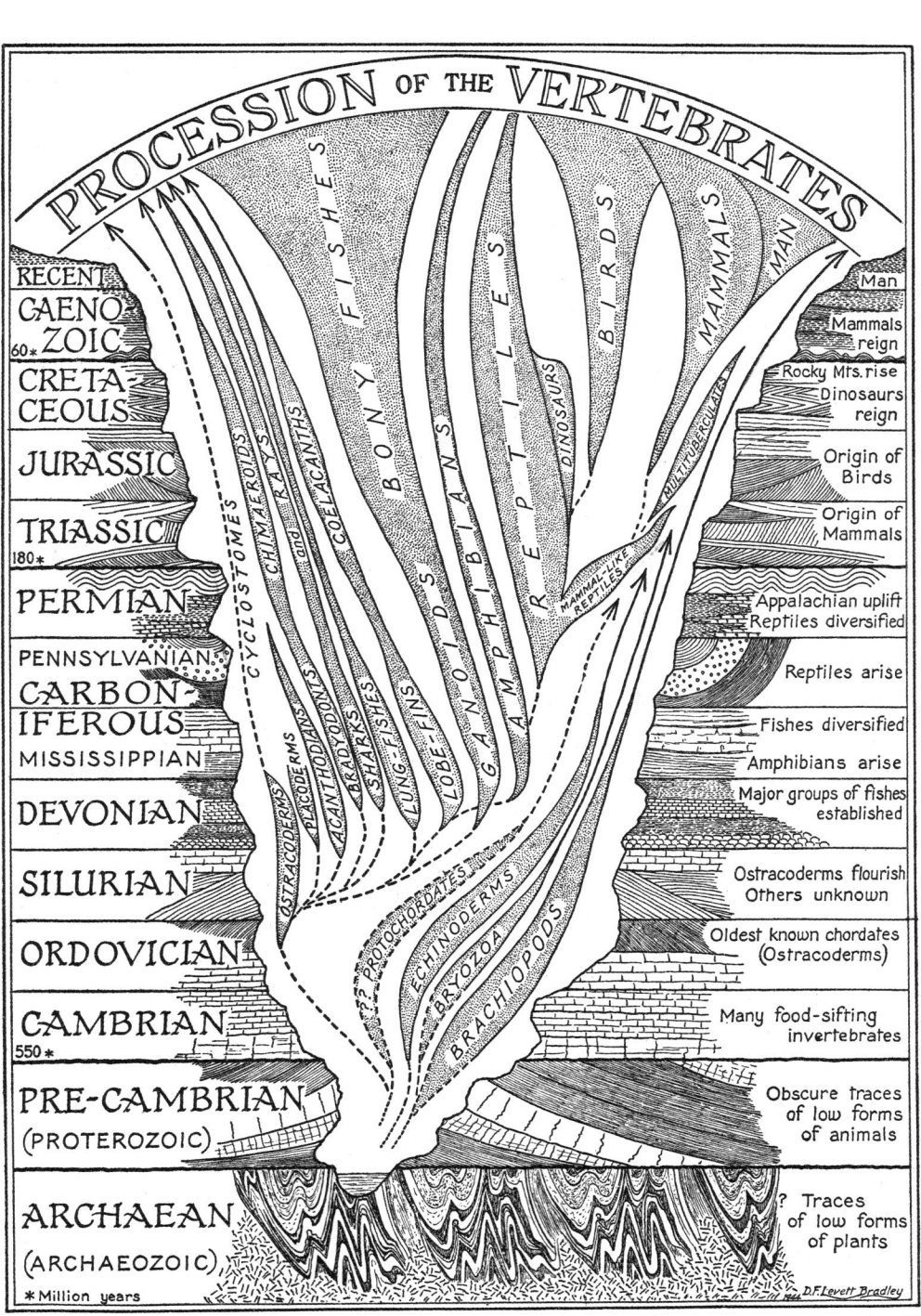

PROCESSION OF THE VERTEBRATES

RECENT		Man
CAENOZOIC 60*		Mammals reign
CRETACEOUS		Rocky Mts. rise / Dinosaurs reign
JURASSIC		Origin of Birds
TRIASSIC 180*		Origin of Mammals
PERMIAN		Appalachian uplift / Reptiles diversified
PENNSYLVANIAN	CARBONIFEROUS	Reptiles arise
		Fishes diversified
MISSISSIPPIAN		Amphibians arise
DEVONIAN		Major groups of fishes established
SILURIAN		Ostracoderms flourish / Others unknown
ORDOVICIAN		Oldest known chordates (Ostracoderms)
CAMBRIAN 550*		Many food-sifting invertebrates
PRE-CAMBRIAN (PROTEROZOIC)		Obscure traces of low forms of animals
ARCHAEAN (ARCHAEOZOIC)		? Traces of low forms of plants

*Million years

Groups shown: CYCLOSTOMES, CHIMAEROIDS, BONY FISHES, COELACANTHS, FISHES, DINOSAURS, BIRDS, MAMMALS, MAN, OSTRACODERMS, PLACODERMS, ACANTHODIANS, BRADYODONTS, SHARKS, LUNG-FISHES, LOBE-FINS, GANOIDS, AMPHIBIANS, REPTILES, MAMMAL-LIKE REPTILES, MULTITUBERCULATES, PROTOCHORDATES, ECHINODERMS, BRYOZOA, BRACHIOPODS

D. F. Levett Bradley

EVOLUTION EMERGING

图167(前页图) 《演化兴起》的卷首插图。该书由威廉·金·格雷戈里所著,共2卷。

格雷戈里,1951年,《演化兴起:从原始生物到人类的变化模式调查》,第1卷,卷首插图;由玛丽·德容、梅·卡拉曼和美国自然史博物馆提供。已获得授权。

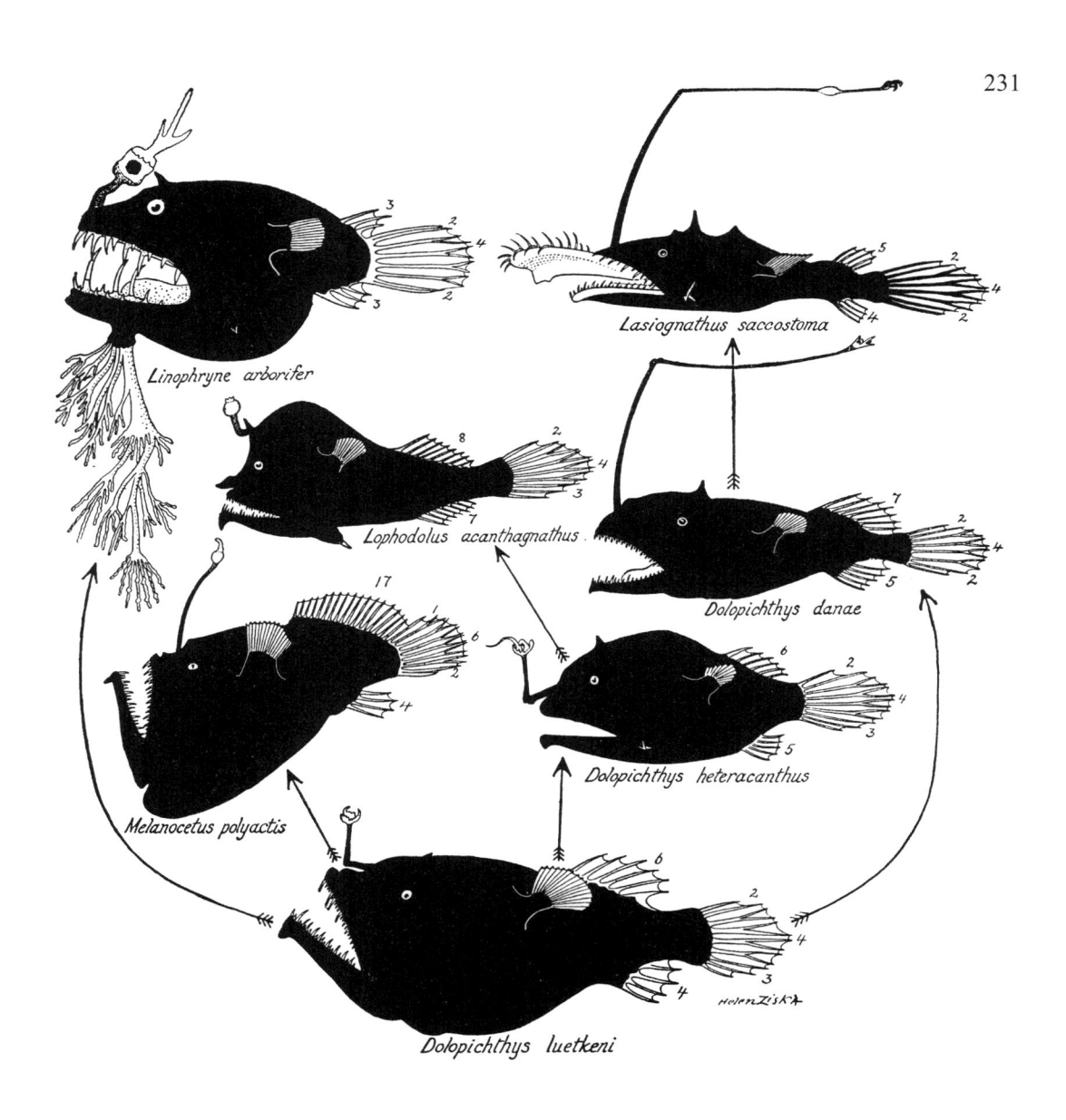

图 168 深海鮟鱇鱼的系统树。

格雷戈里,1951 年,《演化兴起:从原始生物到人类的变化模式调查》,第 2 卷,第 758 页,图 20.34;由玛丽·德容、梅·卡拉曼和美国自然史博物馆提供。已获得授权。

威廉·金·格雷戈里的系统树　1938—1951

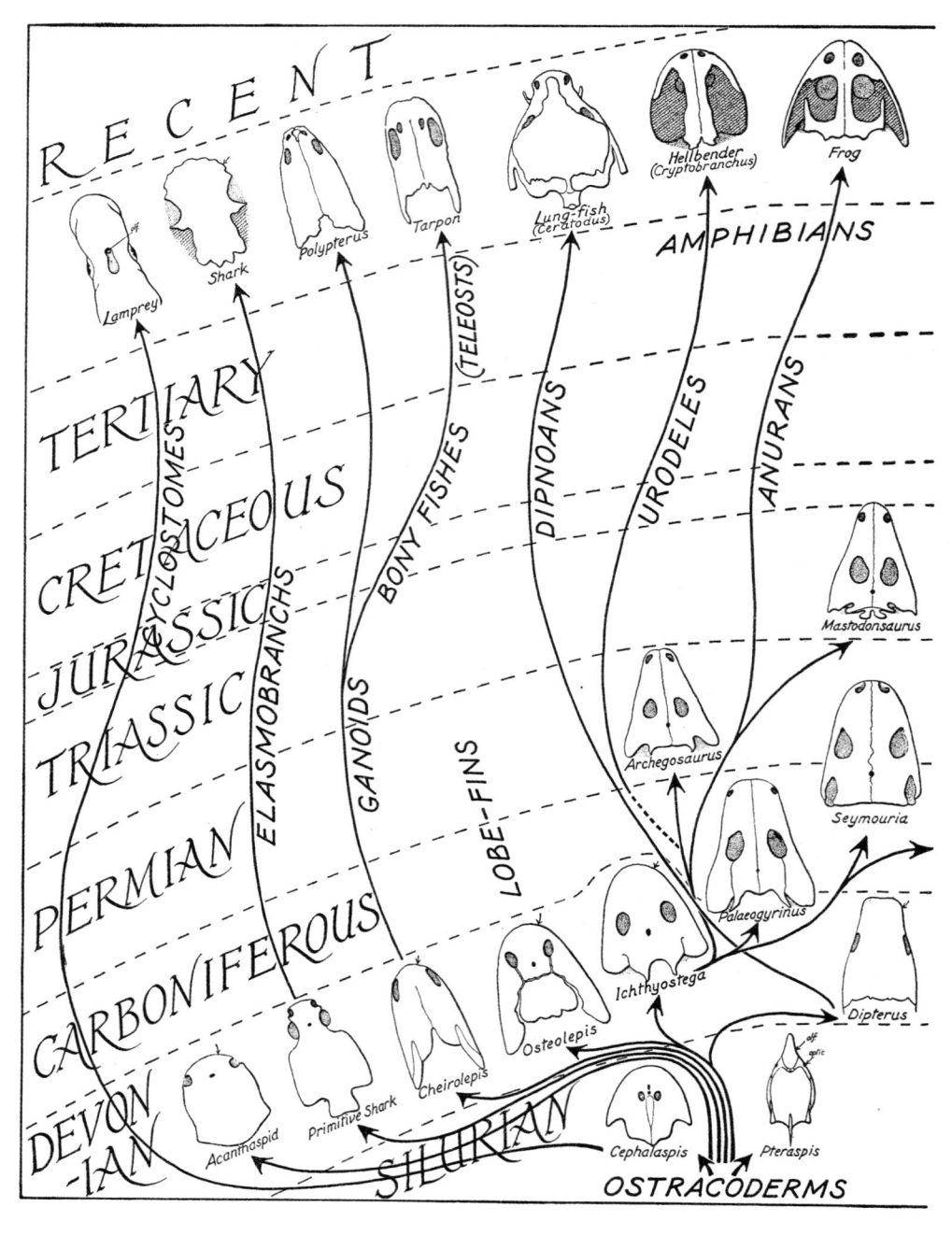

232–233

252 生命之树 Trees of Life

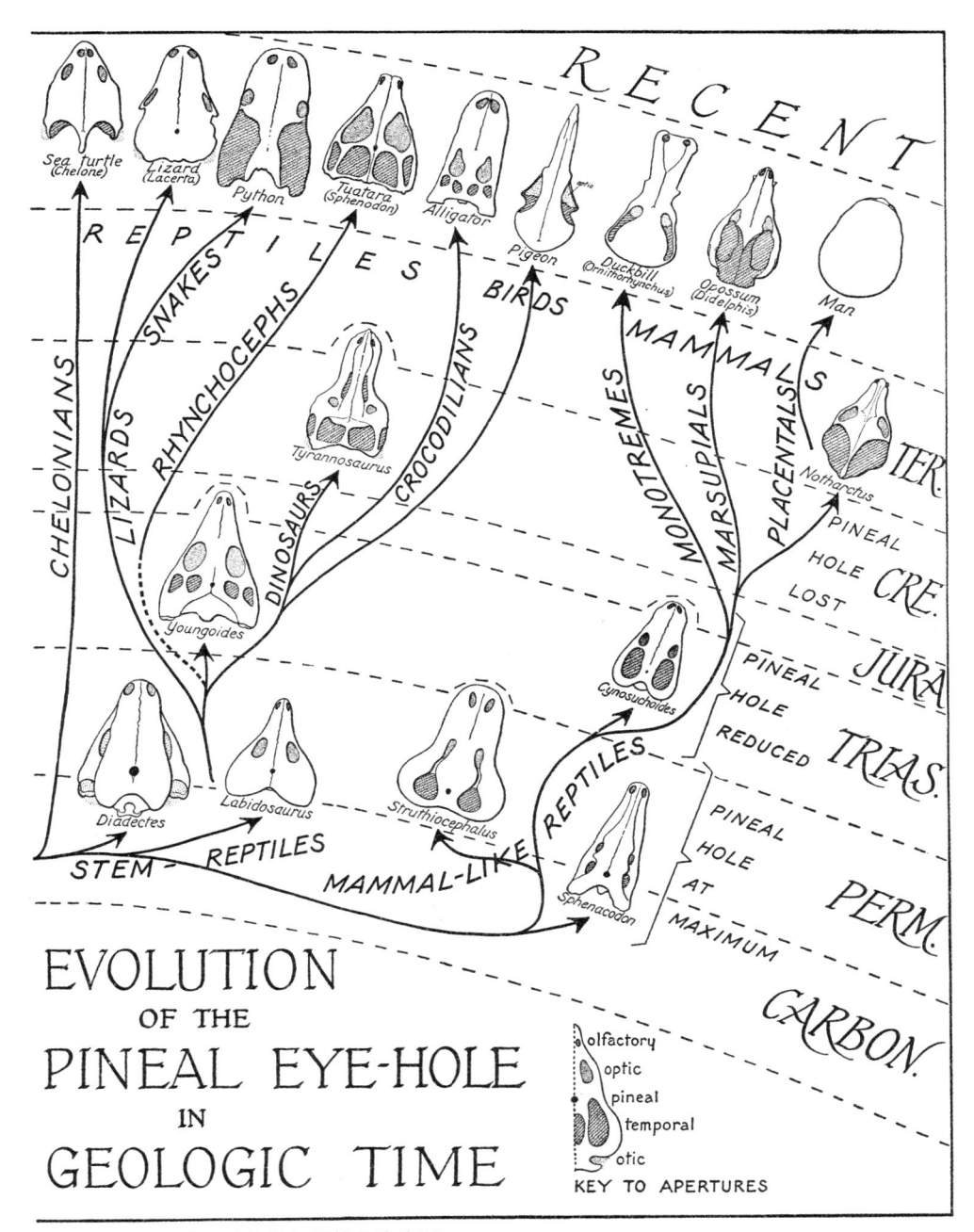

图 169　陆生脊椎动物的松果体孔演化图。

格雷戈里，1951 年，《演化兴起：从原始生物到人类的变化模式调查》，第 2 卷，第 718 页，图 21.116a 和 21.116b；由玛丽·德容、梅·卡拉曼和美国自然史博物馆提供。已获得授权。

威廉·金·格雷戈里的系统树　1938—1951

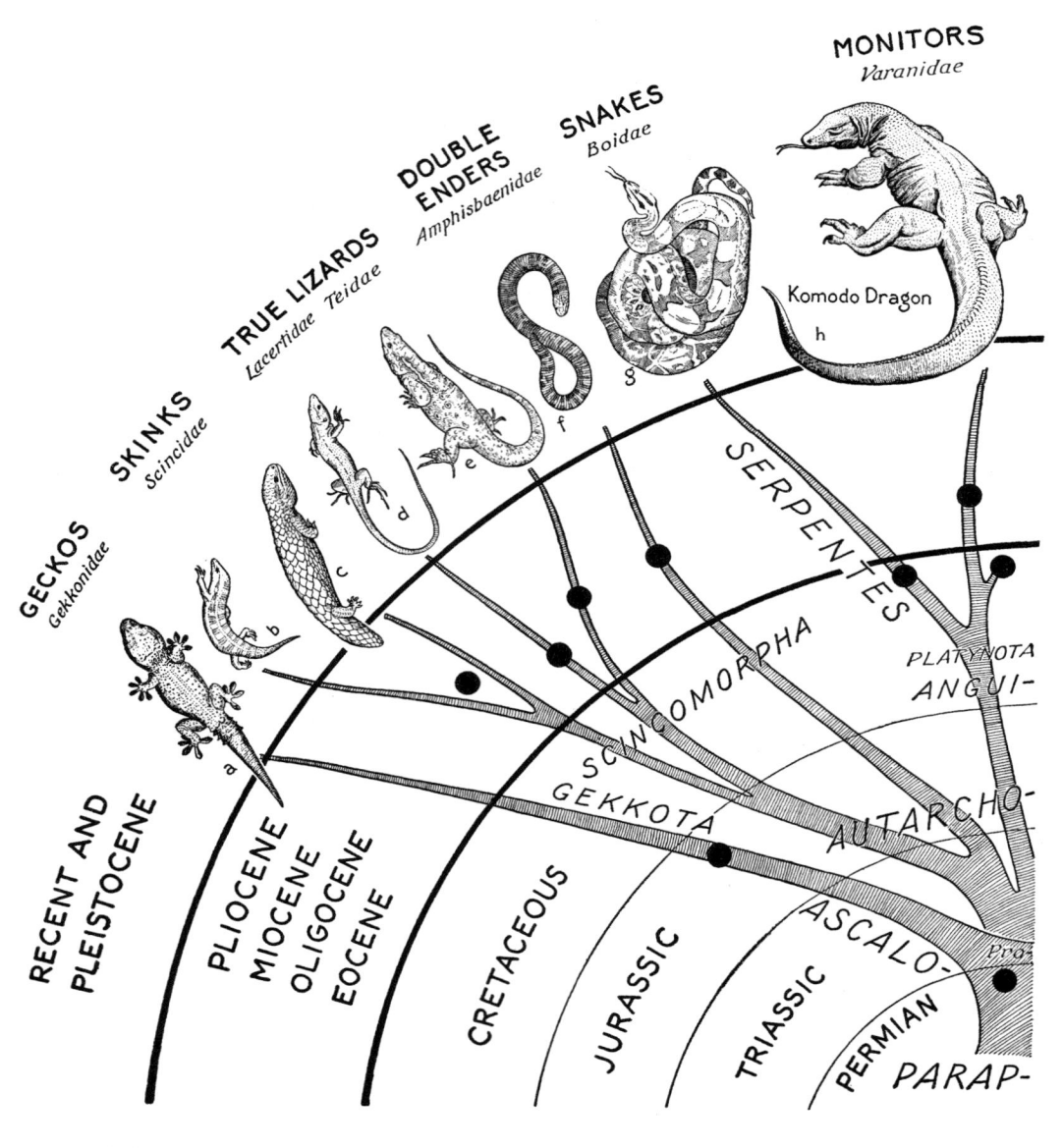

MONITORS
Varanidae

Komodo Dragon
h

SNAKES
Boidae

DOUBLE ENDERS
Amphisbaenidae

TRUE LIZARDS
Lacertidae Teidae

SKINKS
Scincidae

GECKOS
Gekkonidae

SERPENTES

PLATYNOTA

ANGUI-

SCINCOMORPHA

AUTARCHO-

GEKKOTA

ASCALO-

Pro

RECENT AND PLEISTOCENE

PLIOCENE
MIOCENE
OLIGOCENE
EOCENE

CRETACEOUS

JURASSIC

TRIASSIC

PERMIAN

PARAP-

234–235

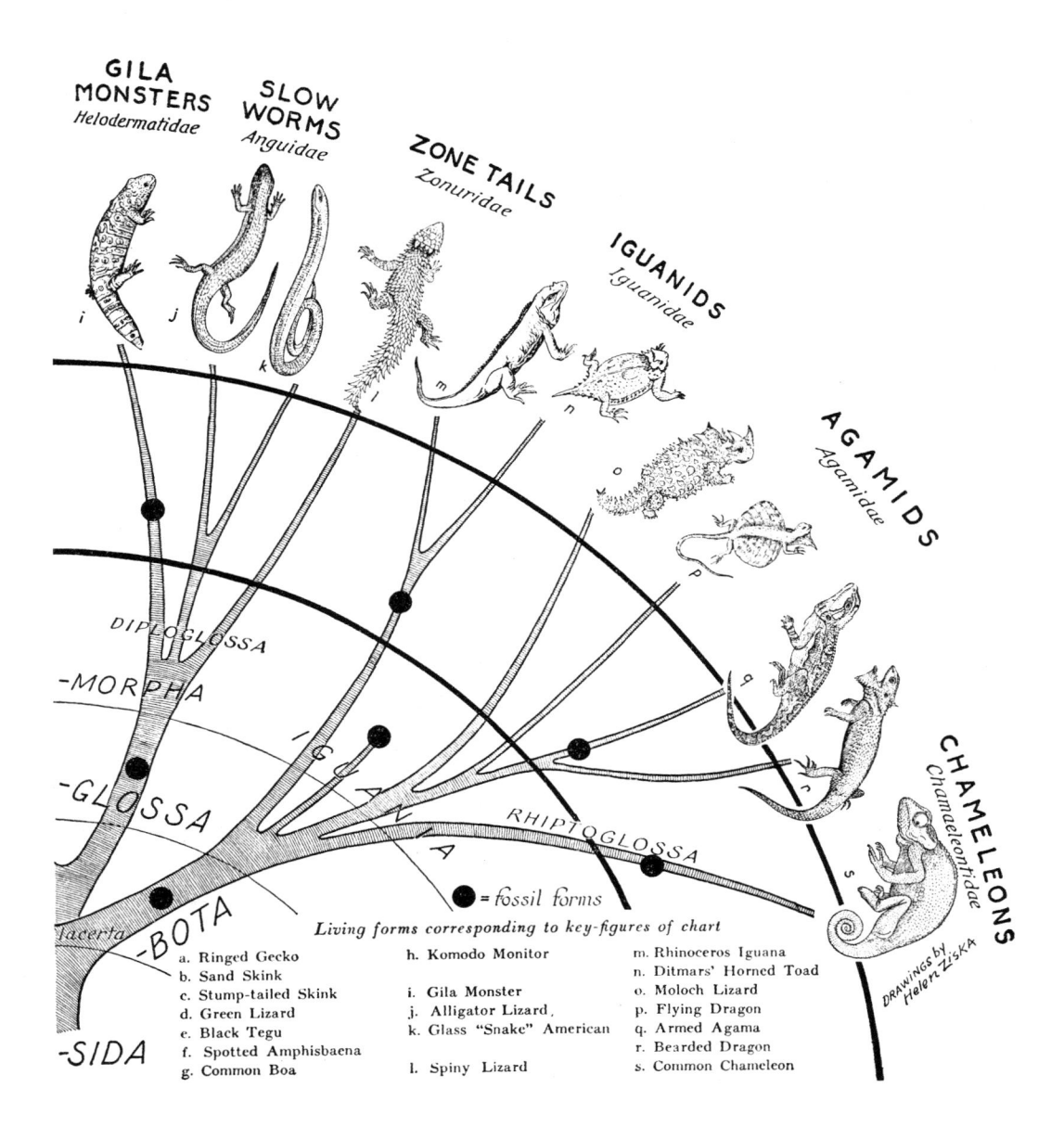

图 170 蜥蜴的系统树。

格雷戈里，1951 年，《演化兴起：从原始生物到人类的变化模式调查》，第 2 卷，第 886–887 页，图 24.5a 和 24.5b；由玛丽·德容、梅·卡拉曼和美国自然史博物馆提供。已获得授权。

威廉·金·格雷戈里的系统树 1938—1951

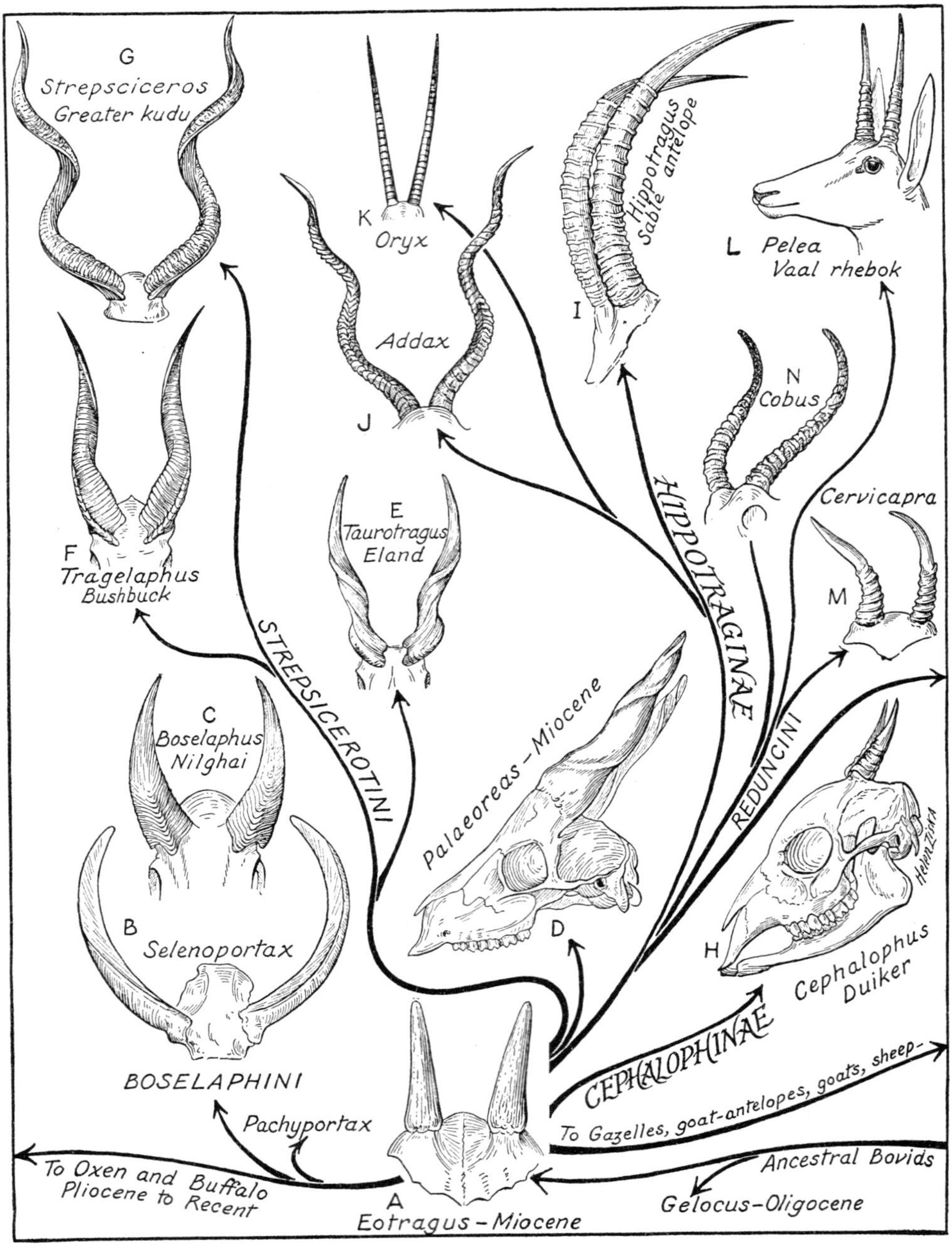
G
Strepsiceros
Greater kudu
K
Oryx
Hippotragus
Sable antelope
L
Pelea
Vaal rhebok
I
Addax
J
N
Cobus
F
Tragelaphus
Bushbuck
E
Taurotragus
Eland
HIPPOTRAGINAE
Cervicapra
M
STREPSICEROTINI
C
Boselaphus
Nilghai
Palaeoreas-Miocene
REDUNCINI
Helen Ziska
B
Selenoportax
D
H
Cephalophus
Duiker
CEPHALOPHINAE
BOSELAPHINI
To Gazelles, goat-antelopes, goats, sheep-
Pachyportax
Ancestral Bovids
To Oxen and Buffalo
Pliocene to Recent
A
Eotragus-Miocene
Gelocus-Oligocene

236–237

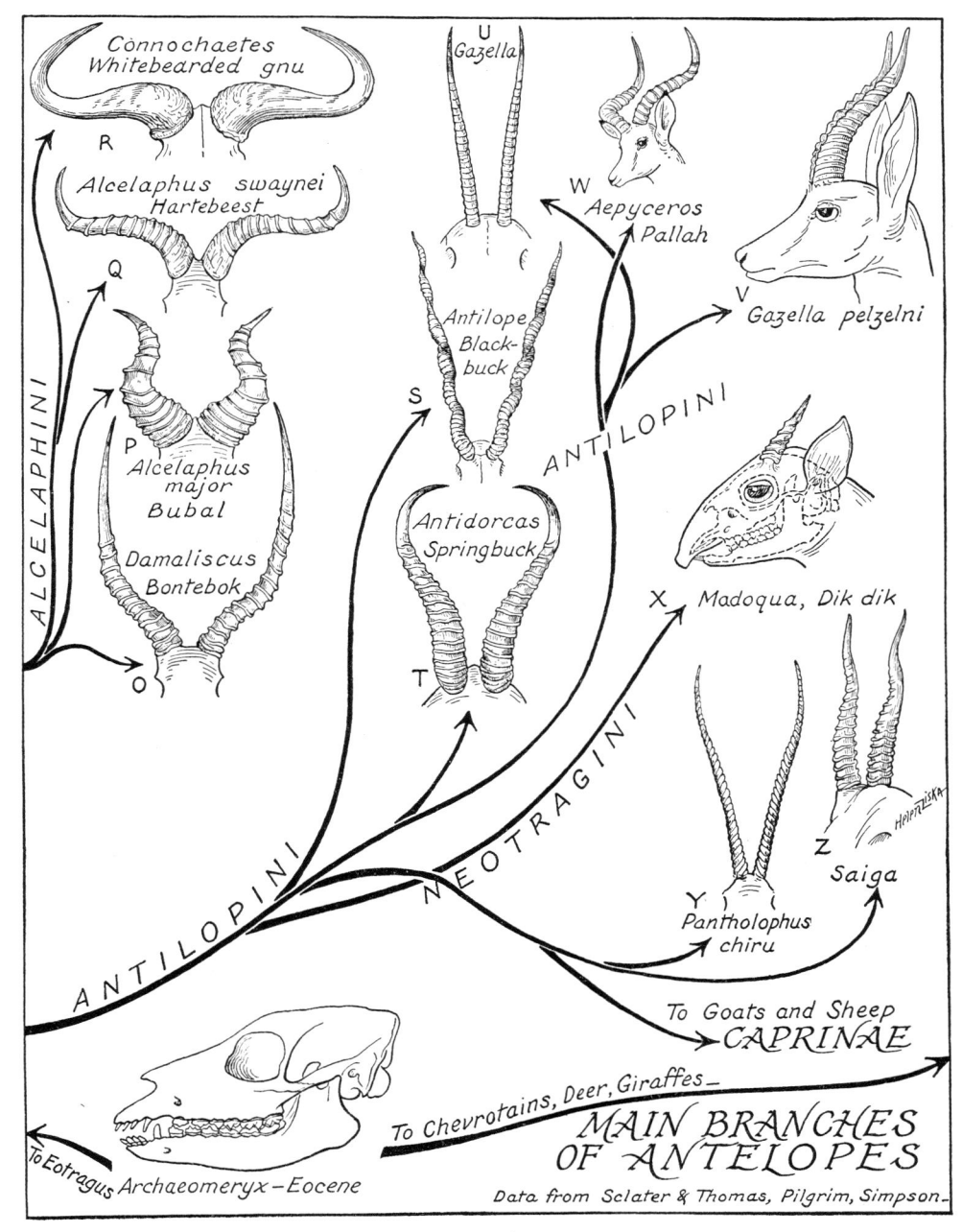

图 171 羚羊及其亲属的系统树，依据为头骨和角。

格雷戈里，1951 年，《演化兴起：从原始生物到人类的变化模式调查》，第 2 卷，第 998–999 页，图 24.10a 和 24.10b；由玛丽·德容、梅·卡拉曼和美国自然史博物馆提供。已获得授权。

威廉·金·格雷戈里的系统树　1938—1951

Man

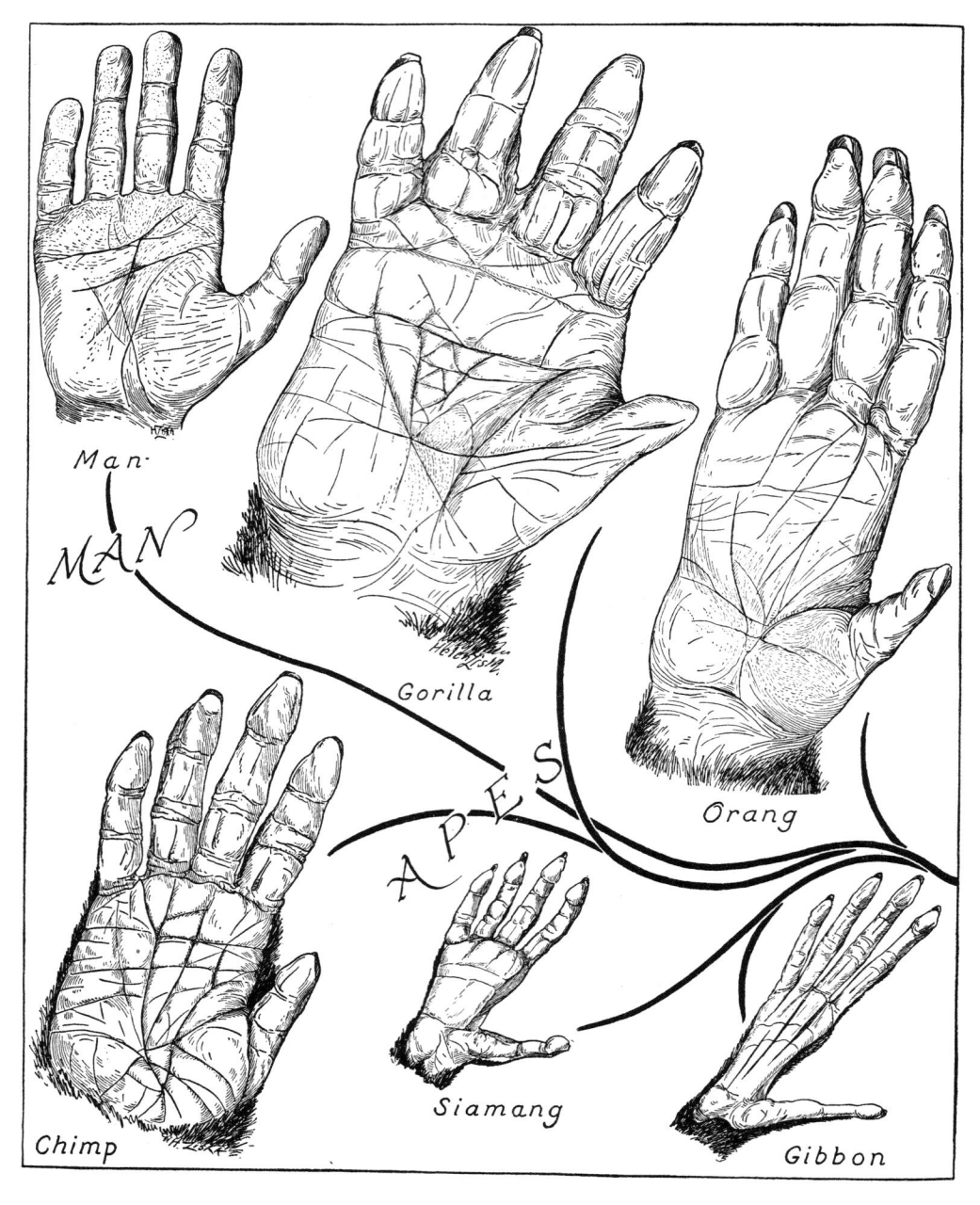

MAN

Gorilla

APES

Orang

Chimp

Siamang

Gibbon

238–239

生命之树   Trees of Life

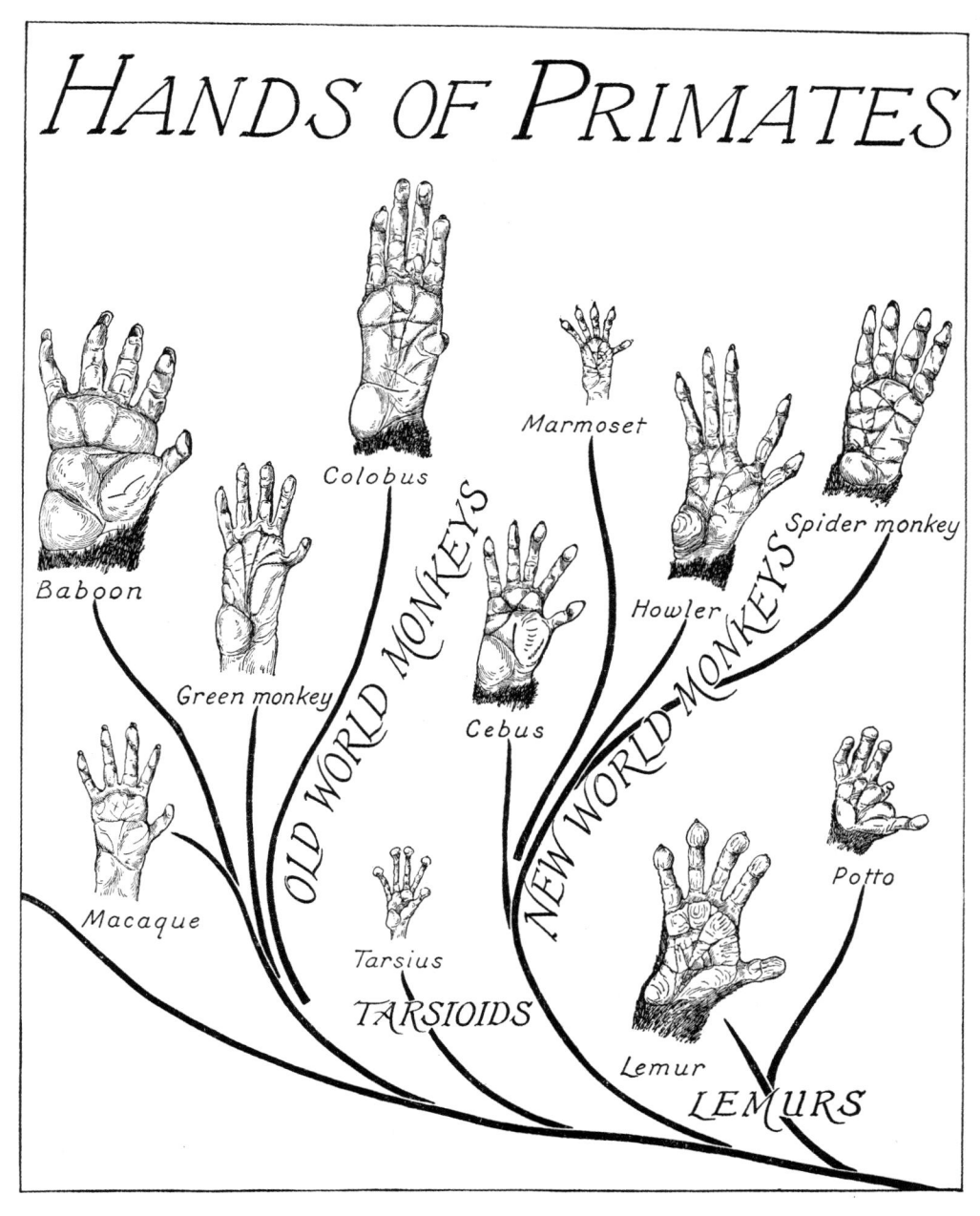

图 172 灵长类的手部。

格雷戈里，1951 年，《演化兴起：从原始生物到人类的变化模式调查》，第 2 卷，第 1004–1005 页，图 24.11a 和 24.11b；由玛丽·德容、梅·卡拉曼和美国自然史博物馆提供。已获得授权。

威廉·金·格雷戈里的系统树　1938—1951

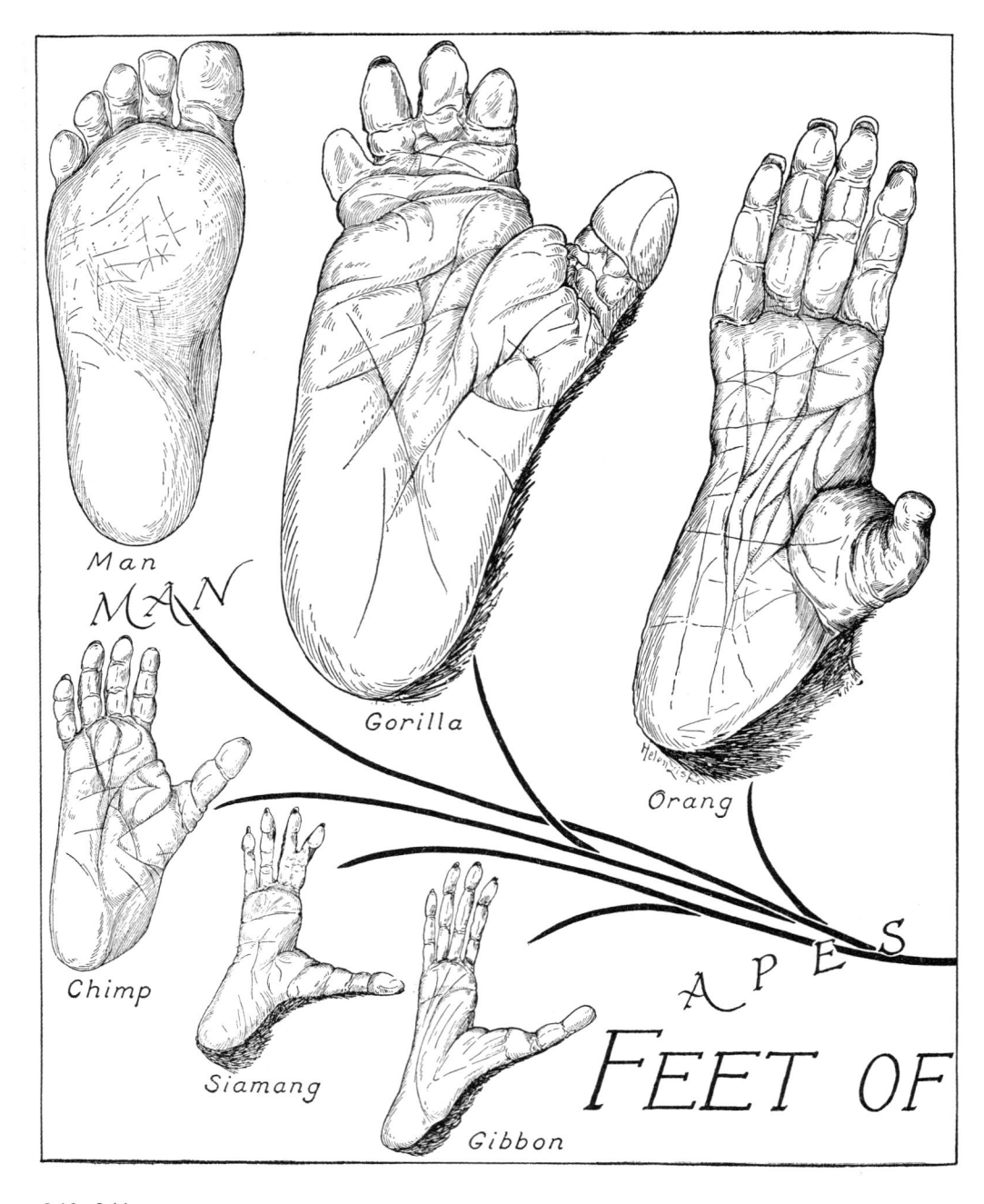

生命之树　Trees of Life

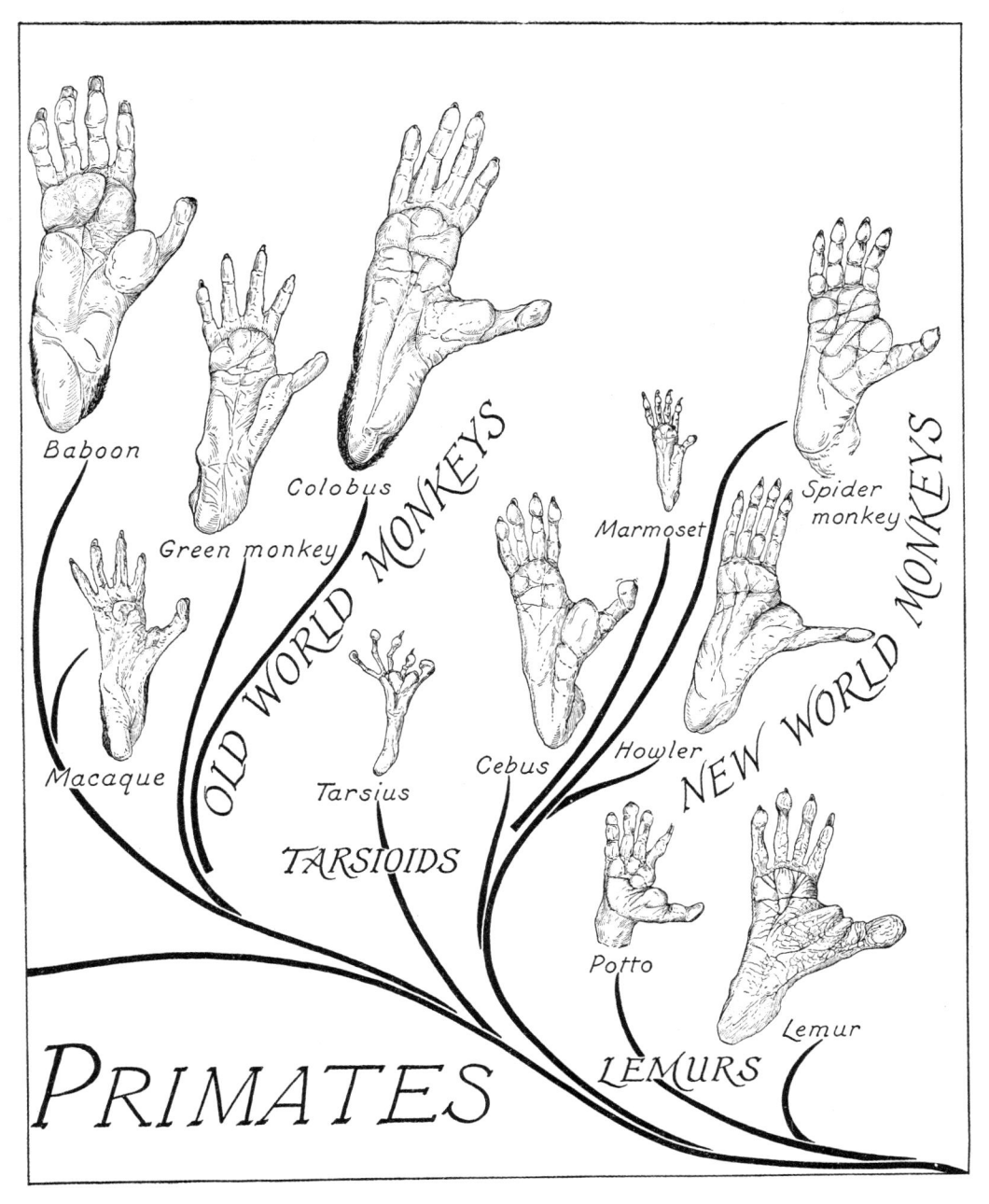

图 173 灵长类的足部。

格雷戈里,1951 年,《演化兴起:从原始生物到人类的变化模式调查》,第 2 卷,第 1006–1007 页,图 15.I;由玛丽·德容、梅·卡拉曼和美国自然史博物馆提供。已获得授权。

威廉·金·格雷戈里的系统树　1938—1951

生命之树

新方法的蛛丝马迹 1954—1969

美国植物学家和细胞学家托马斯·哈珀·古德斯皮德（Thomas Harper Goodspeed，1887—1966）在加州大学伯克利分校的早期研究生涯中就迷上了烟草属，几乎把一生都奉献给了追溯烟草起源（通过杂交）和研究从野生祖先和更早期类群中培育出各种烟草的演化过程。在出版于1954年的经典烟草专著中，他用几幅分枝图总结了自己的成果。本书收录了其中两幅（图174和175）。各种推测和已经发现的类群分布在一系列同心弧线中。各类群间的众多连接线代表多倍体（具有至少3组染色体）和杂交（在很多情况下都属于推测，这是当时的常见做法）都很频繁，这在最外面两层圆弧中的二倍体（12对染色体）和四倍体（24对染色体）类群连接线中尤其明显，也是烟草植物的特征。[1] 将这两幅图整合起来看就能发现，第一幅图在种的层面展示了二倍体间的关系，第二幅图的二倍体集群简化成了带亚属名称的圆圈（比如 longibracteata 周围的集群对应 Acuminatae 亚属，而和 noctiflora 有关的集群就是 Noctiflorae 亚属），而且只纳入了古德斯皮德认为是四倍体类群祖先的二倍体类群。[2]

英国植物学家罗纳德·德欧伊利·古德（Ronald D'Oyley Good，1896—1992）不满足于用传统分枝图来展示演化关系，他1956年发表了一幅图来展示单子叶植物间的亲和性（图176），这和保罗·吉塞克（1792）在160多年前发表的植物圆圈图（图16）非常相似。但古德使用三维模型代替了圆圈，这些没有标注的球仿佛是飘浮在宇宙中的星球，它们的大小、相对位置和距离代表分类内容和假设的亲和性。古德声称二维图不可能真正展示出各类群的"相对位置"，他认为"根据它们的总体形态学异同"，研究者可以比较轻松地"建立一个模型，其中由大小合适的球形指代各个类群（即直径大致代表种数的立方根），这种模型至少可以向我们展示单子叶植物的大量信息，也有助于用新的形式显示出单子叶植物以及它们可能会经历的演化过程"。[3]

奥列格·李森科（Oleg Lysenko，1931—1985）和彼得·亨利·安德鲁斯·斯尼思（Peter Henry Andrews Sneath，1923—2011）也用和古德相似的手法绘制了另一幅三维图，但使用了棒状的相互连接，主题是肠杆菌科的关系。这是一个规模庞大的细菌家族，包括很多大家所熟知的病原体，比如沙门氏菌和大肠杆菌。各个类群由球形表示，代表分类学远近的棍棒将它们连接起来。[4]

恩斯特·海克尔发表于1866年的系统树（图66）和赫伯特·科普兰发表于1938年的系统树（图150）开创先河之后，美国生态学家罗伯特·哈丁·惠特克（Robert Harding Whittaker，1920—1980）又总结了新的证据来支持有关生命树最早期分枝的另一个假设（图178）。1959年，惠特克提出了改良的四界系统（图179）：原生生物界（也称为单细胞生物界）、植物界（多细胞植物界）、真菌界和动物界（多细胞动物）。[5] 他的依据包括藻类分类在近期出现的根本性变化，难以确定是属于动物界还是植物界的"低等"生物的分类问题，以及真菌起源的新假说。

1969年，惠特克再次根据新证据修正了自己的看法，这次提出了具有三个层次的五界系统（图180）：原核生物界（单细胞真核生物界）、多细胞真核生物界（原生生物界）和多核生物界（植物界、真菌界和动物界）。[6] 他认为每个层次都具有基于三大营养摄取模式的趋异，即光合作用、吸收和摄食。原核生物不能摄食。三大模式在原生生物的演化进程中序贯出现，但在多细胞-多核层次中，营养模式造就了差异极大的生物，表现为三个迥异的界。

埃尔马·埃米尔·里皮克（Elmar Emil Leppik，1898—1978）曾是锈菌生物学领域的最高权威，他在20世纪50和60年代发表了大量论文，详述了自己有关专性锈菌的观点，即只生活在特定植物宿主上的生物特化是这类锈菌的适应性行为。他指出植物寄生性锈菌的系统发生历史和它们宿主的演化有密切关系，并用发表于1965年的一幅系统树阐明了这种关系（图181），于是在几乎还没人了解协同演化的年代里留下了对这一概念的早期探索。这幅图非常复杂，需要解释一番才能看个明白：锈菌的特征在于必然会以不可逆的孢子形态顺序完成世代更替，每个世代的宿主植物都不相同。里皮克对此作了进一步解释：

> 一个世代在下一个世代完全适应新的宿主之前都不会离开旧宿主。适应完成之后，第一个世代就可以挣脱旧宿主的束缚，并选择在系统发生学上更年轻的植物作为新宿主。如此这般，锈菌便带着锈孢子和冬孢子这两个世代爬上了"泛生阶梯"。[7]

在图中，这种所谓的"攀登"由冬孢子世代（黑色小点）和锈孢子世代（空心小圆圈）在真菌繁殖中的更替所体现，它们在由实线连接起来的锈菌科（包含在粗黑框中）和宿主植物科（包含在细黑框中）之间来来回回。虚线表示可能存在的关系。因此，"最古老的锈菌依然生活在蕨类植物上，中间形态生活在裸子植物上，而现代种群生活在被子植物上"[8]。

在20世纪60年代早期，彼得·汉弗莱·格林伍德（Peter Humphry Greenwood，1927—1995）和他的同事唐·埃里克·罗森（Donn Eric Rosen，1929—1986）、斯坦利·霍华德·威茨曼（Stanley Howard Weitzman，1927—2017）以及乔治·斯普拉格·迈尔斯（George Sprague Myers，1905—1985）发现硬骨鱼的分类一片混乱，很多"最常用的目都不过是笼统归纳了各个特化程度或复杂程度相似的族系"[9]。于是，他们决心通过分析硬骨鱼的"主要演化趋势"来解决这个问题。[10] 硬骨鱼的线性关系自西奥多·吉尔（图13）的时代以来就几乎没有改变，而格林伍德等人最终为这种存在了近一个世纪的分类法画上了句号，并提出新的三大分类（可能还有第四类），它们独立演化自已经灭绝的全骨鱼类中的叉鳞鱼（图182）。分类依据主要是鱼鳔和内耳间解剖结构（内耳连接）的差异，这个观点是由沃尔特·加斯唐于1931年首次提出（图143）。

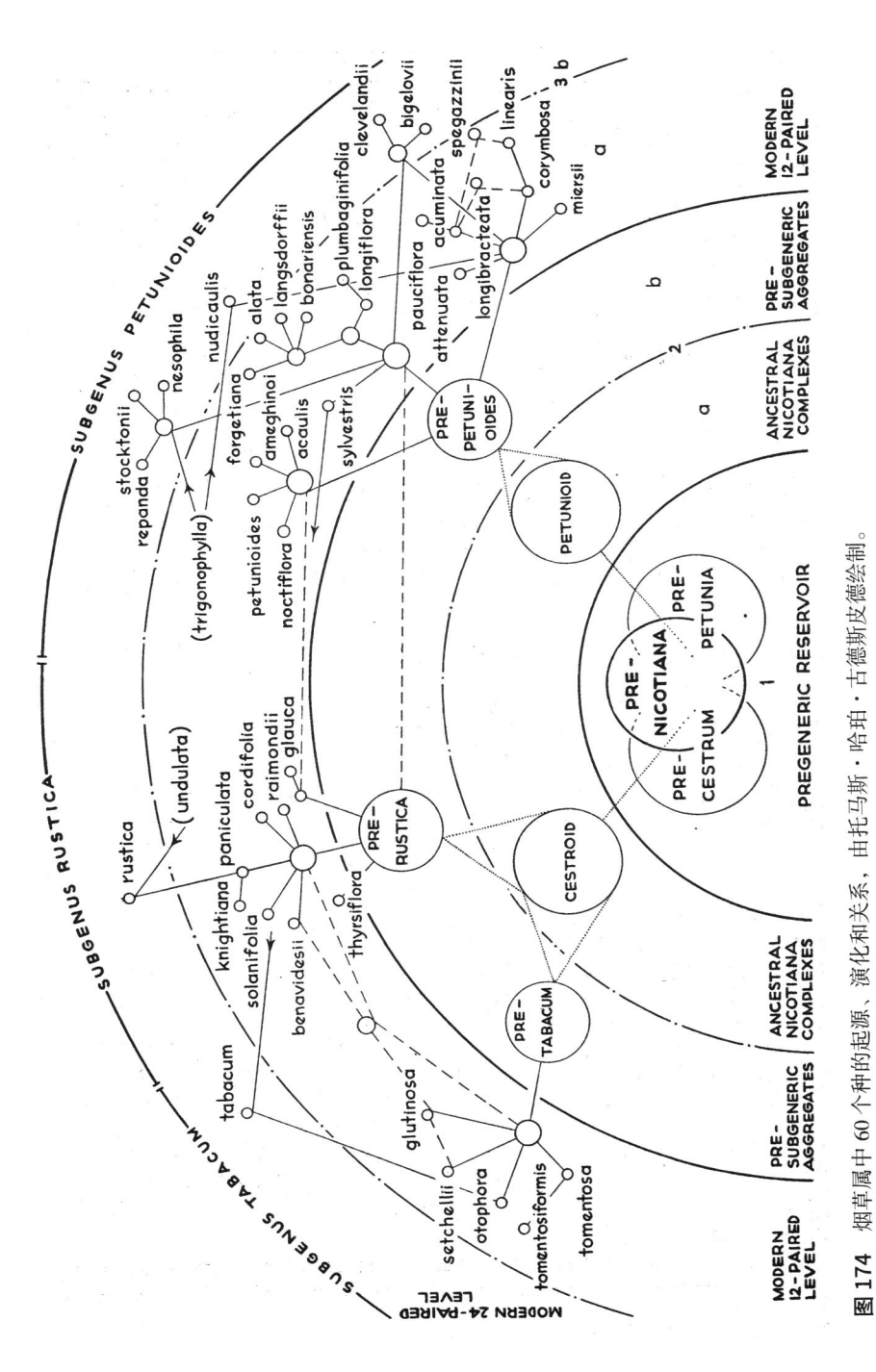

图 174 烟草属中 60 个种的起源、演化和关系,由托马斯·哈珀·古德斯皮德绘制。

古德斯皮德,1954年,《烟草属——以分布、形态和细胞遗传学为依据的烟草属中的各种起源、关系和演化》,第 310 和 312 页,图 57 和图 58;Chronica Botanica Company 公司,马塞诸塞州沃尔瑟姆市。

新方法的蛛丝马迹 1954—1969

图 175 烟草属中 60 个种的起源、演化和关系（续），由托马斯·哈珀·古德斯皮德绘制。古德斯皮德，1954 年，《烟草属；以分布、形态和细胞遗传学为依据的烟草属中的各种起源、关系和演化》，310 和 312 页，图 57 和图 58；Chronica Botanica Company 公司，马塞诸塞州沃尔瑟姆市。

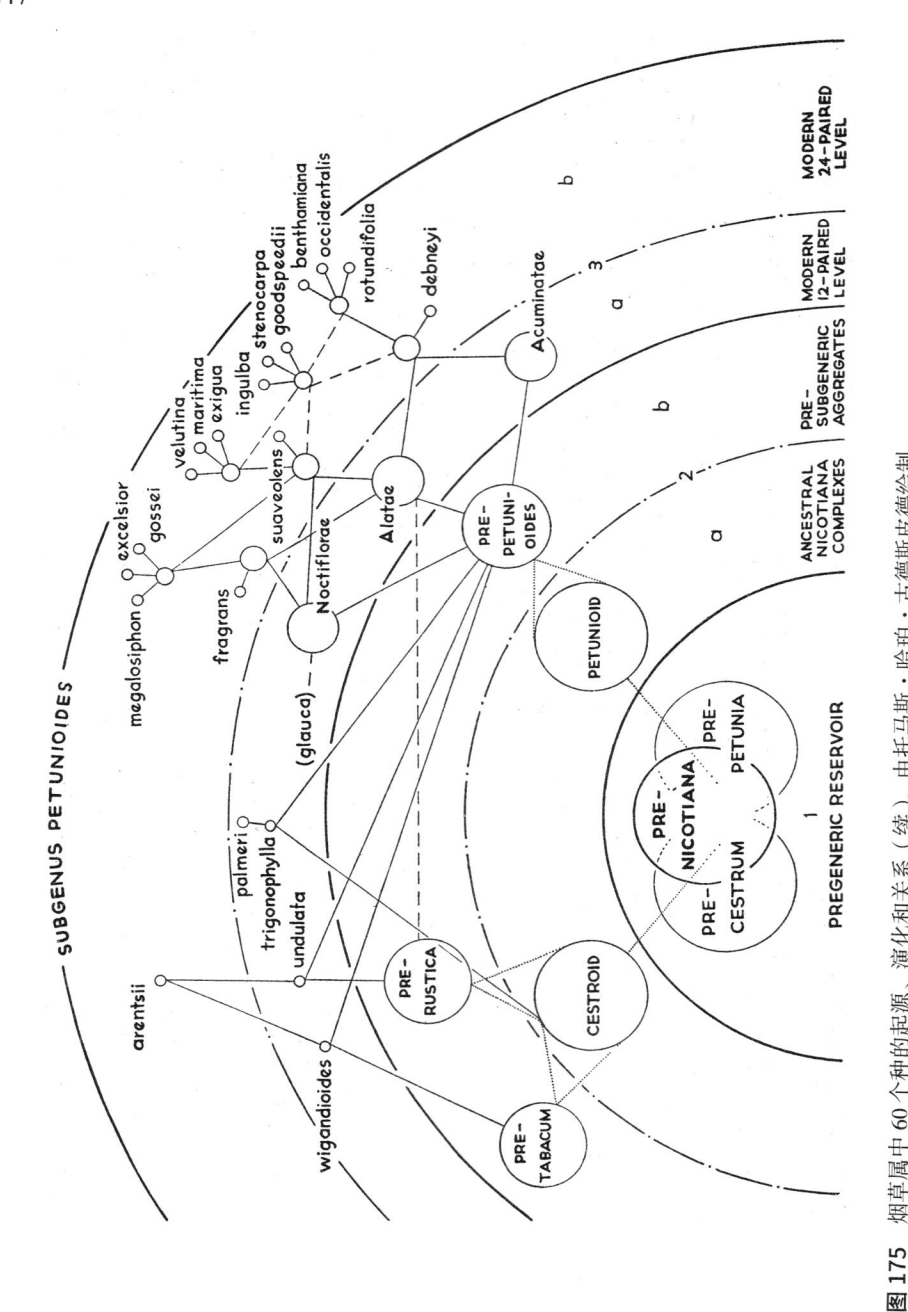

248

图 176 如同星球一般的单子叶植物关系模型,由罗纳德·德欧伊利·古德完成于 1956 年。其中每个类群都由圆球代表,圆球的直径和群中种数的立方根成正比。
古德,1956,《开花植物演化的特征》,第 117 页,图 31。

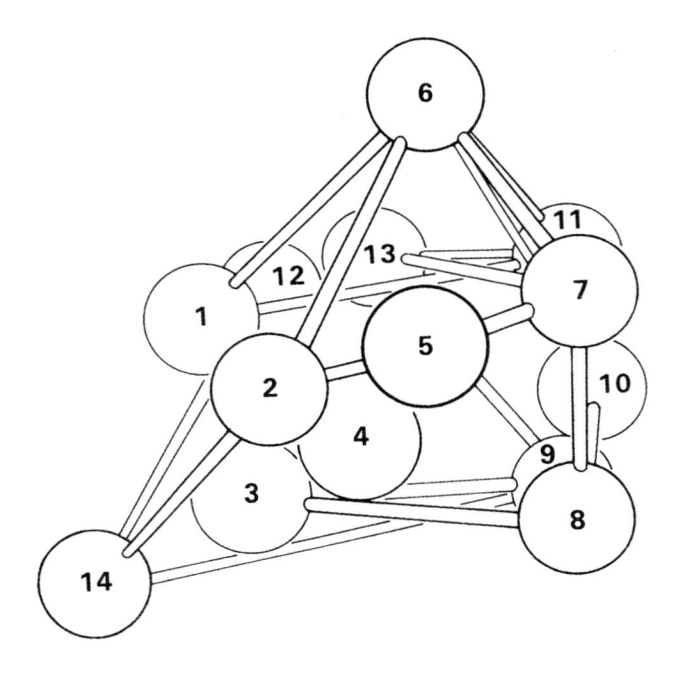

图177 肠杆菌的三维分枝关系图，由彼得·斯尼思和罗伯特·索卡尔绘制，利用了奥列格·李森科和斯尼思于1959年建立的模型。图中的圆球代表各个类群，连接它们的棍棒代表分类学远近。

斯尼思和索卡尔，1973年，《数值分类学：数值分类法的原则和实践》，第260页，图5—15；由彼得·H. A. 斯尼思和罗伯特·R. 索卡尔提供。已获得授权。

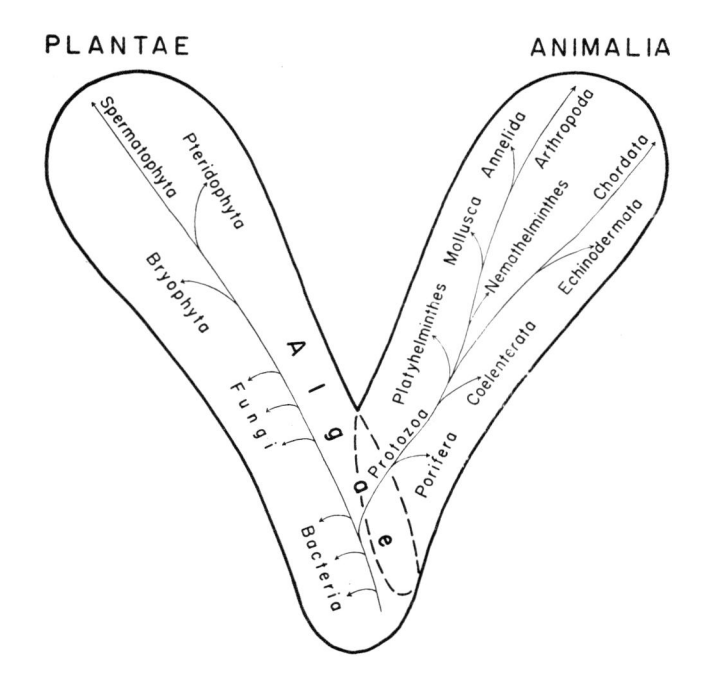

图 178 两界生命示意图，由罗伯特·哈丁·惠特克绘制，图中以简化形式展示了主要类群的演化关系。

惠特克，1959 年，《生物学季刊》34（3）:211, 217，图 1 和图 2；由佩里·卡特赖特和芝加哥大学出版社提供。已获得授权。

新方法的蛛丝马迹　1954—1969

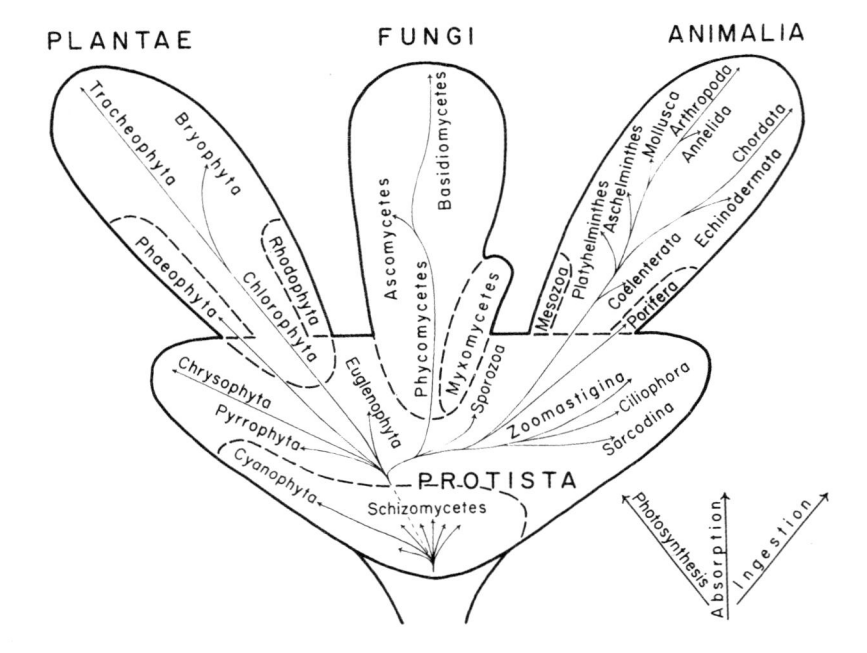

图 179 罗伯特·哈丁·惠特克用来替代传统两界（动物界和植物界）系统的四界分类系统，其重点在于和三种营养摄取方式及演化方向有关的演化关系，包括绿色植物的光合作用、动物的摄食和细菌及真菌的分解吸收。

惠特克，1959年，《生物学季刊》34（3）：211, 217, 图1和2；由佩里·卡特赖特和芝加哥大学出版社提供。已获得授权。

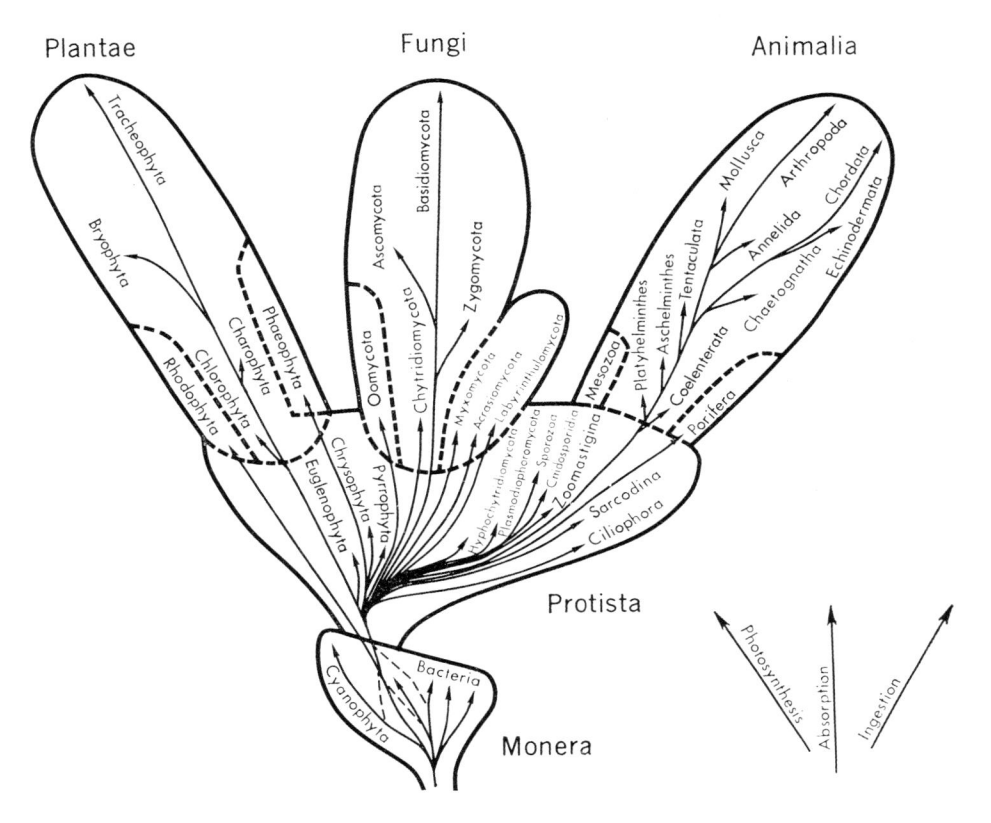

图180 基于三个层次的五界系统,由罗伯特·哈丁·惠特克绘制,图中以简化形式展示出了主要类群的演化关系。

惠特克,1969年,《科学》,163(3863):157,图3;由伊丽莎白·桑德勒和美国科学促进会提供。已获得授权。

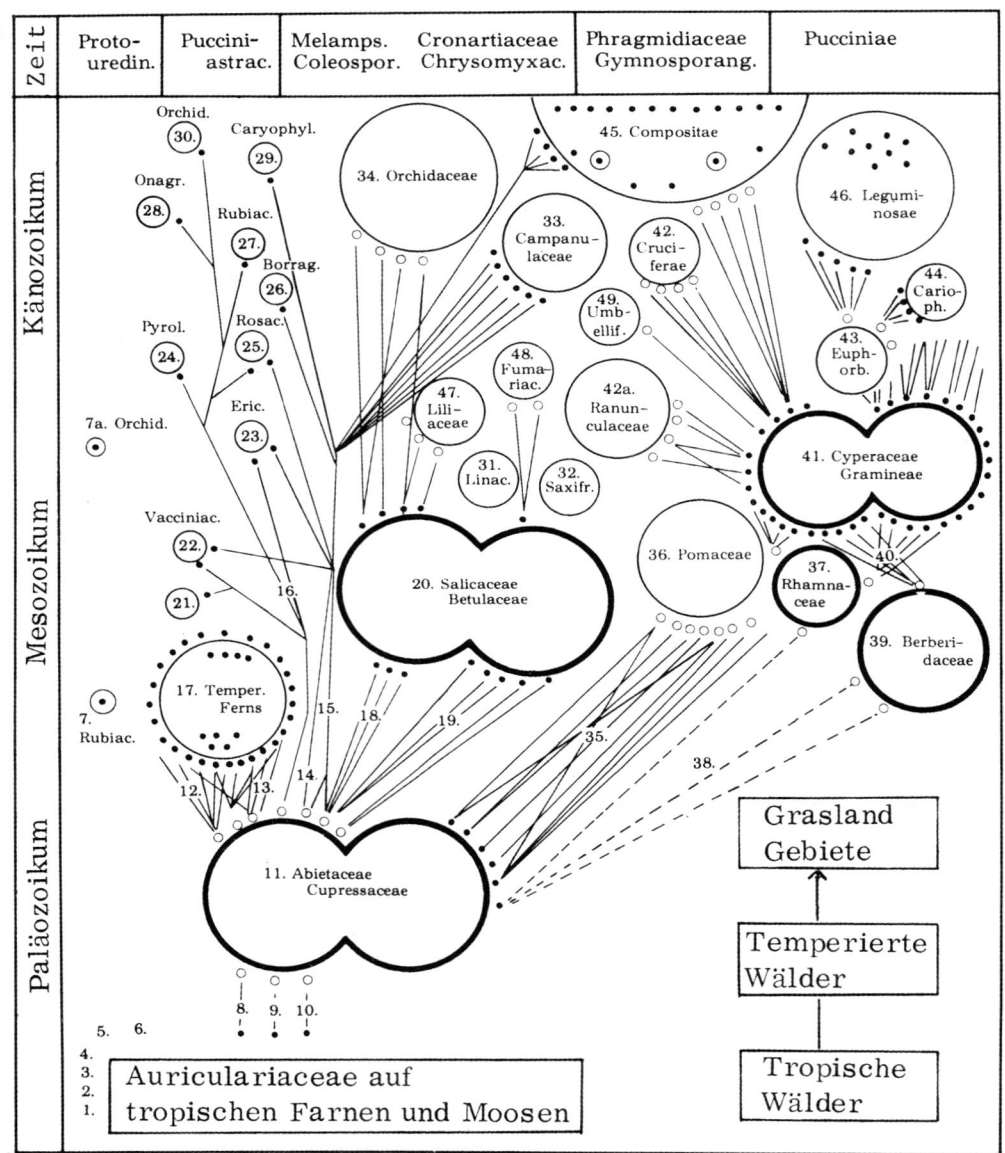

图 181　埃尔马·埃米尔·里皮克在早期提出的共同演化假设，对象为寄生锈菌和它们的植物宿主。

里皮克，1965 年，《真菌学》，57:14，图 6；由杰弗里·K. 斯通和凯伦·M. 斯奈瑟尔提供。《真菌学》授权复印，©The Mycological Society of America。

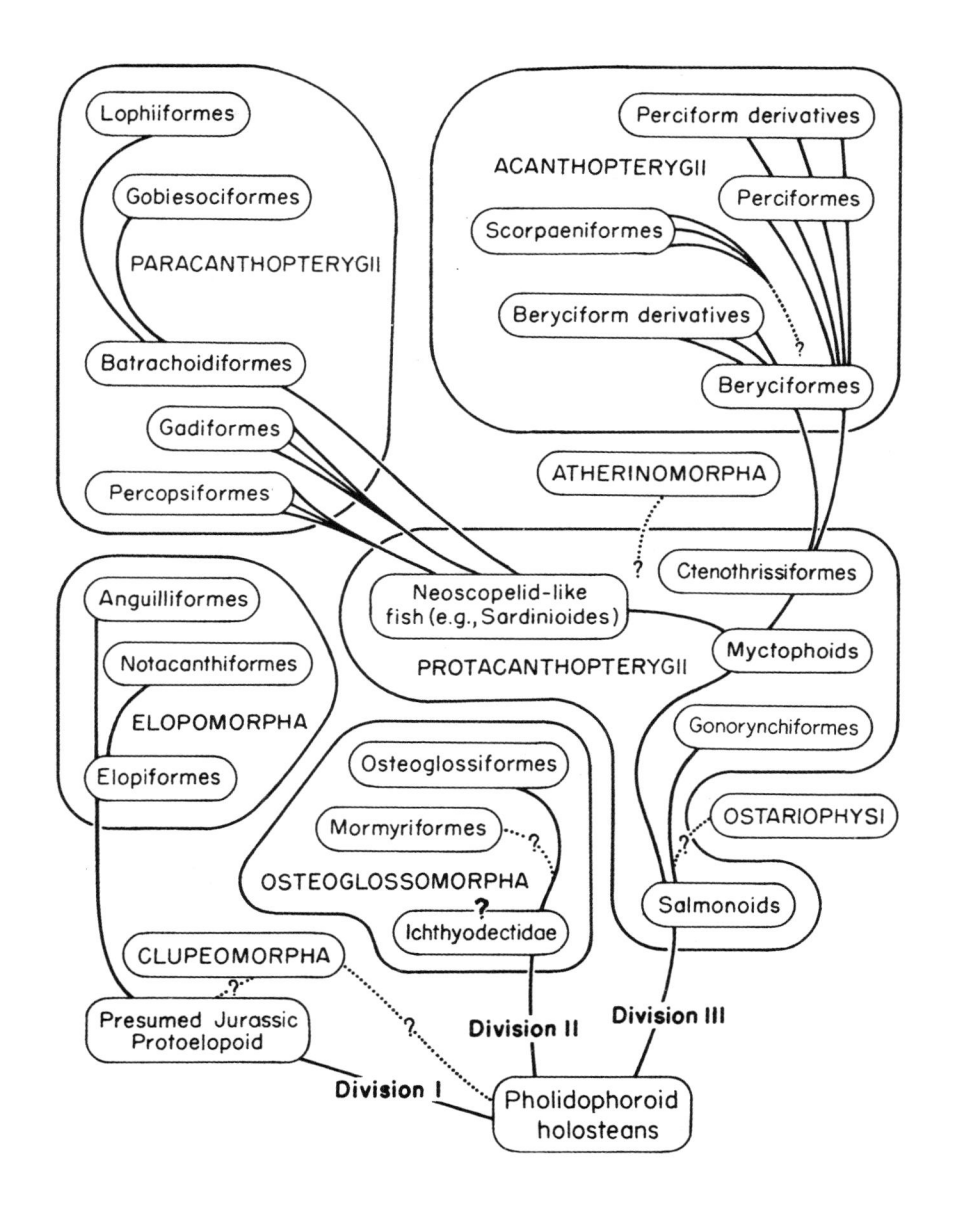

图 182 多个硬骨鱼族系，演化自已经灭绝的全骨鱼类中的叉鳞鱼祖先。

格林伍德等，1966年，《美国自然史博物馆公报》，131（4）：349，图 1；由梅勒妮·L. J. 什蒂奥斯尼、梅·卡拉曼和美国自然史博物馆提供。已获得授权。

新方法的蛛丝马迹　1954—1969

生命之树

表型图和支序图 　　　　　　　　1958—1966

　　表型分类和支序分类是诞生于 20 世纪 60 年代和 70 年代的造树法，它们"撼动了整个演化系统分类的方法学基础"[1]。这两个流派的理念相互矛盾。它们之所以会出现，是因为经典演化系统分类学的依据是相似性指标或非经验性关系假说，而研究者对此提出了质疑。有人认为曾经在系统分类学界根深蒂固的理念或假说影响了特征在演化树构建中的"比重"。而且反对传统方法的人抱怨分类中必然存在主观性，通常主要依赖于专家的直觉判断，甚至会以艺术性和方便使用作为标准。[2]

　　表型学有时也会被称为数值分类学，似乎至少有一部分人认为它能绕开上述问题。[3] 表型系统学家绘制的树便是表型系统树，这种分枝图会根据多个特征的整体相似性来阐明生物间的分类关系，其中不涉及演化历史，也不会假设某个特征有多重要。几乎所有表型图都是由电脑生成，而且没有太大吸引力。罗伯特·鲁本·索卡尔（Robert Reuben Sokal，1926—

2012）和查尔斯·邓肯·米切纳（Charles Duncan Michener，1918—2015）于 1958 年绘制了一幅早期表型图（图 183）。他们从多种切叶蜂的相关系数（依据是多种形态学特征）入手，建立起一个物种分类方法，构建出类似于此前经典系统分类的分类层次。[4] 据说他们用这种方法绘制的分枝图是第一幅数值系统树。[5]

表型图大多侧卧，树干的底部朝向左边，而细枝的末梢都在最右边，看起来很像文艺复兴时期博物学家首创的括号图，图中通常也包括表型相似度或差异程度的比例尺。侧卧的表型图为数众多，本书只收录了其中 3 幅。第一幅是路易吉·路卡·卡瓦利-斯福扎（Luigi Luca Cavalli-Sforza，1922—2018）和安东尼·威廉·费尔班克·爱德华兹（Anthony William Fairbank Edwards，1935— ）发表于 1965 年的人类关系图，其依据是血型基因多态性频率，据说也是第一幅利用简约法构建的数值系统树（图 184）。[6] 第二幅是海鸥和海燕的种间关系图（图 185），其中包含的物种要多得多（81 个种和 51 个骨骼指标），由加里·迪恩·施奈尔（Gary Dean Schnell，1942— ）发表于 1970 年。[7] 第三幅是皮刺螨科中 17 种螨虫的关系图（图 186），由 W. 韦恩·莫斯（W. Wayne Moss，1942— ）发表于 1967 年。

当时也出现了其他几幅很有意思的表型图，它们也都是由电脑生成。例如韦恩·莫斯进一步分析了自己 1967 年获得的螨虫关系数据，为所有可能成对的类群计算出了表型距离，并借此构建出了一幅"关系图"（图 187，类群编号同图 186），其类似于莫里森（1672，图 15）和布封（1755，图 17）多年前的网状图。继续推进这项研究之后，莫斯又绘制了一幅同心圆图（类群编号同图 186 和 187），各个类群周围有数目各异的等宽间隔，构建出了一个新的地形样表型图（图 188）。类群位置可以看作"山峰"，它们之间"低谷"的相对深度代表类群的相似程度。[8]

虽然早有研究者涉足，比如彼得·米切尔（1901）、查尔斯·坎普（1923）、沃尔特·齐默尔曼（1931）等（图106、121和142），但最后为系统发生分类学打下基础的却是德国昆虫学家威利·亨尼希。这种方法也和当时大部分系统分类学家所用的方法不同。亨尼希早在出版于1950年的《系统发生分类学理论的原则》德文版中就提出了这种方法，但在《系统发生分类学》英译本于1966年出版后才引起广泛关注。[9]

以共祖近度为依据的支序分类学和表型分类学截然不同，罗伯特·索卡尔和约瑟夫·哈维·卡曼（Joseph Harvey Camin，1922—1979）发表于1965年的系统树（图189）明确地体现出了这一点。支序分类学中只包含单源类群（"分化枝"），而确定分化枝的关键特征是共有衍生特征。亨尼希用一系列理论图阐述了自己的观点，本书展示了其中三幅。第一幅采用侧面俯视图证明了单源类群中各个种间的系统发生关系（图190），俯瞰视角类似于海因里希·恩格勒（1881，图93）和马克西米利安·菲尔布林格（1888，图96—98）等人的鸟瞰图。第二幅图现在十分出名，是亨尼希的"系统发生分类的论证方案"（图191），其中所有单源类群都是以有无衍生特征状态或至少一种特征的表现阶段（黑色方框）来区分。第三幅旨在解释相似性至少有3种来源（图192）：共有原始特征状态（"共同祖征"）、共有衍生特征（"共源性状"）或平行演化／趋同演化。

鉴于某些原因，表型分类（数值分类）到20世纪70年代晚期已经失宠，而支序分类站稳了脚跟。于是此后所有可靠的系统发生分析都几乎是采用亨尼希的方法，本书剩余的系统树大多如此。早期的支序图成千上万，但这里只展示少数几幅，包括温特尔·帕特里克·勒基特（Winter Patrick Luckett，1937— ）发表于1975年的灵长类关系图（图193），爱德华·奥兰多·威利（Edward Orlando Wiley，1944— ）发表于1976年的硬骨鱼关系图（图194），以及唐·埃里克·罗森发表于1979年的淡水硬骨鱼花鳉科中异小鳉属和剑尾鱼属的关系图（图195和196）。

瑞典昆虫学家拉尔斯·布伦丁（Lars Brundin，1907—1993）是南半球摇蚊科的系统分类专家，也是在生物地理分析中应用支序分类的先锋。正是他率先使用亨尼希的系统树来展示单源生物类群的分部历史。在发表于1966年的摇蚊科演化关系的支序图中，他将各个种和发现地所在的大陆对应起来，构建了"类群-地区支序图"，简称"地区-支序图"（图197）。它表明类群趋异和冈瓦纳古陆分裂成各南方大陆的模式极为一致。于是，系统分类学和生物地理学这两个看似毫无关系的领域同时提供了互相支持的证据。此外，布伦丁的成果还表明，在多个支序图不相上下时，可以用地理信息来评估哪个才是正确选择。[10]

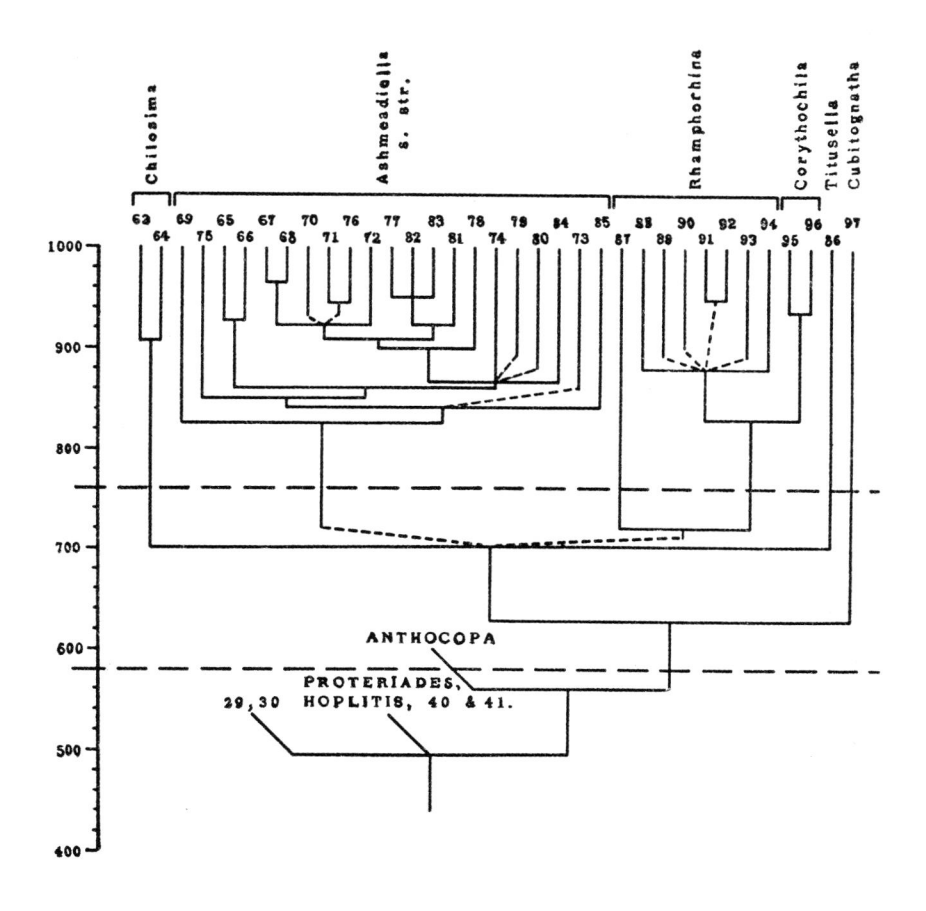

图 183 最初的表型关系图,展示了切叶蜂的种间关系,由罗伯特·鲁本·索卡尔和查尔斯·邓肯·米切纳绘制。

索卡尔和米切纳,1958 年,《堪萨斯大学科学公报》,38(22):1425,图 1;由罗伯特·鲁本·索卡尔和柯尔斯顿·詹森提供。© 1958, University of Kansas Museum of Natural History。已获得授权。

表型图和支序图 1958—1966

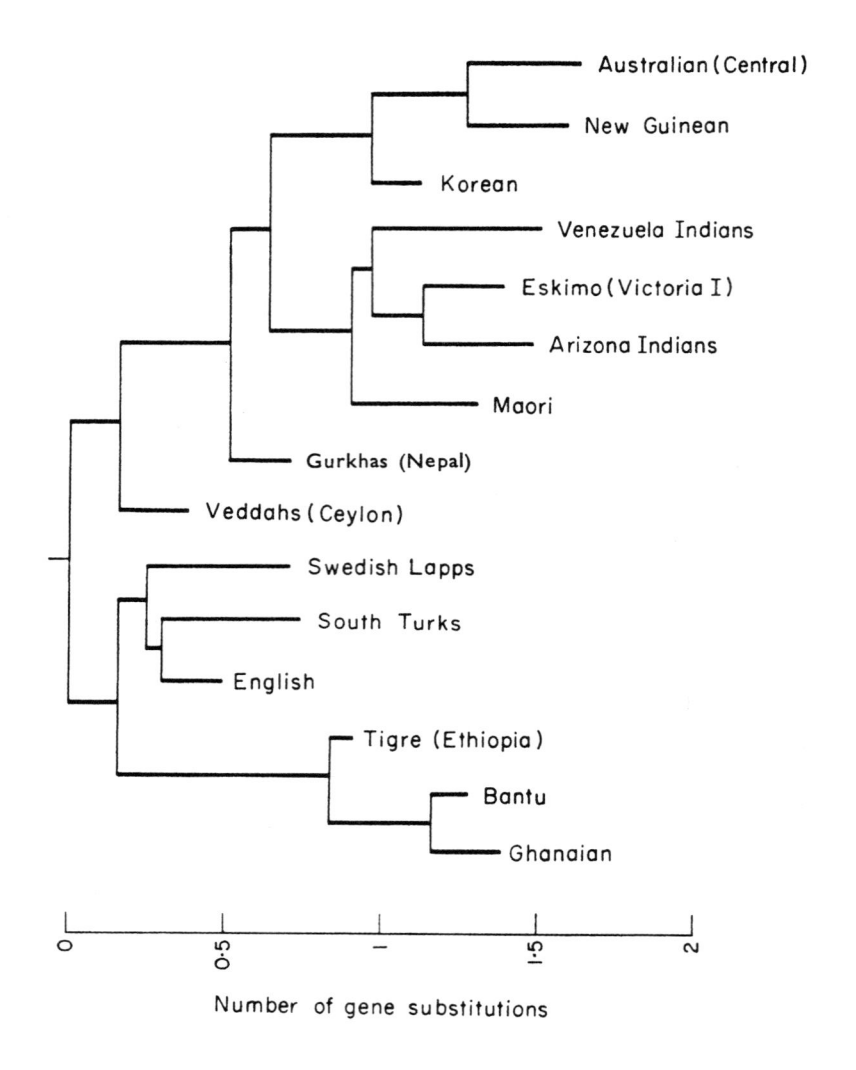

图 184 第一幅用简约法构建的表型关系图，展示出了以血型基因频率为基础的人类关系图，由路易吉·路卡·卡瓦利－斯福扎和安东尼·威廉·费尔班克·爱德华兹在1963年的海牙国际遗传学会议上发表。

卡瓦利－斯福扎和爱德华兹，1965年，《人类演化分析》，第929页，图5；由劳拉·普里查德和爱思唯尔公司提供。已获得授权。

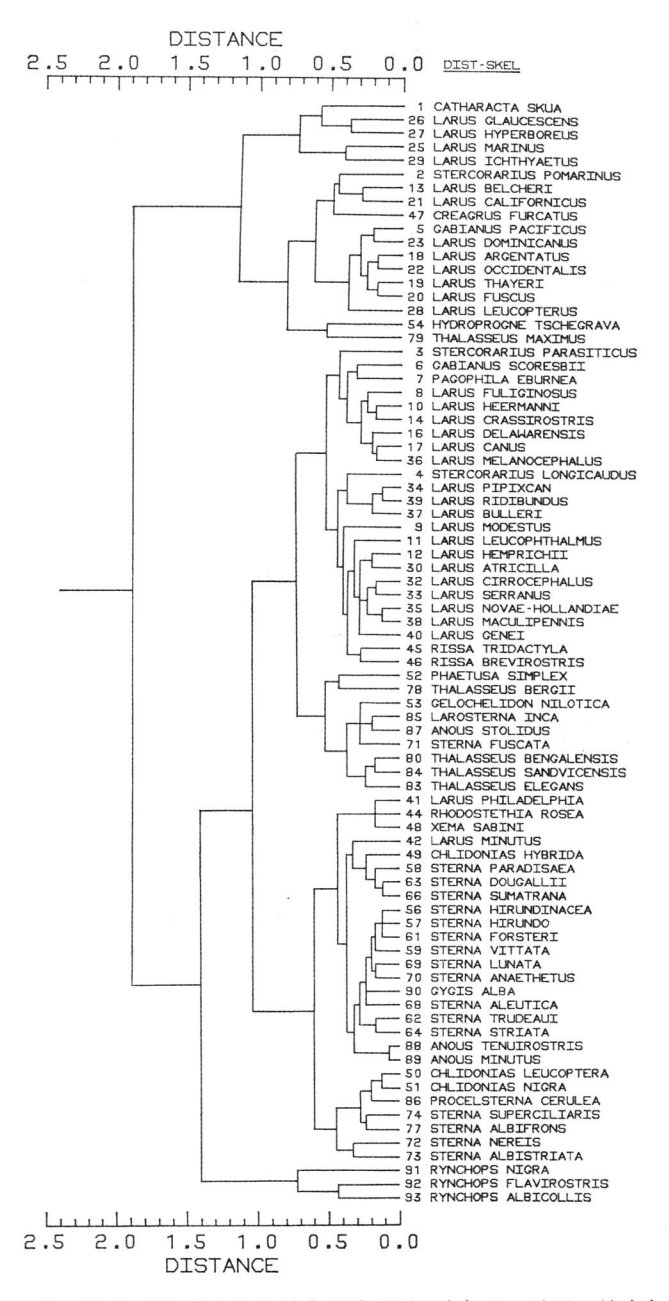

图 185　鸥亚目（鸻形目）中海燕和海鸥的表型关系图，由加里·迪恩·施奈尔绘制。

施奈尔，1970 年，《系统动物学》，19（3）:266，图 12；由加里·D. 施奈尔和系统生物学家协会提供。已获得授权。

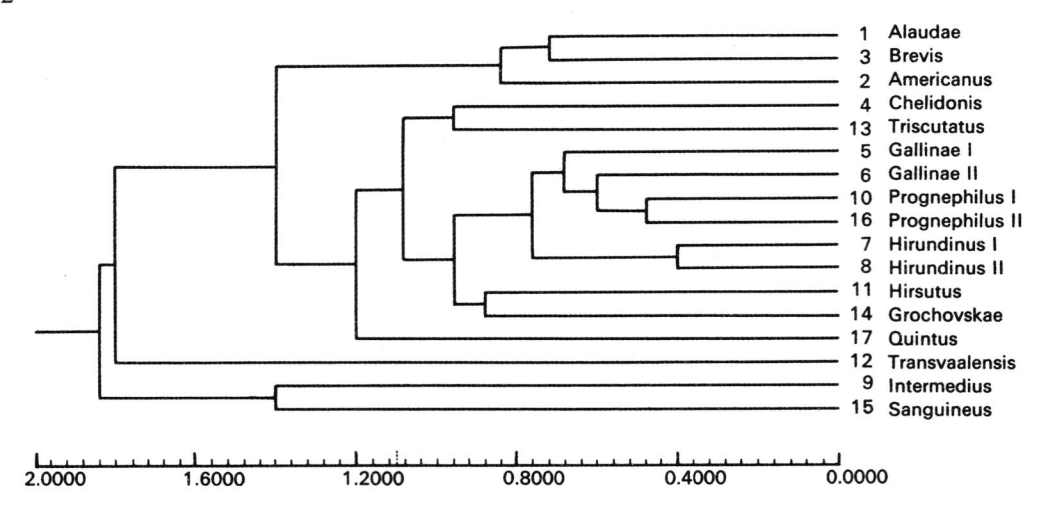

图 186 W. 韦恩·莫斯绘制的 17 种螨虫关系图。

莫斯，1967 年，《系统动物学》，16（3）:184，图 2；由黛博拉·齐塞克、克里斯·佩恩和系统生物学家协会提供。已获得授权。

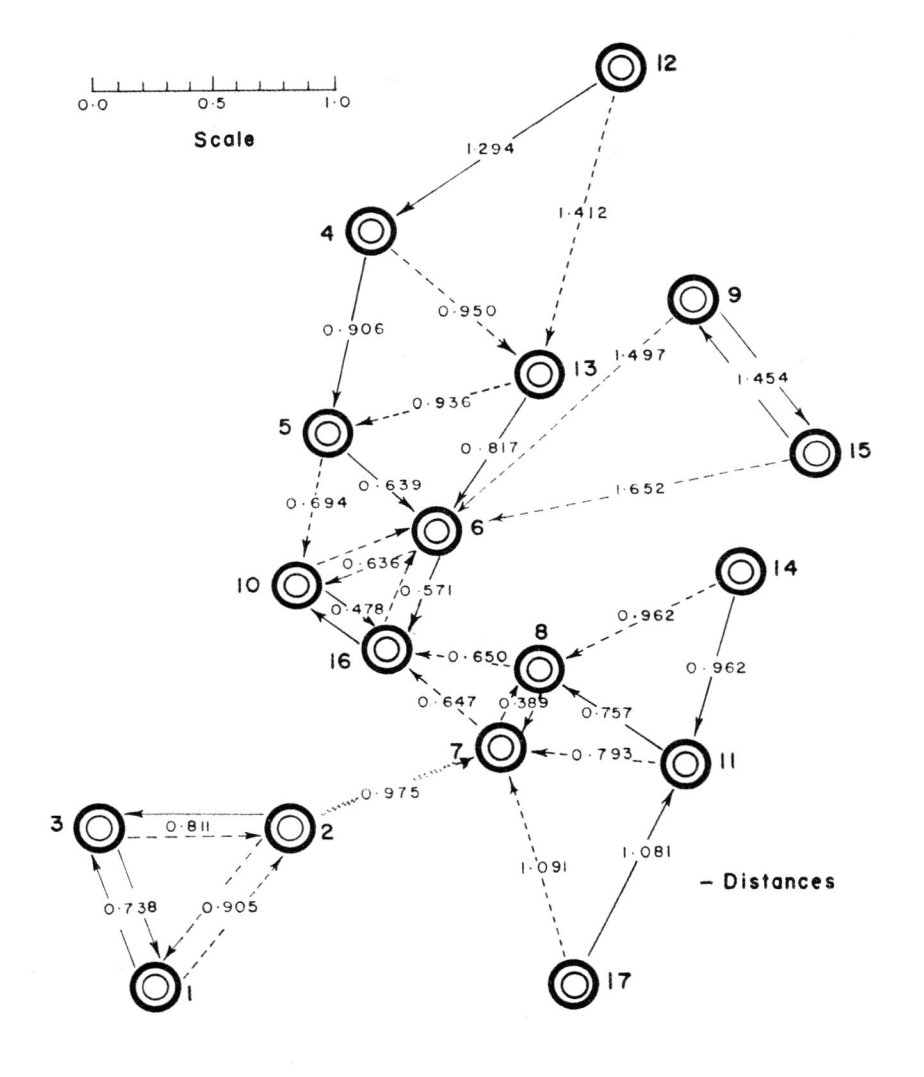

图 187 W. 韦恩·莫斯基于表型距离绘制的螨虫关系映射图。类群以圆圈代表，编号同表型图 186，并由一级（实线）和二级向量线（虚线）连接成一个个三角形。相对独立的组合 1—3 和其他类群由波浪线代表的三级向量线连接。类群配对同图 186。

莫斯，1967 年，《系统动物学》，16（3）：190，图 11；由黛博拉·齐塞克、克里斯·佩恩和系统生物学家协会提供。已获得授权。

表型图和支序图　1958—1966

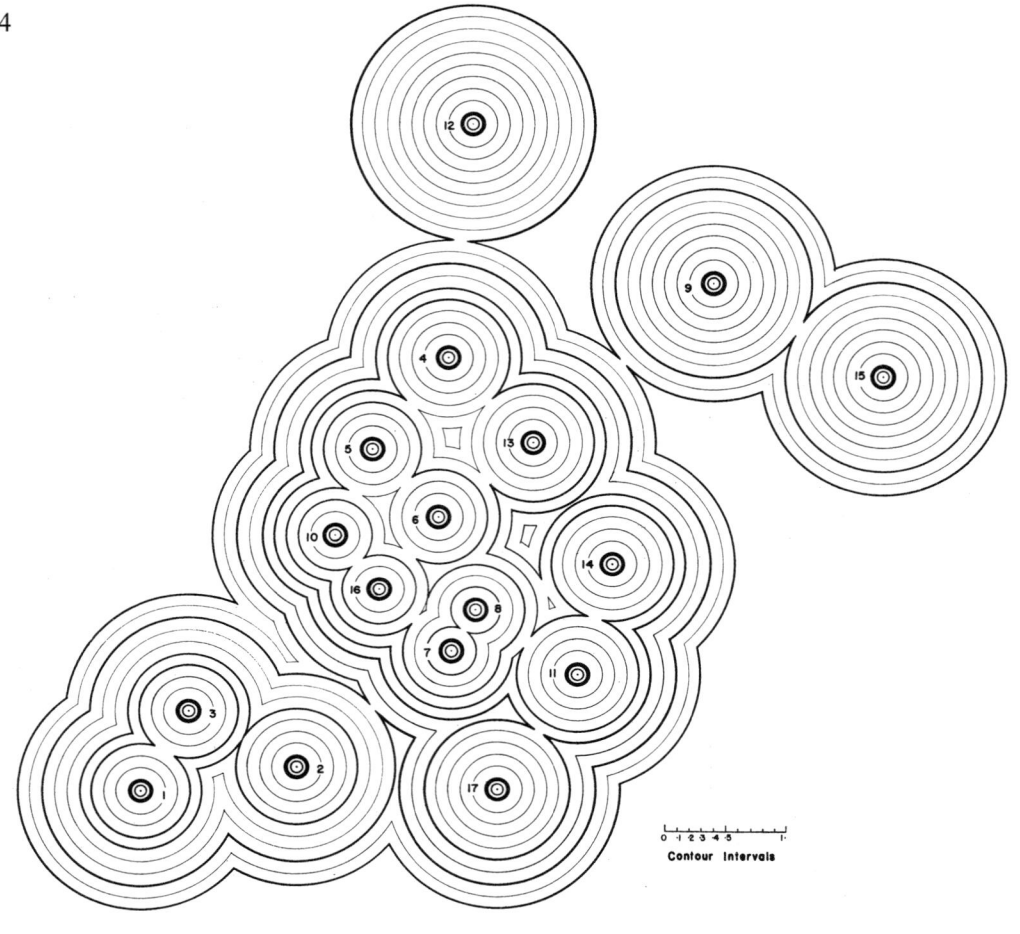

图 188 "等高线"式表型距离图,映射出了图 186 和图 187 中的螨虫关系,由 W. 韦恩·莫斯绘制。

莫斯,1967 年,《系统动物学》,16(3):192,图 13;由黛博拉·齐塞克、克里斯·佩恩和系统生物学家协会提供。已获得授权。

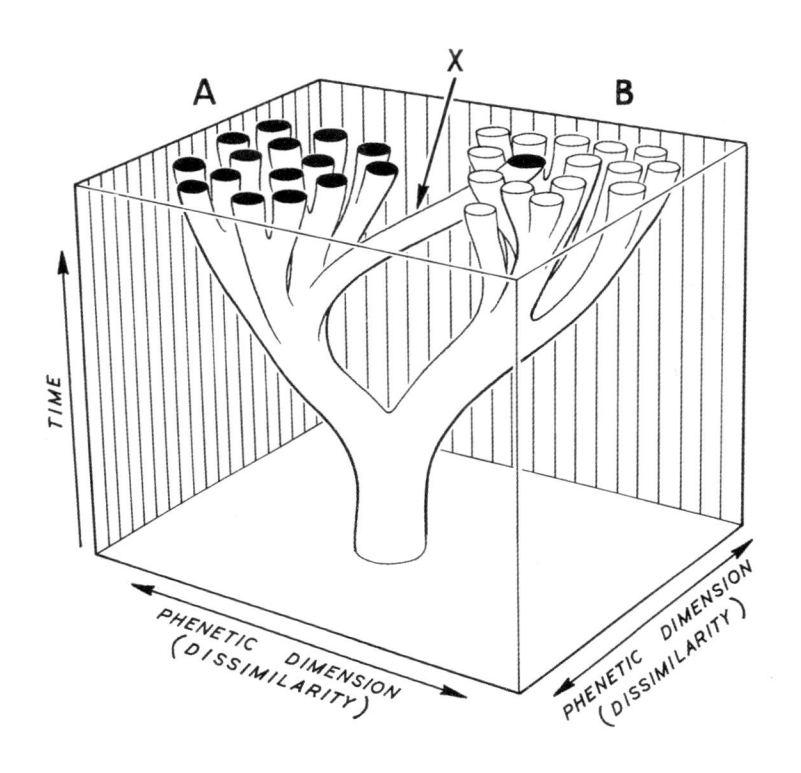

图189 这幅系统树体现出了表型和支序关系间可能存在的不一致,由罗伯特·鲁本·索卡尔和约瑟夫·哈维·卡曼绘制。相似性由两个横向维度表示,第三个维度是时间。以支序分类的角度来看,分类 X 属于单源类群 A;但以表型分类的角度来看,X 应该因为演化趋同而属于类群 B。

索卡尔和卡曼,1965 年,《系统动物学》,14(3):193,图 6;由罗伯特·R. 索卡尔和系统生物学家协会提供。已获得授权。

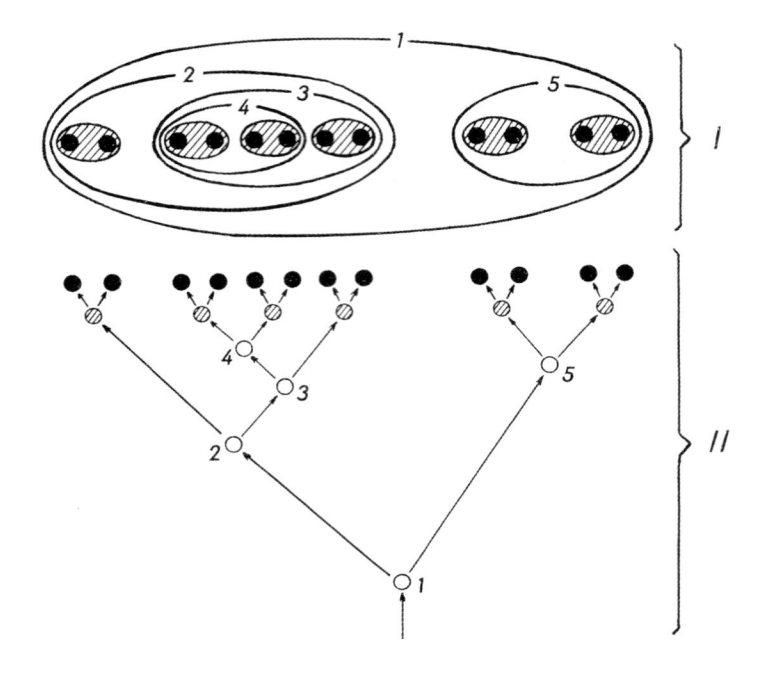

图 190 展示某单元类群中种间关系的系统树，采用了侧面俯瞰视角，由威利·亨尼希绘制。亨尼希，1966 年，《系统发生分类学》，第 71 页，图 18；伊利诺伊大学董事会版权所有，1966，1979。已获得伊利诺伊大学出版社授权。

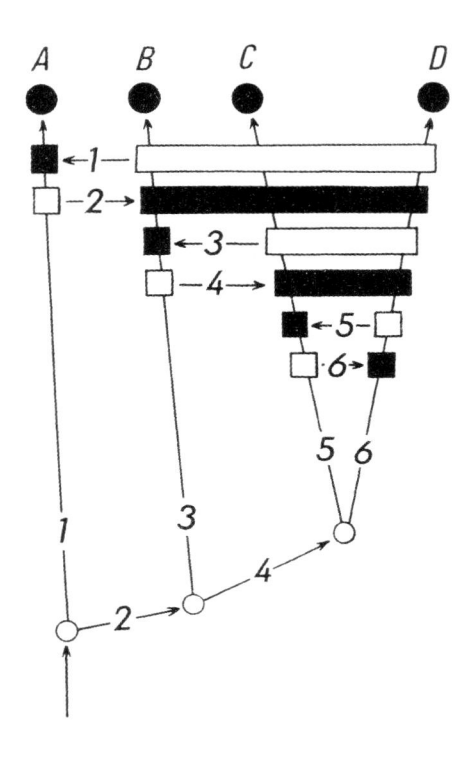

图 191 原始与衍生特征状态：威利·亨尼希的经典论证，即一个类群是否属于单源取决于有无至少一种共有衍生特征。衍生特征状态由实心矩形代表，原始特征状态由空心矩形代表。
亨尼希，1966 年，《系统发生分类学》，第 91 页，图 22；伊利诺伊大学董事会版权所有，1966，1979。已获得伊利诺伊大学出版社授权。

表型图和支序图　1958—1966

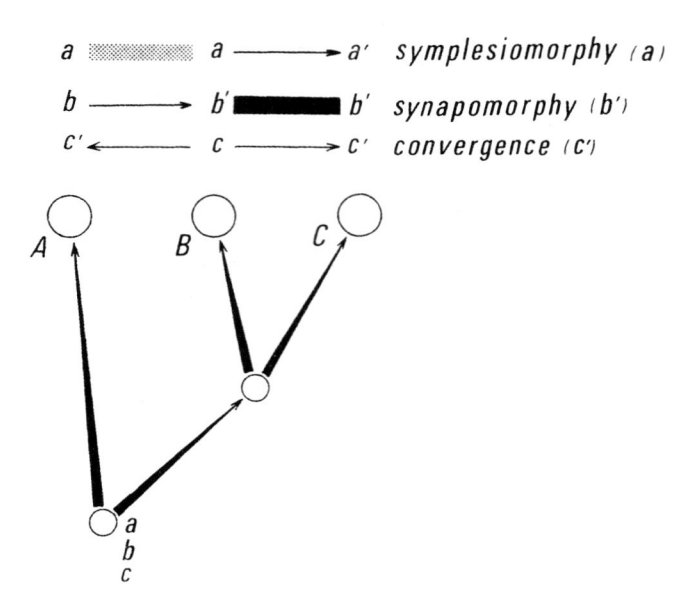

a ▨ a ⟶ a' symplesiomorphy (a)
b ⟶ b' ▬ b' synapomorphy (b')
c' ⟵ c ⟶ c' convergence (c')

图 192 威利·亨尼希对相似性"复合性质"的解释，表明其可以是来自共有原始特征状态（a）、共有衍生特征状态（b）或演化趋同（c）。

亨尼希，1966年，《系统发生分类学》，第147页，图44；伊利诺伊大学董事会版权所有，1966，1979。已获得伊利诺伊大学出版社授权。

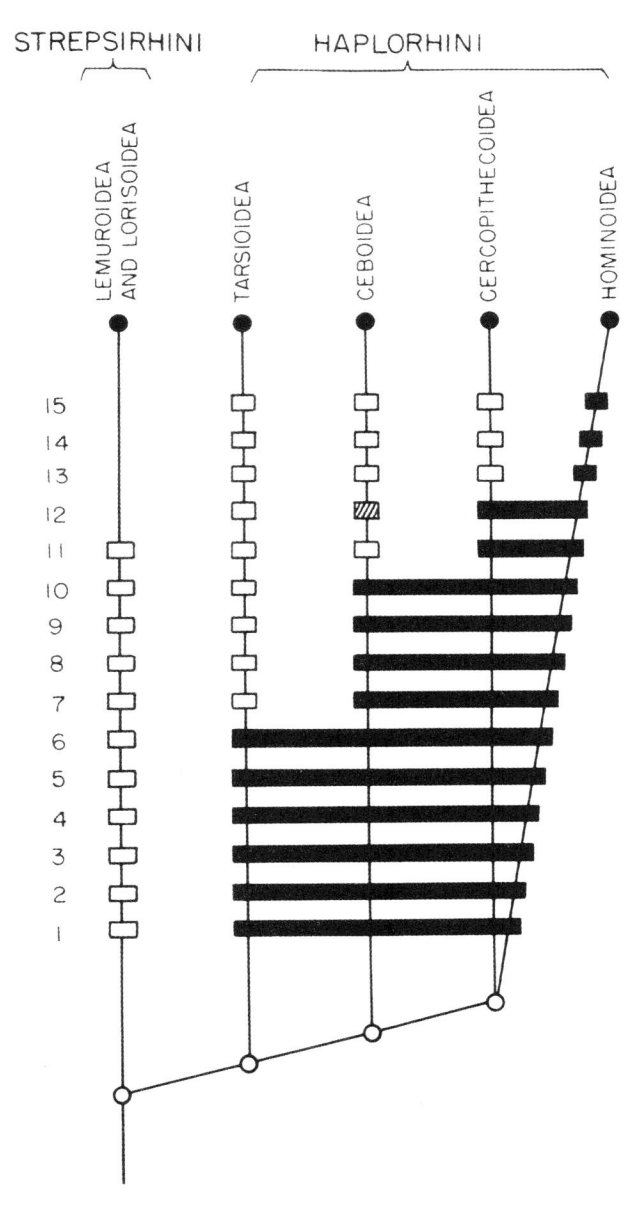

图 193 灵长类超科的关系图，以胚胎膜和胎盘特征的进化支序分析为依据，由温特尔·帕特里克·勒基特绘制。黑色矩形代表连接各类群的共有衍生特征。

勒基特，1975 年，《胎膜和胎盘的个体发生：其在灵长类系统发生学中的意义》，第 178 页，图 13；由奈尔·范德维尔福和斯普林格科学和商业媒体提供。已获得授权。

270

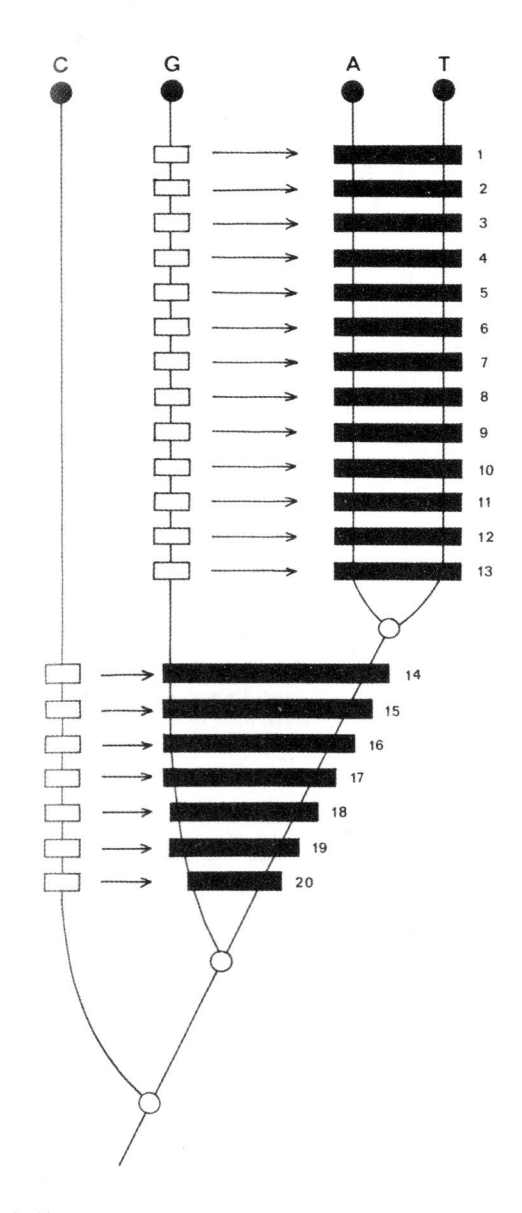

图194 近期辐鳍鱼的支序图，包括软骨硬鳞鱼（C）、雀鳝（G）、弓鳍鱼（A）和硬骨鱼（T），由爱德华·奥兰多·威利绘制。空心矩形代表的原始特征状态指向黑色矩形代表的衍生特征。

威利，1976年，堪萨斯大学，自然史博物馆，Miscellaneous Publication，64:38，图17a；由E.O.威利提供。已获得授权。

·292· 生命之树

Trees of Life

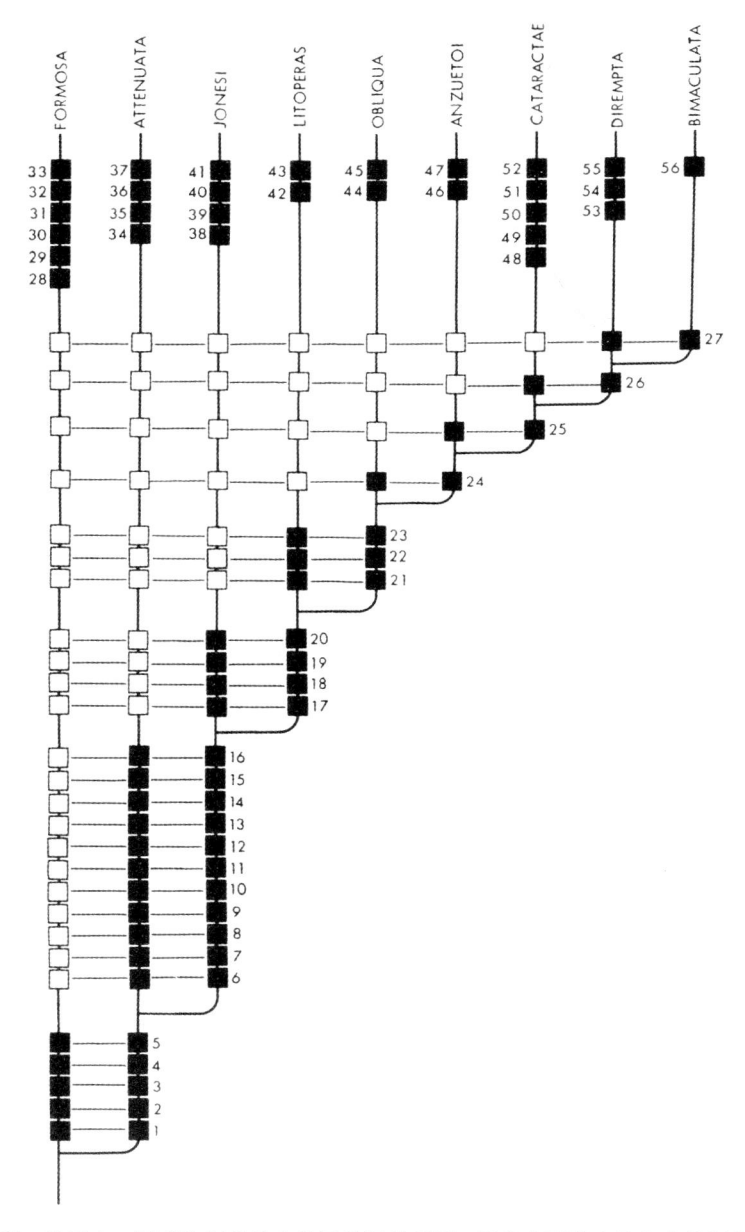

图 195 唐·埃里克·罗森绘制的异小鳉属种间关系图。黑色方形代表的衍生特征和空心方框代表的原始特征相连。28 至 56 是独有的类群定义性特征。

罗森，1979 年，《美国自然史博物馆公报》，162（5）:308，图 20；由梅勒妮·L. J. 什蒂奥斯尼、梅·卡拉曼和美国自然史博物馆提供。已获得授权。

表型图和支序图　1958—1966

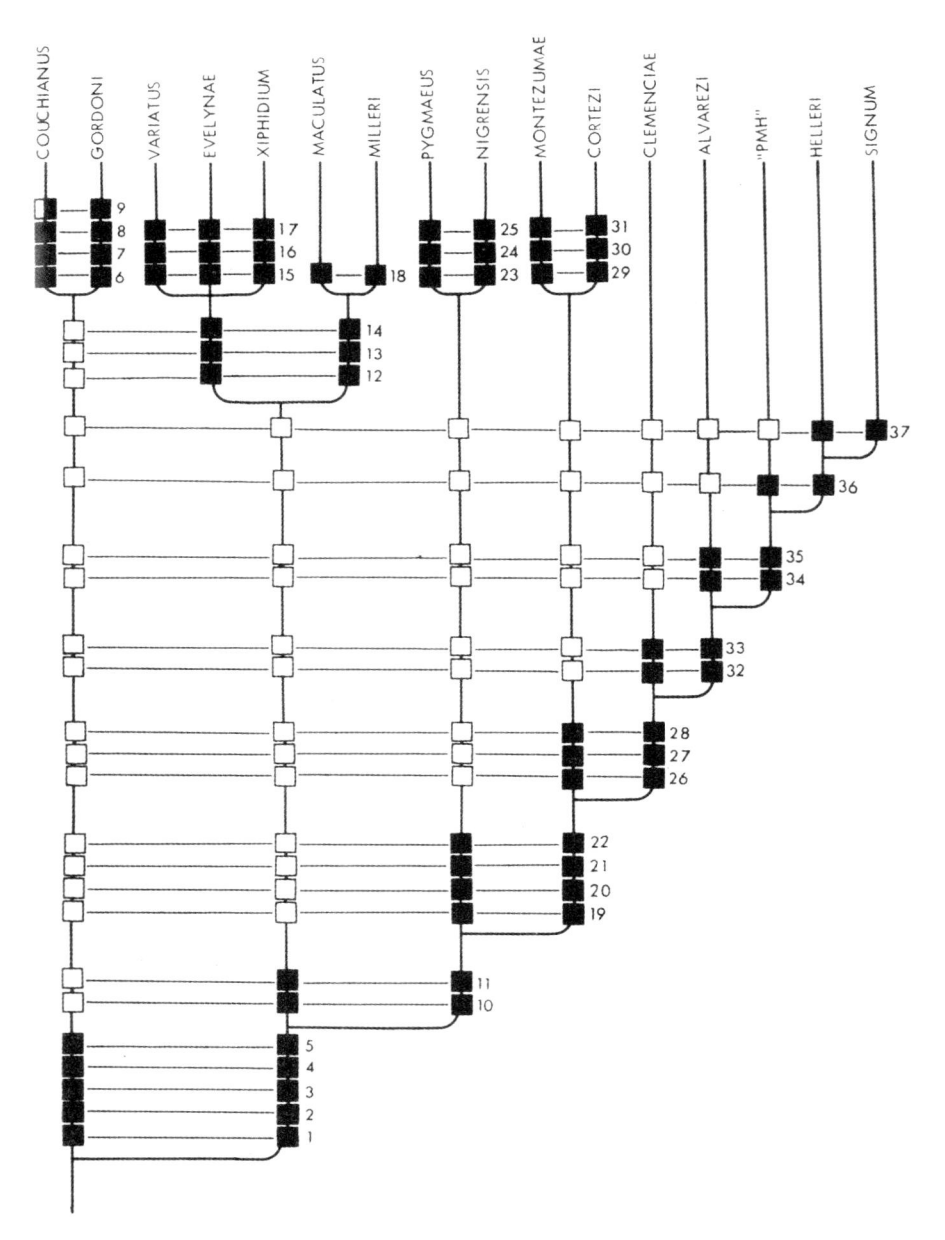

图 196 唐·埃里克·罗森绘制的剑尾鱼属种间关系图。黑色方形代表的衍生特征和空心方框代表的原始特征相连。未给出独有的类群定义性特征。

罗森,1979 年,《美国自然史博物馆公报》,162(5):308, 图 20;由梅勒妮·L. J. 什蒂奥斯尼、梅·卡拉曼和美国自然史博物馆提供。已获得授权。

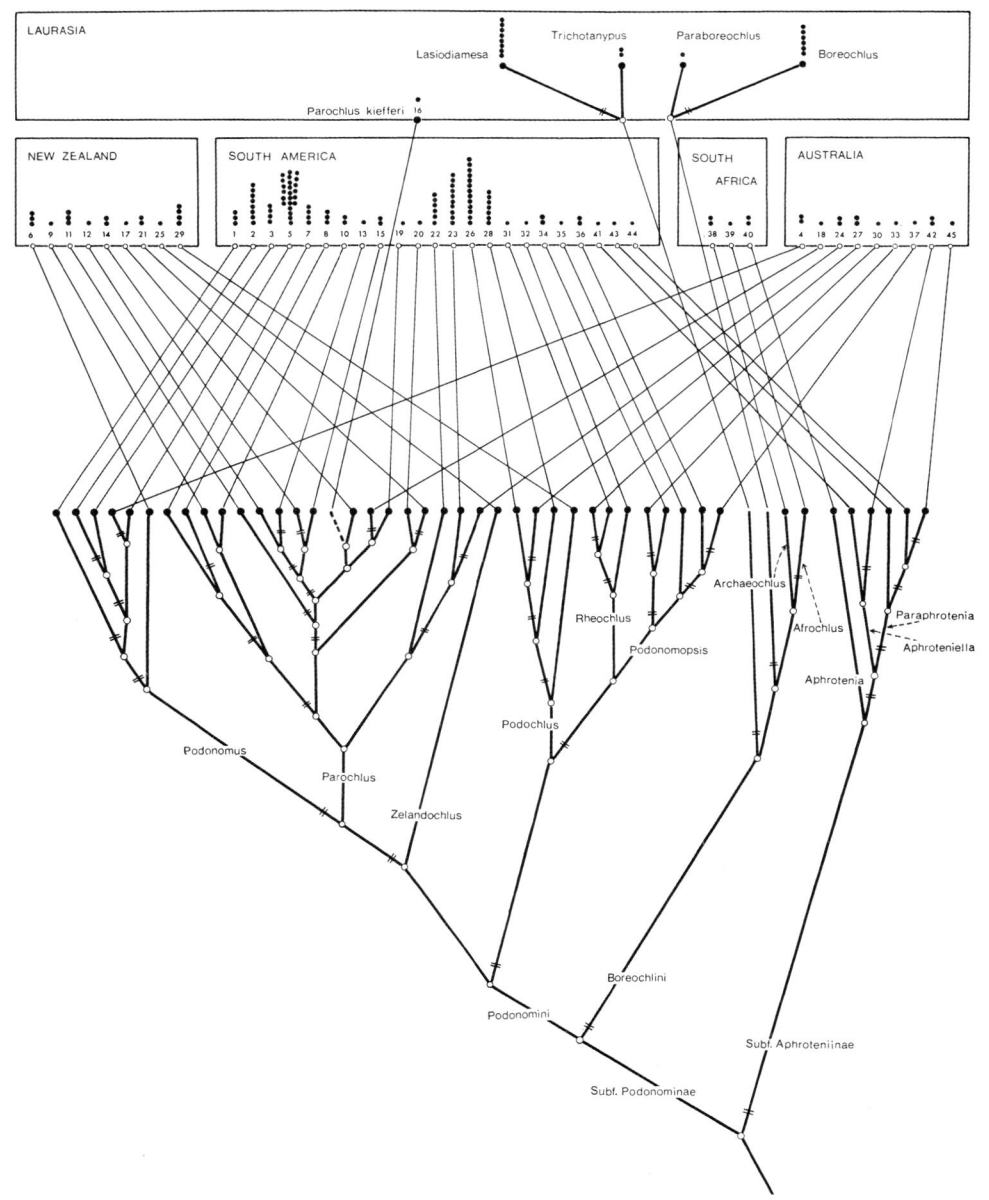

图 197　南半球摇蚊科的地理分布和系统发生关系的组合关系，由拉尔斯·布伦丁绘制。上方的矩形中有代表每个类群里种数的小黑点。

布伦丁，1966 年，《以摇蚊科为例的横贯关系及其意义》，第 442 页，图 634；由 Almqvist & Wiksell 公司提供。

表型图和支序图　1958—1966

生命之树

早期的分子树   1962—1987

在 20 世纪 60 年代之初，表型分类学家和支序分类学家开始质疑当时在系统分类学家间十分流行的主观分类法，而分子生物学家也就在此时开始涉足演化生物学的领域。[1][1] 他们提出，与古典系统分类学家所依赖的形态学证据相比，分子证据更加客观直接。[2] 到 20 世纪 60 年代中期，研究者们已经构想出了各种各样的造树法，均以各物种中大分子物质的量化差异为依据。例如血清蛋白免疫交叉反应的强度、纯化同源蛋白酶解后的多肽数量差异、完整一级结构已知的同源蛋白间的氨基酸替换数量、通过细胞色素 c 序列确定的突变距离，以及 DNA 之间的杂交程度。[3] 这个早期探索阶段的著名成果包括埃米尔·楚克坎德尔（Emile Zuckerkandl，1922—2013）和莱纳斯·卡尔·鲍林（Linus Carl Pauling，1901—1994）发表于

---

[1] 然而，我们不应忘记，分子方法在更早的时候就已经在小范围内得到应用。

1962年的论文《分子疾病、演化和基因异质性》。这两位研究者都是最杰出的分子演化学奠基人,他们的论文首次详细解释了后来被人称为"分子钟假说"的理论,即特定蛋白质或DNA分子的演化速度在时间推移和演化族系中基本保持不变,因此可以利用氨基酸替换的数量来估算出现差异的时间。[4] 继1962年发表的论文之后,楚克坎德尔和鲍林又在1965年创造了"分子演化时钟"的概念,并利用这个理论来推测部分哺乳动物血红蛋白链的关系和趋异时间,结果发现人类和马的关系略近于人类和牛的关系(图198)。

沃尔特·门罗·菲奇(Walter Monroe Fitch,1929—2011)和伊曼纽尔·马戈利亚什(Emanuel Margoliash,1920—2008)发表于1967年的论文《系统树的构建》也有重要意义。其中绘制了一幅动物关系图(图199),依据是基于蛋白质细胞色素c估算的突变距离,这也是最早发表的距离矩阵系统树之一。[5] 文森特·马修·萨里奇(Vincent Matthew Sarich,1934—2012)的系统树也十分重要,特别是1967年与亚伦·查尔斯·威尔森(Allan Charles Wilson,1934—1991)合作的著名分子钟图,其中指出人类和黑猩猩及大猩猩在500万年前才分道扬镳。这个学说当时引起了巨大争议,因为古生物证据似乎确凿无疑地表明人科成员和猿类的分歧大约发生在1500万年前(图200)[6]。直到今天也依然有人质疑这个说法。不过,最近的形态学证据明确显示出人类是从猩猩分化而来的,而不是非洲古猿。[7] 萨里奇还在1976年和约翰·爱德华·克罗宁共同发表了一幅系统树图,其展示出了旧世界猴的关系(图201),依据是血蛋白序列和免疫特异性(图201)。

20世纪60年代和70年代崭露头角的分子系统发生学家里,莫里斯·古德曼(Morris Goodman,1925—2010)是最高产、最有影响力的研究者之一。他发表了大量以蛋白质序列数据为依据的系统树。在 1975 年发表的一幅系统树图中，他和同事使用序列数据为血红蛋白复原出了演化历史（包括可能的祖先序列），并分析了血红蛋白复合体是在哪些阶段演化出了哪些位点（图 202）。古德曼称这幅图是"达尔文进化论的第一份真凭实据"[8]。1982 年，他和约翰·泽鲁斯尼亚克等人又用血红蛋白基因的 DNA 序列绘制了同样的系统树（图 203）。

1963 年，美国鸟类学家和分子生物学家查尔斯·加尔德·西布利（Charles Gald Sibley，1917—1998）开始研发 DNA 杂交技术，到 70 年代早期，他和乔恩·爱德华·阿基斯特（Jon Edward Ahlquist，1944— ）一同利用这种技术开始研究现生鸟类科之间的关系。1975 年初到 1985 年中这段时间，他们大约为 1 700 种鸟完成了 26 000 多个 DNA-DNA 比对，涵盖了后来在鸟类中发现的所有目和全部 171 个科中的 168 个科。[9] 乔恩·阿基斯特和小伯特·利维尔·门罗（Burt Leavelle Monroe Jr.，1930—1994）于 1988 年共同发表了一篇里程碑式的论文，文中配有大量系统树，本书展示了其中一幅（图 204）。

20 世纪 80 年代中期，自 1974 年开始就在分子系统发生学技术中占据着主导地位的 DNA-DNA 杂交渐渐失宠[10]，蛋白质测序的时代也开始衰落，取代它们的便是 RNA 和 DNA 本身的快速测序新技术。[11] 1977 年，卡尔·理查德·乌斯（Carl Richard Woese，1928—2012）和乔治·爱德华·福克斯（George Edward Fox，1945— ）通过分析核糖体 RNA 序列的数据，发现了古生菌，这个新的生命领域几乎让他们一夜成名（图 205）。研究者最初认为细菌和古生菌（后来被称为真细菌和原始细菌）组成了一个规模庞大且成员多样的原核生物家族，但现在认为古生菌是一个新的生物域。乌斯和福克斯重写了生命的演化树，依据基因关系而不是形态相似性提出了一个三维系统。他们的成果对证明微生物登峰造极的多样性有重大意义,即地球的基因、代谢和生态系统中的多样性大多都是来自单细胞生物。[12]

丽贝卡·路易斯·卡恩(Rebecca Louise Cann,1951—)及其同事发表于1987年的著名论文中依据全球线粒体DNA调查构建了一幅系统树图(图206),调查对象有147人,分别来自非洲、亚洲、澳大利亚、新几内亚和欧洲。这项研究的结果一亮相就引爆了舆论狂潮,它发现调查对象的线粒体DNA都来自同一位女性,她可能生活在约20万年前的非洲。[13] 而且,除了非洲人,所有受试者都具有多种起源,表明每个地区都经历过反复殖民。[14]

277

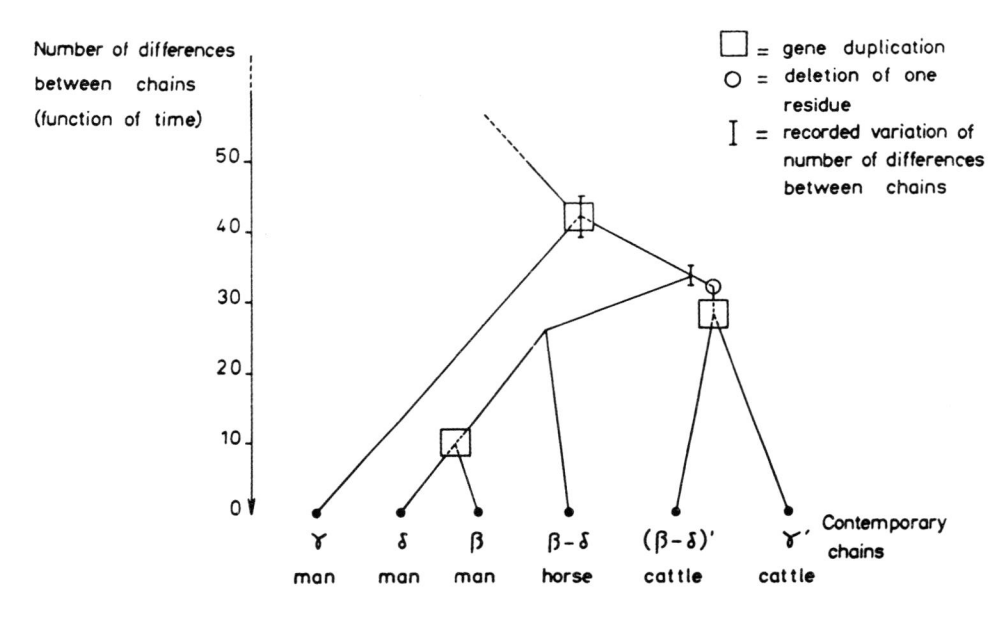

图 198 部分哺乳动物血红蛋白链可能的关系和趋异时间,由埃米尔·楚克坎德尔和莱纳斯·卡尔·鲍林绘制。

楚克坎德尔和鲍林,1965 年,《蛋白质演化趋异和趋同》,第 156 页,图 4;由劳拉·普里查德和爱思唯尔公司提供。已获得授权。

早期的分子树　1962—1987

278

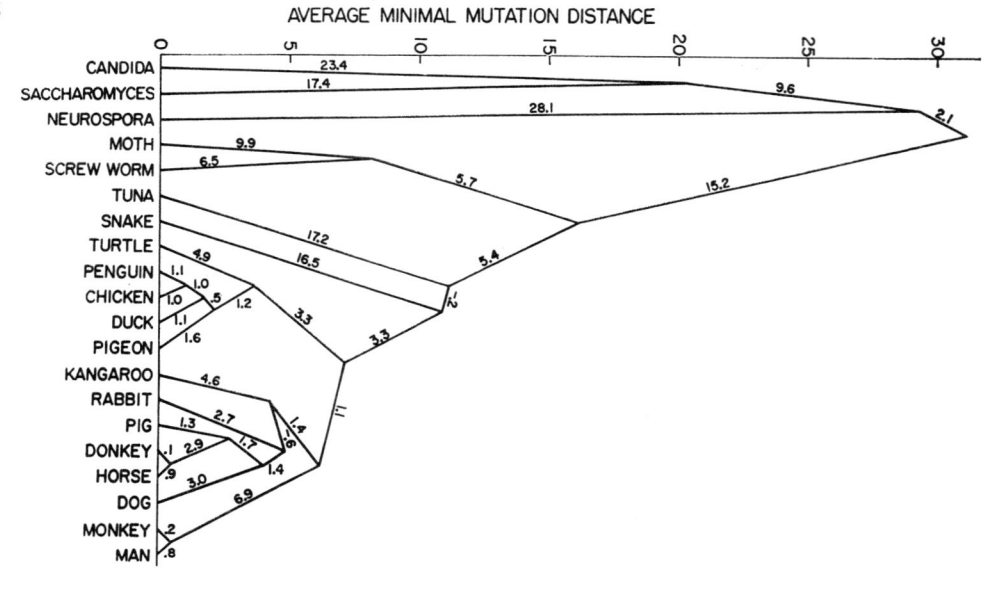

```
AVERAGE MINIMAL MUTATION DISTANCE
     0        5       10       15       20       25      30
CANDIDA ————————— 23.4 ————————————————————— 9.6
SACCHAROMYCES —— 17.4 ——————————————————————————— 2.1
NEUROSPORA ———————————— 28.1 ——————————————————
MOTH ———— 9.9
SCREW WORM — 6.5 ————— 5.7 ——————— 15.2
TUNA
SNAKE ——————— 17.2
TURTLE ————— 16.5 ——— 5.4
PENGUIN 4.9
CHICKEN 1.1, 1.0, .5, 1.2
DUCK 1.0, 1.2, 3.3
PIGEON 1.1, 1.6, 3.3
KANGAROO 4.6
RABBIT 2.7, 1.4, 1.7
PIG 1.3, 1.6
DONKEY .1, 2.9, 1.4
HORSE .9, 3.0
DOG 6.9
MONKEY .2
MAN .8
```

图 199　早期的动物关系分子树，依据是通过蛋白质细胞色素 c 估算出的突变距离，由沃尔特·门罗·菲奇和伊曼纽尔·马戈利亚什绘制。

菲奇和马戈利亚什，1967 年，《科学》，155（3760）:282，图 2；由沃尔特·M. 菲奇和托马斯·多博什涅斯基提供。已获得授权。

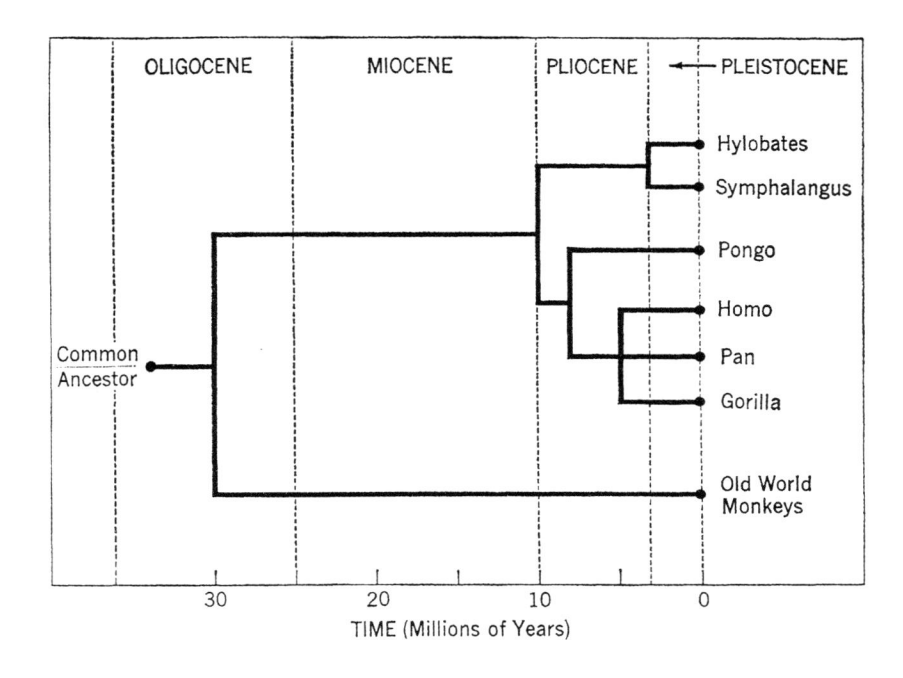

图 200 通过免疫数据估算出来的人科动物分化时间,由文森特·马修·萨里奇和亚伦·查尔斯·威尔森绘制。

萨里奇和威尔森,1967 年,《科学》,158:1201,图 1;由文森特·M. 萨里奇提供。已获得授权。

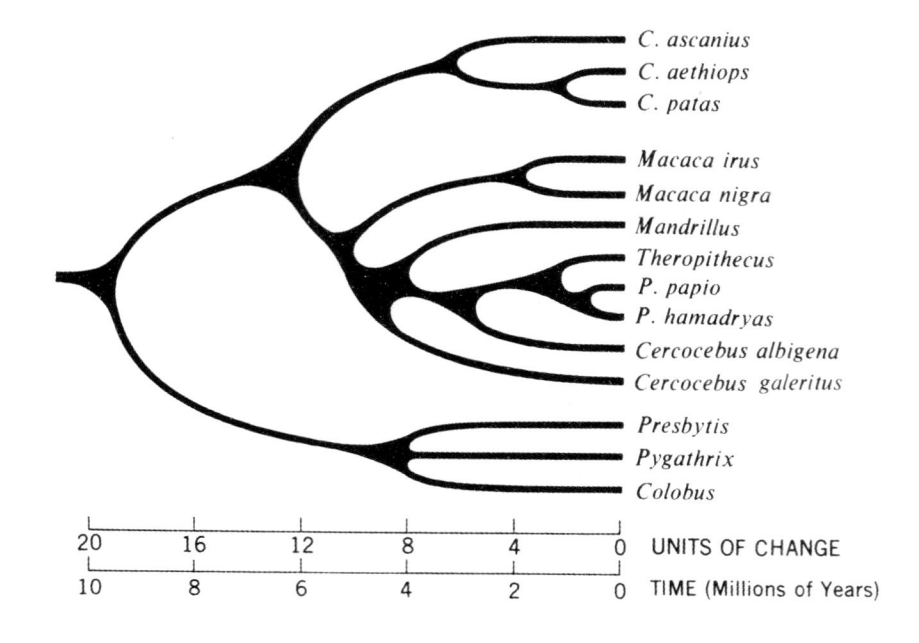

```
                              ┌─── C. ascanius
                           ┌──┤
                           │  ├─── C. aethiops
                           │  └─── C. patas
                           │
                           │     ┌─── Macaca irus
                           │  ┌──┤
                           │  │  └─── Macaca nigra
                           │  │
                           ├──┤     ┌─── Mandrillus
                           │  │  ┌──┤
                           │  │  │  └─── Theropithecus
                           │  ├──┤
                           │  │  │  ┌─── P. papio
                           │  │  └──┤
                           │  │     └─── P. hamadryas
                           │  │
                           │  │  ┌─── Cercocebus albigena
                           │  └──┤
                           │     └─── Cercocebus galeritus
                           │
                           │     ┌─── Presbytis
                           └─────┤─── Pygathrix
                                 └─── Colobus
```

| 20 | 16 | 12 | 8 | 4 | 0 | UNITS OF CHANGE |
| 10 | 8 | 6 | 4 | 2 | 0 | TIME (Millions of Years) |

图 201　基于血蛋白序列的旧世界猴关系图，由文森特·马修·萨里奇和约翰·爱德华·克罗宁绘制。

萨里奇和克罗宁，1976 年，《灵长类的分子系统学》，第 151 页，图 6；由文森特·M. 萨里奇提供。已获得授权。

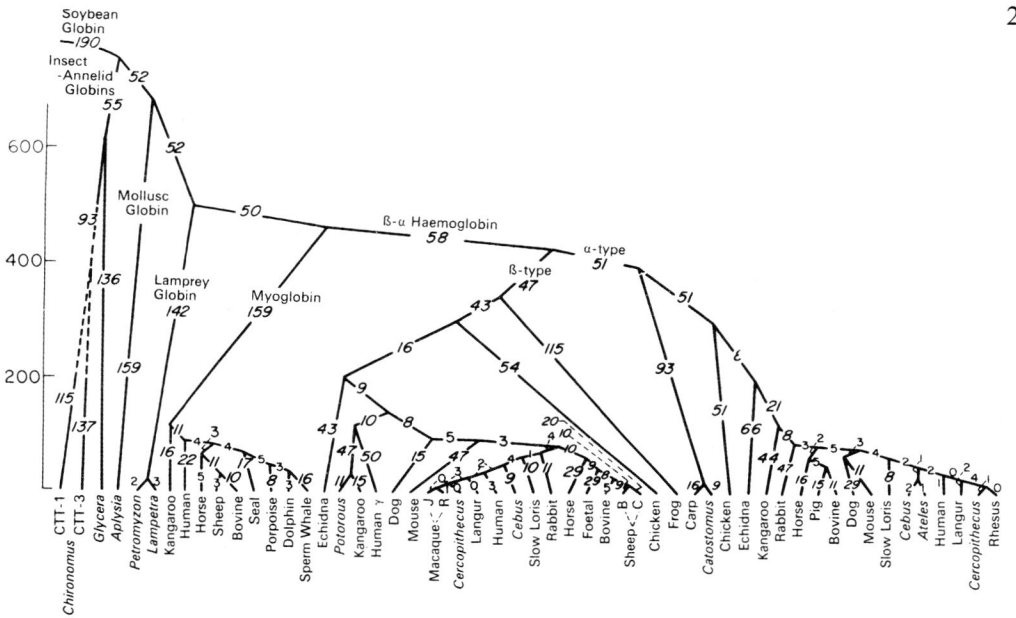

图 202　以蛋白质序列和免疫特异性为依据的哺乳动物关系图，由莫里斯·古德曼等绘制。
古德曼等，1975 年，《自然》，253:604，图 1；由自然出版集团提供。已获得授权。

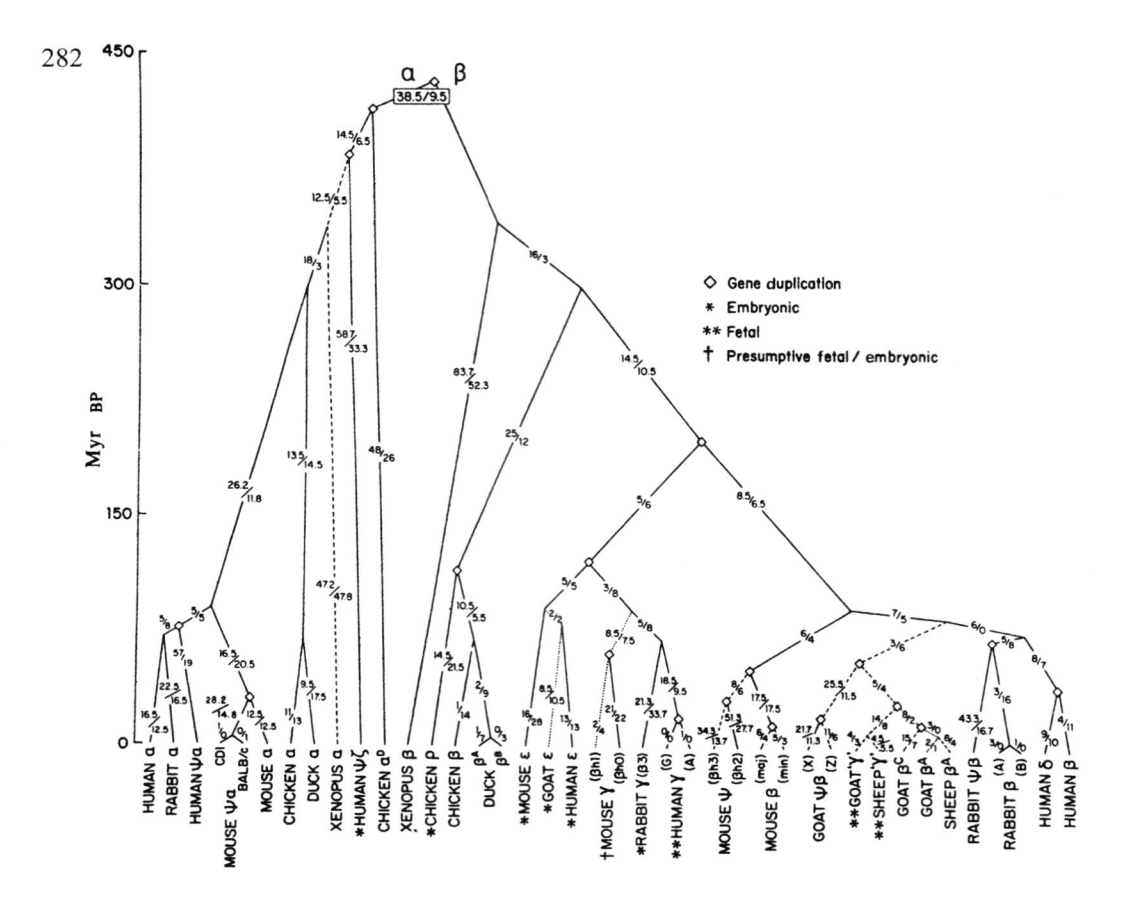

图 203 以 DNA 序列为依据的血红蛋白演化史，由约翰·泽鲁斯尼亚克和莫里斯·古德曼绘制。

泽鲁斯尼亚克等，1982 年，《自然》，298（5871）:299，图 2；由自然出版集团提供。已获得授权。

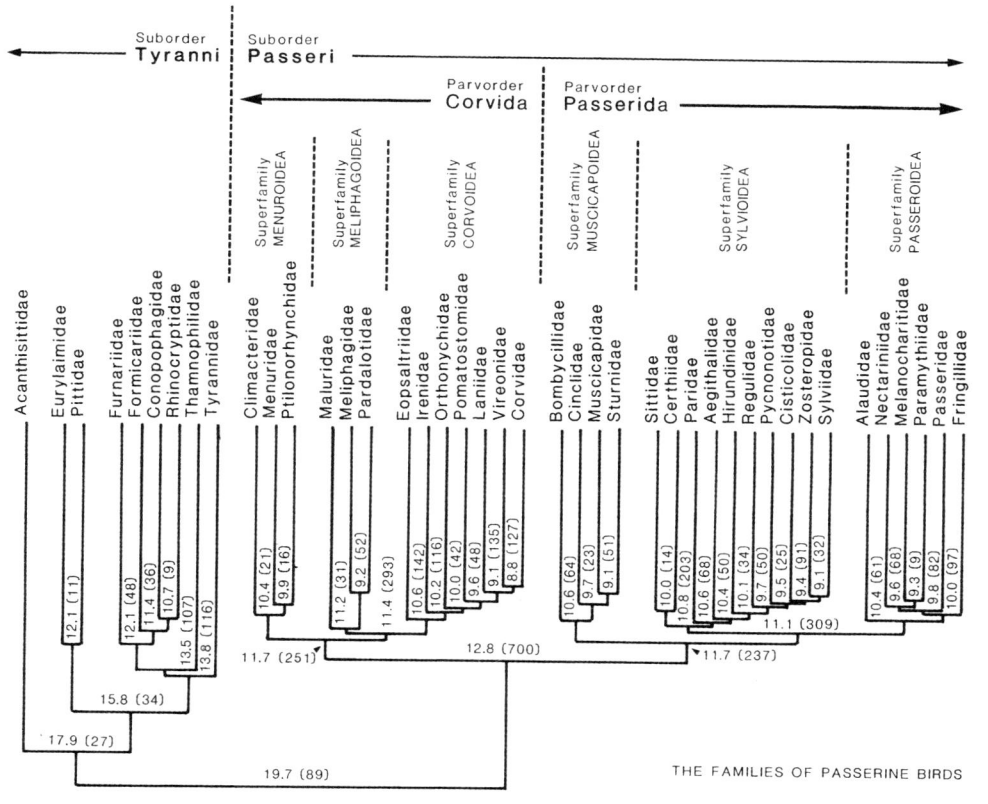

图 204 查尔斯·加尔德·西布利等依据 DNA-DNA 杂交证据绘制的雀形目系统树。

西布利等，1988 年，《海雀》105（3）:412，图 5；由斯科特·吉利安和美国鸟类联盟提供。已获授权。

早期的分子树　1962—1987

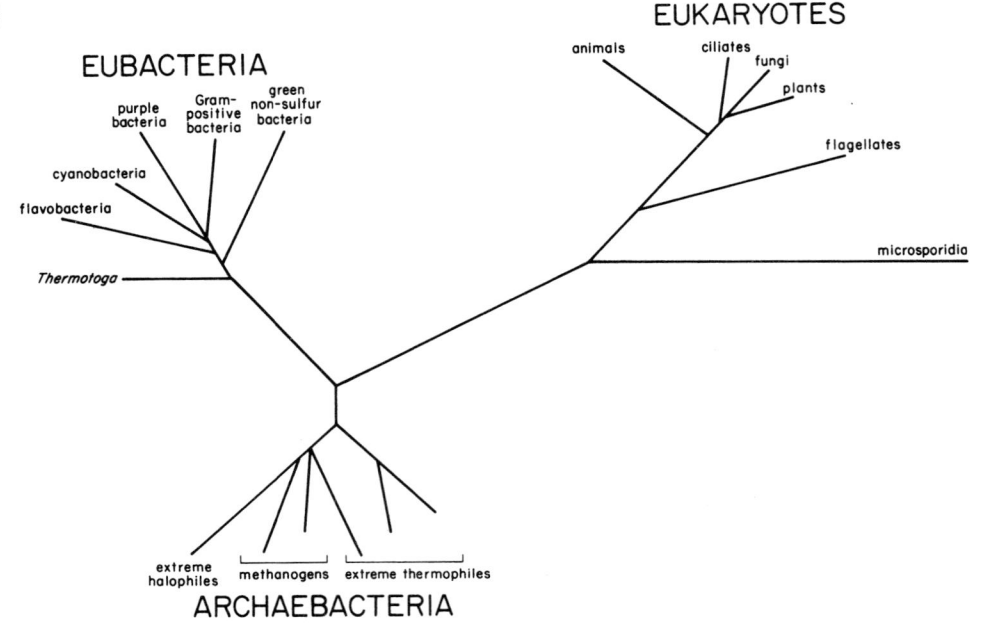

图 205 古生菌的发现:生命树,依据为核糖体的 RNA 序列数据,表明生命系统有三个起源。本图由卡尔·理查德·乌斯发表于 1987 年,不过大部分数据来自他和乔治·爱德华·福克斯开始于 1977 年的研究。

乌斯,1987 年,《微生物学评论》,51(2):231,图 4;由卡尔·理查德·乌斯提供。已获得授权。

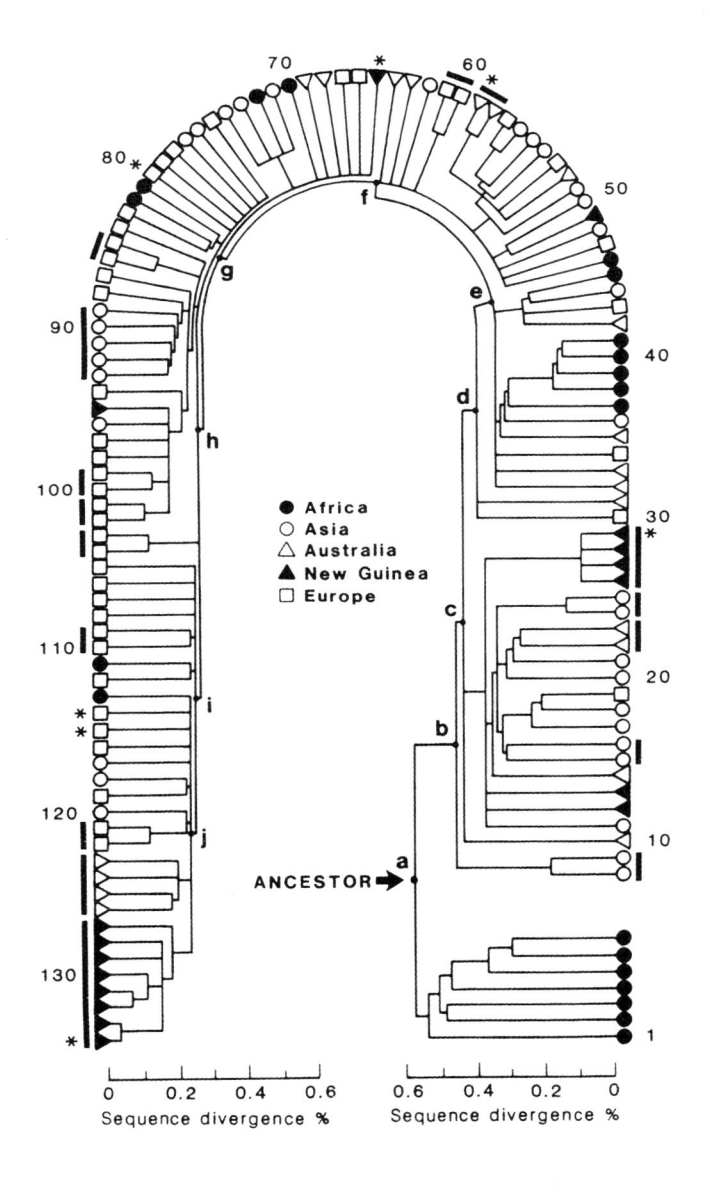

图 206 线粒体"夏娃"假说,即所有线粒体 DNA 都来自于同一名女性,她很可能生活在 20 万年前的非洲。由丽贝卡·路易斯·卡恩等发表。

卡恩等,1987 年,《自然》,325:34,图 3;由自然出版集团提供。已获得授权。

早期的分子树　1962—1987

生命之树

过去四十年间的重要系统树　　1970—2010

新世界蜥蜴中规模庞大且成员复杂的鞭尾蜥属因为杂交能力和不寻常的繁殖模式而名声大噪。目前大约已经识别出了 60 个种，其中 1/3 都没有雄性，雌性会通过单性生殖繁育后代，也就是无需雄性受精即可进行初始生长发育的无性繁殖。这种生育方式在部分无脊椎动物中十分明显，比如蚜虫、蜜蜂和黄蜂，但在脊椎动物里相当稀少。没有雄性的鞭尾蜥源自杂交：一个种族的雌性和另一个种族的雄性在偶然情况下交配产下了孤雌生殖个体，这名雌性可以产出基因与自身细胞完全相同且能够存活的卵。由此诞生的蜥蜴也是孤雌生殖个体，可以继续产下基因和自己完全一致的卵，从而建立无性生殖的克隆群体。

通过单次杂交诞生的孤雌生殖鞭尾蜥都属于二倍体（和有性生殖物种一样拥有两套染色体），但它们有时会和其他种的雄性鞭尾蜥交配，产生三倍体后代（拥有 3 套染色体）。[1] 这些复杂的过程必然会在整理种间演化关系时让人摸不着头脑。查尔斯·赫伯特·洛（Charles Herbert Lowe，1920—2002）等人于 1970 年发表的一幅以染色体特征为依据的系统树图（图 207）就是一个很好的例子。虚线（标注有 1 和 2）表示两条可能性相同的虎斑鞭尾蜥（*Cnemidophorus tigris*）分化道路，一条是源自共同祖先（1），另一条是源自和六线鞭尾蜥（*Cnemidophorus sexlineatus*）杂交（2）。他们认为处于末梢的棋斑鞭尾蜥（*C. tesselatus*）是起源于虎斑鞭尾蜥和六线鞭尾蜥的杂交。注意虎斑鞭尾蜥祖先的类群是二倍体，但部分更进步的虎斑鞭尾蜥和棋斑鞭尾蜥是三倍体。

20 世纪中期，很少有鱼类学家和演化生物学家听闻过慈鲷在东非地堑湖里的爆炸性辐射，而杰弗里·弗莱尔（Geoffrey Fryer，1927— ）和托马斯·德里克·艾尔斯（Thomas Derrick Iles，1927—2017）于 1972 年出版了经典著作《非洲大湖中的慈鲷》，让全世界的目光都集中到了它们令人叹为观止的多样性上：维多利亚湖、坦噶尼喀湖和马拉维湖这三片大湖中就有约 1750 种慈鲷，而且它们只在这几片湖中生活。[2] 这些"物种集落"包含大量具有独特形态学和行为学特征的成员，它们可能都是在较短的地质时间里从少数奠基物种中演化而来。一种比较流行的假说做出了如下解释：慈鲷所特有的一系列摄食结构特化让它们可以专门捕食特定的猎物，这让它们在竞争中比没有这种结构变化的鱼类更有优势，从而出现多样性爆发。弗莱尔和艾尔斯发表于 1972 年的系统树（图 208）展示了多种多样的进食和猎物类型。慈鲷的"共同祖先"向各个方向都发出了分支，它们的头部形状、颌部灵活性以及牙齿形态和特征都适应了特定的猎物，成为软体动物碎裂者、食鳞者、夺眼者以及岩石和植物啃食者。

19 世纪 50 年代早期，查尔斯·达尔文花费了不少时间研究化石和现生藤壶。[3] 藤壶论文专集也体现出了他在所有作品中对细节所投入的大量心血。[4] 不过，在描述藤壶间的关系时，他有时也会含糊其词，而且从没绘制过解释藤壶演化的系统树。但通过仔细分析达尔文的研究，科学哲学和科学史学家迈克尔·特南·盖斯林（Michael Tenant Ghiselin，1939— ）和琳达·杰夫于1973年重建出了达尔文对藤壶系统发生学的看法（图209）。[5] 在盖斯林和杰夫的系统树里，类群间的界限以线条表示，不同的线条代表分类级别。直线表示分枝序列，虚线表示不确定的亲和性。亚科和代表亚科的属群位于椭圆中（虚线椭圆表示不确定种群的基干组合）。科位于双线条椭圆中，目位于粗线条椭圆中。为了阐明达尔文对系统发生在分类中所起作用的看法，盖斯林表示达尔文小心地排除了所有多源类群，但他的系统中还是包括并系群。因此达尔文的系统始终没能形成现代支序图。[6]

20世纪70年代中期，雀形目及其相关目的演化关系几乎是不可逾越的天堑。[7] 有人尝试过用分子学方法解决这道难题，比如上一章中西布利和阿基斯特的DNA–DNA杂交方案（图204），但其他人开始寻找未经验证的形态学新特征。鸟类学家约翰·艾伦·菲杜恰（John Alan Feduccia，1943— ）发表于1977年的一幅系统树图（图210）就非常有意思，因为图中依据镫骨（中耳里的一块听小骨）的解剖学差异假设雀形目是一个二源类群。于是菲杜恰将亚鸣禽亚目放在最左边，让它们向"进步的雀形目形态"发展，雀形目放在最右边，具有"进步的雀形目形态"。而基于其他特征的传统系统发生分类法将亚鸣禽目放在鴷形目和雀形目之间，并通过基干系统发生线和后者相连，表明雀形目是单系群，即所有雀形亚目的成员都有同一个起源。

1982年，古生物学家托马斯·斯坦福斯·肯普（Thomas Stainforth Kemp，1943— ）在《成为哺乳动物的爬行动物》一文中使用了似哺乳类爬行动物（在支序进化学中称为"基干哺乳动物"或"原哺乳动物"[8]，也是哺乳动物的祖先）的系统树（图211），以反驳当时流行的观点，即化石记录不足以详细论证演化思想：

> 演化改变方式的证据几乎都来自现生动物的研究……化石并没有在演化历史的构建中发挥出太大作用，因为生物学家没法确定化石记录里是不是保留着所有关键阶段。所以他们倾向于把来自现生物种的理论套在化石上，或者大多数情况下都是干脆宣称化石记录太过残缺而不堪使用。[9]

似哺乳类爬行动物 1.2 亿年来的化石都相当完整，同时经历了广泛而复杂的适应性扩张，因此坎普认为它们的化石记录为进化论提供了很多无法仅从现生生物身上获得的证据。[10]

林恩·亚历山大·马古利斯因提出细胞器来源于细菌的共生理论而闻名世界，这套学说现在已经广为接受。她和卡莲·维拉·施瓦茨（Karlene Vila Schwartz，1936— ）在她们各个版本的《地球生命的图示指南》中发表过一系列系统树，依据都是罗伯特·惠特克于 1969 年率先提出的五大界（图 180）。本书展示了收录于 1982 年第一版中的三幅图：第一幅（图 212）是"地球生命的系统发生"；第二幅（图 213）是原核生物界的系统树，包括演化自厌氧原核祖先的自养、发酵和呼吸异养细菌；第三幅（图 214）是动物界的系统发生，它们都源自厌氧的原生生物祖先，包括藻类、水霉、黏菌、纤毛虫、阿米巴虫等真核微生物。

1987 年，赖克-黑约·米克尔沙（Raik-Hiio Mikelsaar，1939—2022）发表了一个被他称为"自生假说"（archigenetic hypothesis）的早期细胞演化新理论，既支持林恩·马古利斯认为线粒体来自需氧细菌的学说，也赞同细菌、古生菌和真核生物宿主具有相同起源的观点。他认为线粒体不是来源于真细菌，而是演化自古真核生物和原核生物的古老祖先，并将这些祖先称为"原初生命体"（图215）。他还进一步提出动物、真菌和植物的线粒体都是独立生活的内共生体，源于被称为"有丝分裂体"的自由细胞，这些细胞起源于原初生命体的不同发育阶段，保留了基因序列和转录–翻译系统的部分原始特征。

迪特尔·科恩（Dieter Korn，1958— ）发表于1995年的一幅系统树图（图216）展示了被称为"异时性"的重要演化现象，即发育事件的出现时间改变，导致大小和形态变化。这会使生物提前性成熟，在发育的幼年阶段就进入成年期，这被称为"幼态延续"，是幼型的一种。性成熟也有可能延迟，而形态发育在超过祖先的成年期之后依然继续。[11] 科恩以某种泥盆纪晚期菊石的演化为例，在它们从弯海神石属（*Kamtoclymenia endogona*）向似乌克曼菊石属（*Parawocklumeria*）转化的过程中，幼体性熟让后代的成年体也保留了幼年体的三角形外壳，而从似乌克曼菊石属中演化出来的多个属都存在生长期延长，表现为缝线越来越复杂，这个过程被称为超期发生。[12]

要是介绍系统树的书籍没有恐龙关系图，那就可以说是大失水准了。而保罗·卡里斯图斯·塞雷诺（Paul Callistus Sereno，1957— ）为我们呈上了这类图示中最有意思的一些作品。他是芝加哥大学的美国古生物学家，因为在各个大陆上发现了大量新物种而广为人知。本书收录了塞雷诺最令人称道的两幅图，它们都发表于1999年。第一幅是基于时间的恐龙系统树（图217），展现出恐龙在约2.15亿年前的三叠纪结束前夕迅速成为地球霸主，并在当时仅有的一块联合大陆（盘古大陆）上迅猛扩张，开辟出了"恐龙时代"。在那段长达1.5亿年的历史中，干燥陆地栖息地中达到1米长的生物几乎都是恐龙。[13] 第二幅图的设计十分独特，是弯折起来的线性长树（图218），以便将众多恐龙物种都容纳在内。在显示恐龙中的两大分类时（左边的鸟臀类和右边的蜥臀类），加粗的内部分枝反映出了有多少共有衍征可以作为分类依据。

格雷戈里·斯科特·保罗（Gregory Scott Paul，1954— ）在2002年发表的一对系统树（图219）重点体现出了始祖鸟相对现代鸟类以及近亲不会飞的恐龙所处的位置，其中包括两种意见相左的假说。保罗在左边绘制了传统鸟类恐龙组合，表明部分不会飞的恐龙实际上是"新的不会飞的恐龙-鸟类"[14]，并支持始祖鸟作为高度特化的蜥臀类[15][1]更接近现代鸟类，而不是其他恐龙，以及中国鸟龙属、恐爪龙属和伶盗龙属等不会飞的恐龙作为单独进化枝分化出来的时间早于始祖鸟。右边是另一种"新不飞"假说，表明中国鸟龙属、恐爪龙属和伶盗龙属起源于始祖鸟，它们的飞行特征经历了退化或二次丢失。

脊椎古生物学家蒂莫西·布莱恩·罗（Timothy Bryan Rowe，1953— ）于2004年发表的脊索动物关系图，试图"通过总结学术界目前对脊索动物主要进化枝关系的看法来展现脊索动物的历史，研究依据是我们对分子、基因和发育演化越来越深入的理解，以及一大波从化石记录中深挖出来的惊人新发现"[16]。他设计的精美图画（图220）展现出了现生族系的亲和性以及最古老的化石，还加上了地质时间比例尺（每个节点上的数字都对应着他文章里的副标题）。现在我们可以将脊索动物的历史追溯到至少5亿年前的地质时期。这类动物的大小跨越八个数量级，栖息地几乎遍布地球上的每一块大陆和每一片水域，因此在多细胞动物中显得独一无二。[17]

---

[1] 令人困惑的是，现代鸟类是由"长着蜥蜴臀部"的蜥臀类而非"长着鸟臀部"的鸟臀类进化而来的；见图218所示保罗·塞雷诺恐龙系统树。

辐鳍鱼类也称刺鳍鱼，它们组成了硬骨鱼中的冠群，包括300多个科和约16 000个种，大约占所有现生脊椎动物种类的1/3。[18]虽然从背鳍和臀鳍有真正的棘刺、可以让上颌大幅度伸出的衍生解剖学特征以及其他证据来看，它们明显属于单源群，但不计其数的解剖学结构差异让研究者几乎没有办法为它们重建起系统发生关系。2005年，阿涅丝·德陶伊（Agnès Dettai，1976— ）和纪尧姆·勒库安特（Guillaume Lecointre，1964— ）根据各种分子数据组做出了一次成果更为喜人的尝试（图221）。

所有比目鱼（即硬骨鱼中的鲽形目）都在成年期具有高度不对称的头骨，双眼都位于脑袋的同一边，产生这种结构的机制是一只眼睛在幼鱼发育晚期移动。[19]比目鱼和双侧对称的亲戚之间并没有能将它们联系起来的过渡形态，所以这种奇特解剖特化的演化起源一直以来都是一个谜。但牛津大学的马修·斯科特·弗里德曼（Matthew Scott Friedman，1980— ）最近有了新的突破。他的系统发生分析发现了缺失的环节（图222），其中部分证据来自欧洲始新世地层新发现的化石材料。化石保留着现生物种不具备的诸多原始特征，但大多数标本头骨上的眼眶区域都极不对称，只是眼睛的移动还不完全，体形较小的后变态标本依然拥有位于脑袋两侧的双眼。因此，化石表现出来的状态明显是处于现生鲽形目和其他鱼类之间。

包括海葵、珊瑚、海鳃、水母和水螅的刺胞动物门通常有两个基本的生命周期，即在形态和生态上都不相同的生命阶段交替出现，每个阶段都是由前一个阶段通过有性和无性方式产生。[20]为了阐明水螅类刺胞动物的生活史特征，卢卡斯·勒克莱（Lucas Leclère，1982— ）及其同事利用核糖体RNA为软水母亚纲中的142个种推测出了系统发生关系，这是水螅类刺胞动物中种数最多的类群（图223）。对比以生命周期特征（水母体、类水母体和固定生殖芽阶段）为依据的系统树和以群落形态（独居水螅型、分枝、直立和直立并分枝）为依据的系统树之后，作者发现大量事实都指向一个令人吃惊的结论：这些动物虽然近期频发形态学特征变化，但它们的生活史特征曾长期保持稳定。

虽然经过了几十年深入的分子系统发生学研究，但节肢动物的深度系统发生历史依然混沌不明。[21] 大部分分析都只纳入了少量类群和基因样本，结果各不相同，而且没有强有力的证据。不过，杰罗姆·克里夫顿·雷吉尔（Jerome Clifton Regier，1947— ）等人最近为75种节肢动物和5种外类群动物构建了一幅关系树图（图224），依据是对62个核蛋白编码基因的分析。其结果"为规模最大的动物门获得了统计学证据充分的系统发生框架，向经常白热化的节肢动物关系世纪之争的终结又跨出了一步"。[22]

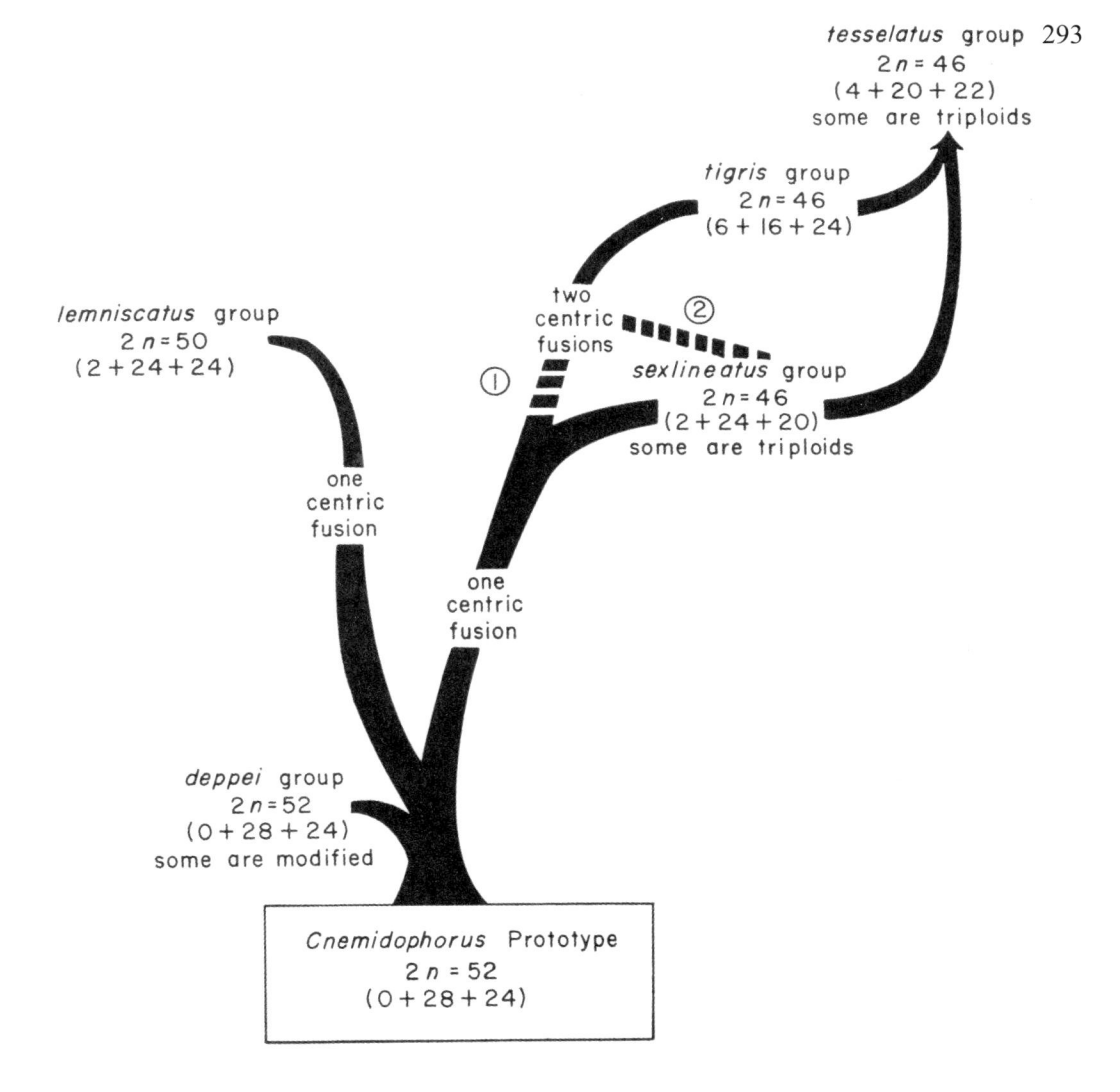

图 207 鞭尾蜥属各个种的系统树，由查尔斯·赫伯特·洛等发表。虚线（标注 1 和 2）表示两条可能性相同的虎斑鞭尾蜥分化道路，一条是源自共同祖先（1），另一条是源自和六线鞭尾蜥杂交（2）。

洛等，1970 年，《系统动物学》，19（2）:136，图 4；由黛博拉·齐塞克、克里斯·佩恩和系统生物学家协会提供。已获得授权。

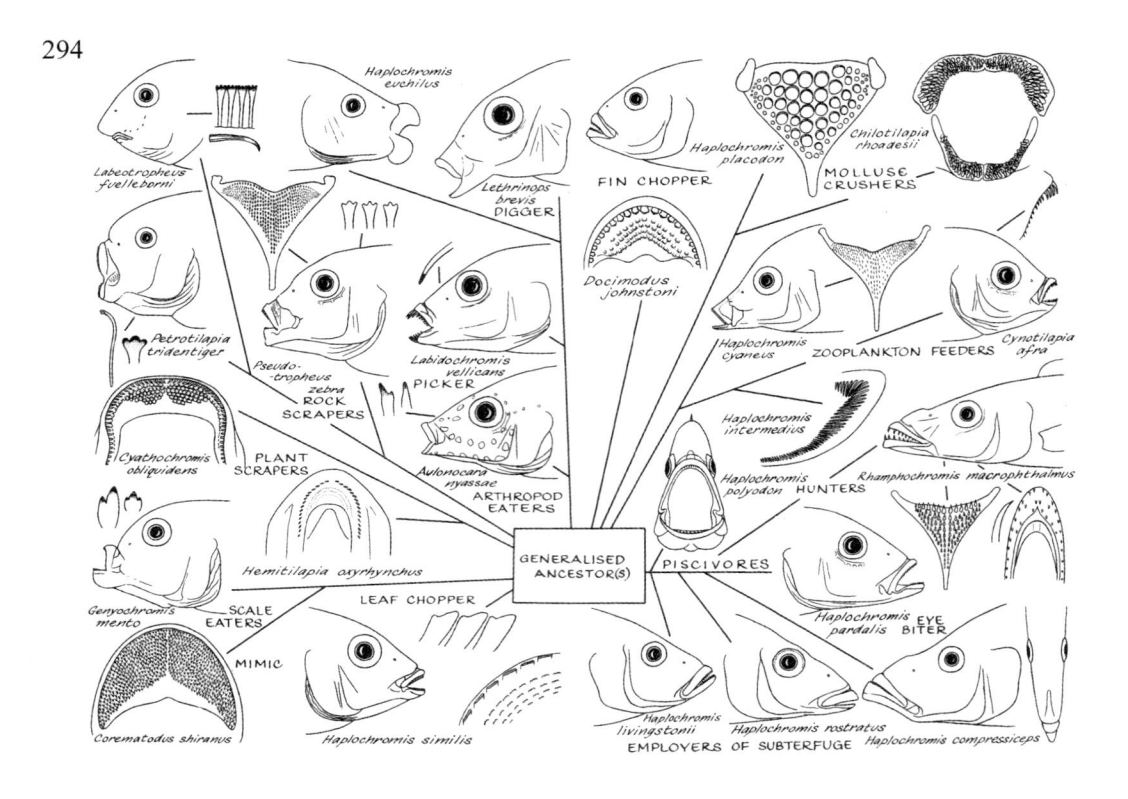

图 208 马拉维湖中慈鲷适应性扩张里的营养关系,由杰弗里·弗赖尔和托马斯·德里克·艾尔斯绘制。

弗赖尔和艾尔斯,1972 年,《非洲大湖中的慈鲷:生物学和演化》,第 488—489 页,图 333;由杰弗里·弗赖尔和 T. 德里克·艾尔斯提供。已获得授权。

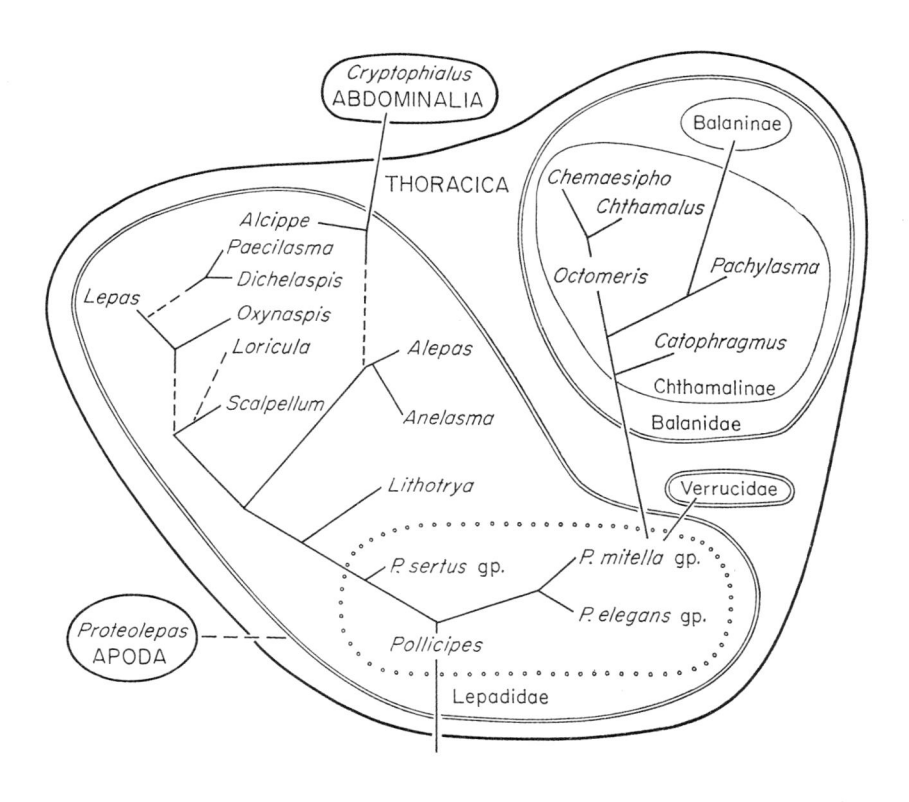

图 209 查尔斯·达尔文的藤壶系统树,由迈克尔·特南·盖斯林和琳达·杰夫重建。

盖斯林和杰夫,1973 年,《系统动物学》,22(2):137,图 1;由迈克尔·T. 盖斯林和系统生物学家协会提供。已获得授权。

过去四十年间的重要系统树 1970—2010

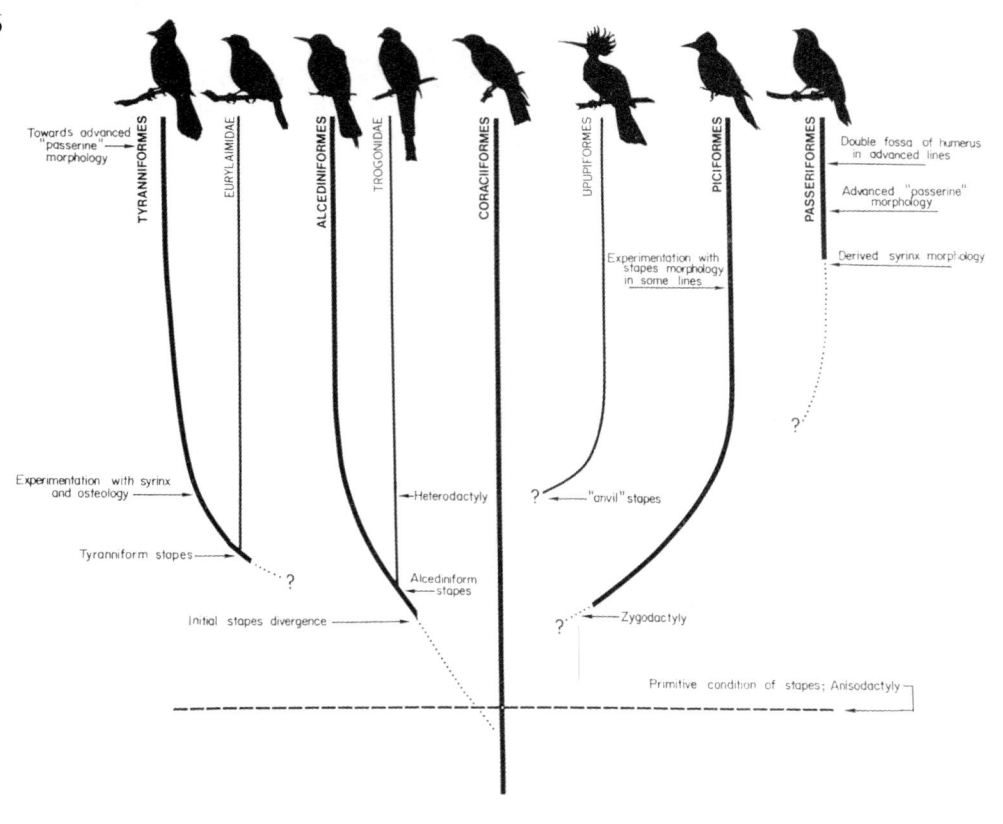

图 210 以镫骨（中耳的听小骨之一）解剖学差异为依据的雀形目二源起源。本图由约翰·艾伦·菲杜恰绘制。

菲杜恰，1997年，《系统动物学》，26（1）:25，图5；由艾伦·菲杜恰和系统生物学家协会提供。已获得授权。

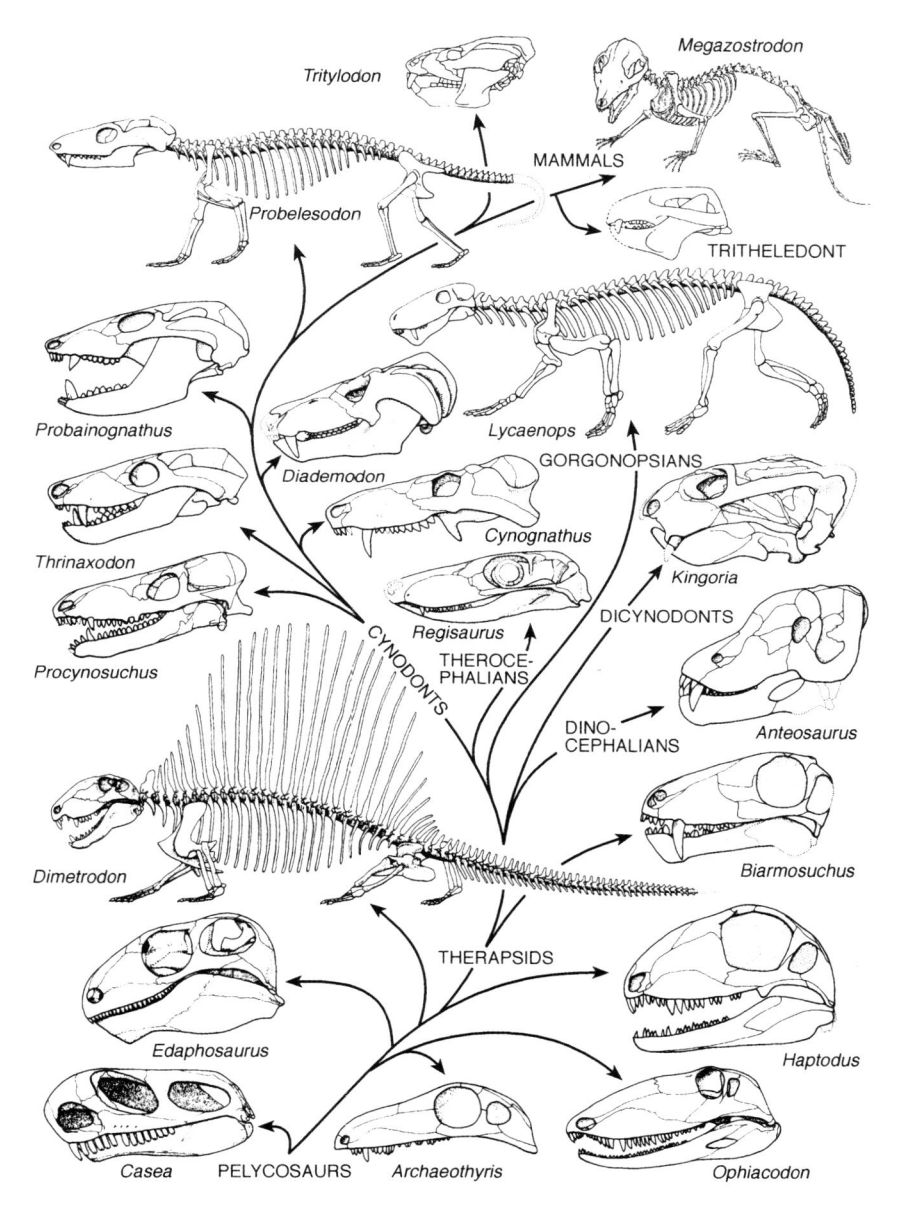

图 211 似哺乳动物爬行动物的系统发生关系,由托马斯·斯坦福斯·肯普绘制。"虽然很有打破常规的魅力,但这其实是一幅严格的支序图。"(肯普,1999:229)

肯普,1982 年,《新科学家》,93:582,未编号图;由托马斯·斯坦福斯·肯普和玛高莎·B.诺瓦克–肯普提供。已获得授权。

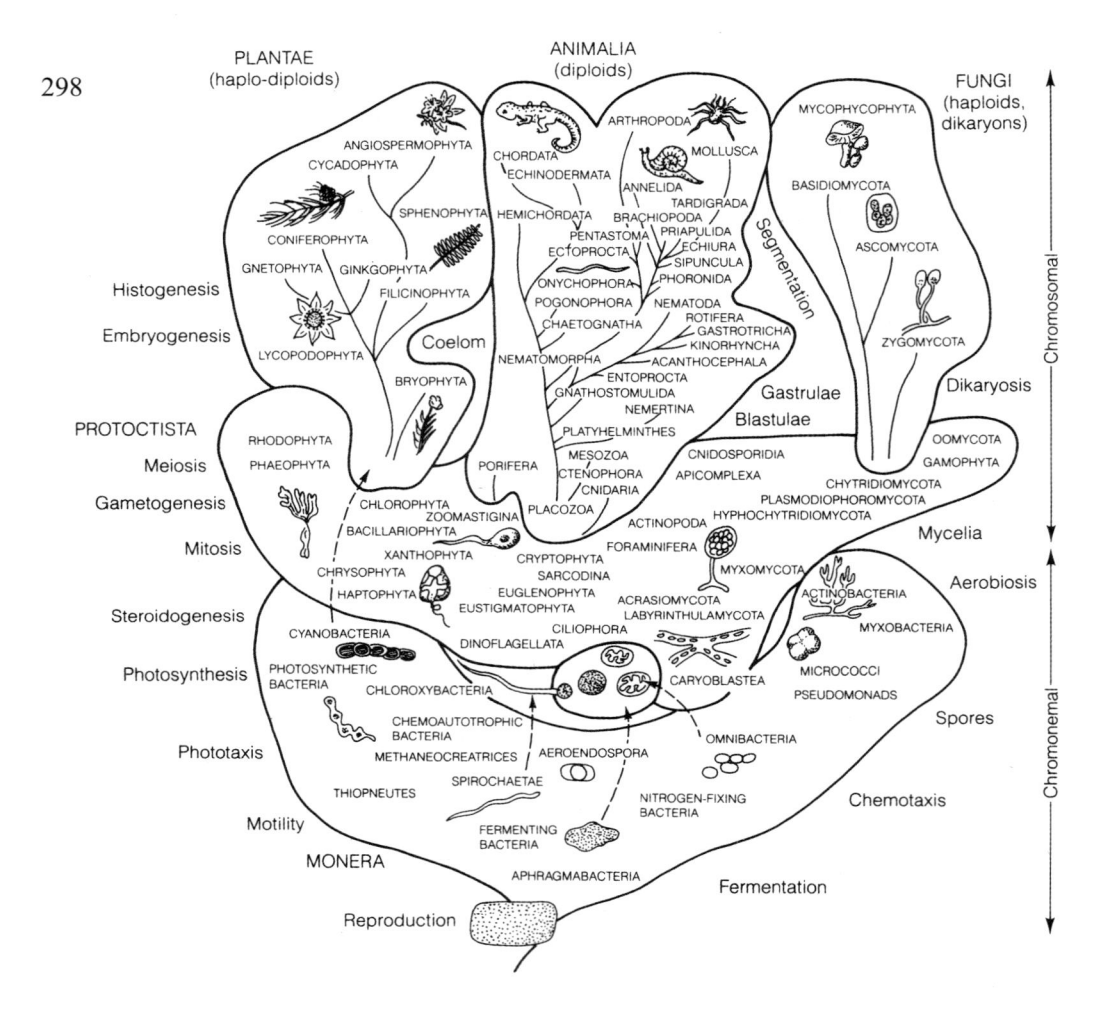

图 212 林恩·亚历山大·马古利斯和卡莲·维拉·施瓦茨绘制的地球生命系统树，依据是惠特克的五界系统和真核细胞起源共生理论。

马古利斯和施瓦茨，1982 年，《五界：地球生命的图示指南》，卷首插图；由林恩·亚历山大·马古利斯和卡莲·维拉·施瓦茨提供。已获得授权。

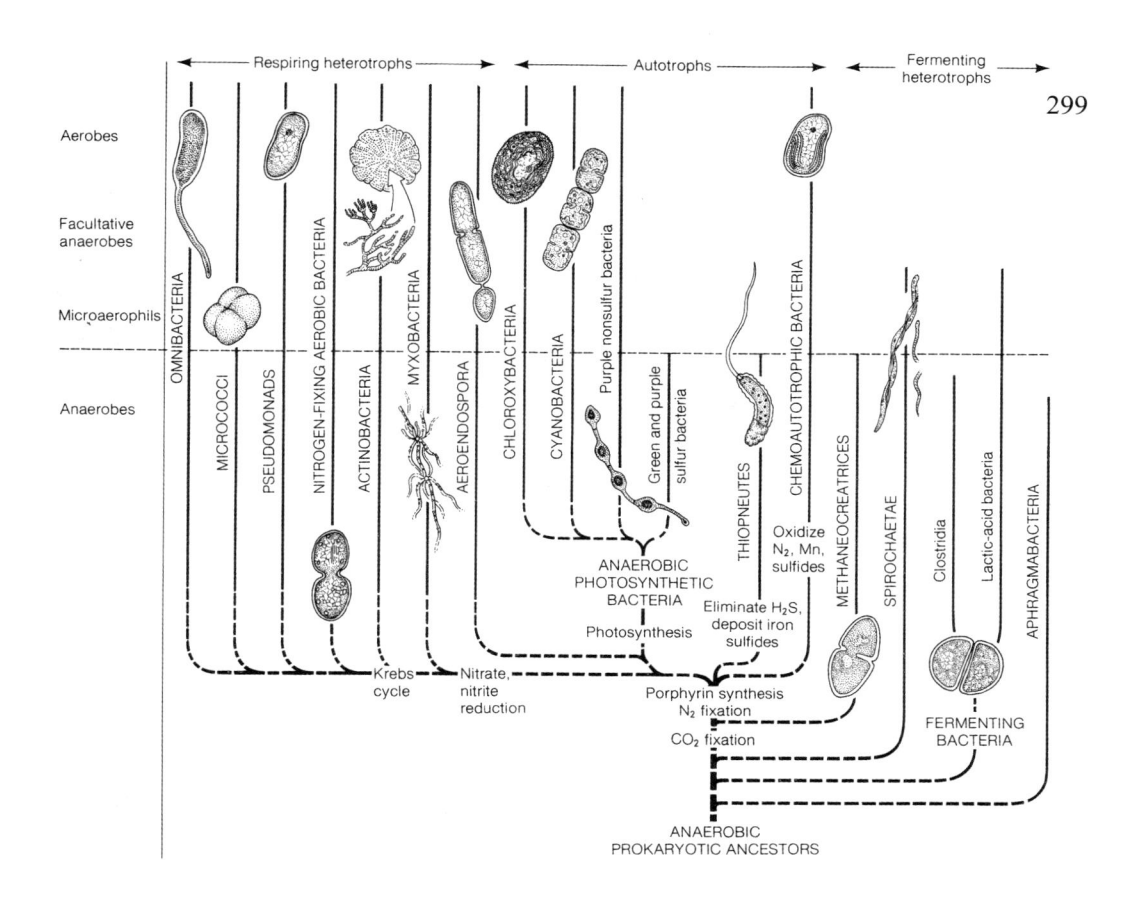

图 213 林恩·亚历山大·马古利斯和卡莲·维拉·施瓦茨绘制的原核生物界系统树,图中的生物源自厌氧原核生物祖先。

马古利斯和施瓦茨,1982 年,《五界:地球生命的图示指南》,第 24 页,未编号图;由林恩·亚历山大·马古利斯和卡莲·维拉·施瓦茨提供。已获得授权。

过去四十年间的重要系统树　1970—2010

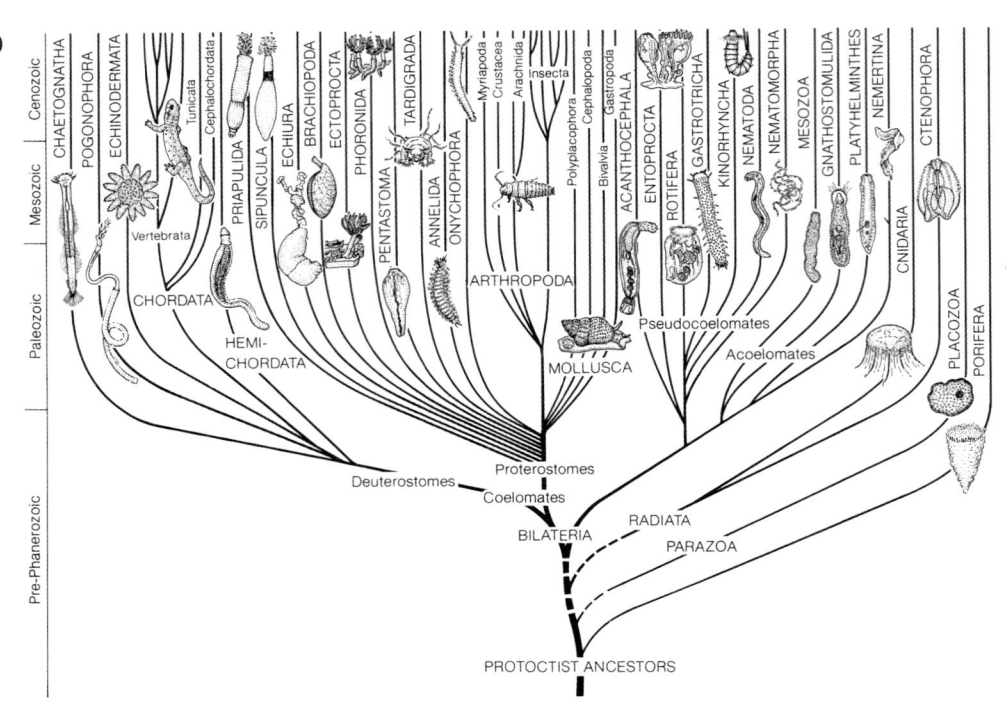

图 214 林恩·亚历山大·马古利斯和卡莲·维拉·施瓦茨绘制的动物界系统树，图中的生物都源自厌氧的原生生物祖先。

马古利斯和施瓦茨，1982 年，《五界：地球生命的图示指南》，卷首插图；由林恩·亚历山大·马古利斯和卡莲·维拉·施瓦茨提供。已获得授权。

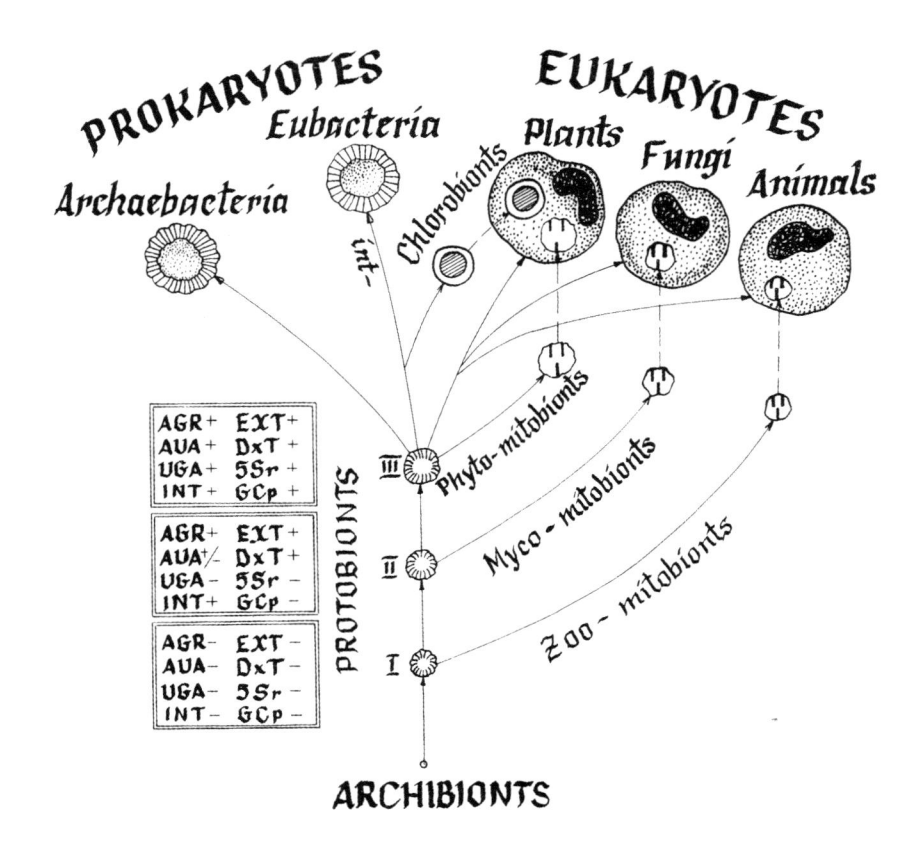

图 215 展示细胞演化"自生假说"原则的系统树,由赖克-黑约·米克尔沙绘制。其中表明线粒体的起源既不是原核生物也不是真核生物,而是独立生活的"有丝分裂体"细胞,而有丝分裂体又来自被称为"原初生命体"的原始细胞。

米克尔沙,1987年,《分子进化杂志》,25(2):170,图1;由赖克-黑约·米克尔沙提供。已获得授权。

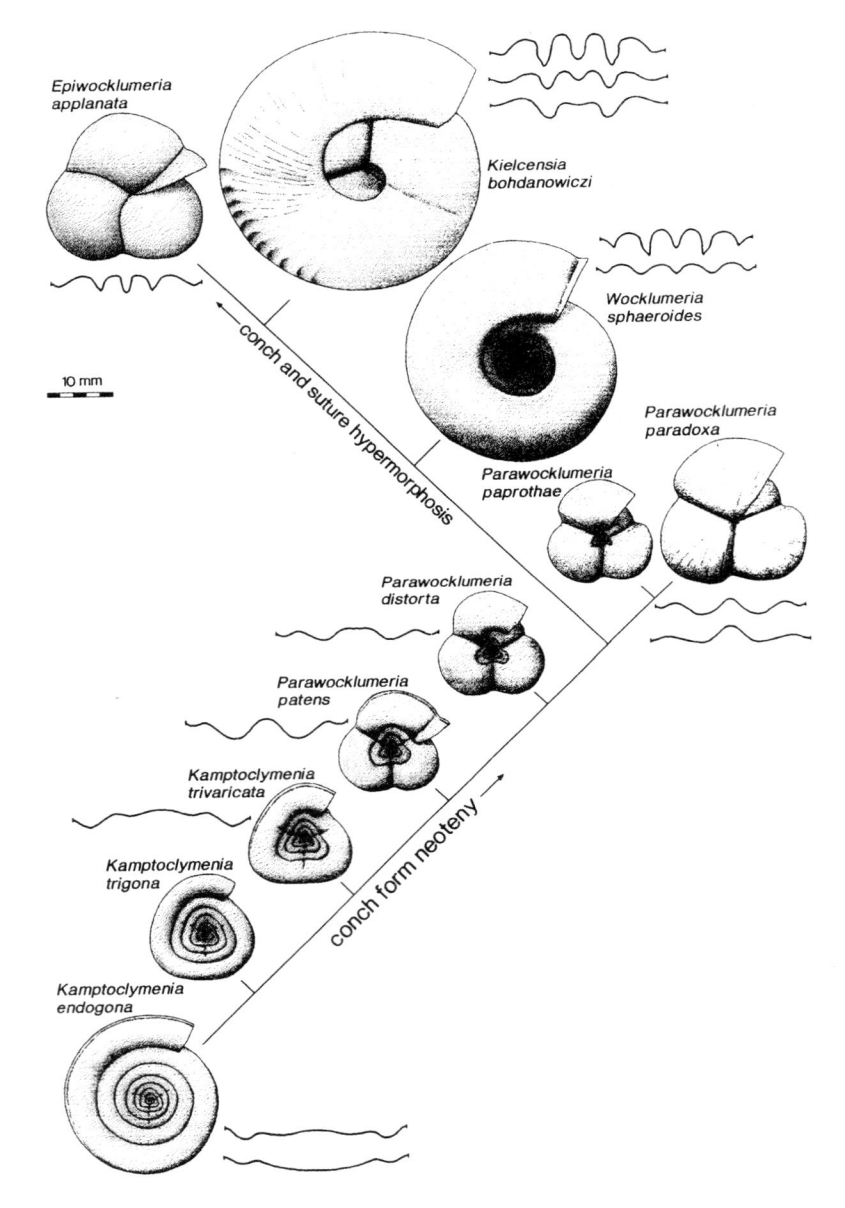

图 216 部分晚泥盆纪菊石的异时性,由迪特尔·科恩绘制。
科恩,1995 年,《环境扰动对古生代菊石异时性发育的影响》,第 252 页,图 12.4,收录于 K. 麦克纳马拉编辑的《演化改变和异时性》,约翰·威利父子出版公司;由维里蒂·布特勒和约翰·威利父子出版公司提供。已获得授权。

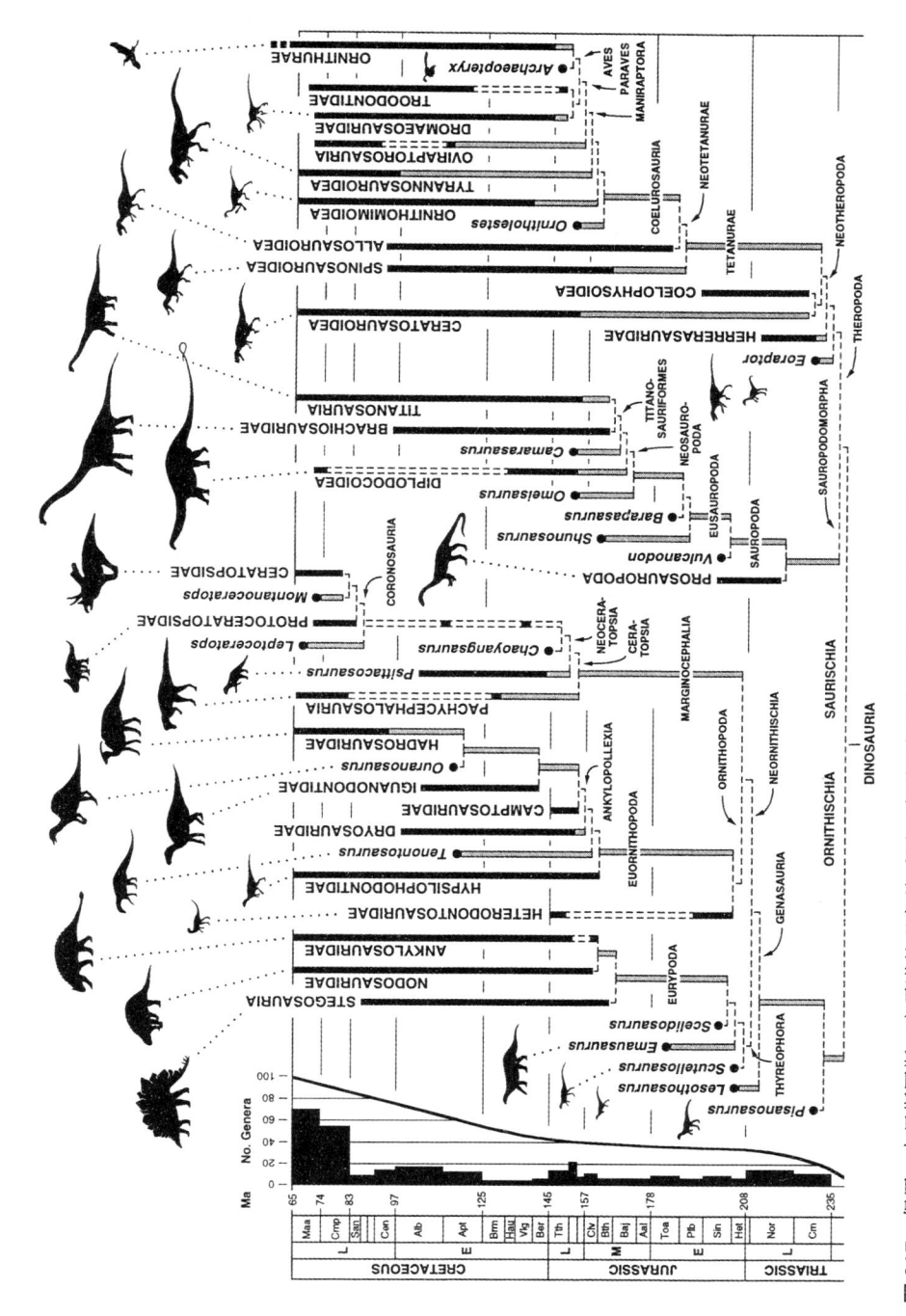

图 217 保罗·卡里斯图斯·塞雷诺的恐龙关系图，表明恐龙在中生代里经历了快速的全球多样化。

塞雷诺，1999 年，《科学》，284:2138，图 1；由保罗·卡里斯图斯·塞雷诺提供，已获得授权。

过去四十年间的重要系统树　1970—2010

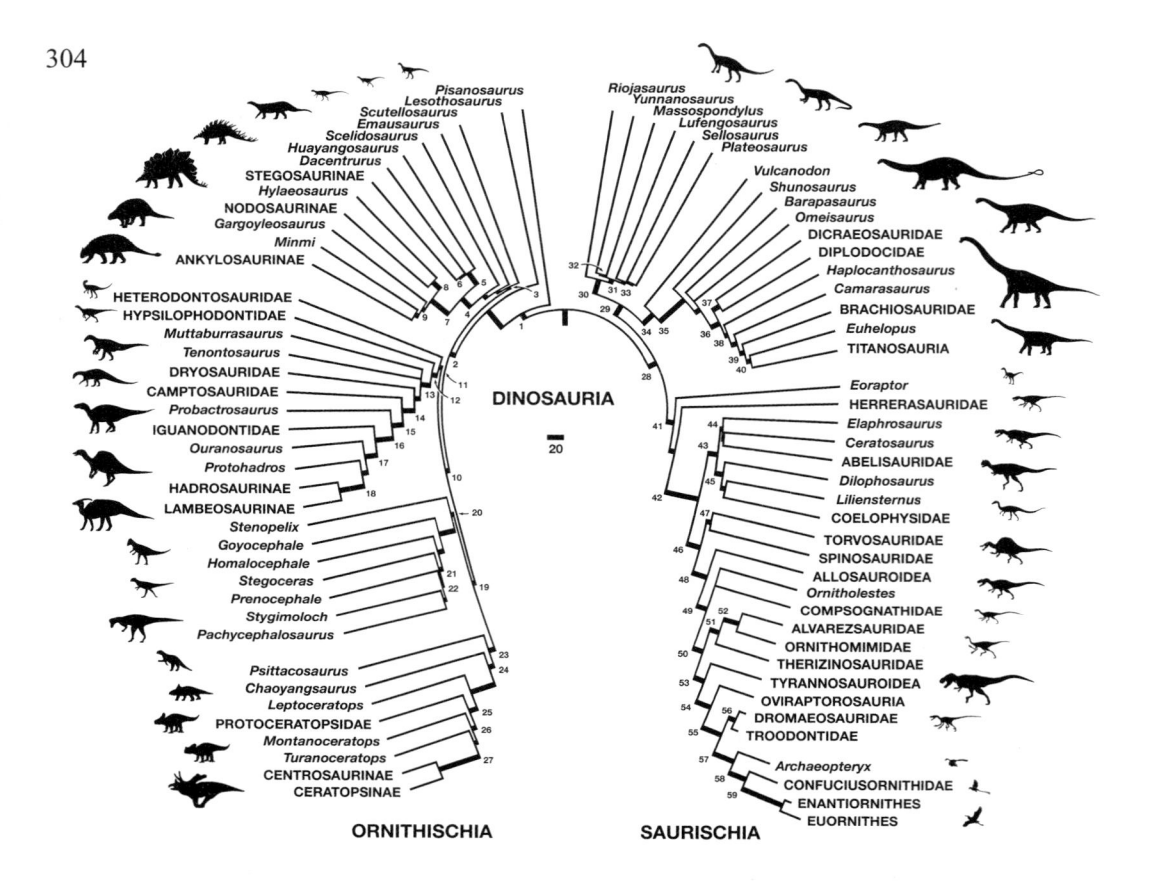

图 218 保罗·卡里斯图斯·塞雷诺的恐龙系统树，重点在于左侧鸟臀类和右侧蜥臀类的明确分界。

塞雷诺，1999年，《科学》，284: 2139，图2；由保罗·卡里斯图斯·塞雷诺提供，已获得授权。

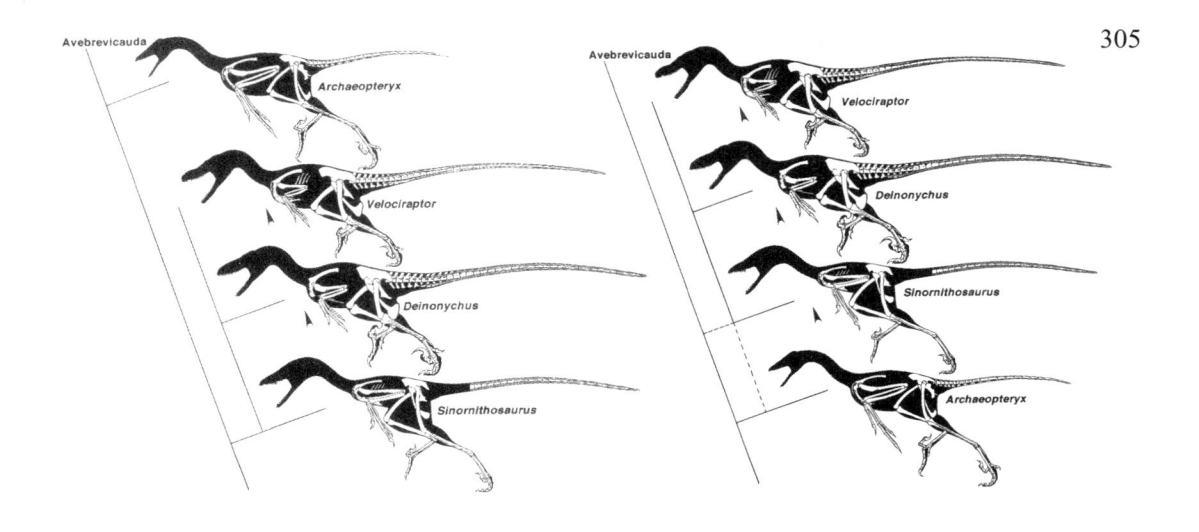

图 219 始祖鸟相对现代鸟类及近亲不会飞的恐龙的两种假设位置,由格雷戈里·斯科特·保罗绘制。
保罗,2002 年,《空中的恐龙:恐龙和鸟类飞行能力的演化和丢失》,第 240—241 页,图 11.1;由格雷戈里·斯科特·保罗和约翰霍普金斯大学出版社提供。已获得授权。

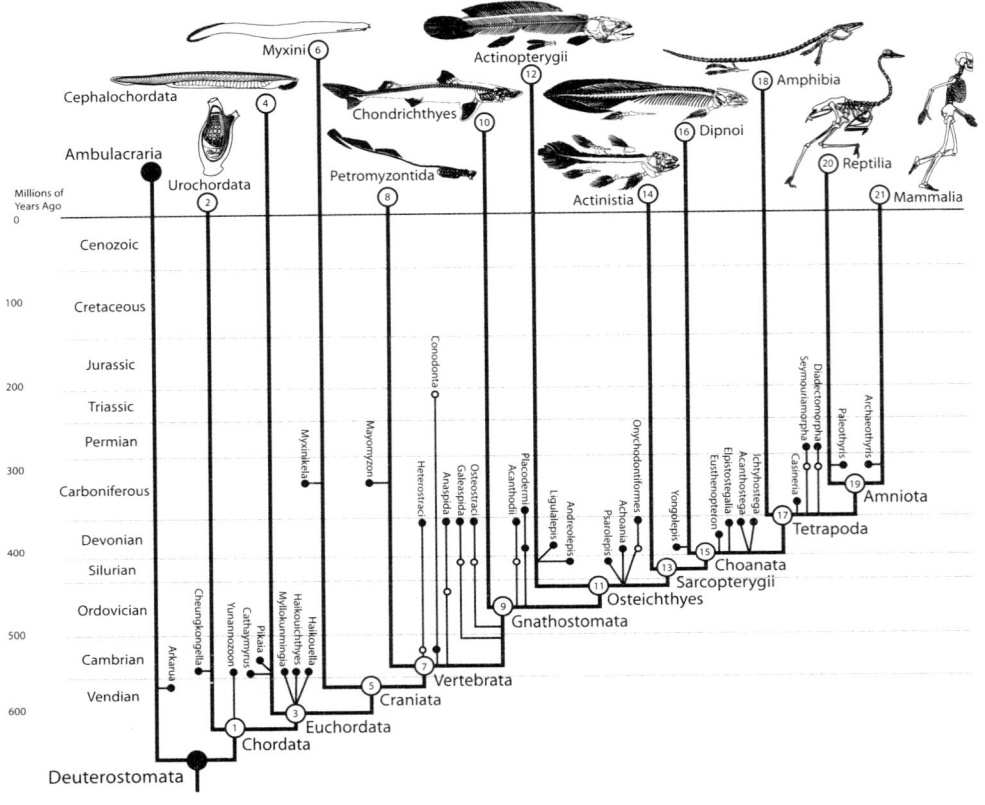

图 220 蒂莫西·布莱恩·罗的脊索动物系统树。

罗，2004 年，《脊索动物系统发生和发育》，第 385 页，图 23.1；由蒂莫西·布莱恩·罗提供。已获得授权。

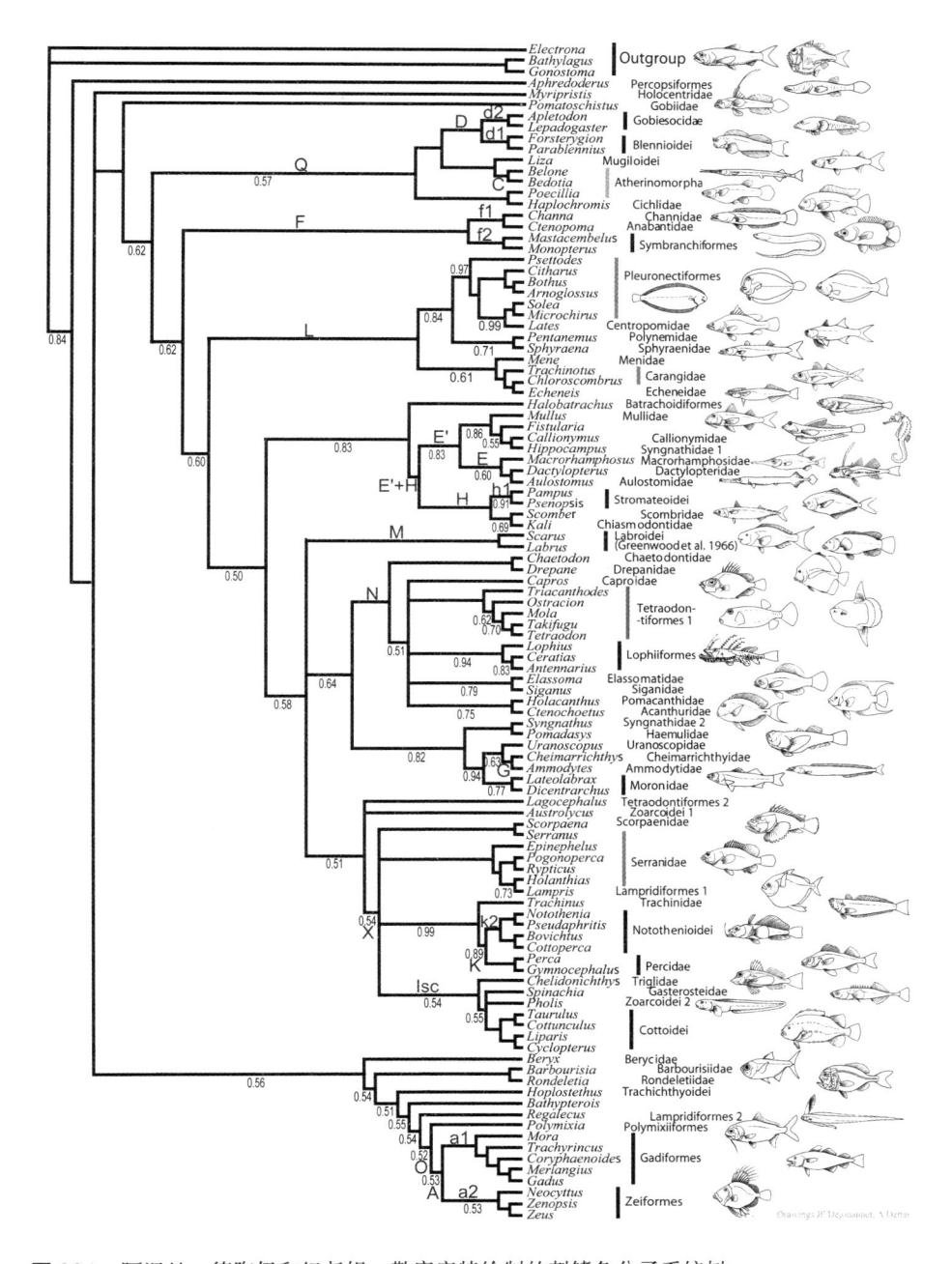

图 221 阿涅丝·德陶伊和纪尧姆·勒库安特绘制的刺鳍鱼分子系统树。

德陶伊和勒库安特，2005 年，《生物报告》，328:681，图 3；由阿涅丝·德陶伊和纪尧姆·勒库安特提供。已获得授权。

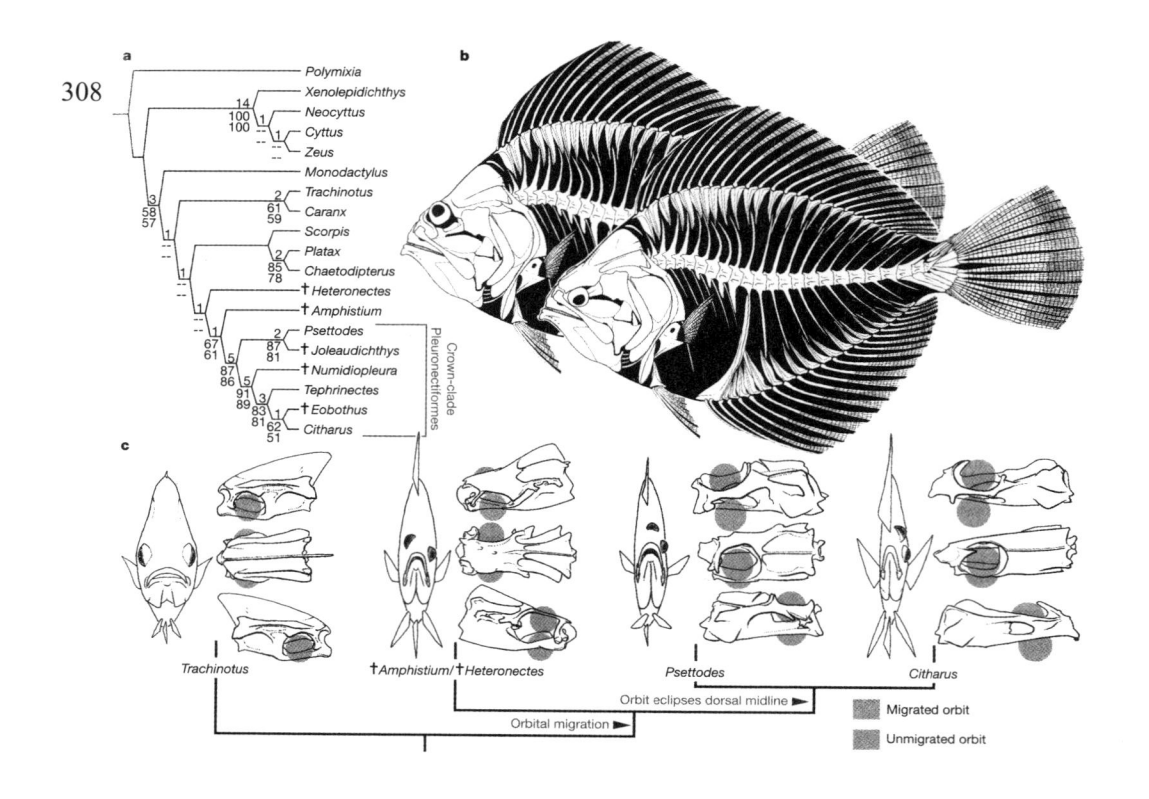

图 222 始新世原始比目鱼和类比目鱼的系统树，提供了比目鱼颅骨不对称起源的线索，由马修·斯科特·弗里德曼绘制。

弗里德曼，2008 年，《自然》，454:211，图 2；由马修·斯科特·弗里德曼和自然出版集团提供。已获得授权。

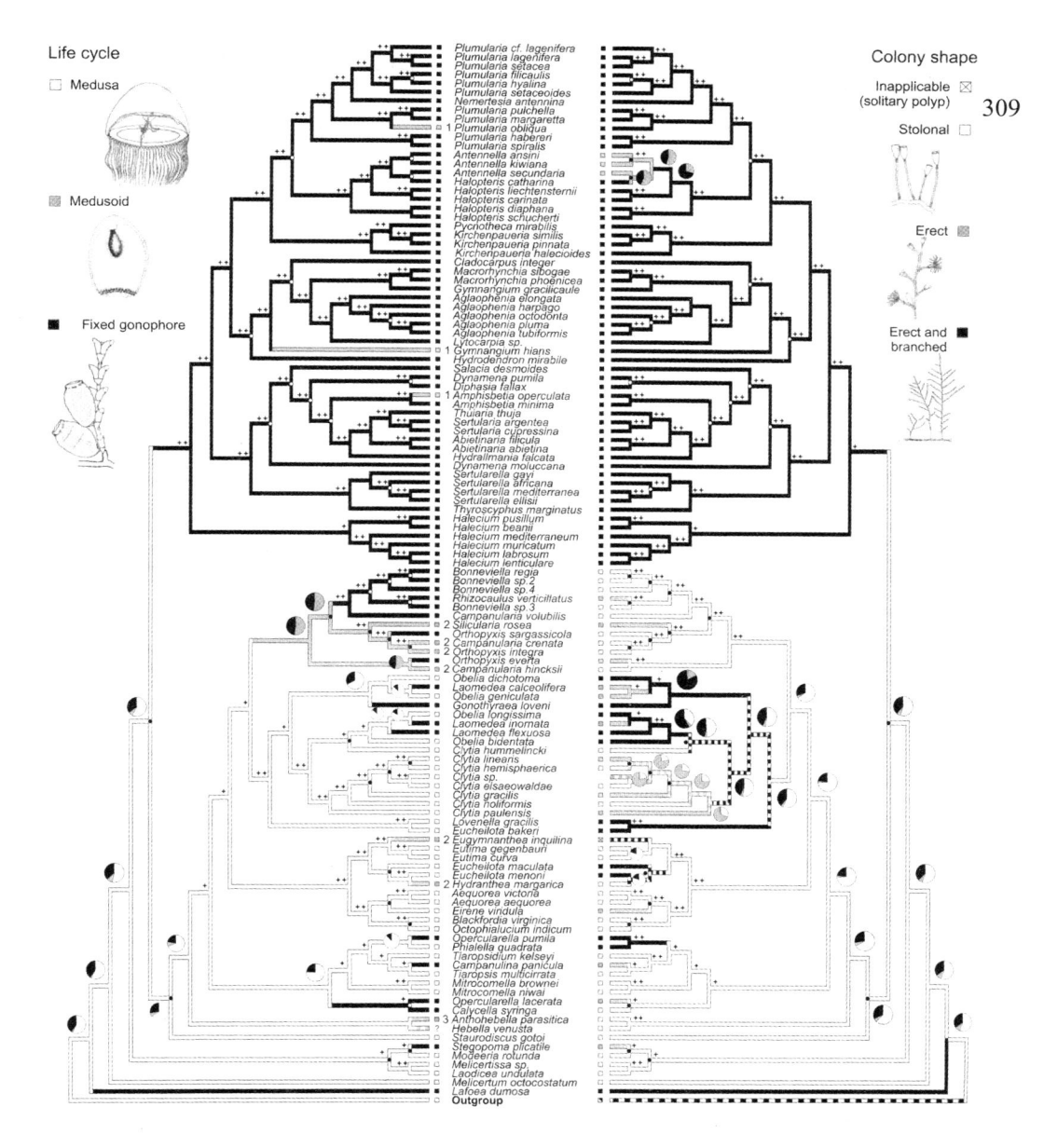

图 223 两幅表现不同水螅类刺胞动物竞争关系的关系树图，左边依据生命周期特征，右边依据群落形态特征。由卢卡斯·勒克莱等绘制。

勒克莱等，2009 年，《系统动物学》，58（5）:517，图 4；由卢卡斯·勒克莱和系统生物学家协会提供。已获得授权。

过去四十年间的重要系统树　1970—2010

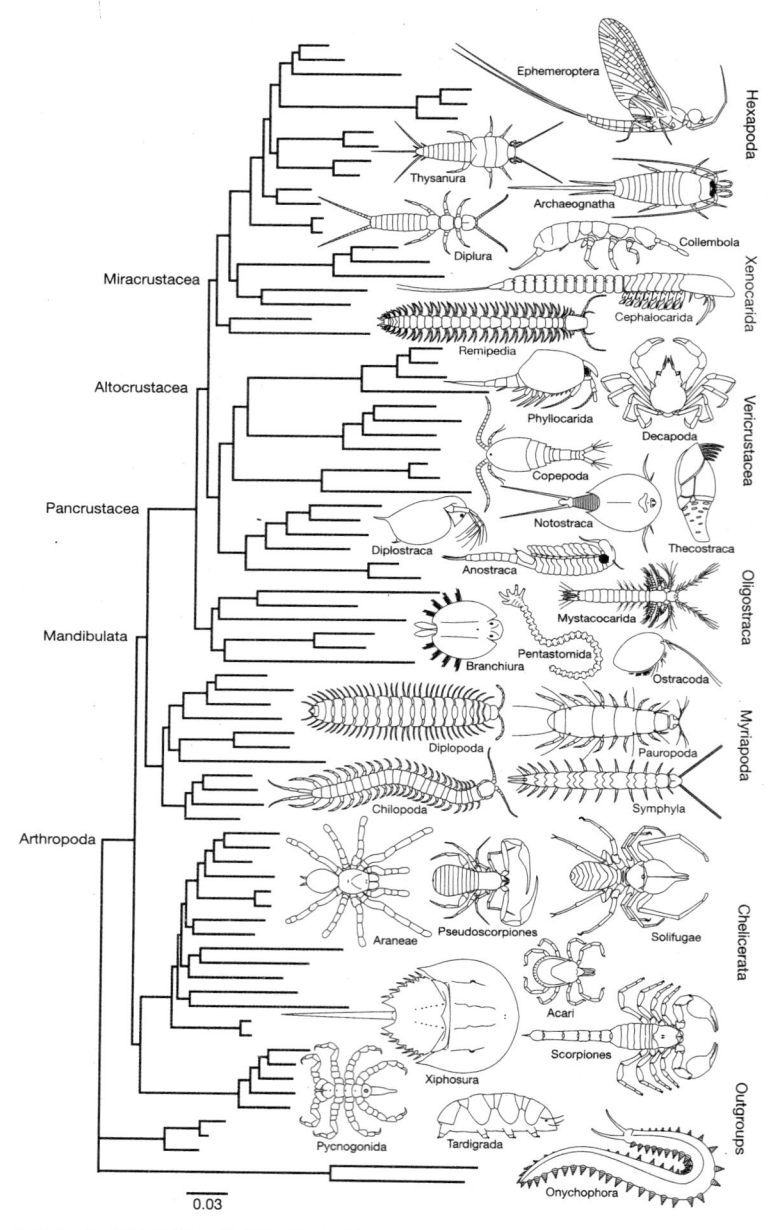

图 224 以核蛋白编码基因为依据的节肢动物关系树,由杰罗姆·克里夫顿·雷吉尔及其同事绘制。主要类群代表的线条凸显出了节肢动物不计其数的形态多样性。

雷吉尔等,2010 年,《自然》,463:1081,图 2;由杰罗姆·克里夫顿·雷吉尔和自然出版集团提供。已获得授权。

原始分枝树和通用演化树　　1997—2010

继卡尔·乌斯于 1977 年发现古细菌（图 205）和惠特克的五界生命系统（图 180）遭到摒弃以来，人们开始以新的眼光深入发掘演化中的早期分枝。分子生物学家诺曼·理查德·佩斯（Norman Richard Pace，1942—　）在这个领域做出了重要贡献，他于 1997 年发表了著名的《分子层面的微生物多样性》，其中依据核糖体 RNA 序列分出了 3 个在系统发生学上存在差异的生命域（图 225）。佩斯表明生物的多样性主要体现在三大微生物类群中：古生菌，即类似细菌且没有细胞器的单细胞生物；细菌，它们也是没有细胞器的单细胞生物，但核糖体 RNA 和细胞膜结构不同于古细菌；以及真核生物，这类生物具有覆膜细胞器，比如细胞核、线粒体和叶绿体。佩斯有理有据地指出微生物太不受重视，生物圈的运作却完全依赖于微生物世界的活动。我们的课本都提及了大型动物高水平的生物多样性，其中昆虫通常是种数最多的生物。但如果压碎昆虫之后用显微镜检验它们体内的物质，那就会发现成百上千种微生物。一把泥土里就有数十亿微生物，种类也是不计其数。我们最多只窥探到了微生物世界的一个小小角落，目前得到正式描述的非真核生物仅 5 000 种（而昆虫有 50 万种）。微生物在地球生命中占有如此重的分量，但我们依然对它们知之甚少。[1]

312　　2004 年，佩斯又以自己发表于 1997 年的论文为基础构建出了其他阐述生命早期分枝的系统树，希望能以此总结系统发生生命树的总体结构。本书展示了他的三幅分枝图，分别显示出了三大生物系统发生领域的主要分支。第一幅是细菌核糖体序列的系统树，主角是挑选出来代表广大细菌的类群（图 226）。第二幅和第三幅的内容相似，但展现的是古生菌和真核生物的系统发生（图 227 和 228）。

桑德拉·L. 巴尔德奥夫（Sandra L. Baldauf）等人发表于 2004 年的系统树（图 229）将三大界完美地结合在了一起。这棵树的树根位于细菌基底附近，代表"我们目前能对现生生物组成和关系所做出的最合理的猜测，依据都来自大量独立的研究，但它们的内容有一定重叠"[2]。这对近期分子系统学的贡献在于明确定义了细菌、古生菌和真核生物，并为它们建立起不可动摇的地位。它们的真实性"已经通过不计其数的数据得到了验证，包括将近 100 个完整测序的基因组。形形色色的分子学和非分子学资料也确证了这三大界中的大多数主要类群"[3]。

在纵观生命树历史的盛宴接近尾声之时，用戴维·马克·希利斯（David Mark Hillis，1958— ）的通用生命树（图 230）来一场完美收官再合适不过了。按照希利斯及其同事的说法，这幅辐射状的分枝图是以核糖体小亚基 RNA 序列为依据，而 RNA 样本来自树中展示的约 3 000 个物种。物种的选择取决于具体条件，但研究者也尽力将大部分主要类群都囊括在内。每个类群的取样数量大致和其中已知的物种数量成正比，但希利斯也指出很多族群都取样过度或不足。在图中出现的物种大致等于地球上所有物种数的平方根（即 9 000 000 的平方根 3 000），也可以说是已正式描述和命名的 190 万个物种的 0.18%。[4]

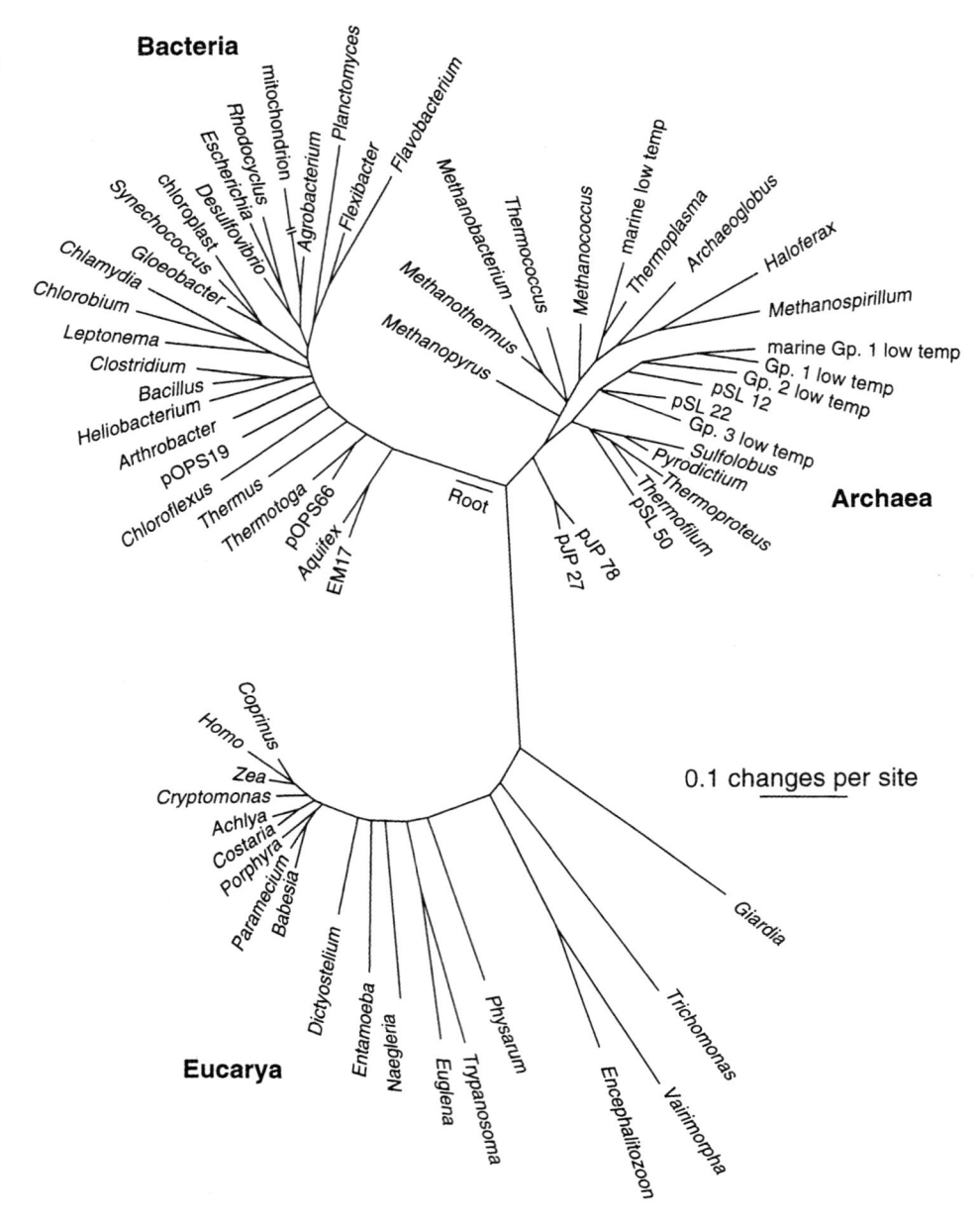

图 225 系统发生学存在差异的三大生命域，由诺曼·理查德·佩斯依据核糖体 RNA 序列绘制。

佩斯，1997 年，《科学》，276:735，图 1；由诺曼·R. 佩斯提供。已获得授权。

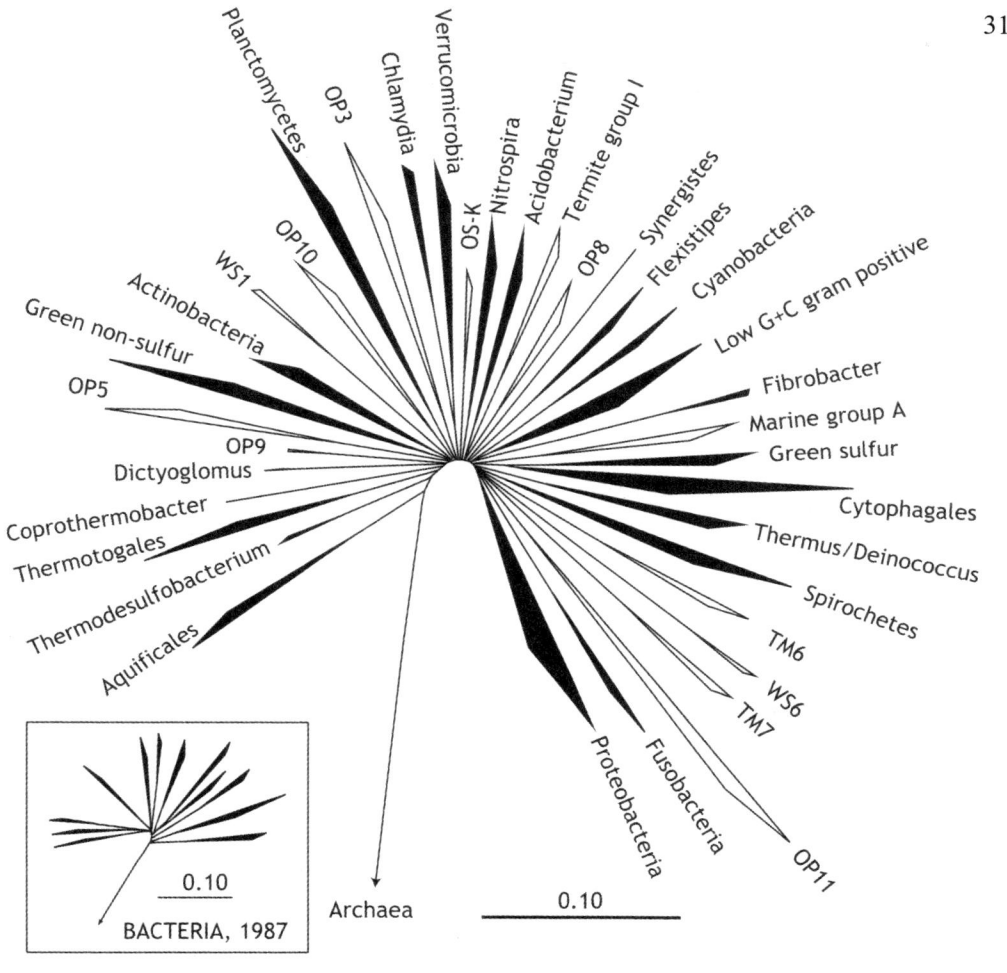

图 226 细菌的系统发生分类,由诺曼·理查德·佩斯绘制。

佩斯,2004 年,《生命树的早期分枝》,第 80 页,图 5.2;由诺曼·R. 佩斯提供。已获得授权。

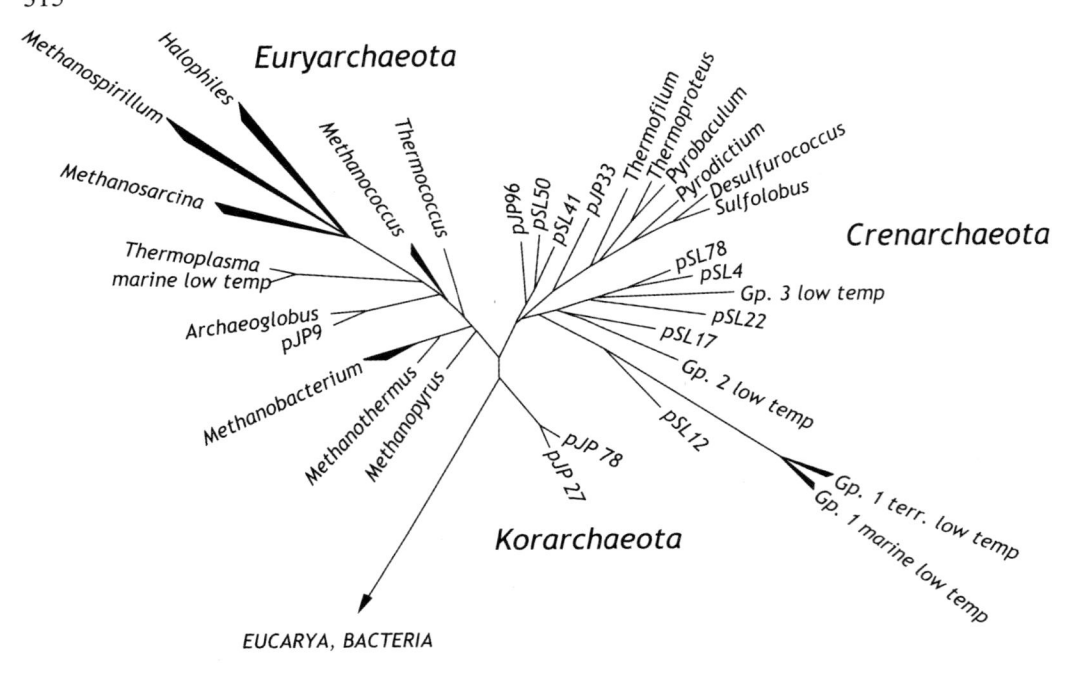

图 227 古生菌的系统发生分类，由诺曼·理查德·佩斯绘制。

佩斯，2004 年，《生命树的早期分枝》，第 82 页，图 5.4；由诺曼·R. 佩斯提供。已获得授权。

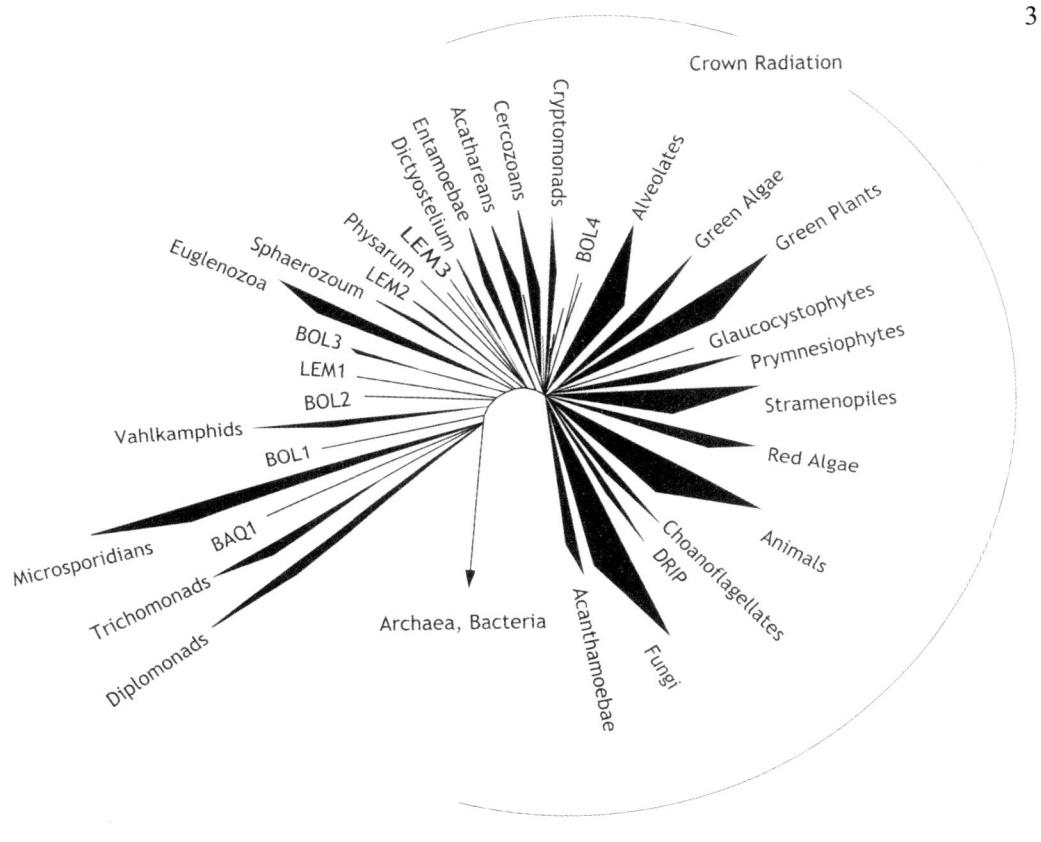

图 228 真核生物的系统发生分类，由诺曼·理查德·佩斯绘制。
佩斯，2004 年，《生命树的早期分枝》，第 83 页，图 5.5；由诺曼·R. 佩斯提供。已获授权。

原始分枝树和通用演化树　1997—2010

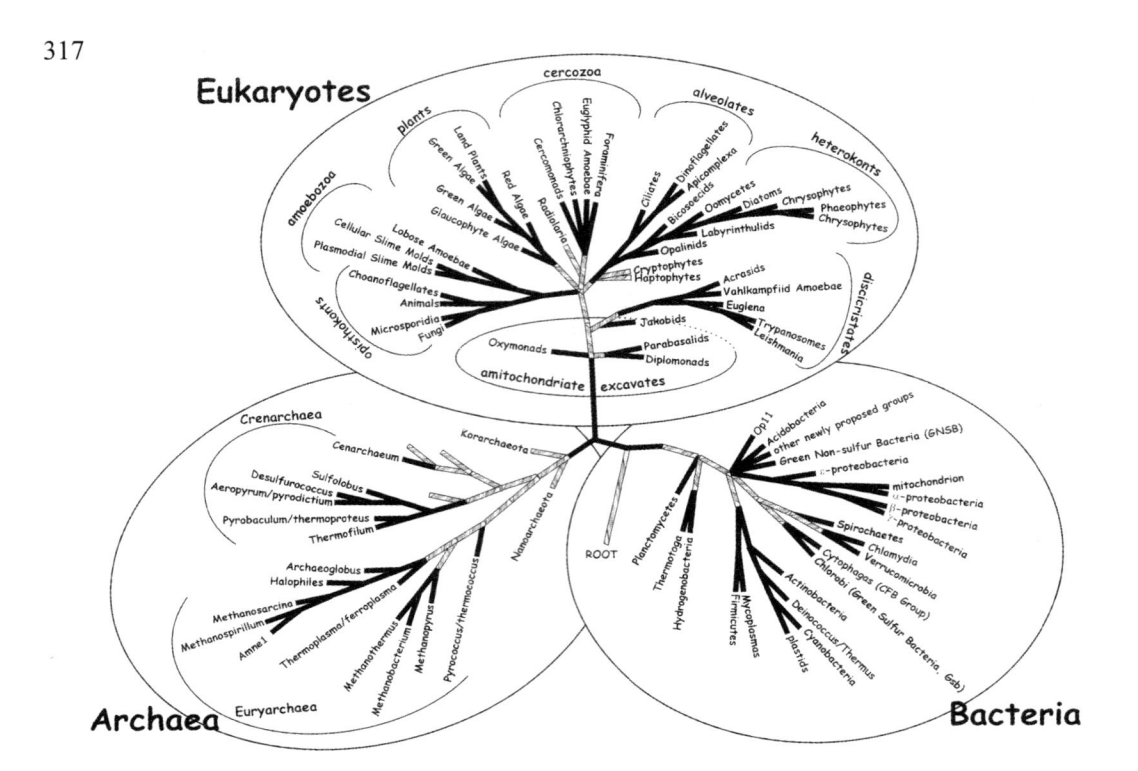

图 229 主要生物类群及其相互关系，由桑德拉·L. 巴尔德奥夫及其同事绘制。实心条代表有大量分子系统发生学证据支持的分类。阴影条代表证据质量中等、薄弱或只有超微结构证据的临时分类。

巴尔德奥夫等，2004 年，《生命树：总览》，第 45 页，图 4.1；由桑德拉·L. 巴尔德奥夫提供。已获得授权。

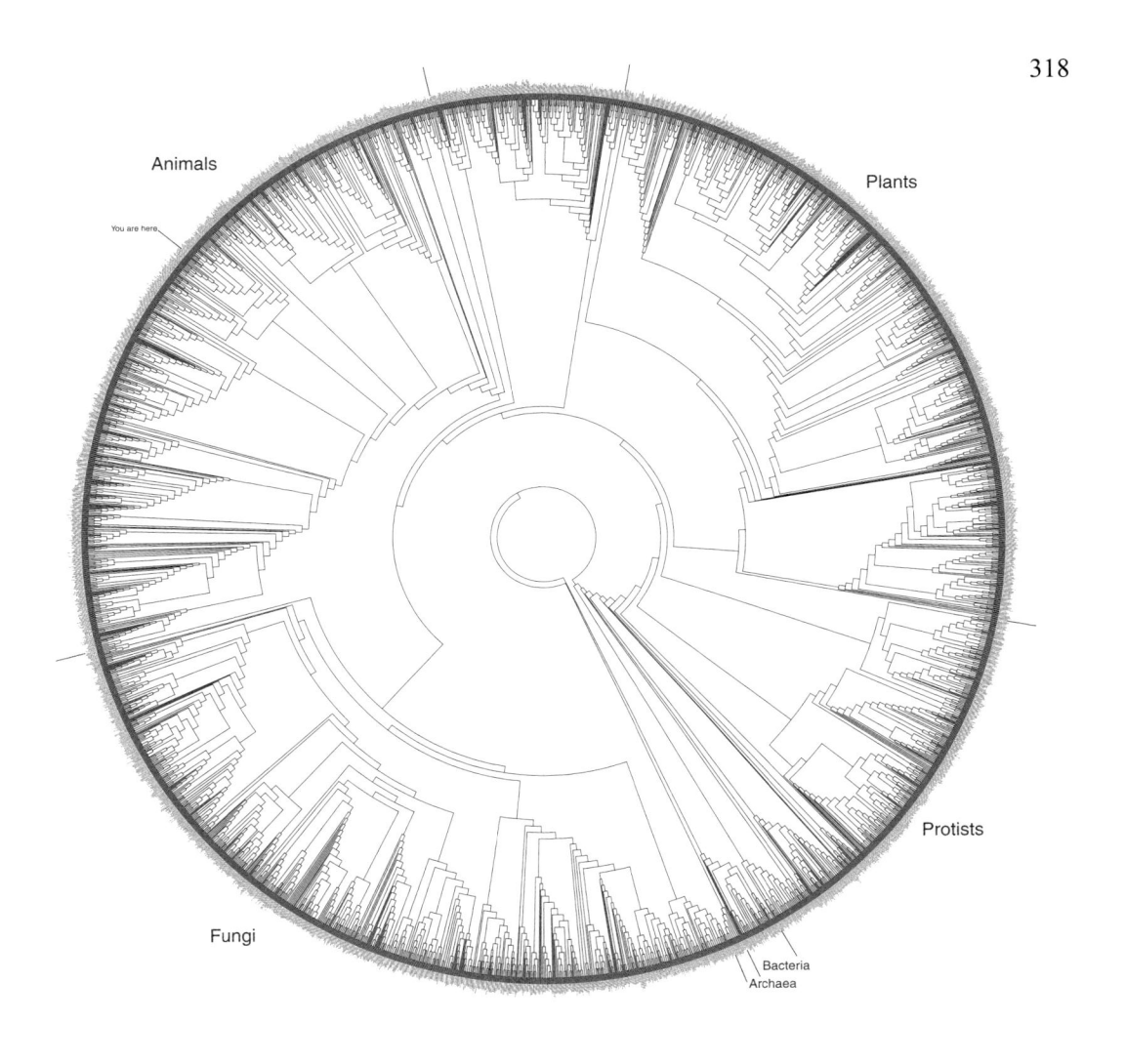

图 230 基于核糖体 RNA 序列的通用生命树，标本来自约 3 000 个物种，由得克萨斯大学奥斯汀分校的戴维·马克·希利斯及其同事绘制。

由得克萨斯大学奥斯汀分校的戴维·M.希利斯、德里克·J.吉威可、罗宾·R.郭特提供。已获得授权。

原始分枝树和通用演化树　1997—2010

术语表

术语均按照生物学中的用法定义，在其他领域可能有其他含义。

适应性扩张（adaptive radiation） 单源族系（源自共同祖先的生物）在演化中出现的多样性，催生了适应特定环境的多种形态。

亲和性（affinity） 各类群间提示共同起源的结构关系或相似性。

同功性（analogy/analogous） 各类群间相同或相似的功能特征，但演化起源不同。和同源性是反义词。

衍征（apomorphy） 支序分析中的衍生特征，是祖征的反义词。

区域分枝图（area-cladogram） 使用系统发生关系来追溯地理分布改变的分枝图，其体现出了生物迁徙或迁徙阻碍。

关节动物（Articulata） 这种动物的身体由可以活动且相互连接（关节）的不同节段组成。该分类现已废弃，其中原本包括环节动物、甲壳类、蛛形纲和昆虫。

基干群（basal） 通常用来描述在树根附近分枝的族系，但很多科学家都认为这种说法毫无意义，是冠群的反义词。

生物地理学（biogeography） 生物地理分布的研究。

特征（character） 生物可以遗传的特性（包括形态、行为、发育和分子特性），并可以用于类群的识别、区分或分类。可参见特征状态。

特征状态（character state） 生物特性的属性。例如眼睛颜色的特征状态包括棕色、绿色和蓝色。

特征状态树（character-state tree） 用于展示特征状态演化情况的分枝图，但不一定展现出了特征状态拥有者的演化情况。

进化枝（clade） 包含某个共同祖先所有后代的一类生物（或树上的一根分枝）。也可参见单源。

支序分类学（cladistics） 一种系统发生学分析方法，根据共同的衍生特征来建立包含某个共同祖先所有后代的生物类群。威利·亨尼希在 20 世纪中期率先详细介绍了本法。

支序图（cladogram） 显示生物在演化过程中趋异顺序的分枝图。也可参见支序分类学。

分类（classification） 分枝图中根据分化特征而分为一类的生物。也指分类行为和过程。

趋同演化（convergent evolution） 没有亲缘关系的族系获得相同或相似的生物特性。

冠群（crown） 通常用于描述离树根最远处的分枝的族系，但很多科学家都认为这种说法毫无意义，是基干群的反义词。

衍生（derived） 和原始特征相比发生了改变。是原始的反义词。

二叉分枝树（dichotomous tree） 这种分枝图中的所有分叉点都只引出 2 个直接后代，而多分枝树会在至少一个分叉点处分出至少 3 个后代。

双子叶植物（dicotyledons/dicotyledonous） 种子通常具有两片子

叶的开花植物，不同于只有一片子叶的单子叶植物。

二源（diphyletic）包含两个单源族系的类群。

DNA–DNA 杂交（DNA-DNA hybridization） 用于检测多个 DNA 序列间基因相似性的分子技术，通常用来确定两个物种的遗传距离。用这种方法对比多个物种时，可以根据相似性来建立系统树。

夏娃假说（Eve hypothesis） 母系最近共同祖先的假说，即假设中的女性（"线粒体夏娃"）是所有现生人类的母系祖先，从母亲一代代回溯就会发现人类族系都是起源于她。

异时性（heterochrony） 发育事件的出现时间改变，导致生物体的结构在大小或形态上发生改变。

同源性（homology/homologous） 不同类群因共同演化起源而具有的结构相似性，是同功性的反义词。

趋同性（homoplasy） 因趋同演化、平行演化或反向演化而出现的相似特征，与共同祖先无关。

无关节动物（Inarticulata） 这类动物的身体并不是由连接在一起的可移动部分组成。如今这个说法已废弃。

检索表（key） 使用逻辑选择识别类群的工具。每个决策点都有至少两个选择，每个选择都通向最终结果或进一步选择。

线粒体 DNA（mitochondrial DNA） 真核生物线粒体的环形双链基因组。

分子钟（molecular clock） 也称基因时钟或进化钟，即使用分子数据（通常是核苷酸或氨基酸序列）来计算分子变化速度，从而估算出类群分化的地质时间。

单子叶植物（monocotyledons/monocotyledonous） 种子只有一

片子叶的开花植物，不同于通常有两片子叶的双子叶植物。

单源（monophyly/monophyletic） 包括某个共同祖先所有后代的自然群。是多源的反义词。也可参见进化枝。

节点（node） 系统树的分枝点，代表该分枝点之后各族系的共同祖先。

非同源（nonhomologous） 不同类群中因趋同演化而出现的结构相似性，与共同祖先无关。

数值分类（numerical taxonomy） 用数值方法进行系统分类。也可参见表型学。

个体发生（ontogenetic） 和生物生命周期中发育改变有关的事件。

个体发生学（ontogeny） 生物从最初形态发育到成熟个体并最终死亡的过程。

外群体（out-group） 不属于研究类群但关系密切的类群，在支序分析中用来为特征状态改变方向提供线索。也可参见特征状态和支序分类学。

并系群（parallelism） 至少两个没有亲缘关系的类群中各自独立出现至少一个相似特征。

并系（paraphyly/paraphyletic） 包括某共同祖先部分后裔的类群。

简约法（parsimony） 支序分析中的原则，用于确定哪种假说对趋同、并系或反向特征设定的条件最少。

表型学（phenetics） 以总体相似性为依据的生物分类方法，通常选择形态或其他易于直接观察的特性作为分类基础，而不考虑系统发生或演化关系。本法已基本上被支序分类法所取代。

表型图（phenogram） 分枝图，通过估计终末类群间的总体相似性来直观展示生物关系，与演化无关。

系统发生分类学（phylogenetic systematics） 生物学中重建演化历

史并研究生物关系特征的学科。可参见支序分类学。

系统发生学（phylogeny） 某类群或某生物可遗传特征的演化发展和演化历史（包括形态、行为、发育和分子学特征）。

亲缘地理学（phylogeography） 探索哪些历史进程促使生物出现当前地理分布的研究。

祖征（plesiomorphy） 支序分析中的原始特征状态，是衍征的反义词。

多源性（polyphyly/polyphyletic） 这种类群中的成员没有唯一的共同祖先，即至少有2个独立的起源。是单源性的反义词。

原始（primitive） 不具有衍生特征中改变的特征。是衍生的反义词。

辐射动物（Radiata） 辐射对称动物，即各个方向都对称的动物，不同于双侧对称动物（两侧镜像对称）。这类动物曾经成员众多，但现在只包括刺胞动物门（如珊瑚、水母和海葵）和栉水母类。

网状演化（reticulate evolution） 以两个物种偶然杂交和结合为特征的演化。

反向（reversal） 本来已经在后裔中消失的祖先特征再次演化出来。

共生起源（symbiogenesis） 两个单独的生物融合产生一个新生物。

共同祖征（symplesiomorphy） 支序分析中共同的原始特征状态，是共有衍征的反义词。

共有衍征（synapomorphy） 支序分析中的共同衍生特征状态。

系统分类学（systematics） 针对生物多样性的研究，具体而言是通过建立可以用作通用参考系统的分类来归纳自然多样性。

类群（taxon，复数为 taxa） 用于分类生物的正式类别。

分类学（taxonomy） 生物学中发现、识别、定义和命名生物群体的分支学科。

物种转变（transmutation of species）让－巴蒂斯特·拉马克于 1809 年创造的术语，用于介绍他有关一个物种转变成另一个物种的理论。物种转变后来成为 19 世纪里常用的演化概念，直到达尔文于 1859 年出版了《物种起源》。

注释

前言

1 See Voss, 1952.

2 The map metaphor, as first articulated by Linnaeus: "All plants show affinities on all sides, like the territories on a geographical map" (Linnaeus, 1751:27; translation by Nelson and Platnick, 1981:95).

3 Nelson and Platnick, 1981:121.

4 German naturalist August Batsch writing in 1787 (pp. 296–298) seemed resigned to the problem: "It is very difficult to construct a natural system which is at once true and self–consistent; until now no one has succeeded in doing it. . . . Nature has her true and correct system; that we do not yet know it, or perhaps never will know it completely, does not prove, however, that we cannot approach it and therefore gain in our knowledge of the truth."

引言

1 Cook, 1974:6; see also Kuntz and Kuntz, 1987.

2 DeVarco and Clegg, 2010.

3 For example, see Craw, 1992:68.

4 Voss, 1952:17.

5 Bonnet, 1764:59; translated by Voss, 1952:16.

6 Pallas, 1766:23–24; translated by E. N. Genovese, in Archibald, 2009:563.

7 Buffon, 1766:335; translated by Voss, 1952:17.

8 Augier, 1801:2; translated by Stevens, 1983:206.

9 Lamarck, 1809:59; translated by Elliot, in Lamarck, 1914:37.

10 Wallace, 1855:187.

11 Darwin, 1859:129–130.

12 Lovejoy, 1936:88–92, 202

13 Yates, 1954:143.

14 Ragan, 2009:2.

括号和表格，圆圈和地图，1554—1872

1 For example, see Voss, 1952:3; Nelson and Platnick, 1981:73.

2 Greene, 1983:786, 787.

3 Adler, 1989:7; Attenborough et al., 2007:17.

4 Voss, 1952:8.

5 Wilkins, 1668:22.

6 Voss, 1952:6.

7 Jordan, 1905:405.

8 Linnaeus, 1751:27; see Nelson and Platnick, 1981:95.

9 Linnaeus, 1751.

10 Buffon, 1755:255; translated by Nelson and Platnick, 1981:95–96.

11 Ibid.

12 Roger, 1997:322–323, 414.

13 Ibid., 299–304; see also Ragan, 2009:10.

早期的植物式网络图和树形图，1766—1815

1 Ragan, 2009:10.

2 Stevens, 1994:185.

3 See Lenoir, 1978:64, 67.

4 Staudt, 2003:18, 364; Burkhardt, 1995:79.

5 Ibid.

6 Duchesne, 1766:13–14; see also Duchesne, 1792:343; Staudt, 2003:18, 364.

7 Duchesne, 1766:220–221; Burkhardt, 1995:79.

8 Stevens, 1983:203.

9 Augier, 1801:2, translated by Stevens, 1983:206.
10 Augier, 1801:5.
11 Stevens, 1983:203, 210; Archibald, 2009:564.
12 Stevens, 1984:178, 179.

最初的演化树，1786—1820

1 Augier did not accept an evolutionary mechanism for his tree; in fact, several times he made reference to the Creator (1801:i, 6); see Stevens, 1983:210, 1984:178; Ruse, 1996:542 n.2.2; Archibald, 2009:564.
2 Ragan, 2009:8.
3 Mayr, 1972:61.
4 Lamarck's botanical and zoological series as presented in the article "Classes" in *Encyclopédie méthodique, Botanique*, 2:33, 1786; see also Burkhardt, 1995:56.
5 Lamarck, 1809:462, translation by Hugh Elliot, in Lamarck, 1914:178; see also Mayr, 1972:77; Gould, 1999b.
6 Burkhardt, 1995:162.
7 Burkhardt, 1995; Gould, 1999a, b; Ruse and Travis, 2009:932–934.

19 世纪早期丰富多彩的奇特树形图，1817—1834

1 Nelson and Platnick, 1981:100.
2 Ragan, 2009:5.
3 Ibid.
4 See Buffon's 1755 dog genealogy.
5 Candolle, 1828b:11; translation by Nelson and Platnick, 1981:10.
6 Stevens, 1994:166.

五分法则，1819—1854

1 Hull, 1988:93–96; O'Hara, 1988:2747.
2 Ibid, 2749.
3 Gould, 1984:21; O'Hara, 1991:256.
4 Macleay, 1821:395.
5 Gould, 1984:14.

6 Vigors, 1824:509.

7 Swainson, 1835:129.

8 See Farber, 1985:56.

9 Coggon, 2002:26, 29.

前达尔文时期的分枝图，1828—1858

1 Ruse, 1996:123–125.

2 Ruse, 1996:111; Ospovat, 1981:11–12, 124–125; Voss, 2010:93.

3 Barry, 1837:121.

4 Voss, 2010:93.

5 Carpenter, 1841:196–197.

6 Chambers's "Vestiges" brought together various ideas of evolution and progressive transmutation of species governed by God-given laws in an accessible narrative that tied together numerous speculative scientific theories of the age. It was initially well received by polite Victorian society and became a bestseller, but its unorthodox themes contradicted the natural theology of the time and were reviled by orthodox clergymen and scientists, who readily found fault in its deficiencies (see Secord, 2000; Bowler, 2003).

7 Voss, 2010:97–98.

8 Ospovat, 1981:159.

9 Nelson and Platnick, 1981:118.

10 See Rosen et al., 1981:166–167.

11 Quinarianism was rejected by most naturalists by the early 1840s, but Irish clergyman William Hincks (1773/4–1871) continued to promote it and was teaching circular systems as late as 1870 (see Coggon, 2002:5, 7).

12 Strickland, 1841:189–190.

13 Wallace, 1856:195, 206, 212.

14 Ibid., 206; Coggon, 2002:31.

15 Ragan, 2009:14.

16 Wallace, 1856:206.

17 Wallace, 1855:187.

18 Archibald, 2009:561.

19 Ibid., 572–576.

20 Windsor, 1991:44, 196.

21 Agassiz, 1844:170.

22 Patterson, 1981:214.

23 Eldredge and Cracraft, 1980:149; Archibald, 2009:587. "Agassiz's example shows clearly that belief in evolution is not necessary for the production of such diagrams. . . . The information contained in these diagrams is therefore not necessarily concerned with evolution or phylogeny" (Patterson, 1977:580; see also Patterson, 1981).

24 Agassiz's 1844 "spindle" diagram foreshadows the trees made popular by Alfred Romer in the 1940s, 50s, and 60s; see Figures 132–140).

25 Also published by Agassiz and Gould, 1851.

26 Agassiz and Gould, 1848: frontispiece.

27 Archibald, 2009:567.

28 Ragan, 2009:17, fig. 20.

29 Gliboff, 2008:123–154.

30 Junker, 1995:271.

查尔斯·达尔文的演化理论和树形图，1837—1868

1 Voss, 2010:61–63.

2 Darwin, 2008:180.

3 Voss, 2010:63.

4 Ibid., 108.

5 Ibid., 114.

6 Ibid., 114–115, fig. 32, Darwin Archive 10.2.26r–s.

7 Stauffer, 1975:236–237.

8 Darwin, in Stauffer, 1975:238–239.

9 Darwin, 1859:116–117.

10 Ibid., 116.

11 Darwin, 1887:341–344.

12 Ibid., 342.

13 Voss, 2010:181–182.

14 William C. L. Martin to Darwin, undated; Darwin Correspondence, 13:402. Available at www.darwinproject.ac.uk/home.

15 "As the larger ground-feeding birds seldom take flight except to escape danger, I believe that the nearly wingless condition of several birds, which now inhabit or have lately inhabited several oceanic islands, tenanted by no beast of prey, has been caused by disuse" (Darwin, 1859:134).

16 Darwin Correspondence, 13:402.

恩斯特·海克尔的演化树，1866—1905

1 Dayrat, 2003:515, 517.

2 Gliboff, 2008:4, 156.

3 Ibid., 155–156.

4 Haeckel, vol. 2, 1876:52, 278.

5 Ragan, 2009:21.

6 "Man has developed gradually, and step by step, out of the lower Vertebrata, and more immediately out of Ape-like Mammals. That this doctrine is an inseparable part of the Theory of Descent... is recognized by all thoughtful adherents of the theory, as well as by all its opponents who reason logically" (Haeckel, vol. 2, 1876:263–264).

7 Darwin, 1871:199.

8 Haeckel, vol. 2, 1876:325–326.

9 Ibid., 326; see also, in this same volume (p. 308), Haeckel's "Systematic Survey of the 12 Species of Men and Their 36 Races."

10 Gliboff, 2008:157.

11 Richards, 2005:100; 2008.

12 No fossils of human ancestors were known at the time, other than some unexplained Neanderthal remains (see Berra, 2009:74).

13 Haeckel, 1868:492, 493; 1874:491.

14 Dubois, 1894.

15 Haeckel, 1910:543–544.

后达尔文时期的离经叛道，1868—1896

1 Warner, 1979:7; see also O'Hara, 1991:265.

2 Lewis, in Warner, 1979:666.

3 Stevens, 1994:236, 240.

4 Saville-Kent, vol. 1, 1880:35.

5 Ibid., 38; see also Corliss, 1959:180–182.

6 Stevens, 1994:240.

7 Ibid., 236.

19 世纪晚期的其他系统树，1874—1897

1 Stevens, 1994:240.

2 Lam, 1936:159.

3 It appears that Engler even had the shape of the cashew tree— typically a low, broad structure, with a short, often irregular shaped trunk, and long, bare, nearly horizontal primary limbs— in mind when he designed his diagram.

4 Sharpe, 1891:30–31, 37–43.

5 O'Hara, 1991:264, 265.

6 Walters, 2003:142.

7 O'Hara, 1988:2753.

8 Ibid., 2754.

9 Ibid.

10 Dobell, 1951:20–22.

11 Willmann, 2003:455.

12 Ibid.

13 Lankester, 1881:504; see Ruse, 1996:235–237.

14 As originally hypothesized by Dollo in 1893, his law states that "An organism is unable to return, even partially, to a previous stage already realized in the ranks of its ancestors" (Dollo, as quoted in Anonymous, 1970:1102).

15 Rosen et al., 1981:170.

16 Carroll, 1988:148–153; Pough et al., 2009:123–128, 198–200.

17 Lam, 1936:166–167.

18 Richard G. Olmstead, personal communication, 5 January 2011.

20 世纪早期的系统树，1901—1930

1 O'Hara, 1988:2754.

2 Mitchell, 1901:270.

3 Gaffney, 1984:289, 291.

4 Lam, 1936:157.

5 Sapp, 2009:116–118.

6 Margulis, 1970.

7 Goldthwait, 1936:568; Mitman, 1990:457.

8 Ibid.

9 Patten, 1924:635.

10 Lam, 1936:157–158.

11 Stevens, 1984:190, 191; Richard G. Olmstead, personal communication, 5 January 2011.

12 Windsor, 1991:228–231.

13 Eigenmann, 1917:47–48.

14 See also Small, 1922.

15 Small, 1919:201; 1922:128.

16 Small, 1919:221.

17 Olson, 1971:408–411.

18 Patterson, 1977:580.

19 Osborn, 1921:233.

20 Osborn, 1926, in Osborn, 1934a:212; see also Osborn, 1934b:178.

21 Osborn, 1933, in Osborn, 1934a:214; see also Osborn, 1934b:180.

22 Shoshani, 1998:480.

23 Hennig, 1950; see Moody, 1985:216.

24 Ibid., 221.

25 Patten, 1923:49.

26 Gould, 1994:433.

27 Ibid., 434.

28 Penland, 1924:63; Richard G. Olmstead, personal communication, 9 July 2010.

29 See Garrod's 1874 tree of parrot relationships, Figures 100 and 101. Although Camp (1923), in his classification of lizards, recognized four criteria by which characters states could be polarized, he did not explicitly suggest out-group comparison (Moody, 1985:216).

30 Penland, 1924:64.

31 Weiner, 2003.

32 Spencer, 1990.

33 Reproduced by Storer, 1943:194, 195.

阿尔弗雷德·舍伍德·罗默的系统树，1933—1966

1 Romer, 1933a:16.

2 These paleontological trees of Romer appeared in his 1933 first edition of *Vertebrate Paleonotology* (1933b) but in lessfinished form.

20世纪中期的其他系统树，1931—1943

1 Craw, 1992:74–75; Donoghue and Cracraft, 2004:1.

2 Garstang, 1931:241.

3 Mayr et al., 1953:175.

4 Knight, 1980:164.

5 Schaff ner, 1934:134.

6 Tilden, 1935:40.

7 Lam, 1936:171.

8 Ibid., 173.

9 Ibid., 173–174.

10 Copeland, 1938:416.

11 Mayr et al., 1953:170.

12 Milne and Milne, 1939:541.

13 Raymond, 1939:309.

14 Ibid., 306.

15 Stirton, 1940:165; Mayr et al., 1953:172.

16 "Knowing animal behavior as I did, and being instructed in the methods of phylogenetic comparison as I was, I could not fail to discover that the very same methods of comparison, the same concepts of analogy and homology, are as applicable to characters of behavior as they are in those of morphology" (Lorenz, 1974:231).

17 Willmann, 2003:476; see also Williams and Ebach, 2008:63–64.

18 Lorenz, 1941:287–288.

19 Storer, 1943:2.

20 Ibid.

威廉·金·格里高利的系统树，1938—1951

1 Gregory, 1942, in Gregory, 1951:86.

2 Gregory, 1945, in Gregory, 1951:378, 468, 547.

3 Gregory, 1946, in Gregory, 1951:757.

4 Ibid., 758.

5 Gregory, 1948, in Gregory, 1951:998–999.

6 Gregory, 1946, in Gregory, 1951:718.

7 Originally published in less-finished form by Gregory, 1933:405.

333 新方法的蛛丝马迹，1954—1969

1 For a brief historical discussion of reticulate evolution as a result of hybridization, see Stevens, 1984:194–195.

2 Richard G. Olmstead, personal communication, 9 December 2010.

3 Good, 1956:87; see also Stevens, 1984:194–195.

4 Sneath and Sokal, 1973:260.

5 Whittaker, 1959:210; see also Whittaker, 1957:536–538.

6 See Sapp, 2009:107–111, 265.

7 Leppik, 1965:12.

8 Ibid., 10.

9 Greenwood et al., 1966:345.

10 Ibid., 346.

表型图和支序图，1958—1966

1 Suárez-Díaz and Anaya-Muñoz, 2008:452; see also Hull, 1988:117.

2 Suárez-Díaz and Anaya-Muñoz, 2008:452.

3 Sneath, 1961:136–137.

4 Sokal and Michener, 1958:1409.

5 Joseph Felsenstein, personal communication, 12 January 2011.

6 Ibid.

7 Sneath and Sokal, 1973:260–262.

8 Moss, 1967:188–191.

9 Donoghue and Cracraft, 2004:1.

10 Nelson and Platnick, 1981:473–480; McCravy, 2008:485–486.

早期的分子树，1962—1987

1 It should not be forgotten, however, that molecular methods were being applied on a small scale at a much earlier date; for example, see Nuttall, 1904.

2 Suárez-Díaz and Anaya-Muñoz, 2008:452; see also Moritz and Hillis, 1996:3, 5–6.

3 Fitch and Margoliash, 1967:279.

4 Zuckerkandl and Pauling, 1962:200–201; see also Morgan, 1998:155, 164.

5 Felsenstein, 2004:132; see also Atchley, 2011:804.

6 See Cherfas and Gribbin, 1981:520; Gibbons, 2006:74–76.

7 John R. Grehan, personal communication, 13 August 2012.

8 In an interview of Morris Goodman conducted by Joel Hagen, 28 July 2004, in Detroit, Michigan (see: http://authors.library.caltech.edu/5456/1/hrst.mit.edu/hrs/evolution/public/goodman.html).

9 Sibley, 1994:87; Corbin and Brush, 1999:813; Schodde, 2000:75–76.

10 Ahlquist, 1999:858.

11 Patterson, 1987:2.

12 Woese and Fox, 1977; Woese et al., 1978; Woese, 1987.

13 The "mitochondrial Eve hypothesis"; see Templeton, 1993:51–72.

14 Cann, 1987:31.

过去四十年间的重要系统树，1970—2010

1 Reeder et al., 2002.

2 Barlow, 2000:2.

3 Berra, 2009:52–53, 56–57.

4 Darwin, 1851a, b; 1854a, b.

5 Ghiselin and Jaffe, 1973:137.

6 Ibid., 132.

7 Feduccia, 1977:19.

8 Donoghue, 2005:555.

9 Kemp, 1982:581.

10 Ibid., 584; see also Kemp, 1999:227, 229.

11 Kemp, 1999:219.

12 Ibid., 220.

13 Sereno, 1999:2137.

14 Paul, 2002:224

15 It is a rather confusing fact that modern birds evolved from "lizardhipped" saurischians rather than "bird-hipped" ornithischians; see node 57 in Paul Sereno's tree shown in Figure 215.

16 Rowe, 2004:384.

17 Ibid.

18 Stiassny et al., 2004:419.

19 Friedman, 2008:209.

20 Leclère et al., 2009:509.

21 Regier et al., 2010:1079.

22 Ibid.

原始分枝树和通用演化树，1997—2010

1 Pace, 1997:734.

2 Baldauf et al., 2004:44.

3 Ibid.

4 Pennisi, 2003:1692–1697.

参考文献

Adler, K. 1989. Contributions to the history of herpetology. *Contributions to Herpetology*, no. 5. Society for the Study of Amphibians and Reptiles, Oxford, Ohio.

Agassiz, L. 1844. *Recherches sur les poissons fossiles.* Published by the author, printed in Neuchâtel, Switzerland, vol. 1.

Agassiz, L., and A. A. Gould. 1848. *Principles of Zoology: Touching the Structure, Development, Distribution and Natural Arrangement of the Races of Animals, Living and Extinct; with Numerous Illustrations. For the Use Schools and Colleges.* Part 1, *Comparative Physiology.* Gould, Kendall, and Lincoln, Boston.

Agassiz, L., and A. A. Gould. 1851. *Outlines of Comparative Physiology: Touching the Structure and Development of the Races of Animals, Living and Extinct. For the Use Schools and Colleges.* H. G. Bonn, London.

Ahlquist, J. E. 1999. Charles G. Sibley: A commentary on 30 years of collaboration. *The Auk*, 116(3):856–860.

Anonymous. 1970. Evolution: Ammonites indicate reversal. *Nature*, 225:1101–1102.

Archibald, J. D. 2009. Edward Hitchcock's pre-Darwinian (1840) "tree of life." *Journal of the History of Biology*, 42:561–592.

Atchley, W. R. 2011. Retrospective: Walter M. Fitch (1929–2011). *Science*, 332:804.

Attenborough, D., S. Owens, M. Clayton, and R. Alexandratos. 2007. *Amazing Rare Things: The Art of Natural History in the Age of Discovery.* Yale University Press, New Haven.

Augier, A. 1801. *Essai d'une nouvelle classification des végétaux.* Bruyset Aîné, Lyon, France.

Baer, K. E. von. 1828. *Über Entwicklungsgeschichte der Thiere: Beobachtung und Reflexion.* 2 vols. Gebrüder Bornträger, Königsberg, Germany.

Baldauf, S. L., D. Bhattacharya, J. Cockrill, P. Hugenholtz, J. Pawlowski, and A. G. B. Simpson. 2004. The tree of life: An overview. Pp. 43–75, In: J. Cracraft and M. J. Donoghue (editors), *Assembling the Tree of Life*. Oxford University Press, Oxford.

Barlow, G. W. 2000. *The Cichlid Fishes: Nature's Grand Experiment in Evolution*. Perseus Publishing, Cambridge, Massachusetts.

Barry, M. 1837. Further observations on the unity of structure in the animal
kingdom, and on congenital anomalies, including "hermaphrodites"; with some remarks on embryology, as facilitating animal nomenclature, classification, and the study of comparative anatomy. *Edinburgh New Philosophical Journal*, 22:345–364.

Batsch, A. J. G. C. 1787. *Versuch einer Anleitung zur Kenntniss und Geschichte der Pflanzen, für academische Vorlesungen entworfen und mit den nöthigsten Abbildungen versehen*, vol. 1. Gebauer, Halle, Germany.

Batsch, A. J. G. C. 1802. *Tabula affinitatum regni vegetabilis*. Landes-Industrie-Comptoir, Weimar, Germany.

Bennett, A. W. 1887. On the affinities and classification of algae. *Journal of the Linnean Society of London, Botany*, 24(158):49–61.

Bentham, G. 1873. Notes on the classification, history, and geographical distribution of Compositae. *Journal of the Linnean Society of London*, 13:335–577.

Berra, T. M. 2009. *Charles Darwin: The Concise Story of an Extraordinary Man*. Johns Hopkins University Press, Baltimore.

Bessey, C. E. 1897. The phylogeny and taxonomy of the angiosperms. *Botanical Gazette*, 24:145–178.

Bessey, C. E. 1915. The phylogenetic taxonomy of flowering plants. *Annals of the Missouri Botanical Garden*, 2:109–164.

Blainville, H. M. D. de. 1822. *De l'organisation des animaux, ou principes d'anatomie comparée*. F. G. Levrault, Paris.

Bonnet, C. 1764. *Contemplation de la Nature*. Marc-Michel Rey, Amsterdam, 2 vols.

Bovelles, C. de. 1512. *Physicorum elementorum libri decem denis capitibus distincti, quae capita denis sunt propositionibus exornata, unde libri sunt decem, capita centum, propositiones mille*. In aedibus Ioannis Parui & Iodoci Badii Ascensii, Paris.

Bowler, P. J. 2003. *Evolution: The History of an Idea*, 3rd edition. University of California Press, Berkeley and Los Angeles.

Bronn, H. G. 1858. *Untersuchungen über die Entwickelungs-Gesetze der organischen Welt während der Bildungs-Zeit unserer Erd-Oberfläche: eine von der Französischen Akademie im Jahre 1857 gekrönte Preisschrift*. E. Schweizerbart'sche Verlagshandlung und Druckerei, Stuttgart, Germany.

Brundin, L. 1966. *Transantarctic Relationships and Their Significance, as Evidenced by Chironomid*

Midges, with a Monograph of the Subfamilies Podonominae and Aphroteniinae and the Austral Heptagyiae. Almqvist & Wiksell, Stockholm.

Buff on, G. L. L., comte de. 1755. *Histoire naturelle, générale et particulière, avec la description du cabinet du Roy*, vols. 5 and 14. Imprimerie Royale, Paris.

Burkhardt, R. W., Jr. 1995. *The Spirit of System: Lamarck and Evolutionary Biology.* Harvard University Press, Cambridge.

Bütschli, J. A. O. 1876. Untersuchungen über freilebende Nematoden und die Gattung *Chaetonotus. Zeitschrift für Wissenschaftliche Zoologie,* 26:363–413.

Caesius, F. 1651. Phytosophicae tabulae. Pp. 901–952, In: F. Hernández (editor), *Rerum medicarum Novae Hispaniae thesaurus seu Nova plantarum, animalium et mineralium mexicanorum historia.* Mascardi, Rome.

Camp, C. L. 1923. Classification of the lizards. *Bulletin of the American Museum of Natural History,* 48(11):289–481.

Candolle, A.-P. de. 1827. *Mémoire sur la famille des Légumineuses.* A. Belin, Paris.

Candolle, A.-P. de. 1828a. *Mémoire sur la famille des Mélastomacées.* Treuttel and Würtz, Paris.

Candolle, A.-P. de. 1828b. *Mémoire sur la famille des Crassulacées.* Treuttel and Würtz, Paris.

Cann, R. L., M. Stoneking, and A. C. Wilson. 1987. Mitochondrial DNA and human evolution. *Nature,* 325:31–36.

Carpenter, W. B. 1841. *Principles of General and Comparative Physiology*, 2nd edition. John Churchill, London.

Carroll, R. L. 1988. *Vertebrate Paleontology and Evolution.* W. H. Freeman, New York.

Cavalli-Sforza, L. L., and A. W. F. Edwards. 1965. Analysis of human evolution. Pp. 923–933, In: S. J. Geerts (editor), *Genetics Today, Proceedings of the XI International Congress of Genetics, The Hague, The Netherlands, September 1963,* vol. 3. Pergamon Press, Oxford.

[Chambers, R.] 1844. *Vestiges of the Natural History of Creation.* Churchill, London.

Cherfas, J., and J. Gribbin. 1981. The molecular making of man: The DNA of living species tells a story about the origin and evolution of humans that is very different from the conventional interpretation of the fossil record. *New Scientist,* 91(1268):518–521.

China, W. E. 1933. A new family of Hemiptera-Heteroptera, with notes on the phylogeny of the suborder. *Annals and Magazine of Natural History,* series 1, 12:180–196.

Coggon, J. 2002. Quinarianism after Darwin's *Origin*: The circular system of William Hincks. *Journal of the History of Biology,* 35:5–42.

Cook, R. 1974. *The Tree of Life: Image for the Cosmos.* Avon, New York.

Copeland, H. F. 1938. The kingdoms of organisms. *Quarterly Review of Biology,* 13(4):383–420.

Corbin, K. W., and A. H. Brush. 1999. In memoriam: Charles Gald Sibley, 1917–1998. *The Auk,* 116(3):806–814.

Corliss, J. O. 1959. Comments on the systematics and phylogeny of the Protozoa. *Systematic*

Zoology, 8(4):169–190.

Craw, R. 1992. Margins of cladistics: Identity, difference, and place in the emergence of phylogenetic systematics, 1864–1975. Pp. 65–107, In: P. Griffi ths (editor), *Trees of Life: Essays in Philosophy of Biology.* Kluwer Academic Publishers, Dordrecht, the Netherlands.

Czelusniak, J., M. Goodman, D. Hewett-Emmett, M. L. Weiss, P. J. Venta, and R. E. Tashian. 1982. Phylogenetic origins and adaptive evolution of avian and mammalian haemoglobin genes. *Nature* 298(5871): 297–300.

Darwin, C. 1851a. *A Monograph of the Fossil Lepadidae; or, Pedunculated Girripedes of Great Britain.* Palaeontographical So ciety, London.

Darwin, C. 1851b. *A Monograph of the Sub-class Cirripedia, with Figures of all the Species. The Lepadidae; or, Pedunculated Cirripedes.* Ray Society, London.

Darwin, C. 1854a.*The Balanidae (or Sessile Cirripedes); the Verrucidae, &c.* Ray Society, London.

Darwin, C. 1854b. *A Monograph of the Fossil Balanidae and Verrucidae of Great Britain.* Palaeontographical So ciety, London.

Darwin, C. 1859. *On the Origin of Species by Means of Natural Selection, or the Preservation of Favoured Races in the Struggle for Life.* John Murray, London. [Facsimile, 1964, Harvard University Press, Cambridge, Massachusetts.]

Darwin, C. 1860. *Über die Entstehung der Arten im Thier- und PflanzenReich durch natürliche Züchtung, oder Erhaltung der vervollkommneten Rassen im Kampfe um's Daseyn.* Translated by Heinrich G. Bronn. E. Schweizerbart, Stuttgart, Germany.

Darwin, C. 1871. *The Descent of Man and Selection in Relation to Sex.* 2 vols., D. Appleton and Co., New York.

Darwin, C. 1887. *The Life and Letters of Charles Darwin, Including an Autobiographical Chapter.* Edited by his son Francis Darwin, in three volumes. D. Appleton and Co., New York.

Darwin, C. 2008. *Charles Darwin's Notebooks, 1836–1844: Geology, Transmutation of Species, Metaphysical Enquiries.* Transcribed and edited by P. H. Barrett, P. J. Gautrey, S. Herbert, D. Kohn, and S. Smith. Natural History Museum, London; Cambridge University Press, Cambridge.

Dayrat, B. 2003. The roots of phylogeny: How did Haeckel build his trees? *Systematic Biology,* 52(4):515–527.

Dettai, A., and G. Lecointre. 2005. Further support for the clades obtained by multiple molecular phylogenies in the acanthomorph bush. *C. R. Biologies,* 328:674–689.

DeVarco, B., and E. Clegg, 2010. *ReVisioning trees. Shape of Thought: An Introduction to the Emergent and Ancient Art of Visual Communication,* 27 July 2010, http://shapeofthought.typepad.com/shape_of_thought/ revisioning-trees

Dobell, C. 1951. In memoriam: Otto Bütschli (1848–1920) "architect of protozoology." *Isis,* 42(1):20–22.

Dollo, L. 1896. Sur la phylogénie des dipneustes. *Bulletin de la Societe Belge de Geologie, Paleontology et d'Hydrologie,* 9(2):79–128.

Donoghue, M. J., and J. Cracraft. 2004. Introduction: Charting the tree of life. Pp. 1–4, In: J. Cracraft and M. J. Donoghue (editors), *Assembling the Tree of Life.* Oxford University Press, Oxford.

Donoghue, P. C. J. 2005. Matters of the record: Saving the stem group– a contradiction in terms? *Paleobiology,* 31(4):553–558.

Dubois, E. 1894. Pithecanthropus erectus, *eine menschenähnliche Übergangsform aus Java.* Landesdruckerei, Batavia, the Netherlands.

Duchesne, A.-N. 1766. *Histoire naturelle des fraisiers.* Didot le Jeune et Panckoucke, Paris.

Duchesne, A.-N. 1792. Sur le fraisier de Versailles. *Journal d'histoire naturelle,* 2:343–347.

Dunal, M.-F. 1817. *Monographie de la famille des Anonacées.* Treuttel and Würtz, Paris.

Eichwald, C. E. von. 1821. *De regni animalis limitibus atque evolutionis gradibus. Specimen quod consentiente amplissimo philosophorum ordine Univers. Caes. Dorpat. Ut veniam legendi rite sibi acquibat mens. Octobr. Publicae disceptationi submittit.* Joannis Christian Schünmann, Dorpat [Tartu, Estonia].

Eichwald, C. E. von. 1829. *Zoologia specialis quam expositis animalibus tum vivis, tum fossilibus potissimum Rossiae in universum, et Poloniae in species, in usum lectionum publicarum in Universitate Caesarea Vilnensi habendarum. Pars prior. Propaedeuticam zoologiae atque specialem Heterozoorum expositionem continens.* Josephus Zawadzki, Vilnae [Vilnius, Lithuania].

Eigenmann, C. H. 1917. The American Characidae. *Memoirs of the Museum of Comparative Zoology,* Harvard University, 43(1):3–102.

Eldredge, N., and J. Cracraft. 1980. *Phylogenetic Patterns and the Evolutionary Process: Method and Theory in Comparative Biology.* Columbia University Press, New York.

Engler, H. G. A. 1874. Über Begrenzung und systematische Stellung der natürliche Familie der Ochnaceae. *Nova Acta Physico-Medica Academiae Caesareae Leopoldino-Carolinae Germanicae Naturae Curiosorum,* 37(2):1–28.

Engler, H. G. A. 1881. Über die morphologische Verhältnisse und die geographische Verbreitung der Gattung *Rhus* wie der mit ihr verwandten, lebenden und ausgestorbenen Anacardiaceen. *Botanische Jahrbücher für Systematik, Pflanzengeschichte und Pflanzengeographie,* 1:364–426.

Farber, P. L. 1985. Aspiring naturalists and their frustrations: The case of William Swainson (1789–1855). Pp. 51–59, In: A. Wheeler and J. H. Price (editors), *From Linnaeus to Darwin: Commentaries on the History of Biology and Geology,* Papers from the Fifth Easter Meeting of the Society for the History of Natural History, 28–31 March 1983, Natural History in the Early Nineteenth Century. *Society for the History of Natural History, Special Publication,* no. 3.

Feduccia, A. 1977. A model for the evolution of perching birds. *Systematic Zoology,* 26(1):19–31.

Felsenstein, J. 2004. *Inferring Phylogenies*. Sinauer Associates, Sunderland, Massachusetts.

Fitch, W. M., and M. Margoliash. 1967. Construction of phylogenetic trees. *Science*, 155(3760):279–284.

Friedman, M. 2008. The evolutionary origin of flatfish asymmetry. *Nature*, 454:209–212.

Fryer, G., and T. D. Iles. 1972. *The Cichlid Fishes of the Great Lakes of Africa: Their Biology and Evolution*. Oliver and Boyd, Edinburgh.

Fürbringer, M. 1888. *Untersuchungen zur Morphologie und Systematik der Vögel, zugleich ein Beitrag zur Anatomie der Stütz- und Bewegungsor gane*. 2 vols. T. J. Van Holkema, Amsterdam.

Gaff ney, E. S. 1984. Historical analysis of theories of chelonian relationship. *Systematic Zoology*, 33(3):283–301.

Garrod, A. H. 1874. On some points in the anatomy of the parrots which bear on the classification of the suborder. *Proceedings of the Zoological Society of London*, 42(1):586–598.

Garstang, W. 1931. The phyletic classification of Teleostei. *Proceedings of the Leeds Philosophical Society (Scientifi c Section)*, 2(5):240–260.

Garstang, W. 1951. *Larval Forms, and Other Zoological Verses*. Blackwell, Oxford.

Gemma, C. 1576. [Classification of orchids]. Pp. 94–95, In: M. de Lobel, *Plantarum seu stirpium historia. . . . Cui annexum est adversariorum volumen*. Plantini, Antwerpiae [Antwerp].

Gessner, C. 1551–1587. *Historiae animalium*. Five books in three folio volumes: Vol. 1, Liber I. *De quadrupedibus viviparis*, 1551; Liber II. *De quadrupedibus oviparis*, 1554. Vol. 2, Liber III. *De avium natura*, 1555. Vol. 3, Liber IV. *De piscium et aquatilium animantium natura*, 1558; Liber V. *De serpentium natura*, 1558. Froschoverum, Zurich.

Ghiselin, M. T., and L. Jaff e. 1973. Phylogenetic classification in Darwin's monograph on the sub-class Cirripedia. *Systematic Zoology*, 22(2):132–140.

Gibbons, A. 2006. *The First Human: The Race to Discover Our Earliest Ancestors*. Doubleday, New York.

Gill, T. N. 1872. Arrangement of the families of fishes, or classes Pisces, Marsipobranchii, and Leptocardii. *Smithsonian Miscellaneous Collections*, 247.

Giseke, P. D. 1792. *Praelectiones in ordines naturals plantarum*. Benj. Gottl. Hoff mann, Hamburg, Germany.

Gliboff , S. 2008. *H. G. Bronn, Ernst Haeckel, and the Origins of German Darwinism*. The MIT Press, Cambridge.

Goldfuss, G. A. 1817. *Über die Entwicklungsstufen des Thieres*. Leonhard Schrag, Nürnberg.

Goldthwait, J. W. 1936. William Patten (1861–1932). *Proceedings of the American Academy of Arts and Sciences*, 70(10):566–568.

Good, R. D. 1956. *Features of Evolution in the Flowering Plants*. Longmans, Green, and Company, London.

Goodman, M., G. W. Moore, and G. Matsuda. 1975. Darwinian evolution in the genealogy of Haemoglobin. *Nature,* 253:603–608.

Goodspeed, T. H. 1954. *The Genus Nicotiana; Origins, Relationships and Evolution of its Species in the Light of their Distribution, Morphology and Cytogenetics.* Chronica Botanica Company, Waltham, Massachusetts.

Gould, S. J. 1984. The rule of five. *Natural History,* 108(1):18–23.

Gould, S. J. 1994. *Eight Little Piggies: Relections in Natural History.* Norton, New York.

Gould, S. J. 1999a. A division of worms: Jean Baptiste Lamarck's contributions to evolutionary theory, part 1. *Natural History,* 108(1):18–23.

Gould, S. J. 1999b. Branching through a wormhole: Reclassifying the types of "worms." Jean Baptiste Lamarck's contributions to evolutionary theory, part 2. *Natural History,* 108(2):24–27.

Greene, E. L. 1983. *Landmarks of Botanical History,* part 2. Stanford University Press, Stanford, California.

Greenwood, P. H., D. E. Rosen, S. H. Weitzman, and G. S. Myers. 1966. Phyletic studies of teleostean fishes, with a provisional classification of living forms. *Bulletin of the American Museum of Natural History,* 131(4):339–456.

Gregory, W. K. 1933. Fish skulls: A study of the evolution of natural mechanisms. *Transactions of the American Philosophical* Society, 23(2):75–481.

Gregory, W. K. 1935. Winged sharks. *Bulletin of the New York Zoological Society,* 38:129–133.

Gregory, W. K. 1951. *Evolution Emerging: A Survey of Changing Patterns from Primeval Life to Man.* Vol. 1, text; vol. 2, atlas. The Macmillan Company, New York.

Gregory, W. K., and G. M. Conrad. 1938. The phylogeny of the characin fishes. *Zoologica,* 23(17):319–360.

Gruenberg, B. C. 1919. *Elementary Biology: An Introduction to the Science of Life.* Ginn and Co., Boston.

Hackel, E. 1889. *Monographiae Phanerogamarum prodromi nunc continuatio, nunc revisio editoribus et pro parte auctoribus Alphonso et Casimir de Candolle, volume sextum Andropogoneae auctore.* G. Masson, Paris.

Haeckel, E. 1866. *Generelle morphologie der organismen. Allgemeine grundzüge der organischen formen-wissenschaft, mechanisch begründet durch die von Charles Darwin reformirte descendenztheorie.* 2 vols. G. Reimer, Berlin.

Haeckel, E. 1868. *Natürliche Schöpfungsgeschichte: gemeinverständliche wissenschaftliche Vorträge über die Entwickelungslehre im Allgemeinen und diejenige von Darwin, Goethe und Lamarck, im Besonderen über die Anwendung derselben auf den Ursprung des Menschen und andere damit zusammenhhangende Grundfragen der Naturwissenschaft.* G. Reimer, Berlin.

Haeckel, E. 1870. *Natürliche Schöpfungsgeschichte: gemeinverständliche wissenschaftliche Vorträge* über die Entwickelungslehre im Allgemeinen und diejenige von Darwin, Goethe und Lamarck, im Besonderen über die Anwendung derselben auf den Ursprung des Menschen und andere damit zusammenhhangende Grundfragen der Naturwissenschaft. Second edition. G. Reimer, Berlin.

Haeckel, E. 1874. *Anthropogenie oder Entwickelungsgeschichte des menschen: gemeinverständliche wissenschaftliche Vorträge über die Grundzüge der menschlichen Keimes- und Stammes-Geschichte.* Wilhelm Engelmann, Leipzig, Germany.

Haeckel, E. 1876. *The History of Creation: Or the Development of the Earth and its Inhabitants by the Action of Natural Causes, A Popular Exposition of the Doctrine of Evolution in General, and of that of Darwin, Goethe, and Lamarck in Particular.* Translated by E. Ray Lankester, in 2 vols. Henry S King & Co., London.

Haeckel, E. 1905. *Der Kampf um den Entwickelungs-Gedanken.* G. Reimer, Berlin.

Haeckel, E. 1910. *The Evolution of Man, A Popular Scientific Study.* Vol. 2, *The Evolution of the Species or Phylogeny.* Translated from the 5th edition by Joseph McCabe. G. P. Putnam's Sons, New York.

Hay, O. P. 1908. The fossil turtles of North America. *Carnegie Institute of Washington Publication,* 75:1–568.

Hennig, W. 1950. *Grundzüge einer Theorie der phylogenetischen Systematik.* Deutscher Zentralverlag, Berlin.

Hennig, W. 1966. *Phylogenetic Systematics.* University of Illinois Press, Urbana and Chicago.

Hernández, F. 1651. *Rerum medicarum Novae Hispaniae thesaurus seu nova plantarum, animalium et mineralium mexicanorum historia.* J. Mascardi, Rome.

Hitchcock, E. 1840. *Elementary Geology.* J. S. & C. Adams, Amherst.

Horaninow, P. F. 1834. *Primae lineae systematis naturae, nexui naturali omnium evolutionique progressivae per nixus reascendentes superstructui.* Krajanis, Petropoli [St. Petersburg, Russia].

Hull, D. L. 1988. *Science as a Process: An Evolutionary Account of the Social and Conceptual Development of Science.* University of Chicago Press, Chicago.

Jardine, W. 1858. *Memoirs of Hugh Edwin Strickland, M.A.* John van Voorst, London.

Jordan, D. S. 1905. The history of ichthyology. Pp. 387–428, In: *A Guide to the Study of Fishes.* Henry Holt and Co., New York.

Junker, T. 1995. Darwinism, materialism and the revolution of 1848 in Germany: On the interaction of politics and science. *History and Philosophy of the Life Sciences,* 17(2):271–302.

Jussieu, A.-H. de. 1825. Mémoire sur le groupe des Rutacées, seconde partie. *Mémoires du muséum d'histoire naturelle* (Paris) 12: 449–542.

Kaup, J. J. 1854. Einige Worte über die systematische Stellung der Familie der Raben, Corvidae. *Journal für Ornithologie, 2, Jahresversammlung,* xlvii–lvii.

Keith, A. 1897. *An Introduction to the Study of Anthropoid Apes.* Page & Pratt, London.

Keith, A. 1925. *The Antiquity of Man.* 2 vols. Williams and Norgate, London.

Kemp, T. S. 1982. The reptiles that became mammals. *New Scientist,* 93:581–584.

Kemp, T. S. 1999. *Fossils and Evolution.* Oxford University Press, Oxford. Knight, W. J. 1980. Obituary and bibliography. *Entomologist's Monthly Magazine,* 115:164–175.

Korn, D. 1995. Impact of environmental perturbations on heterochronic development in palaeozoic ammonoids. Pp. 245–260, In: K. J. McNamara (editor), *Evolutionary Change and Heterochrony.* Wiley and Sons, London.

Kuntz, M. L., and P. G. Kuntz (editors). 1987. *Jacob's Ladder and the Tree of Life: Concepts of Hierarchy and the Great Chain of Being.* Peter Lang, New York.

Kusnezov, N. I. 1896. Subgenus *Eugentiana* Kusnez. generis *Gentiana* Tournef. *Acta Horti Petropolitani,* 15:1–507.

Lam, H. J. 1936. Phylogenetic symbols, past and present. *Acta Biotheoretica,* 2(3):153–194.

Lamarck, J.-B.-P.-A. de M. de. 1778. *Flore françoise, ou, Description succincte de toutes les plantes qui croissent naturellement en France: disposée selon une nouvelle méthode d'analyse, & à laquelle on a joint la citation de leurs vertus les moins équivoques en médecine, & de leur utilité dans les arts par M. le Chevalier de Lamarck,* vol. 2. Imprimerie Royale, Paris.

Lamarck, J.-B.-P.-A. de M. de. 1786. *Encyclopédie méthodique. Botanique,* vol. 2. Panckoucke, Paris.

Lamarck, J.-B.-P.-A. de M. de. 1809. *Philosophie zoologique, ou exposition des considérations relatives à l'histoire naturelle des animaux; la diversité de leur organisation et des facultés qu'ils en obtiennent; aux causes physiques qui maintiennent en eux la vie et donnent lieu aux mouvemens qu'ils exécutent j enfin; à celles qui produisent, les unes le sentiment, et les autres l'intelligence de ceux qui en sont doués.* Dentu et chez l' auteur, Paris.

Lamarck, J.-B.-P.-A. de M. de. 1815. *Histoire naturelle des animaux sans vertèbres . . . précédée d'une introduction off rant la détermination des caractères essentiels de l'animal, sa distinction du végétal et des autres corps naturels, enfin, l'exposition des principes fondamentaux de la Par M. de Lamarck.* Verdière, Paris.

Lamarck, J.-B.-P.-A. de M. de. 1820. *Système analytique des connaissances positives de l'homme, restreintes à celles qui proviennent directement ou indirectement de l'observation.* Imprimerie de A. Belin, Paris.

Lamarck, J.-B.-P.-A. de M. de. 1914. *Zoological Philosophy, An Exposition with Regard to the Natural History of Animals: The Diversity of Their Organisation and the Faculties which They Derive from It; The Physical Causes which Maintain Life within Them and Give Rise to Their Various Movements; Lastly, Those which Produce Feeling and Intelligence in Some Among Them.* Translated, with an introduction, by Hugh Elliot. Macmillan and Co., London.

Lankester, E. R. 1881. *Limulus* an arachnid. *Quarterly Journal of Microscopical Science,* 21:504–548, 609–649.

Leclère, L., P. Schuchert, C. Cruaud, A. Couloux, and M. Manuel. 2009. Molecular phylogenetics of Thecata (Hydrozoa, Cnidaria) reveals longterm maintenance of life history traits despite high frequency of recent character changes. *Systematic Biology,* 58(5):509–526.

Lenoir, T. 1978. Generational factors in the origin of *Romantische Naturphilosophie. Journal of the History of Biology,* 11(1):57–100.

Leppik, E. E. 1965. Some viewpoints on the phylogeny of rust fungi. Part 5, Evolution of biological specialization. *Mycologia,* 57:6–22.

Lewis, G. 1868. *Natural History of Birds: Lectures on Ornithology in Ten Parts,* part 1. J. A. Bancroft & Co., Philadelphia.

Lindley, J. 1838. Exogens. *Penny Cyclopaedia,* 10:130.

Linnaeus, C. 1735. *Systema naturae, sive regna tria naturae systematice proposita per classes, ordines, genera, & species.* Theodorum Haak, Leiden.

Linnaeus, C. 1751. *Philosophia botanica, in qua explicantur fundamenta botanica, cum defi nitionibus partium, exemplis terminorum, observationibus rariorum, adjectis figuris aeneis.* Godofr. Kiesewetter, Stockholm.

Lobel, M. de. 1576. [*Observationes.*] *Plantarum seu stirpium historia. . . . Cui annexum est adversariorum volumen.* Plantini, Antwerpiae [Antwerp].

Loesener, L. E. T. 1908. Monographia aquifoliacearum II. *Nova Acta Physico-Medica Academiae Caesareae Leopoldino-Carolinae Germanicae Naturae Curiosorum,* 89:1–313.

Lorenz, K. 1941. Vergleichende Bewegungsstudien an Anatinen. *Journal für Ornithologie,* 3:194–293.

Lorenz, K. 1953. Comparative studies on the behaviour of Anatinae. *Avicultural Magazine,* 59:80–91.

Lorenz, K. 1974. Analogy as a source of knowledge. *Science,* 185(4147): 229–234.

Lovejoy, A. O. 1936. *The Great Chain of Being: A Study of the History of an Idea.* The William James lectures delivered at Harvard University, 1933, by Arthur O. Lovejoy. Harvard University Press, Cambridge.

Lowe, C. H., J. W. Wright, C. J. Cole, and R. L. Bezy. 1970. Chromosomes and evolution of the species groups of *Cnemidophorus* (Reptilia: Teiidae). *Systematic Zoology,* 19(2):128–141.

Luckett, W. P. 1975. Ontogeny of the fetal membranes and placenta: Their bearing on primate phylogeny. Pp. 157–182, In: W. P. Luckett and F. S. Szalay (editors), *Phylogeny of the Primates, a Multidisciplinary Approach.* Plenum Press, New York.

Lull, R. 1512. *De nova logica, de correllativis, necnon et de ascensu et descensu intellectus.* Jorge Costilla, Valencia.

Lysenko, O., and P. H. A. Sneath. 1959. The use of models in bacterial classification. *Journal of General Microbiology,* 20:284–290.

Macleay, W. S. 1819. *Horae entomologicae: or Essays on the Annulose Animals.* vol. 1, part 1. S. Bagster, London.

Macleay, W. S. 1821. *Horae entomologicae: or Essays on the Annulose Animals.* vol. 1, part 2. S. Bagster, London.

Margulis, L. 1970. *Origin of Eukaryotic Cells.* Yale University Press, New Haven.

Margulis, L., and K. V. Schwartz. 1982. *Five Kingdoms: An Illustrated Guide to the Phyla of Life on Earth.* Freeman and Co., San Francisco.

Matthew, W. D. 1930. The phylogeny of dogs. *Journal of Mammalogy,* 11(2):117–138.

Mayr, E. 1972. Lamarck revisited. *Journal of the History of Biology,* 5:55–94.

Mayr, E., E. G. Linsley, and R. L. Usinger. 1953. *Methods and Principles of Systematic Zoology.* McGraw-Hill, New York.

McCravy, K. W. 2008. Biogeography. Pp. 481–487, In: J. L. Capinera (editor), *Encyclopedia of Entomology,* 2nd edition, 4 vols., Springer Science+Business Media B.V., Dordrecht, the Netherlands.

Merezhkowsky, C. 1910. Theorie der zwei Plasmaarten als Grundlage der Symbiogenese, einer neuen Lehre von der Entstehung der Organismen. *Biologisches Centralblatt,* 30:277–303, 321–347, 353–367.

Mikelsaar, R. 1987. A view of early cellular evolution. *Journal of Molecular Evolution,* 25(2):168–183.

Milne, M. J., and L. J. Milne. 1939. Evolutionary trends in caddis worm case construction. *Annals of the Entomological Society of America,* 32(3):533–542.

Milne-Edwards, H. 1844. Considérations sur quelques principes relatifs à la classification naturelle des animaux, et plus particulièrement sur la distribution méthodique des mammifères. *Annales des sciences naturelles,* series 3, 1:65–99.

Mitchell, P. C. 1901. On the intestinal tract of birds; With remarks on the valuation and nomenclature of zoological characters. *Transactions of the Linnean Society of London, Zoology,* series 2, 8:173–275.

Mitman, G. 1990. Evolution as gospel: William Patten, the language of democracy, the Great War. *Isis,* 81(3):446–463.

Moody, S. M. 1985. Charles L. Camp and his 1923 classification of lizards: An early cladist? *Systematic Zoology,* 34(2):216–222.

Morgan, G. J. 1998. Emile Zuckerkandl, Linus Pauling, and the molecular clock, 1959–1965. *Journal of the History of Biology,* 31:155–178.

Morison, R. 1672. *Plantarum umbelliferarum distributio nova, per tabulas cognationis et affinitatis ex libro naturæ observata & detecta.* Sheldonian Theater, Oxford.

Moritz, C., and D. M. Hillis. 1996. Molecular systematics: context and controversies. Pp. 1–13, In: D. M. Hillis, C. Moritz, and B. K. Mable (editors), *Molecular Systematics,* 2nd edition, Sinauer Associates, Sunderland, Massachusetts.

Moss, W. W. 1967. Some new analytic and graphic approaches to numerical taxonomy, with an example from the Dermanyssidae (Acari). *Systematic Zoology,* 16(3):177–207.

Nelson, G., and N. Platnick. 1981. *Systematics and Biogeography: Cladistics and Vicariance.* Columbia University Press, New York.

Newman, E. 1837. Further observations on the Septenary System. *Entomological Magazine,* 4:234–251.

Nuttall, G. H. 1904. *Blood Immunity and Blood Relationship: A Demonstration of Certain Blood-Relationships Amongst Animals by Means of the Precipitin Test for Blood.* Cambridge University Press, Cambridge, England.

O'Hara, R. J. 1988. Diagrammatic classifications of birds, 1819–1901: Views of the natural system in 19th-century British ornithology. Pp. 2746–2759, In: H. Ouellet (editor), *Acta XIX Congressus Internationalis Ornithologici,* National Museum of Natural Sciences, Ottawa.

O'Hara, R. J. 1991. Representations of the natural system in the nineteenth century. *Biology and Philosophy,* 6:255–274.

Olson, E. C. 1971. *Vertebrate Paleontology.* Wiley-Interscience, New York.

Osborn, H. F. 1917. *The Origin and Evolution of Life: On the Theory of Action Reaction and Interaction of Energy.* Charles Scribner's Sons, New York.

Osborn, H. F. 1921. Adaptive radiation and classification of the Proboscidea. *Proceedings of the National Academy of Sciences,* 7(8):231–234.

Osborn, H. F. 1927a. Recent discoveries relating to the origin and antiquity of man. *Science,* 65:481–488.

Osborn, H. F. 1927b. *Man Rises to Parnassus; Critical Epochs in the Prehistory of Man.* Princeton University Press, Princeton; Oxford University Press, London.

Osborn, H. F. 1934a. Aristogenesis, the Creative Principle in the Origin of Species. *American Naturalist,* 68(716):193–235.

Osborn, H. F. 1934b. Evolution and geographic distribution of the Proboscidea: Moeritheres, Deinotheres and Mastodonts. *Journal of Mammalogy,* 15(3):177–184.

Osborn, H. F. 1836–1842. *The Proboscidea: A Monograph of the Discovery, Evolution, Migration and Extinction of the Mastodonts and Elephants of the World.* Trustees of the American Museum of Natural History, American Museum Press, New York.

Osporat, D. 1981. *The Development of Darwin's Theory: Natural History, Natural Theology, and Natural Selection, 1838–1959.* Cambridge University Press, Cambridge, England.

Pace, N. R. 1997. A molecular view of microbial diversity and the biosphere. *Science,* 276:734–740.

Pace, N. R. 2004. The early branches in the tree of life. Pp. 76–85, In: J. Cracraft and M. J. Donoghue (editors), *Assembling the Tree of Life.* Oxford University Press, Oxford.

Pallas, P. S. 1766. *Elenchus zoophytorum sistens generum adumbrationes generaliores et specierum cognitarum succintas descriptiones, cum selectis auctorum synonymis.* Apud Petrum van Cleef,

Hagae-Comitum [The Hague, the Netherlands].

Patten, W. 1912. *The Evolution of the Vertebrates and Their Kin.* Blakiston's Son & Co., Philadelphia.

Patten, W. 1923. *Evolution, Part Two: The Evolution of Plant and Animal Life.* The Dartmouth Press, Hanover, New Hampshire.

Patten, W. 1924. Why I teach evolution. *Scientific Monthly,* 19(6):635–647.

Patterson, C. 1977. The contribution of paleontology to teleostean phylogeny. Pp. 579–643, In: M. K. Hecht, P. C. Goody, and B. M. Hecht, *Major Patterns in Vertebrate Evolution.* Plenum Press, New York.

Patterson, C. 1981. Agassiz, Darwin, Huxley, and the fossil record of teleost fishes. *Bulletin of the British Museum of Natural History,* 35(3):213–224.

Patterson, C. 1987. Introduction. Pp. 1–22, In: C. Patterson (editor), *Molecules and Morphology in Evolution: Conflict or Compromise.* Cambridge University Press, Cambridge, England.

Paul, G. S. 2002. *Dinosaurs of the Air: The Evolution and Loss of Flight in Dinosaurs and Birds.* Johns Hopkins University Press, Baltimore.

Pena, P., and M. de Lobel. 1570 [1571]. *Stirpium adversaria nova, perfacilis vestigatio, luculentaque accessio ad priscorum, praesertim Dioscorides, & recentiorum, materiam medicam. Quibus propediem accedet altera pars. Qua conjectaneorum de plantis appendix, de succis medicatis et metallicis sectio, antiquae & novatae medicine lectiorum remediorum thesaurus opulentissimus, de succedaneis libellus continentur.* Purfcetii, Londini [London].

Penland, C. W. 1924. Notes on North American scutellarias. *Rhodora, Journal of the New England Botanical Club,* 26(304):61–79.

Pennisi, E. 2003. Modernizing the tree of life. *Science,* 300(5626): 1692–1697.

Pough, F. H., C. M. Janis, and J. B. Heiser. 2009. *Vertebrate Life,* 8th edition. Benjamin Cummings, San Francisco.

Ragan, M. A. 2009. Trees and networks before and after Darwin. *Biology Direct,* 4:43, doi:10.1186/1745-6150-4-43.

Raymond, P. E. 1939. *Prehistoric Life.* Harvard University Press, Cambridge.

Reeder, T., H. C. Dessauer, and C. J. Cole. 2002. Phylogenetic relationships of whiptail lizards of the genus *Cnemidophorus* (Squamata, Teiidae): A test of monophyly, reevaluation of karyotypic evolution, and review of hybrid origins. *American Museum Novitates,* 3365:1–61.

Regier, J. C., J. W. Shultz, A. Zwick, A. Hussey, B. Ball, R. Wetzer, J. W. Martin, and C. W. Cunningham. 2010. Arthropod relationships revealed by phylogenomic analysis of nuclear protein-coding sequences. *Nature,* 463:1079–1083.

Reichenow, A. 1882. *Die Vögel der zoologischen Gärten: Leitfaden zum Studium der Ornithologie mit besonderer Berücksichtigung der in Gefangenschaft gehaltenen Vögel, ein Handbuch für Vogelwirthe,* vol. 1. Verlag von L. U. Kittler, Leipzig, Germany.

Reichenow, A. 1913. *Die Vogel, Handbuch der systematischen Ornithologie.* 2 vols. Ferdinand Enke, Stuttgart, Germany.

Richards, R. J. 2005. Ernst Haeckel and the struggles over evolution and religion. *Annals of the History and Philosophy of Biology,* 10: 89–115.

Richards, R. J. 2008. *The Tragic Sense of Life: Ernst Haeckel and the Struggle over Evolutionary Thought.* University of Chicago Press, Chicago.

Roger, J. 1997. *Buff on: A Life in Natural History.* Translated by S. L. Bonnefoi. Cornell University Press, Ithaca, New York.

Romer, A. S. 1933a. *Man and the Vertebrates.* University of Chicago Press, Chicago [second edition, 1937; third edition, 1941; fourth edition, retitled *The Vertebrate Story,* 1949b].

Romer, A. S. 1933b. *Vertebrate Paleontology.* University of Chicago Press, Chicago [second edition, 1945; third edition, 1966].

Romer, A. S. 1949a. *The Vertebrate Body.* W. B. Saunders, Philadelphia [second edition, 1955; third edition, 1962; fourth edition, 1970].

Romer, A. S. 1949b. *The Vertebrate Story.* University of Chicago Press, Chicago [the fourth edition of *Man and the Vertebrates*].

Romer, A. S. 1961. Synapsid evolution and dentition. Pp. 9–56, In: G. Vandebroek (editor), *International Colloquium on the Evolution of Lower and Non-specialized Mammals,* vol. 1. Koninklijke Vlaamse Academie Voor Wetenschappen, Letteren en Schone Kunsten van Belgie, Brussels.

Rosen, D. E. 1979. Fishes from the uplands and intermontane basins of Guatemala: Revisionary studies and comparative biogeography. *Bulletin of the American Museum of Natural History,* 162(5):267–376.

Rosen, D. E., P. L. Forey, B. G. Gardiner, and C. Patterson. 1981. Lungfishes, tetrapods, paleontology, and plesiomorphy. *Bulletin of the American Museum of Natural History,* 167(4):159–276.

Rowe, T. B. 2004. Chordate phylogeny and development. Pp. 384–409, In: J. Cracraft and M. J. Donoghue (editors), *Assembling the Tree of Life,* Oxford University Press, Oxford.

Rüling, J. P. 1766. *Commentatio botanica, de ordinibus naturalibus plantarum.* Litteris Frider. Andr. Rosenbusch, Göttingae [Göttingen, Germany]. [Reprinted in P. Usteri, ed., 1793, *Delectus opusculorum botanicorum,* vol. 2, 431–462.]

Ruse, M. 1996. *Monad to Man: The Concept of Progress in Evolutionary Biology.* Harvard University Press, Cambridge.

Ruse, M., and J. Travis. 2009. *Evolution: The First Four Billion Years.* Belknap Press of Harvard University Press, Cambridge.

Sapp, J. 2009. *The New Foundations of Evolution: On the Tree of Life.* Oxford University Press, Oxford.

Sarich, V. M., and J. E. Cronin. 1976. Molecular systematics of the primates. Pp. 141–170, In: M. Goodman, R. E. Tashian, and J. H. Tashian (editors), *Molecular Anthropology: Genes and Proteins in the Evolutionary Ascent of the Primates.* Plenum Press, New York.

Sarich, V. M., and A. C. Wilson. 1967. Immunological time scale for hominid evolution. *Science,* 158:1200–1203.

Saville-Kent, W. 1880. *A Manual of the Infusoria: Including a Description of All Known Flagellate, Ciliate, and Tentaculiferous Protozoa, British and Foreign, and an Account of the Organization and Affinities of the Sponges.* 3 vols. David Bogue, London.

Schaff ner, J. H. 1934. Phylogenetic taxonomy of plants. *Quarterly Review of Biology,* 9(2):129–160.

Schimper, W.-P. 1869–1874. *Traité de paléontologie végétale, ou, La flore du monde primitif dans ses rapports avec les formations géologiques et la flore du mond actuel.* 3 vols. J. B. Baillière et Fils, Paris.

Schnell, G. D. 1970. A phenetic study of the suborder Lari (Aves) II. Phenograms, discussion, and conclusions. *Systematic Zoology,* 19(3):264–302.

Schodde, R. 2000. Obituary: Charles G. Sibley 1911–1998. *Emu,* 100:75–76.

Secord, J. A. 2000. *Victorian Sensation: The Extraordinary Publication, Reception, and Secret Authorship of Vestiges of the Natural History of Creation.* University of Chicago Press, Chicago.

Sereno, P. C. 1999. The evolution of dinosaurs. *Science,* 284:2137–2147.

Seringe, N. C. 1815. *Essai d'une monographie des saules de la Suisse.* Maurhofer and Dellenbach, Berne.

Sharpe, R. B. 1891. *A Review of Recent Attempts to Classify Birds: An Address Delivered before the Second International Ornithological Congress on the 18th of May, 1891.* Office of the Congress, Budapest.

Shoshani, J. 1998. Understanding proboscidean evolution: A formidable task. *Trends in Ecology & Evolution,* 13(12):480–487.

Sibley, C. G. 1994. On the phylogeny and classification of living birds. *Journal of Avian Biology,* 25(2):87–92.

Sibley, C. G., J. E. Ahlquist, and B. L. Monroe Jr. 1988. A classification of the living birds of the world based on DNA-DNA hybridization studies. *The Auk,* 105(3):409–423.

Small, J. 1919. The origin and development of the Compositae, chapter 8, general conclusions. *New Phytologist,* 18(7):201–234.

Small, J. 1922. Age and area, and size and space, in the Compositae. Pp. 119–136, In: J. C. Willis, *Age and Area: A Study in Geographical Distribution and Origin of Species,* chapter 13. Cambridge University Press, Cambridge, England.

Sneath, P. H. A. 1961. Recent developments in theoretical and quantitative taxonomy. *Systematic Zoology,* 10(3):118–139.

Sneath, P. H. A., and R. R. Sokal. 1973. *Numerical Taxonomy: The Principles and Practice of Numerical Classification.* Freeman and Company, San Francisco.

Sokal, R. R., and J. H. Camin. 1965. The two taxonomies: areas of agreement and conflict. *Systematic Zoology,* 14(3):176–195.

Sokal, R. R., and C. D. Michener. 1958. A statistical method for evaluating systematic relationships. *The University of Kansas Science Bulletin,* 38(22):1409–1438.

Spencer, F. 1990. *Piltdown: A Scientific Forgery.* Natural History Museum Publications, Oxford University Press, Oxford.

Staudt, G. 2003. *Les dessins d'Antoine Nicolas Duchesne pour son Histoire naturelle des fraisiers.* Publications Scientifi ques du Muséum, Paris.

Stauff er, R. C. 1975. *Charles Darwin's Natural Selection, Being the Second Part of His Big Species Book Written from 1856 to 1858.* Cambridge University Press, Cambridge, England.

Stevens, P. F. 1983. Augustin Augier's "Arbre Botanique" (1801), a remarkable early botanical representation of the natural system. *Taxon,* 32(2):203–211.

Stevens, P. F. 1984. Metaphors and typology in the development of botanical systematics 1690–1960, or the art of putting new wine in old bottles. *Taxon,* 33(2):169–211.

Stevens, P. F. 1994. *The Development of Biological Systematics: AntoineLaurent de Jussieu, Nature, and the Natural System.* Columbia University Press, New York.

Stiassny, M. L. J., E. O. Wiley, G. D. Johnson, and M. R. de Caravalho. 2004. Gnathostome fishes. Pp. 410–429, In: J. Cracraft and M. J. Donoghue (editors), *Assembling the Tree of Life.* Oxford University Press, Oxford.

Stirton, R. A. 1940. Phylogeny of North American Equidae. *Bulletin of the Department of Geological Sciences, University of California Publications,* 25(4):165–198.

Stirton, R. A. 1959. *Time, Life, and Man: The Fossil Record.* Wiley and Sons, New York.

Storer, T. I. 1943. *General Zoology.* McGraw-Hill, New York.

Strickland, H. E. 1841. On the true method of discovering the natural system in zoology and botany. *Annals and Magazine of Natural History,* 6:184–194.

Suárez-Díaz, E., and V. H. Anaya-Muñoz. 2008. History, objectivity, and the construction of molecular phylogenies. *Studies in History and Philosophy of Biological and Biomedical Sciences,* 39(4):451–468.

Swainson, W. J. 1835. *A Treatise on the Geography and Classification of Animals.* Longman, London.

Swainson, W. J. 1836. *On the Natural History and Classification of Birds,* vol. 1. Longman, Rees, Orme, Brown, Green, and Longman, London.

Swainson, W. J. 1837. *On the Natural History and Classification of Birds.* vol. 2. Longman, Rees, Orme, Brown, Green, and Longman, London.

Swingle, D. B. 1928. *A Textbook of Systematic Botany.* McGraw-Hill, New York.

Templeton, A. R. 1993. The "Eve" hypotheses: A genetic critique and reanalysis. *American Anthropologist,* new series, 95(1):51–72.

Tilden , J. E. 1935. *The Algae and Their Life Relations: Fundamentals of Phycology.* University of Minnesota Press, Minneapolis.

Vigors, N. A. 1824. Observations on the natural affinities that connect the orders and families of birds. *Transactions of the Linnean Society of London,* 14(3):395–517.

Voss, E. G. 1952. The history of keys and phylogenetic trees in systematic biology. *Journal of the Scientific Laboratories, Denison University,* 43(1–2):1–25.

Voss, J. 2010. *Darwin's Pictures: Views of Evolutionary Theory, 1837–1874.* Yale University Press, New Haven.

Wallace, A. R. 1855. On the law which has regulated the introduction of new species. *Annals and Magazine of Natural History,* second series, 16:184–196.

Wallace, A. R. 1856. Attempts at a natural arrangement of birds. *Annals and Magazine of Natural History,* second series, 18:193–216.

Walters, M. 2003. *A Concise History of Ornithology: The Lives and Works of its Founding Figures.* Yale University Press, New Haven.

Warner, D. J. 1979. *Graceanna Lewis, Scientist and Humanitarian.* Smithsonian Institution Press, Washington, D.C.

Weiner, J. S. 2003. *The Piltdown Forgery: The Classic Account of the Most Famous and Successful Hoax in Science.* Oxford University Press, Oxford.

Wernham, H. F. 1914. *A Monograph of the Genus* Sabicea. Trustees of the British Museum of Natural History, London.

Whittaker, R. H. 1957. The kingdoms of the living world. *Ecology,* 38(3):536–538.

Whittaker, R. H. 1959. On the broad classification of organisms. *Quarterly Review of Biology,* 34(3):210–226.

Whittaker, R. H. 1969. New concepts of kingdoms of organisms. *Science,* 163(3863):150–160.

Wiley, E. O. 1976. The phylogeny and biography of fossil and recent gars (Actinopterygii: Lepisosteidae). *University of Kansas, Museum of Natural History, Miscellaneous Publication,* 64, 111.

Wilkins, J. 1668. *An Essay towards a Real Character, and a Philosophical Language.* Gellibrand & Martyn, London.

Williams, D. M., and M. C. Ebach. 2008. *Foundations of Systematics and Biogeography.* Springer Science+Business Media, New York.

Willmann, R. 2003. From Haeckel to Hennig: The early development of phylogenetics in German-speaking Europe. *Cladistics,* 19:449–479.

Willughby, F. 1686. *De historia piscium libri quatuor, jussu & sumptibus Societatis Regiae Londinensis editi. . . . Totum opus recognovit, coaptavit, supplevit, librum etiam primum &*

secundum integros adjecit *Johannes Raius e Societate Regia*. Theatro Sheldoniano, Oxonii [Oxford].

Windsor, M. P. 1991. *Reading the Shape of Nature: Comparative Zoology at the Agassiz Museum*. University of Chicago Press, Chicago.

Woese, C. R. 1987. Bacterial Evolution. *Microbiological Reviews*, 51(2): 221–271.

Woese, C. R., and G. E. Fox. 1977. Phylogenetic structure of the prokaryotic domain: The primary kingdoms. *Proceedings of the National Academy of Sciences*, 74(11):5088–5090.

Woese, C. R., L. J. Magrum, and G. E. Fox. 1978. Archaebacteria. *Journal of Molecular Evolution*, 11(3):245–252.

Yates, F. A. 1954. The art of Ramon Lull: An approach to it through Lull's theory of the elements. *Journal of the Warburg and Courtauld Institutes*, 17(1–2):115–173.

Zimmermann, W. 1931. Arbeitsweise der botanischen Phylogenetik und anderer Gruppierubgswissenschaften. Pp. 941–1053, In: E. Abderhalden (editor), *Handbuch der biologischen Arbeitsmethoden*, Abt. 3, 2, Teil 9, Urban & Schwarzenberg, Berlin.

Zuckerkandl, E., and L. Pauling. 1962. Molecular disease, evolution, and genetic heterogeneity. Pp. 189–225, In: M. Kasha and B. Pullman (editors), *Horizons in Biochemistry: Albert Szent-Györgyi Dedicatory Volume*. Academic Press, New York.

Zuckerkandl, E., and L. Pauling. 1965. Evolutionary divergence and convergence in proteins. Pp. 97–166, In: V. Bryson and H. Vogel (editors), *Evolving Genes and Proteins*. Academic Press, New York.

索引

（标示页码对应本书页边码）

A

adaptive radiation, 319
affinity, 319
Agassiz, L., 70, 71, 86, 153, 182, 328, 图 55, 图 56, 图 59, 图 126
Ahlquist, J. E., 275, 288
archigenetic hypothesis, 289, 图 215
area-cladogram, 258, 319
Aristotle, 3, 7
Augier, A., 2, 3, 27, 28, 34, 327n1, 图 21

B

Baer, K. E. von, 66, 67, 图 47, 图 48
Baldauf, S. L., 312, 图 229
Barry, M., 66, 图 47
Batsch, A. J. G. C., 26, 123, 124, 325n4, 图 19
Beagle, H.M.S., 85
Bennett, A. W., 124, 图 89
Bentham, G., 123, 153, 图 87
Bessey, C. E., 134, 152, 图 105, 图 112
Bessey's cactus, 152, 图 112
"Big Species Book," (C. Darwin) 86, 图 61
biogeography, 257, 258, 319
Blainville, H. M. D. de, 8, 9, 图 12

Bonnet, C., 1–3
Bovelles, C. de (C. Bovillus), 图 1
British Association for the Advancement of Science, 图 52
Bronn, H. G., 72, 98, 图 57
Brundin, L., 257, 258, 图 197
Bütschli, J. A. O., 133, 图 102
Buffon, G. L. L. de, 2, 9, 10, 39, 40, 123, 256, 图 17, 图 26

C

Caesius, F., 7, 8, 图 6
Camin, J. H., 257, 图 189
Camp, C. L., 154, 196, 256, 331n29, 图 121
Candolle, A.-P. de, 41, 52, 123, 图 31—33
Cann, R. L., 276, 图 206
Carnegie British Guiana Expedition, 152
Carpenter, W. B., 67, 图 48, 图 49
Cavalli-Sforza, L. L., 256, 图 184
"Chain of Being" (Aristotle), 3, 图 1
Chambers, R., 67, 70, 328n6, 图 49
character-state tree, 132, 149, 157, 217, 320, 图 100, 图 101, 图 106, 图 162
China, W. E., 197, 图 144

cladistics, 154, 200, 255—257, 274, 288, 320, 图 121
cladogram, 28, 255, 257, 258, 320, 图 194
Conrad, G. M., 216, 图 158
convergent evolution, 151, 257, 320, 图 189, 图 192
Copeland, H. F., 198, 243, 图 150
Cronin, J. E., 275, 图 201
Cuvier, G., 9
Czelusniak, J., 275, 图 203

D

Darwin, C.: archive, 86; branching diagrams, 66, 85—89, 98, 124, 图 58—65, 209; cladistics, 288; evolution, 34, 70, 87, 151, 275; natural selection, x, 87, 98, 123, 图 62; Origin of Species, 1, 70, 72, 86, 88, 98, 100, 323, 图 61, 图 62, 图 65; primate relationships, 88, 100, 图 64; research on barnacles, 287, 288, 图 209; tree metaphor, 1—3, 40
Darwin, F. (son of Charles Darwin), 88, 图 63
Darwinian revolution, 3
Darwinian systematics, 28
Darwinian theory, x, 71—73, 98, 151, 275
Daubenton, L. J. M., 图 17
Dettai, A., 291, 图 221
DNA-DNA hybridization, 274—76, 288, 320, 图 204
Dollo, L. A. M. J., 133, 330n14, 图 104
Dollo's law, 133, 330n14
Dubois, M. E. F. T., 101
Duchesne, A.-N., 26, 27, 35, 图 20
Dunal, M.-F., 39, 41, 图 26

E

Edwards, A. W. F., 256, 图 184
Eichwald, C. E. von, 40, 图 28, 图 29

Eigenmann, C., 152, 图 113
Eigenmann, R. S., 152
endosymbiotic theory, 151, 289
Engler, H. G. A., 131, 257, 330n3, 图 92, 图 93
Eve hypothesis, 276, 320, 321, 334n12, 图 206
evolutionary convergence, 151, 257, 图 189, 图 192
extinction: in birds, 88, 图 65; in elephants, 153, 图 118—20; in fishes, 86, 245, 图 59, 图 182; as indicated in branching diagrams, 70, 71, 85—88, 99, 155, 198, 图 54, 图 55, 图 56, 图 58—62, 图 66—73, 图 77, 图 78, 图 80, 图 82, 图 110, 图 148; lack of knowledge about, 3, 69; in mammals, 86, 88, 157, 图 60, 图 63, 图 127; in plants, 150, 图 108; in primates, 88, 图 64; in turtles, 150, 图 107

F

Feduccia, J. A., 288, 图 210
Fitch, W. M., 275, 图 199
fossils, ix, 70, 71, 100, 101, 132, 150, 153—55, 181, 197, 199, 217, 287, 288, 290, 291
Fox, G. E., 276, 图 205
Friedman, M. S., 291, 图 222
Frisch, K. R. von, 200
Fryer, G., 287, 图 208
Fürbringer, M., 131, 132, 257, 图 94—98

G

Garrod, A. H., 132, 133, 149, 图 100, 101
Garstang, W., 196, 197, 245, 图 143
Gemma, C., 8, 图 5
geological time, 70, 71, 86, 134, 153, 154, 156, 217, 287, 图 54, 图 55, 图 57, 图 59, 图 60, 图 105, 图 122, 图 124, 图 126, 图 291
Gessner, C., 7, 图 3
Ghiselin, M. T., 287, 288, 图 209

Gill, T. N., 9, 244, 图 13
Giseke, P. D., 9, 39, 132, 243, 图 16, 图 26
Goldfuss, G. A., 39—41, 图 27
Gondwana, 258
Good, R. D., 242, 243, 图 176
Goodman, M., 275, 图 202, 图 203
Goodspeed, T. H., 242, 图 174, 图 175
Gould, A. A., 71, 86, 图 56, 图 59
Green, J. H., 66, 图 46
Greenwood, P. H., 197, 244, 图 182
Gregory, W. K., 153, 182, 216, 217, 图 117, 图 157—73
Gruenberg, B. S., 153, 154, 图 114, 图 115

H

Hackel, E., 124, 图 90
Haeckel, E. H. P. A., 98—101, 153, 181, 197, 198, 216, 243, 图 66—85, 图 124
Hay, O. P., 150, 图 107
Hennig, W., 149, 154, 196, 256, 257, 320, 图 121, 图 142, 图 190—192
Hernández, F., 8, 图 6
heterochrony, 289, 321, 图 216
Hillis, D. M., 312, 图 230
Hincks, W., 328n11
Hitchcock, E., 69—71, 图 54
Homo species: erectus, 101; primigenius, 100; sapiens, 图 85; stupidus, 图 85。另见 Java Man
Horaninow, P. F., 42, 图 34
hybridization, 242, 322
hypermorphosis, 289

I

Iles, T. D., 287, 图 208

J

Jaffe, L., 287, 图 209
Jardine, W., 69, 图 52
Java Man, 101
Jordan, D. S., 9
Jussieu, A.-H. de, 40, 41, 图 30

K

Kaup, J. J., 54, 图 45
Keith, A., 155, 156, 图 124
Kemp, T. S., 288, 图 211
Korn, D., 289, 图 216
Kusnezov, N. I., 124, 图 91

L

Lam, H. J., 151, 198, 图 148, 149
Lamarck, J.-B., branching diagrams, 8, 34, 35, 72, 图 11, 图 13, 图 23—25; Encyclopédie méthodique, 327n4; evolution, 2, 3, 8, 34, 70, 72, 323; Histoire naturelle des animaux sans vertèbres, 图 25; invertebrate relationships, 35, 图 25; Museum d'Histoire Naturelle, Paris, 9; Philosophie zoologique, 图 24; transmutation of species, 323
Lankester, E. R., 133, 图 103
Leclère, L., 291, 图 223
Lecointre, G., 291, 图 221
Lemuria, 100, 图 81
Leppik, E. E., 244, 图 181
Lewis, G., 123, 图 86
Lindley, J., 54, 图 44
Linnaeus, C., 8, 9, 325n2, 图 10, 图 16
Lobel, M. de, 8, 图 4, 图 5
Loesener, L. E. T., 150, 图 108
Lorenz, K. Z., 200, 323, 图 155
Lowe, C. H., 286, 图 207

Luckett, W. P., 257, 图 193
Lull, R., 3, 图 2
Lyell, C., 87, 图 63
Lysenko, O., 243, 图 177

M

Macleay, W. S., 52, 53, 68, 69, 图 35—39
Margoliash, E., 275, 图 199
Margulis, L. A., 151, 289, 图 212—214
Martin, W. C. L., 88, 89, 图 65
Matthew, W. D., 153, 156, 157, 182, 图 126—128
Mayr, E., 34
Merezhkowsky, C., 150, 151, 图 109
Michener, C. D., 255, 图 183
Mikelsaar, R.-H., 289, 图 215
Milne, L. J., 199, 图 151
Milne, M. J., 199, 图 151
Milne-Edwards, H., 67, 68, 123, 图 50
Mitchell, P. C., 149, 154, 196, 256, 图 106
mitochondrial Eve hypothesis, 276, 320, 321, 图 206
molecular clock, 274, 275, 321
monophyletic, 98, 257, 321
monophyletic tree, 图 66, 图 74, 图 75, 图 81
monophyly, 321, 图 191
Monroe, B. L., Jr., 276
Morison, R., 7, 8, 256, 图 14, 图 15, 图 26
Moss, W. W., 256, 图 186—88
Myers, G. S., 244

N

natural selection, x, 87, 98, 150, 图 62
Neanderthals, 156, 330n12
Nelson, G., 39
New York Zoological Society, 216
Newman, E., 54, 123, 图 43
numerical taxonomy, 255, 257, 321, 图 183, 图 184

O

O'Hara, R., 133
ontogeny, 98, 321
Origin of Species (C. Darwin), 1, 34, 72, 86—88, 98, 100, 323, 图 61, 图 62, 图 65
Osborn, H. F., 153, 154, 156, 216, 图 117—120, 图 125
out-group comparison, 132, 155, 321, 331n29
Owen, R., 66, 图 46

P

Pace, N. R., 311, 312, 图 225—228
paleontological tree, 69, 70, 99, 150, 182, 332n2, 图 54—56, 图 69, 图 72, 图 77, 图 78
Pallas, P. S., 2, 3, 40, 图 29
Pangaea, 290
parsimony, 256, 322, 图 184
Patten, W., 151, 154, 图 110, 图 122
Paul, G. S., 290, 图 219
Pauling, C. L., 274, 图 198
pedomorphosis, 289
Pena, P., 8, 图 4
Penland, C. W. T., 155, 图 123
phenetics, 255—57, 274, 322
phenogram, 255, 256, 322, 图 185, 186
phylogenetic systematics, 154, 256, 257, 图 142
phylogeny, 98, 322
phylogeography, 9, 99, 151, 153, 322, 图 111, 图 116
Piltdown Man, 155, 156, 图 124, 图 125
Pithecanthropus alalus, 100, 图 84, 图 85, 图 124
Platnick, N., 39
polyphyletic, 98, 322
polyphyletic tree, 图 80, 图 99
polyphyly, 99, 322

polyploidy, 242

Q

quinarian system, 41, 52—54, 66, 68, 124, 328n11, 图 35, 图 37—42

R

Ray, J., 8
Raymond, P. E., 199, 图 152
Regier, J. C., 292, 图 224
Reichenow, A., 132, 图 99
Renaissance naturalists, 99, 256, 图 79
Rivinus, A. Q., 7
Romer, A. S., 153, 156, 181, 182, 216, 257, 328n24, 332n2, 图 129—141
Rosen, D. E., 244, 图 195, 图 196
Rowe, T. B., 290, 图 220
Rüling, J. P., 26, 123, 124, 图 18

S

Sarich, V. M., 275, 图 200, 图 201
Saville-Kent, W., 124, 图 88
scala naturae, 3
Schaffner, J. H., 197, 图 145, 图 146
Schimper, W. P., 134
Schnell, G. D., 256, 图 185
Schwartz, K. V., 289, 图 212—214
Sereno, P. C., 290, 334n15, 图 217, 图 218
Seringe, N. C., 28, 34, 149, 图 22
Sharpe, R. B., 图 99
Sibley, C. G., 275, 288, 图 204
Small, J., 153, 图 116
Sneath, P. H. A., 243, 图 177
Sokal, R. R., 255, 257, 图 177, 图 183, 图 189
"speechless ape-man," 图 85
Stevens, P. F., 27
Stirton, R. A., 199, 图 153, 图 154
Storer, T. I., 156, 200, 图 126, 图 156
Strickland, H. E., 68, 69, 图 51—53
Swainson, W., 52—54, 69, 图 41, 图 42
Swingle, D. B., 152
symbiogenesis, 150, 151, 323, 图 109
symplesiomorphy, 257, 323, 图 192
synapomorphy, 257, 323, 图 192
Systema naturae (Linnaeus), 图 10

T

Theophrastus, 7
Tilden, J. E., 197, 图 147
Tinbergen, N., 200
transmutation of species, 34, 69, 70, 85, 323, 图 58

V

Vigors, N. A., 52, 53, 图 40
Voss, J., 85

W

Wallace, A. R., 2, 3, 69, 图 53
Weitzman, S. H., 244
Wernham, H. F., 151, 图 111
Whittaker, R. H., 243, 289, 311, 图 178—180, 图 212
Wiley, E. O., 257, 图 194
Wilkins, J., 7, 8, 图 7, 图 8
Willughby, F., 8, 图 9
Wilson, A. C., 275, 图 200
Woese, C. R., 276, 311, 图 205

Z

Zimmermann, W. M., 196, 256, 图 142
Zoological Society of London, 88, 149
Zuckerkandl, E., 274, 图 198